Rapp, Hotz

Perfekte 3D-Drucke mit Simplify3D

Ihr Plus – digitale Zusatzinhalte!

Auf unserem Download-Portal finden Sie zu diesem Titel kostenloses Zusatzmaterial. Geben Sie dazu einfach diesen Code ein:

plus-bhwx6-yuczh

plus.hanser-fachbuch.de

Bleiben Sie auf dem Laufenden!

Hanser Newsletter informieren Sie regelmäßig über neue Bücher und Termine aus den verschiedenen Bereichen der Technik. Profitieren Sie auch von Gewinnspielen und exklusiven Leseproben. Gleich anmelden unter

www.hanser-fachbuch.de/newsletter

Petra Rapp
Fabian Hotz

Perfekte 3D-Drucke mit Simplify3D

HANSER

Die Autoren:
Petra Rapp, Wilhelmsdorf
Fabian Hotz, Wilhelmsdorf

Bibliografische Information der deutschen Nationalbibliothek:
Die Deutsche Nationalbibliothek verzeichnet diese Publikation in der Deutschen Nationalbibliografie; detaillierte bibliografische Daten sind im Internet unter http://dnb.d-nb.de abrufbar.

www.hanser-fachbuch.de
Lektorat: Dipl.-Ing. Volker Herzberg
Herstellung: Melanie Zinsler
Titelmotiv: © Multec GmbH
Coverkonzept: Marc Müller-Bremer, www.rebranding.de, München
Coverrealisation: Max Kostopoulos
Satz: Eberl & Kœsel Studio, Altusried-Krugzell
Druck und Bindung: CPI books GmbH, Leck
Printed in Germany

Print-ISBN: 978-3-446-47033-0
E-Book-ISBN: 978-3-446-47317-1
ePub-ISBN: 978-3-446-47402-4

Inhalt

Übersicht Übungsdateien

Dateiname	Download
Programmstart.factory	*https://plus.hanser-fachbuch.de/*
Facettenmodelle.factory	
Motorhalter_fehler.stl	
Modellhandling.factory	
Prozesse.factory	
image-3d.factory	
stuetzen-beispiel.factory	
Tiefziehform.factory	
elektronikgehaeuse.factory	
elektronikgehaeuse_2.factory	
Rad-Multimaterialdruck.factory	
Kalibrierung_gesamt.factory	
Filigraner-Schriftzug Tutorial	*www.3d-druck-knowhow.de* (Übungsdateien und Tutorial)
Metalldruck Präsentation	*www.3d-druck-knowhow.de* (Präsentation)
Stützmaterial dichte Schichten Tutorial	*www.3d-druck-knowhow.de* (Übungsdateien und Tutorial)
Schwingungen und Beschleunigung Tutorial	*www.3d-druck-knowhow.de* (Tutorial)
Kalibrierung der ersten Schicht	*www.3d-druck-knowhow.de* (Tutorial)

Autorenverzeichnis

Dipl.-Ing. (BA) Petra Rapp

Maschinenbau-Ingenieurin und Geschäftsführerin des 3D-Drucker-Herstellers Multec GmbH

Frau Rapp arbeitete über 30 Jahre in der Entwicklung, Forschung und Konstruktion in verschiedenen Bereichen der Luftfahrt (Zeppelin Luftschifftechnik GmbH), im Motorenbau (MTU), im Sondermaschinenbau in verschiedenen Unternehmen und in der Papieraufbereitung (Voith GmbH). Im Jahr 2011 gründete sie zusammen mit ihrem Mann die Firma Multec mit der Zielsetzung industrielle additive Fertigungsanlagen der FFF-Technologie mit hochentwickelten 3D-Druckköpfen herzustellen und die Industrie in allen Bereichen dieses neuen Fertigungsverfahrens zu unterstützen. Unter anderem entwickelte sie mehrere Patente für Multi-Material-Druckköpfe mit einem einzigartigen Düsenverschluss-System. Diese Lösung ermöglicht das Drucken mit einem Düsen-Wechselsystem, das sowohl die Breite der Anwendung in Richtung Multi-Material-Werkstücke deutlich erweitert, als auch eine deutliche Reduktion der Fertigungsdauer durch Düsenkombinationen mit größerem Volumenstrom bei gleichzeitig guter Oberfläche erlaubt.

In Zusammenarbeit mit Hochschulen, Instituten und Partnern der Industrie ist sie an der Forschung und Weiterentwicklung in verschiedenen Bereichen wie Materialien, Technologie-Optimierung und Hybridisierung von Technologien beteiligt.

Im Unternehmen Multec leitet Frau Rapp sowohl die Entwicklung und die Anwendungsberatung als auch das Schulungs- und Support-Engineering-Team für die CAM-Software Simplify3D. Sie hat langjährige Erfahrung im Bereich der Optimierung der Technologie in den Bereichen fertigungs- und festigkeitsgerechte Konstruktion, Einsatz von Kunststoffen für verschiedene Anwendungsbereiche und dem wirtschaftlichen industriellen Einsatz der Technologie durch bestmögliche Nutzung der CAM-Software.

Fabian Hotz

ist seit 2014 bei der Firma Multec und in der FFF-Technologie tätig. Zu seinen Aufgaben zählen dort unter anderem die Weiterentwicklung der FFF-Technologie, Schulung und Beratung der Kunden zur FFF-Technologie und deren Einsatz für Ihre Anwendungsfälle, so wie die Produktion von komplexen Auftragsdrucken für die Industrie.

Der langjährige Einsatz von Simplify3D und die Vielzahl der durchgeführten Schulungen und Beratungen zu Simplify3D erlaubten Herrn Hotz ein tiefes Wissen und Verständnis für die Funktionsweise und den Einsatz von Simplify3D. Dieses Wissen möchte er in diesem Buch an die Leser weitergeben.

1 Einführung

Die 3D-Drucktechnologie des FFF-Verfahrens (**F**used **F**ilament **F**abrication) – also des schichtweisen Auftragens von aufgeschmolzenen Kunststoff-Filamenten (Drähte) – wurde von der Firma Stratasys 1989 unter dem Namen FDM (**F**used **D**eposition **M**odeling) patentiert. Das Patent hierzu lief 2009 aus. Seither entwickelt sich diese Technologie in einem immer breiteren Markt und kommt neben den Privatanwendungen im Hobbybereich zunehmend als Produktionstechnologie in der Industrie zum Einsatz. Die zusätzliche Breite der technischen Anwendungsfälle steigert die Wichtigkeit einer guten Kenntnis der Technologie und der eingesetzten Software für die Herstellung guter, fester und wirtschaftlich optimierter Bauteile.

Neben der großen Gestaltungsfreiheit möglicher Bauteilgeometrien bietet speziell diese Drucktechnologie eine sehr große Bandbreite an Einstellmöglichkeiten für optimierte Druckergebnisse. Der größte Anteil der Einflussgrößen wird in der CAM-Software (**C**omputer **A**ided **M**anufacturing) definiert. Die Anzahl der Einflussgrößen bestimmt die Möglichkeiten des Feintunings.

Die CAM-Software für FFF ist für die Druckdateierzeugung verantwortlich. Dafür wird ein vorliegendes 3D-Modell in dünne Schichten geschnitten. Aufgrund dieses Schneidens (engl. „to slice") wird die CAM-Software meist als „Slicer" bezeichnet. Die verfügbaren CAM-Programme haben sich seit dem Ende des Patents von Stratasys aus anfänglichen Open-Source-Programmen stetig weiterentwickelt. So stand am Anfang zum Beispiel mit Skeinforge eine leistungsfähige CAM-Software zur Verfügung, die sich mit einer breiten Palette an Einstellmöglichkeiten auszeichnete, jedoch in Bedienung und grafischer Oberfläche sehr rudimentär und schwierig waren. Die unübersichtliche Vielzahl einstellbarer Parameter hatten zur Folge, dass sich eine Zeit lang vorwiegend Programme entwickelten, die auf Basis weniger Einstellmöglichkeiten den Prozess der Druckdateierzeugung vereinfachen wollten. Dieser scheinbar gute Gedanke nahm der Technologie jedoch sehr viel an Potenzial durch diese Reduktion auf weniger Parameter. Diese Erfahrung führte wieder zur Rückkehr zu mehr Einstellmöglichkeiten, sodass über die Jahre zu beobachten war, dass Schritt für Schritt wieder deutlich mehr Parameter und Funktionen integriert wurden.

Heute teilen die meisten Programme die große Menge der Parameter auf in

- die Basiseinstellungen, die nur die wichtigsten Einstellungen wie z. B. Schichthöhen, Füllgrad und Stützstruktur-Aktivierung bestimmen,
- und den Bereich der fortgeschrittenen Einstellungen, die dafür sorgen, dass möglichst viel Potenzial der Technologie genutzt werden kann.

Die Gerätehersteller sorgen mit guten Voreinstellungen und standardisierten Druckprofilen zwar meist für eine gute allgemeine Einstellung. Beim Arbeiten mit vielen verschiedenen Geometrien, Kunststoffmaterialien und Zielsetzungen des Bauteils zeigt sich jedoch schnell, wie hilfreich die gute Kenntnis der Parameter und deren gegenseitige Beeinflussung für den optimierten Einsatz des Verfahrens ist.

Auf dem Markt sind verschiedene Slicer-Programme erhältlich. Einige wurden von den Geräteherstellern direkt und teilweise nur für die eigenen Geräte entwickelt, andere sind als Open Source und Freeware erhältlich. Die Software Simplify3D des gleichnamigen Herstellers aus den USA hat sich unter anderem wegen seines sehr großen Potenzials als eines der führenden Programme auf dem Markt etabliert.

Simplify3D ist für die meisten gängigen 3D-Druckermodelle einsetzbar. Es besitzt vom Modellimport, der Modellbearbeitung über die sehr guten Prozesseinstellungen, einem sehr guten Tool für die Stützmaterialerstellung bis hin zur Gerätebediensoftware einen sehr großen Funktionsumfang. Es hat eine sehr gute grafische Oberfläche, mehrere hilfreiche Assistenten und sehr tiefgehende Eingriffsmöglichkeiten auch für mehrere Prozesse, Multimaterialbauteile und den Druck mehrerer Modelle in einem Druckvorgang.

In diesem Buch wird speziell auf die CAM-Software Simplify3D eingegangen.

Das Buch ist wie folgt aufgebaut:

- Zunächst wird in Kapitel 2 die Technologie mit ihren Merkmalen beschrieben. Es werden die Fachbegriffe erläutert und anschließend ganz kurz die Maschinen und die Kunststoffe vorgestellt.
- In Kapitel 3 befindet sich die Installation und der Überblick über die Programmoberfläche von Simplify3D.
- Kapitel 4 und Kapitel 5 enthalten die Modellfunktionen und -reparaturen des Programms.
- Die Erstellung und Bearbeitung der Druckprozesse und die Druckdateierzeugung erklärt Kapitel 6.
- Kapitel 7 behandelt die in Simplify3D enthaltenen Werkzeuge, Assistenten und Optionen.
- Kapitel 8 enthält die Erklärung aller verfügbaren Parameter in den Prozesseinstellungen. Es dient sowohl als Lern- als auch als Nachschlagebereich. Darin

sind für die Parameter die Auswirkungen, die gegenseitige Beeinflussung und sinnvolle Einstellungen beschrieben.

- Kapitel 9 beschreibt die Anwendung in der Praxis. Es geht auf Bauteiloptimierungen ein und zeigt anhand konkreter Bauteile die Vorgehensweise und die Anpassung auf spezielle Geometrien auf. Erfahrungsgemäß wird dieser Punkt am meisten unterschätzt: Die Bauteilgeometrie übt den größten Einfluss auf die CAM-Einstellungen aus, und somit können mit fundierter Kenntnis der Parameter optimierte Bauteile erzeugt gedruckt werden.

Damit werden alle Aspekte der CAM-Software Simplify3D tiefgehend erklärt, und die Leserinnen und Leser können das Buch sowohl als Lern- und Fachbuch für den Einstieg in die Drucktechnologie nutzen als auch als Nachschlagewerk für einzelne Parametereinstellungen. Im Downloadbereich des Hanser Verlags unter *https://plus.hanser-fachbuch.de/* befinden sich die Übungsdateien zu den verschiedenen Themen.

Um den Rahmen nicht zu sprengen, sind Inhalte wie konstruktive Auslegung und Optimierung für die Technologie, detaillierte Kunststoffeigenschaften, Kalibrierungen von Geräten und Kunststoffen, spezifische Maschinenskripte und -einstellungen nicht mit aufgeführt. Hierfür sind die Bücher vom Hanser Verlag empfehlenswert (*www.hanser-fachbuch.de*). Des Weiteren befinden sich im Internetportal *www.3d-druck-knowhow.de* weitere Anwendungsbeispiele, die Vertiefung von Konstruktionshinweisen, Kalibrieranleitungen und viele weitere Themen des 3D-Drucks.

Da die Software Simplify3D als Marktführer sehr weit verbreitet ist, liefern die meisten Hersteller von 3D-Druckern ihren Kunden gut justierte Standardprofile und geben Empfehlungen zu ihren Kunststoff-Filamenten weiter. Dies ist der beste Ausgangspunkt für die Arbeit mit Simplify3D.

Die Autoren arbeiten beim deutschen Maschinenhersteller Multec GmbH, der mit der Zielgruppe Industrie und Mittelstand sehr viel Erfahrung mit den breit gestreuten technischen Anwendungsfällen und Einsatzgebieten gesammelt hat. Sie führen Schulungen für Software und den Technologieeinsatz in der Industrie durch und sind in der Anwendungs- und Konstruktionsberatung für Kunden und der Druckdienstleistung in der eigenen Druckerfarm tätig.

Ein kleineres Problem an der deutschen Version von Simplify3D, die in diesem Buch beschrieben wird, ist die teilweise ungünstige (oder gänzlich fehlende) Übersetzung ins Deutsche. So wird im Programm in den Prozessen ein deutscher Begriff verwendet und in der Druckvorschau der englische Fachbegriff. Da sich einige Fachbegriffe der Technologie auch im deutschen Sprachraum mit den englischen Ursprungsbegriffen etabliert haben, werden diese gängigeren englischen Termini in diesem Buch weiter genutzt. Die Parameter in Kapitel 8 werden mit der deutschen Simplify3D-Bezeichnung benannt, die englischen Benennungen werden parallel dazu gesetzt. Zusätzlich befinden sich in Abschnitt 2.5 zwei Tabellen mit der Gegenüberstellung der englischen und deutschen Begriffe.

Wir wünschen Ihnen beim Lesen und Umsetzen des Gelernten viel Spaß und vor allem viel Erfolg beim Einsatz der spannenden 3D-Drucktechnologie.

2 FFF-Technologie

2.1 Einleitung

Dieses Kapitel beschreibt die technologische Basis und die Fachbegriffe des FFF-Verfahrens für die Anwendung von Simplify3D. Es wird nur kurz auf die Maschinen und die Kunststoffe eingegangen, um den Rahmen nicht zu sehr auszudehnen. Da die Kapitel 3 – 7 (Simplify3D Programmkomponenten und deren Bedienung) und Kapitel 8 (Druckparameter im Detail) auf diesem Kapitel aufbauen, ist es wichtig, die im Folgenden beschriebenen Technologiekenntnisse und Fachbegriffe zu kennen.

2.2 Das Prinzip

Die Basis der FFF-Technologie bildet das Aufschmelzen von Filament (Kunststoffdraht) in einer beheizten Düse und dem Auftragen der Schmelze in Fadenform auf den Drucktisch durch eine CNC-gesteuerte Mehrachsmaschine (Bild 2.1). Ein Druckteil entsteht aus diesen einzelnen Fäden, die in diesem Buch als Bahn bezeichnet werden. Diese Bahnen bilden die einzelnen Schichten, die aufeinander aufbauend aufgetragen werden und damit Schicht für Schicht die Druckteilgeometrie bilden. Durch die Verschweißung von bereits abgelegten Bahnen nebeneinander und Schichten übereinander wird der Kunststoff so zum soliden Kunststoffkörper verbunden. Beginnend mit der ersten Schicht wird jede Bahn mit einer Systematik aufgetragen, die verschiedene Elemente eines Druckkörpers betreffen. Dabei handelt es sich um eine feste Körperhülle, eine oft verwendete gitterartige Füllstruktur im Innern und Hilfselemente, die Überhänge stützen und weitere Aufgaben übernehmen.

Im Folgenden werden die technologiespezifischen Elemente und Begriffe erklärt, um die Basis für die dazu gehörigen Parametereinstellungen in Simplify3D zu bilden. Durch gezielten Einsatz der Parameter kann die Eigenschaft des Druckteils in vielen Details gezielt beeinflusst werden.

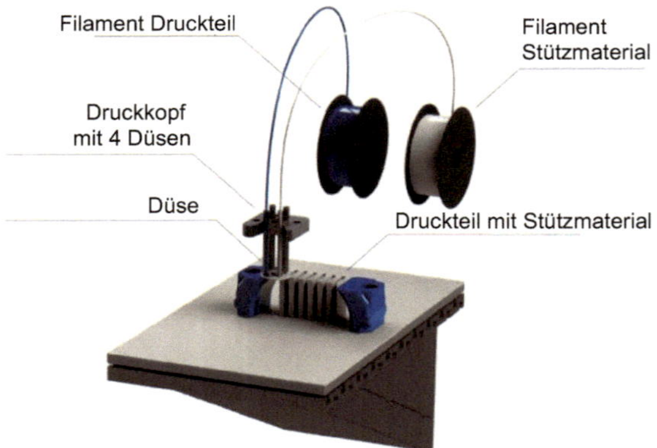

Bild 2.1 Schichtweiser Aufbau des Druckteils durch Aufschmelzen von Filament

■ 2.3 FFF-Extrusion

2.3.1 Funktionsweise Extruder

Das Kernelement des 3D-Druckers ist der Extruder, der aus dem zugeführten Kunststoffdraht (Filament) durch Aufschmelzen und Extrusion das Druckteil erzeugt. Dieser Druckkopf teilt sich auf in zwei Funktionsgruppen (Bild 2.2):

- den Filamentvorschub zur fein dosierten Zuführung des Filaments beim Druck,
- den Druckkopf mit den beheizten Düsen, die das Filament aufschmelzen und durch einen feinen Düsenauslass auf dem Drucktisch auftragen. Der Begriff Hotend bezeichnet im engeren Sinn nur den Heißbereich der Düse, im weiteren Sinn wird er häufig für den ganzen zuführenden Düsenbereich genutzt. In diesem Buch wird der Begriff Hotend nur in den Fällen genutzt, in dem nur der beheizte Bereich der Gesamtdüse angesprochen wird. Ansonsten wird die Gesamtdüse als Düse bezeichnet.

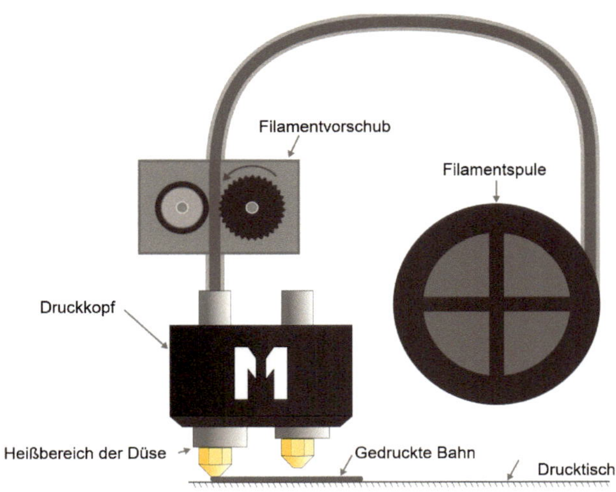

Bild 2.2 Aufbau des Druckkopfs: Vorschub und Düsen

Durch den Filamentvorschub wird das Filament zuerst in den Kaltbereich und dann in den Schmelzbereich der Düse gefördert. Dieser beheizte Bereich wird als Hotend bezeichnet, in ihm findet das Aufschmelzen des thermoplastischen Kunststoffs statt. In Bild 2.3 ist der Aufbau einer Düse im Detail dargestellt. Der Kaltbereich führt das Filament in die Düse, dieses soll hier möglichst noch nicht angeschmolzen werden. Der Kaltbereich wird häufig aktiv gekühlt. Im Heißbereich entsteht die Kunststoffschmelze, die durch den Druck aus der Düse gefördert wird.

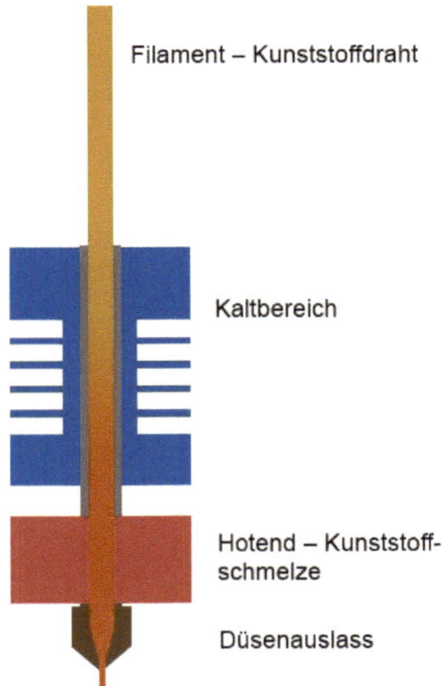

Bild 2.3
Aufbau einer 3D-Druck-Düse

Der Düsendurchmesser des Düsenauslasses ist relativ klein (gängig sind Düsendurchmesser von 0,2 – 2 mm), sodass ein gewisser Druck notwendig ist, um die Kunststoffschmelze hindurchzupressen. Dieser Druck wird durch das Filament erzeugt, das wie ein Kolben wirkt, gleichzeitig aber selbst fortlaufend aufschmilzt. Damit diese Schmelze nicht unregelmäßig aus der Düse tropft, sondern mit einem gezielten und geregelten Volumenstrom aufgetragen werden kann, muss der Filamentvorschub möglichst genau geregelt werden.

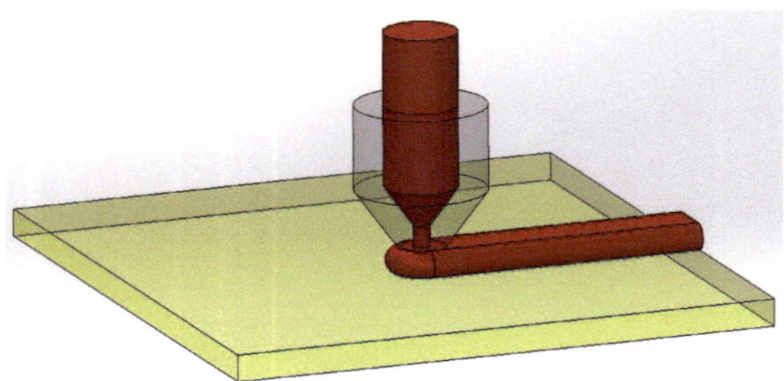

Durch die exakte Steuerung der Filamentvorschublänge, die zum Fahrweg der Düse zugeordnet wird, entsteht auf dem Drucktisch eine Bahn mit einem fein dosierten Volumenstrom. So wird sichergestellt, dass die abgelegte Bahn eine genau definierte Breite und Höhe erhält.

Die Geometrie der Bahn ist zusätzlich definiert durch den Abstand der Düse zum Druckteil oder zum Drucktisch. Dieser Abstand der Düse zur darunterliegenden Schicht bildet die Schichthöhe. Die Düse presst sozusagen die Kunststoffschmelze in eine ovale Form zwischen Düsenspitze und darunter liegenden Schichten. Bild 2.4 stellt an zwei unterschiedlichen Schichthöhen dar, wie Schichthöhe und Extrusionsbreite durch den exakten Volumenstrom definiert werden.

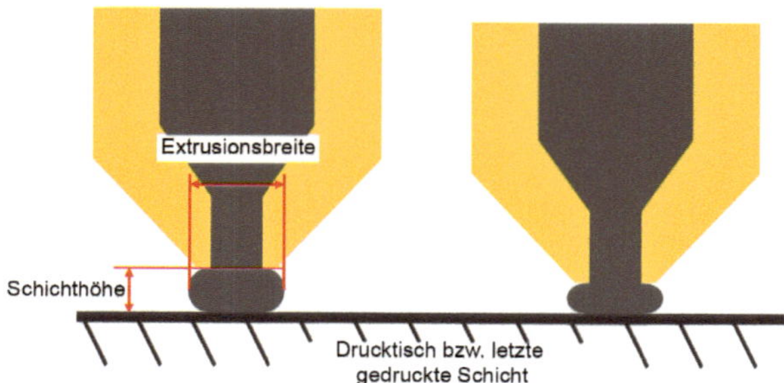

Bild 2.4 Extrusionsbreite definiert durch Schichthöhe und Volumenstrom

Wird bei konstanter Schichthöhe der Volumenstrom erhöht, so wird die Extrusionsbreite größer. Die Schichthöhe wird in Simplify3D innerhalb des Druckteils konstant gehalten, sodass die Form und Breite der Bahn durch einen fein geregelten Volumenstrom bestimmt wird.

Die abgelegten Bahnen werden nebeneinander sukzessive miteinander verschweißt: Mit jeder neuen Bahn wird die angrenzende Bahn leicht aufgeschmolzen, wodurch sich die Bahnen verbinden und eine feste Schicht bilden. Durch die ovale Form der Bahn wird zusätzlich erreicht, dass die jeweiligen Bahnen eine größere Auflagefläche auf der darunter liegenden Schicht haben und sich so optimal mit dieser verschweißen können.

Genauso werden beim Auftragen neuer Bahnen auf die vorige Schicht die Schichten miteinander im Bereich der Bahn verschweißt. Wichtig sind für die Festigkeit dieser Verschweißung folgende Punkte:

- Der Wärmeeintrag durch die neu aufgeschmolzene Bahn stellt die Verschweißung her. Wird mit eher kühlen Temperaturen aufgeschmolzen, ist die Verschweißung schwächer als mit höheren Düsentemperaturen.
- Wird ein großes Volumen aufgetragen, so wird mehr Wärme und damit Energie für die Verschweißung eingebracht.
- Auch zu starke Druckkühlung führt zu einer geringeren Lagenverschweißung und Festigkeit.

2.3.2 Extrusionsbreiten und deren Einfluss auf Maßhaltigkeit und Festigkeit

Der wichtigste Faktor für gute 3D-Druckergebnisse liegt in der korrekten Kalibrierung der Extrusionsbreite und einem sehr präzisen Filamentvorschub. Wie oben beschrieben, fördert der Filamentvorschub genau die Länge an Filament in die Düse, die dem Volumen der Bahn für den gleichzeitigen Fahrweg entspricht. Der enthaltene Korrekturfaktor Extrusions-Multiplikator dient der Feinjustierung der Ist-Breite der Bahn in Abgleich mit der als Zielwert eingestellten Extrusionsbreite. Die Kalibrierung des Extrusions-Multiplikators wird in Abschnitt 9.8 beschrieben.

Bild 2.5 stellt in der Mitte die korrekte Einstellung des Multiplikators dar: Die Außenabmessungen entsprechen mit dieser Einstellung den Sollwerten, damit ist Maßhaltigkeit erreicht. Im Inneren berühren sich die Bahnen für gute Verschweißung (hier kommen häufig noch Überlappungsfaktoren hinzu für bessere Bahnverschweißung). Die obere Darstellung im Bild zeigt einen zu kleinen Extrusions-Multiplikator, damit ist sowohl die Außenabmessung zu klein als auch die Bahnverschweißung im Inneren mangelhaft. Dies wird auch als Unterextrusion bezeichnet. Die unterste Darstellung zeigt Überextrusion: Durch den zu großen Volumenstrom werden die Außenabmessungen des Druckteils zu groß. Im Innern bilden sich durch die Überextrusion Überstände durch überquellendes Material, die neben der unschönen Oberfläche auch zu Lagenversatz durch Hängenbleiben der Düse führen können.

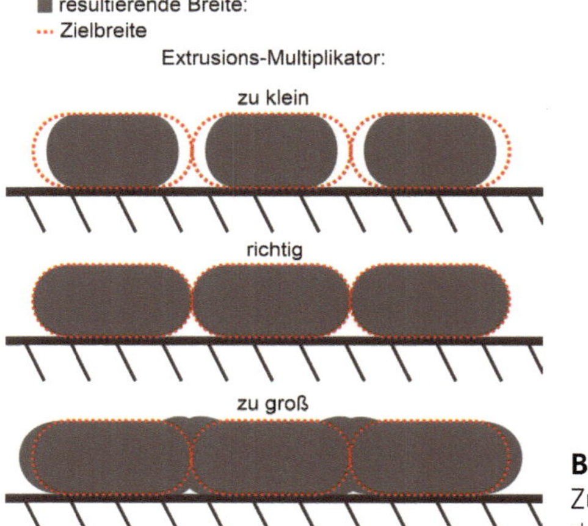

Bild 2.5
Zu kleine, korrekte und zu große Einstellung der Extrusionsbreite (von oben nach unten)

Sinnvolle Werte der Schichthöhen und der Extrusionsbreiten werden in Abschnitt 2.9 beschrieben.

Wichtig: Das aufgetragene Kunststoffvolumen in Form von ovalen Einzelfäden wird bestimmt durch die Länge des geförderten Filaments und damit der Menge des geförderten Kunststoffs. Die ovale Form der abgelegten Bahn hängt vom Volumenstrom und der Düsenhöhe/Schichthöhe ab. **Die korrekte Einstellung der Extrusionsbreite ist der elementare Faktor für Maßhaltigkeit und Festigkeit.** Die Kalibrierung dieser Einstellung wird in Abschnitt 9.8.2 beschrieben.

2.3.3 Die Schwächen der Technologie und deren Abhilfe

Das Prinzip der FFF-Drucktechnologie ist sehr zuverlässig und einfach, benötigt jedoch Hilfselemente für große Formenvielfalt und für einige spezielle Funktionen. Diese Hilfselemente und -funktionen müssen neben der reinen Druckteilgeometrie zusätzlich von der CAM-Software generiert werden.

1. **Stützstrukturen**
   Die Tatsache, dass die Bahnen immer auf eine Unterlage gedruckt werden müssen, da sie ansonsten herunterfallen würden, macht Schwierigkeiten bei Überhängen oder frei im Raum stehender Geometrie. Hier muss ein „Untergrund" geschaffen werden in Form von Stützstrukturen.
2. **Haftstrukturen**
   Das Bauteil sitzt ohne Befestigung oder Fixierung auf dem Drucktisch. Allein die Haftung zwischen erster Schicht und Drucktisch muss für den gesamten Druckvorgang sicherstellen, dass das Druckteil sich nicht löst.
3. **Elemente für die Düsenfüllung**
   Die Düsen haben meist keinen Verschluss. Das heißt, dass die Schmelze während der Pausen aus der Düse tropfen kann und beim Druckbeginn zu wenig Kunststoff in der Düse zur Verfügung steht (vermehrt beim Mehrfachdruck). Hierfür werden Hilfselemente gedruckt, die sicherstellen, dass bis zum Druck auf dem Bauteil die Düse gleichmäßig gefüllt ist.
4. **Nachtropfen/Oozing verhindern**
   Wie unter Punkt 3 beschrieben, tropft die heiße Kunststoffschmelze in Druckpausen aus der Düse und verschmiert das Druckteil. Dagegen helfen Filamenteinzüge (Retracts) und Abstreifwände (Tropfenschutz), die dafür sorgen sollen, dass die Düse vor dem Druck einmal abgestreift wird und die Tropfen so an der Abstreifwand anstatt auf dem Druckteil zu liegen kommen.

Simplify3D besitzt für diese Hilfselemente mehrere Funktionen, die für individuelle Drucker und Druckteilgeometrien einstellbar sind. Diese Funktionen werden in Abschnitt 2.7 beschrieben.

2.4 Von der Datei zum Druckteil – CAM-Software

Als Grundlage für ein Druckteil ist ein 3D-Modell in geeignetem Dateiformat erforderlich (*.stl* oder *.obj,* siehe Kapitel 4). Dieses Modell wird in eine Slicer-Software – hier konkret Simplify3D – importiert. Anschließend wird das Modell mit den gewünschten Druckeinstellungen in Form von Prozessen ausgestattet und dann als

G-Code-Datei exportiert oder alternativ direkt an den 3D-Drucker gesendet. Der G-Code ist eine für die Maschine lesbare Datei ähnlich dem ISO 6983 - G-Code-Standard, der auch in anderen Werkzeugmaschinen eingesetzt wird. Darüber hinaus enthält der G-Code für 3D-Druck jedoch viele weitere 3D-Druck-spezifische Befehle wie z. B. die Temperatursteuerung, die leider noch nicht genormt sind und sich je nach Druckerhersteller unterscheiden können.

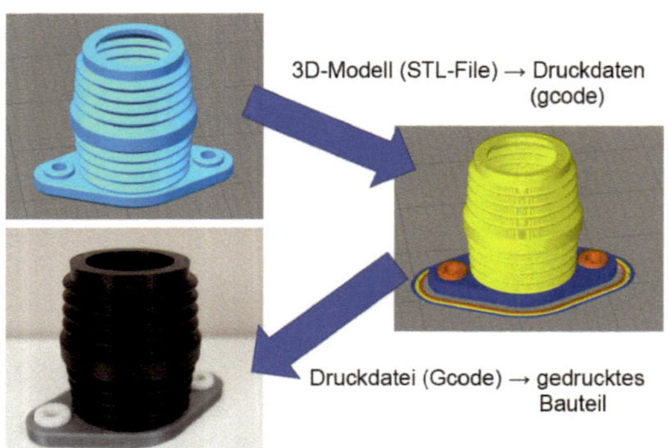

Bild 2.6
Vom Modell über die CAM-Software zum G-Code und damit zum 3D-Druckteil

2.5 Technologische Fachbegriffe – Der Überblick

Dieses Kapitel soll vor allem ein Problem der deutschen Übersetzung von Simplify3D und der deutlich gängigeren englischen Fachbegriffe im deutschen Sprachraum lösen. Die teilweise schlechten und unverständlichen Übersetzungen von Simplify3D werden in diesem Buch überall dort genannt, wo direkt auf die jeweiligen Einstellungen Bezug genommen wird. Das betrifft zum Beispiel Parameterbezeichnungen oder Einstellungen. Dennoch werden in den anderen Bereichen des Buchs die eingebürgerten englischen Fachbegriffe genutzt. Dies erleichtert dem Leser die Recherche im Internet oder anderen Quellen zu den Themen, da dort die englischen Begriffe deutlich häufiger auffindbar sind.

Die folgenden beiden Tabellen enthalten die wichtigsten Merkmale und Fachbegriffe der Technologie im Überblick und stellt den Zusammenhang zwischen gängigen englischen Fachtermini, der deutschen Übersetzung in Simplify3D und (wenn nötig) einer verständlicheren deutschen Übersetzung her. Tabelle 2.1 enthält die wichtigsten Technologiefachbegriffe, Tabelle 2.2 geht konkret auf die im Programm leider nicht übersetzte Druckvorschau von Simplify3D ein.

Tabelle 2.1 Allgemeine technologische Fachbegriffe

Begriff englisch	Begriff korrekt deutsch mit Erklärung	Simplify3D deutsche Version	Beschrieben in Kapitel
Slicer-Software	CAM-Software		Abschnitt 2.4
Host	3D-Drucker-Steuerungsprogramm	*Geräte-Bedienfeld*	Abschnitt 7.3
Extruder	Druckkopf/Extruder	*Werkzeug, Extruder*	Abschnitt 2.10.1
Hotend	Düse (meist verwendet für die komplette Düse mit Kalt- und Heißbereich)	*Werkzeug, Tool*	Abschnitt 2.3.1
Layer	Schicht/Lage	*Schicht*	Kapitel 8
Oozing	Nachtropfen, Ablagerungen und Fäden im Druckteil durch tropfende Düsen	*Tropfen (Tropfenschutz, Überquellkontrolle)*	Abschnitt 2.7.6 Abschnitt 2.7.3
Stringing	Ebenfalls durch Nachtropfen erzeugte dünne Fäden zwischen Druckbereichen	Nicht verwendet	Abschnitt 2.7.6 Abschnitt 2.7.3
Warping	Schrumpfung durch Abkühlung, häufig bezogen auf das Anheben der auf dem Drucktisch aufliegenden Ecken und Schichten	Nicht verwendet	Abschnitt 2.7.2
Retract	Filament-Rückzug zur Vermeidung von Oozing und Stringing	*Einzug*	Abschnitt 2.7.3
Bowden-Extruder	Druckkopf mit Schlauch (Bowden) zwischen Hotends und Vorschub	Nicht verwendet	Abschnitt 2.3.1
Direct Drive Extruder	Druckkopf mit direkt angeschlossenem Vorschub	Nicht verwendet	Abschnitt 2.3.1
Filament	Kunststoffdraht/Filament	*Rohfaden*	Abschnitt 2.10
3D-Model	3D-Modell	*Modell*	Kapitel 3 und 4
Profile	3D-Druck-Profil (Vorlage für Prozesse)	*FFF-Profil*	Kapitel 6
Process	Prozess	*Prozess*	Kapitel 6
Factory-File	Zusammenfassende Datei in Simplify3D mit allen Druckdaten eines Projekts	*Hersteller-Datei*	Kapitel 3

Sehr hilfreich ist hier auch die Merkmalsansicht in der Simpify3D-Druckvorschau, denn hier hat Simplify3D auf eine Übersetzung verzichtet und somit bereits die gängigeren Fachbegriffe verwendet. Die Merkmale sind anhand der farblichen Markierung sehr gut zu unterscheiden und besser zu verstehen. Die Bedienung der Druckvorschau wird in Abschnitt 6.3 ausführlich beschrieben.

Tabelle 2.2 Merkmalstypen in der Simplify3D-Druckvorschau

Farbe in der Druck-vorschau	Begriff englisch	Begriff korrekt deutsch bzw. eingebürgert im deutschen Sprachraum	Einstellung im Parameter-bereich/Simplify3D deutsche Version
Rot	**Travel**	Freifahrt/Leerfahrt → schnelle Fahrt ohne Druckvorgang	*Wegbewegungen*
Himmelblau	**Outer Perimeter**	Äußerer Perimeter → Umrandungsbahn	*Äußere Kontur-/Umfangshülle*
Türkis	**Inner Perimeter**	Innerer Perimeter → Umrandungsbahn	*Innere Kontur-/Umfangshülle*
Blau	**External Single Extrusion**	Äußere Single-Extrusion → breitenvariable Bahn als Ersatz für die äußere Kontur-hülle/Outer Perimeter bei dünnen Wandstärken	*Äußerer dünner Wand Modus → Einzeln extrudierte Wände*
Dunkelgrün	**Internal Single Extrusion**	Innere Single-Extrusion → breitenvariable Bahn als Ersatz für die Innere Kontur-hülle/Inner Perimeter bei dünnen Wandstärken	*Innerer dünner Wand Modus → Einzeln extrudierte Wände*
Helles Türkis	**Gap Fill**	Lücken-Füllmuster in dünnen Wänden	*Innerer dünner Wand Modus → Lücken füllen erlauben*
Grün	**Solid Layer**	Voll gefüllte Schichten	*Schicht → Oberste und unterste feste Schichten*
Orange	**Infill**	Infill/Füllung/Füllgrad	*Infill*, teilweise auch *Fill*
Gelb	**Bridge**	Brücke/Bridge	*Übergänge*
Hellgrau	**Support**	Stützstruktur/Stützen	*Stützmaterial/Stützen*
Dunkelgrau	**Dense Support**	Dichte Stützstruktur	*Dichte Stützstruktur*
Rosa	**Raft**	Raft	*Raft*
Dunkelrosa	**Skirt/Brim**	Schürze - Rand	*Schürze/Rand*
Lila	**Prime Pillar**	Zusatzturm für gute Düsen-füllung, Prime Tower	*Grundierungsstütze*
Helles Lila	**Ooze Shield**	Abstreifwand	*Tropfenschutz*

2.6 Druckteile: Feste Schale – Gitterstruktur-Kern

Ein wichtiges Merkmal der FFF-Technologie ist, dass meist keine vollmassiven Körper gedruckt werden, sondern dass im Inneren eine Leichtbaugitterstruktur mit guter Festigkeit genutzt wird. Dies spart Druckdauer und Material. Man kann durch die frei wählbare Dicke der Außenhaut und der Gitterform und Füllgrad sehr feste Druckteile bei gleichzeitig moderater Druckdauer und reduziertem Materialeinsatz erzeugen. Leichtbau ist hier also Programm, was nicht heißt, dass man nicht vollmassiv drucken kann. Bild 2.7 zeigt ein Beispieldruckteil, bei dem links ein sehr massiver Infill mit 2 mm Düse in nur 7 Minuten gedruckt wurde, rechts ein normaler Infill mit 0,5 mm Düse, der in 35 Minuten gedruckt wurde. Dieses Beispiel zeigt, wie man 3D-Druckteile deutlich schneller drucken kann, wenn mehrere Düsen eingesetzt werden können.

Bild 2.7
Druckteilbeispiel mit sehr dickem Infill, gedruckt mit einer großen Düse (links) und mit gleicher Düse wie die Konturhüllen (rechts)

Bild 2.8 zeigt die Außenhaut eines gedruckten Würfels einmal im Schnitt und daneben ungeschnitten. Die Hülle des Körpers wird in 2 Elemente aufgeteilt:

- Die Außenhaut oben und unten (grün) wird beim FFF-Druck abgebildet durch die unteren und oberen vollgefüllten Schichten (in Simplify3D **Oberste** und **Unterste feste Schichten** genannt).
- Die Außenhaut seitlich (dunkel- und hellblau) wird durch umlaufende Bahnen gebildet, die als **Perimeter** oder übersetzt als **Kontur-Umfangshüllen** bezeichnet werden.

Im Inneren des Druckteils befindet sich der Infill (übersetzt die Füllung), der in Simplify3D orange dargestellt wird.

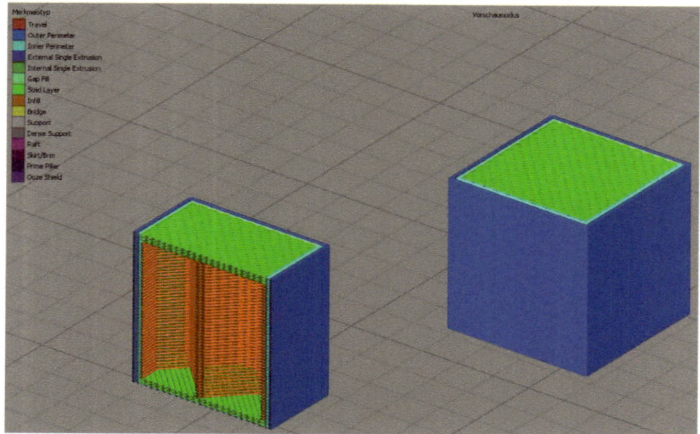

Bild 2.8 Druckvorschau linker Würfel, geschnitten, zeigt den Infill.

Diese Außenhaut als feste und tragfähige „Schale“ kann frei definiert und dicker oder dünner gestaltet werden, und der Infill kann von hohl bis vollgefüllt frei eingestellt werden. Im Bereich der untersten und obersten Schichten entstehen festere Wände, wenn die Anzahl der festen Schichten erhöht wird. Im Bereich der seitlichen Wände werden hierfür mehr Perimeter (Konturhüllen) eingesetzt.

2.6.1 Seitliche Kontur-/Umfangshülle – Perimeter

Die seitlichen Wände der Druckteile werden durch die **Kontur-/Umfangshüllen** hergestellt, die auch im deutschen Sprachraum häufig als Perimeter bezeichnet werden. Dies sind die in Schichtebene umlaufenden Randbahnen des Druckteils, deren Anzahl für die gewünschte Wanddicke eingestellt werden kann. Bild 2.9 stellt nur diese Umfanghüllen des Druckteils Motorhalter dar. Die äußere Konturhülle ist in blau dargestellt, sie definiert neben der Wanddicke auch die Oberflächengüte als sichtbare Außenseite. Die innere(n) Konturhüllen werden in türkis dargestellt. Bei Erhöhung der Wanddicke durch Erhöhung der Anzahl der Umfangshüllen werden mehr innere Perimeter gedruckt.

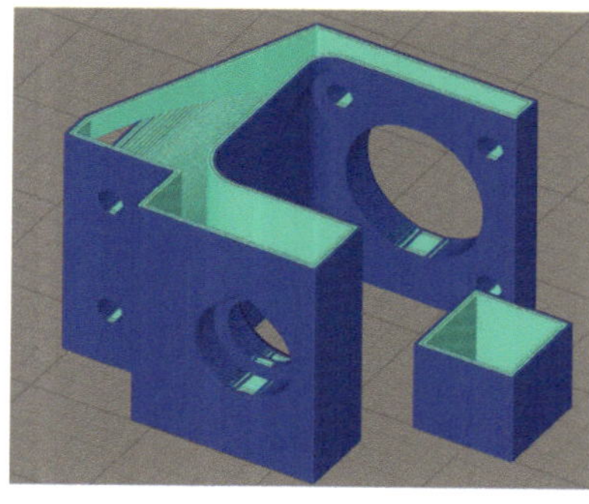

Bild 2.9
Äußere Konturhülle (blau), innere Konturhülle (türkis)

2.6.2 Oberste/Unterste feste Schichten

Die feste geschlossene Wand der Druckteile an oben und unten abschließenden Flächen bilden die sogenannten obersten und untersten festen Schichten (im Englischen Solid Layer). Diese sind immer zu 100% gefüllt. Die Wandstärken der Druckteile an diesen Ober- und Unterseiten kann durch die Anzahl der festen Schichten eingestellt werden. Simplify3D unterscheidet zwischen den Ober- und Unterseiten, deren Wanddicke durch Einstellung der Anzahl der festen Schichten für beide separat eingegeben werden kann. Bild 2.10 stellt die obersten und untersten festen Schichten am Beispiel des Motorhalters dar. Wie dort zu sehen ist, gibt es nicht nur in der oberen Abschlussfläche oberste Schichten, sondern überall dort im Druckteil, wo nach oben abschließende Flächen vorhanden sind. Analog gilt dies für die untersten Schichten.

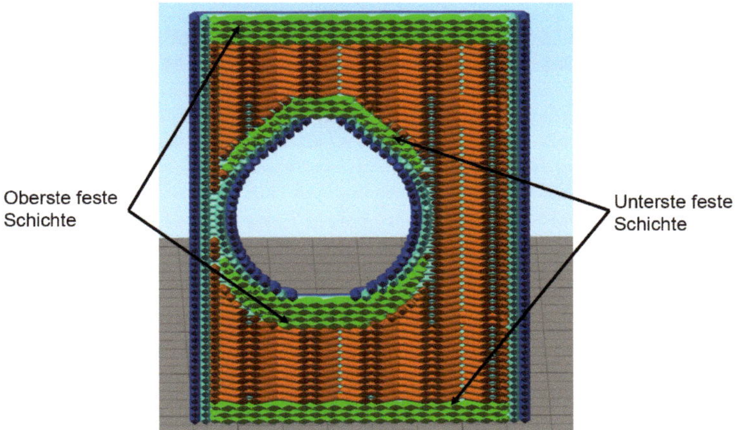

Bild 2.10 Oberste und unterste feste Schichten

Dabei handelt es sich bei den Schichten an der Unterseite der Bohrung in Bild 2.10 um obere feste Schichten, da vom Druckteil aus gesehen diese Schichten das Druckteil nach oben abschließen. Entsprechend handelt es sich bei den festen Schichten an der Oberseite der Bohrung um untere feste Schichten, da dort das Druckteil wieder beginnt. Der Querschnitt zeigt: Auch in den Bereichen schräger oder gekrümmter Außenwände werden die obersten und untersten festen Schichten gedruckt.

2.6.3 Infill – Füllung

Die Gitterstruktur im Innern des Druckteils wird als *Infill* (Füllung) bezeichnet. Dichte und Füllmuster können hier dem Druckteil angepasst werden. Der Infill erfüllt zwei wichtige Funktionen:

- Der Infill sorgt als Gitterstruktur für Festigkeit im Inneren des Druckteils. Hierbei kann die Festigkeit durch unterschiedliche Füllmuster und die Dichte (Füllgrad in Prozent) der Füllung (und sogar ein anderes Material) beeinflusst werden. Da Dichte und Füllmuster einen großen Einfluss auf die Druckzeit und den Verbrauch von Material haben, sollte immer eine Abwägung bezüglich der benötigten Festigkeit getroffen werden.
- Der Infill dient für das Druckteil im Innern als Stütze für die **oberen festen Schichten**. Auch wenn ein Druckteil keinen Infill für Festigkeit benötigt, wird diese oft für diese Stützwirkung benötigt.

Simplify3D verfügt über vielzählige Möglichkeiten, um die Gitterstruktur des Infills zu gestalten. Das sind von Wabenmustern über lineare Muster und winklige Muster auch Wellenlinien. In folgendem Bild sind diese Füllmuster dargestellt:

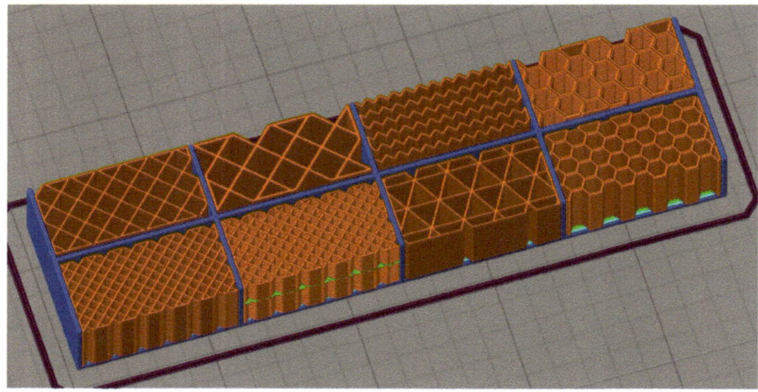

Auch der Füllgrad ist für jedes Füllmuster frei einstellbar.

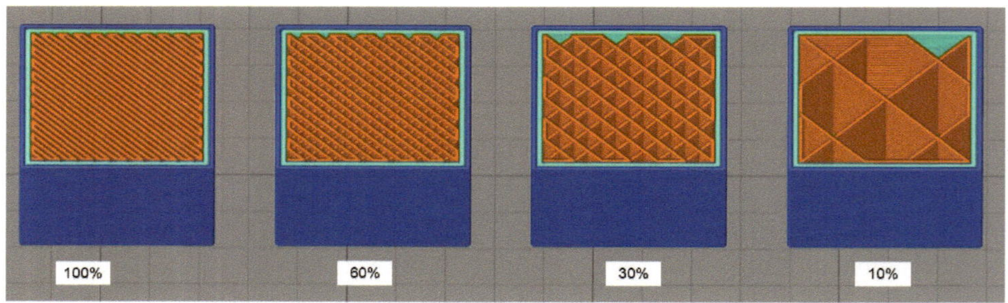

Die Wahl des Musters und des Füllgrads wird vom Anwendungsfall und den Anwenderwünschen bestimmt, Tipps und praktische Anwendungsfälle hierzu befinden sich in Abschnitt 8.4.

2.6.4 Übergänge - Bridges

Mit der ungünstigen Übersetzung **Übergänge** sind eigentlich Brücken gemeint (engl. Bridges). Sie bezeichnen kleine „freitragende" Bereiche, die wie bei Brücken von Pfeiler zu Pfeiler über kurze Entfernungen ohne Stützmaterial gedruckt werden können. Es ist in der FFF-Technologie gängig, solche kurzen Brücken ohne Stützmaterial zu drucken. Die einsetzbare, freitragende Strecke muss je nach Geometrie, Kunststoff und Oberflächen-/Festigkeitswünschen eingestellt werden. Abschnitt 9.8.4 stellt ein Kalibriermodell und das Vorgehen zum Ermitteln der sinnvoll druckbaren Brückenlängen dar. Simplify3D hat für diese Bereiche eigene Einstellungen, die es ermöglichen, in diesen Bereichen einige Parameter so anzupassen, dass das Abfallen und Durchhängen der Bahnen reduziert wird. Diese Übergänge finden sich überall dort, wo keine untere tragende Schicht innerhalb des Druckteils vorhanden ist. Sie können also auch als erste Druckteilschicht auf der Stützstruktur aufliegen. Bild 2.11 stellt eine Brückenschicht (gelb) innerhalb eines Druckteils dar.

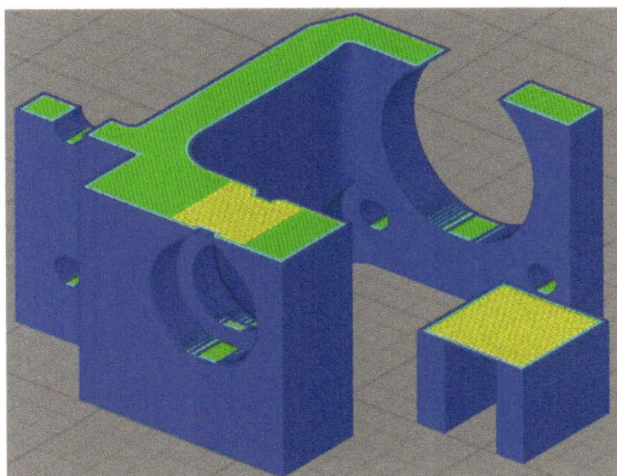

Bild 2.11
Brücken innerhalb des Druckteils

Mit Übergängen kann je nach Situation vorgegangen werden:

- **Drucken der Übergänge ohne Stützstruktur:** Übergänge, die an gegenüberliegenden Seiten aufliegen, können ohne Stützstruktur gedruckt werden. Die Bahnen liegen wie eine Brücke auf den gegenüberliegenden Pfeilern auf. So können die Bahnen während des Drucks von einer Seite zur anderen gespannt werden. Durch das Drucken von Übergängen ohne Stützstruktur wird der Verbrauch von Stützmaterial und Druckzeit hierfür vermieden. Dabei können verschiedene Prozesseinstellungen genutzt werden, um das Durchhängen der Bahnen zu verringern.

- **Drucken der Übergänge mit Stützstruktur:** Es kann eine Stützstruktur verwendet werden, um die Bahnen der Übergänge zu stützen. Dann bildet der Übergang die erste feste Schicht des Druckteils, die auf der Stützstruktur aufliegt.

2.6.5 Verhalten bei dünnen Wänden – Single-Extrusion

Bei Druckteilen mit dünnwandigen Geometrien ist es meist nicht möglich, einen Infill zu drucken. Gleichzeitig ist die Technologie gerade hier eher etwas schwach ausgestattet, da die Richtung der geringsten Festigkeit zwischen den Schichten liegt. Und bei dünnwandigen Teilen ist die Schichtfläche, also die Schweißnaht, nicht sehr groß. Daher hat Simplify3D zur Verstärkung von dünnwandigen Teilen eine Funktion zur Füllung einer eventuellen Lücke. Die sogenannte Single-Extrusion sowohl innerhalb der Konturhüllen als auch im Außenbereich wird in Bild 2.12 dargestellt. Anhand eines spitz zulaufenden Körpers wird ersichtlich (von unten nach oben beschrieben):

1. Die Wandstärke pro Schicht wird mit Konturhüllen gefüllt, solange ein geradzahliges Vielfaches der Extrusionsbreite rechnerisch in die Wandstärke der jeweiligen Schicht passt. In der untersten Schicht sind dies 2 mal 3 Konturhüllen (blau die äußere, türkis die innere und hellgrün eine weitere innere). Wichtig: Simplify3D kennt keine einzelne Konturhülle; entweder sind 2 möglich oder die Lücke bleibt ungefüllt.
2. In den folgenden 3 Schichten wird die Lücke im Innern nicht gefüllt, da in diesen Zwischenraum rein rechnerisch keine 2 Konturhüllen mehr passen.
3. Dieser Hohlraum kann mit der sogenannten inneren Single-Extrusion gefüllt werden (in den Schichten 5 bis 8 von unten wird dargestellt, wie diese dunkelgrün dargestellte Bahn die Lücken füllt). Diese einzelnen Bahnen sind breitenvariabel und werden von Simplify3D in einem gewissen Rahmen so in der Breite angepasst, dass die Lücke möglichst gut gefüllt wird.
4. In Schicht 9 passen die zwei äußeren Perimeter mit einer geringen Überlappung nebeneinander. Auch in diesem Bereich kennt Simplify3D keine einzelne Konturhülle. Wenn die Funktion der Single-Extrusion hier nicht verwendet wird, würden die letzten drei Schichten gar nicht gedruckt.
5. Ab Schicht 10 wird dann die dunkelblau dargestellte äußere Single-Extrusion-Bahn ebenso breitenvariabel gedruckt (in gewissen Grenzen, die in Abschnitt 8.12.3 beschrieben werden).

Diese spezifische Bahnführung wird in der deutschen Programmversion **einzeln extrudierte Bahn** (engl. Single Extrusion) genannt. Sie kann aktiviert oder deaktiviert werden. Die Einstellungen hierzu sind in Abschnitt 8.12.3 zu finden, und die Vorgehensweise beim Verwenden dieser Funktion wird im Praxisbeispiel in Abschnitt 9.4 und 9.5 beschrieben. Statt der einzeln extrudierten Bahn kann auch ein sogenannter Gap-Fill **(Lücken füllen erlauben)** für dünne Wände eingesetzt werden, dieser ist jedoch deutlich weniger effektiv (siehe Abschnitt 8.12.3).

Bild 2.12
Verhalten bei dünnen Wänden: die sogenannte Single-Extrusion

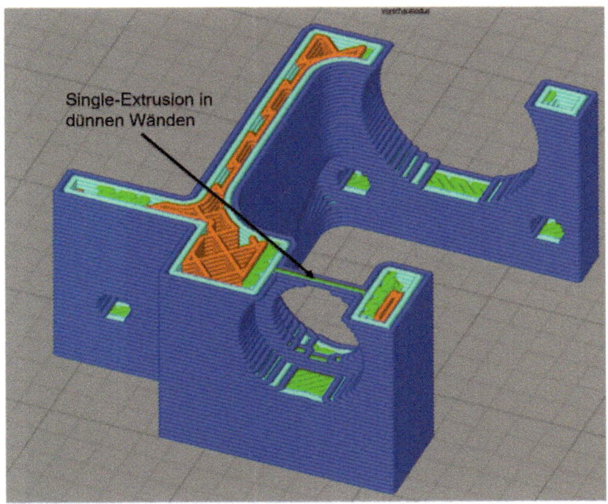

2.6.6 Die sichtbare Z-Naht

Auf dem äußeren Perimeter treffen sich immer Start- und Endpunkt einer Bahn. Dieser Punkt ist abhängig von der Druckerkalibrierung mehr oder weniger sichtbar. Ganz verhindert werden kann dieser Punkt jedoch nicht, er ist pro Druckbereich einmal vorhanden. Bild 2.13 zeigt eine Z-Naht an einem Druckteil.

Die Positionen der Anfangs- und Endpunkte können in gewissen Grenzen eingestellt werden. So werden sie häufig in Ecken gelegt, da sie dort optisch weniger stören. Sie können jedoch auch zufällig verteilt werden oder – wenn die Oberfläche keine Rolle spielt – so gesetzt werden, dass möglichst wenig Freifahrten nötig werden. Das heißt dann, dass vom jeweiligen Bahnende der räumlich nächstmögliche neue Bahnanfang genutzt wird. Dann stellt sich dieser Punkt nicht als Linie dar, sondern als auf der Oberfläche verteilte Punkte. Auch durch gut justierte Druckparameter kann die Sichtbarkeit dieser Naht deutlich reduziert werden. Diese Einstellungen sind in Kapitel 8 genauer beschrieben.

Bild 2.13
Z-Naht (engl. Z Seam)

■ 2.7 Hilfselemente und -funktionen in Simplify3D

2.7.1 Stützstrukturen, Überhangswinkel und Brücken

In der FFF-Technologie können schräge Überhänge bis zu einem gewissen Überhangswinkel ohne Stützmaterial gedruckt werden. Je nach Filament und Druckparametern kann bis zu Überhangswinkeln von ca. 45 – 70° komplett auf Stützstrukturen verzichtet werden. Darüber hinaus sind mit guter Kühlung größere Winkel zu drucken, dort leidet jedoch die Festigkeit. Bei technischen Bauteilen können überhängende Bereiche meist nicht vermieden werden; durch den Einsatz von schrägen Übergängen (Fasen) oder Radien ist es aber in vielen Fällen möglich, Stützstrukturen beim Druckprozess zu vermeiden.

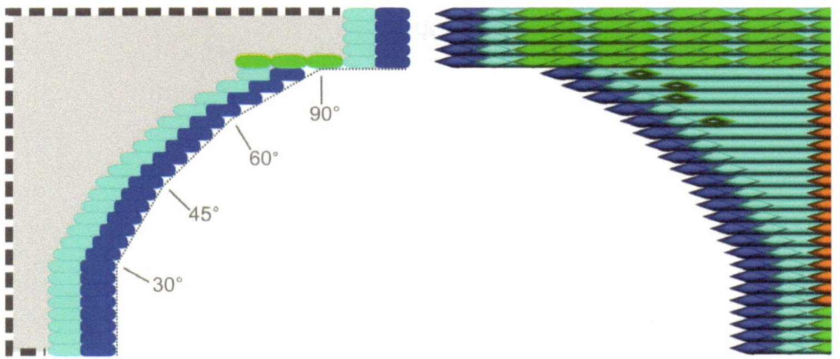

Bild 2.14 Verschiedene Überhangswinkel in der Seitenansicht (links schematisch, rechts Simplify3D-Druckvorschau)

Bild 2.14 zeigt verschiedene Überhangswinkel. Auf der linken Seite ist ersichtlich, dass mit möglichst breiten Bahnen größere Überhangswinkel möglich sind, da sich die Konturhüllen noch besser auf den darunterliegenden abstützen können. Einen Anhaltspunkt für ohne Stützmaterial druckbare Winkel gibt Bild 2.15: Im grünen bis gelben Bereich kann je nach Extrusionsbreite und Material gut gedruckt werden, darüber hinaus sind Druckfehler zu erwarten.

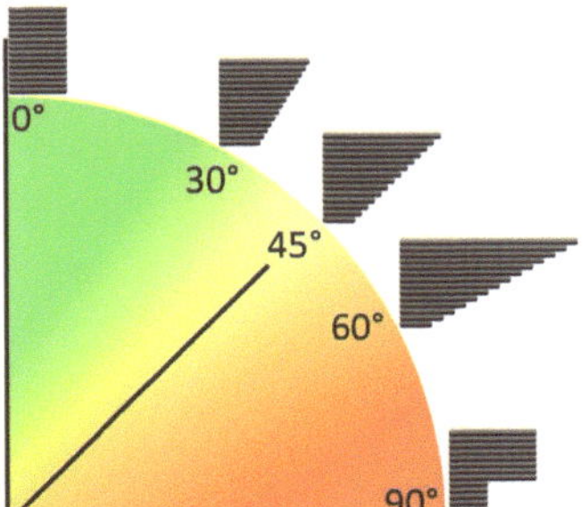

Bild 2.15
Druckbarkeit von Überhangswinkeln ohne Stützstruktur

Die zweite Möglichkeit sind die in Abschnitt 2.6.4 beschriebenen Brücken. Bild 2.16 zeigt Brücken im Bereich eines Lüftergehäuses, die ohne Stützmaterial gedruckt werden können.

Da sowohl Überhangswinkel als auch Brücken sehr stark abhängig sind von Material, Druckparametern und 3D-Drucker, sind für die Ermittlung der maximal möglichen Winkel und Längen Kalibrierdrucke hilfreich. Dazu finden sich in Abschnitt 9.8 Anleitungen anhand von Testmodellen.

Bild 2.16 Brücken/Übergänge ohne Stützstruktur

Für alle anderen Überhänge oder frei im Raum liegende Bauteilgeometrien werden immer Stützstrukturen (engl. Support) benötigt. Diese Hilfsgeometrie erlaubt einen deutlich größeren Freiheitsgrad von Druckteilen. Sie ist eine der wenigen Abfallkomponenten, die beim FFF-Druck entstehen.

Beim Single-Druck mit nur einer Düse werden Stützen und Bauteil aus dem gleichen Material gedruckt. Zwischen Stützstruktur gibt es zwar Sollbruchstellen, aber das Druckteil muss vergleichsweise aufwendig nachbearbeitet werden. Beim Druck mit mehreren Düsen kann mit speziellem Stützmaterial gearbeitet werden. Die Stützmaterialien werden gezielt daraufhin entwickelt, dass der Nachbearbeitungsaufwand reduziert wird. Wichtig ist hier, immer die entsprechenden Druckparameter anzupassen, Stützstrukturen im Single- bzw. Mehrmaterialdruck müssen grundlegend anders parametriert werden (siehe Kapitel 9, Praxisbeispiel Deckel).

Zwei Möglichkeiten für Stützmaterialien mit guter Entfernbarkeit sind verfügbar:

- Stützstruktur aus einem speziellen Material, das sich leicht wegbrechen lässt (Break-away-Material)
- Stützstruktur aus einem löslichen Material (zum Beispiel PVA, in Wasser löslich, oder HIPS, in Limonene löslich)

Bild 2.17 zeigt, wie einfach und unkompliziert zum Beispiel Break-away-Supportmaterialien entfernt werden können.

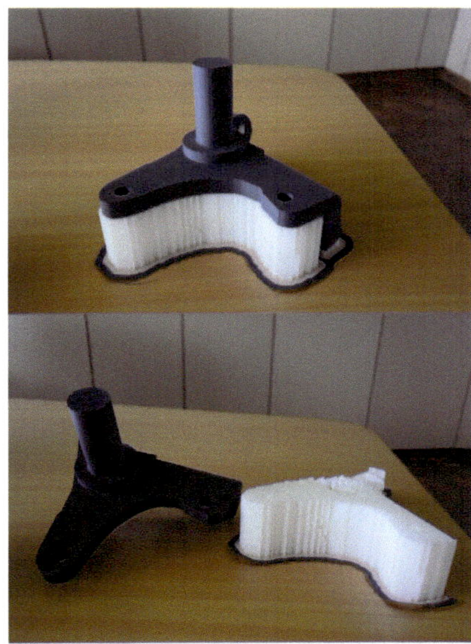

Bild 2.17
Druckteil mit Break-away-Support (Radträger im Rennsport - Montagetest)

Für innenliegende Kanäle oder Hinterschneidungen eignet sich lösliches Stützmaterial wie PVA. Der Auflösungsprozess ist in Bild 2.18 dargestellt.

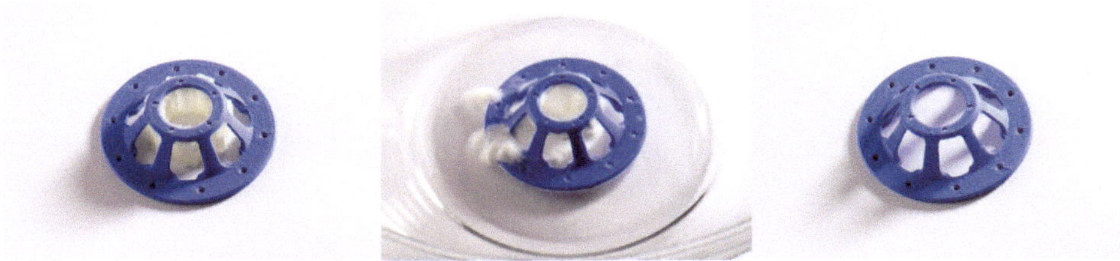

Bild 2.18 Lösliches Stützmaterial - einfach auswaschbares PVA

Damit Stützstrukturen nicht aufwendig von Hand modelliert werden müssen, bringt Simplify3D eine eigene Funktion zur automatisierten und manuell erzeugten Positionierung der Stützstrukturen mit.

Bei den Stützstrukturen sind immer zwei Teilbereiche zu bedenken:

- **Die gezielte Positionierung mit dem Stützstruktur-Assistenten:** Um Druckzeit, Materialverbrauch und Nachbearbeitung zu sparen sollte der größtmögliche Überhangswinkel und die Brückenmöglichkeit möglichst voll ausgenutzt und die notwendige Stützstruktur sehr gezielt eingesetzt werden. Dennoch sollten keine alleinstehenden Pfeiler eingesetzt werden, da diese gern umkippen.

- **Die optimalen Druckparameter:** Für den Druck der Stützstruktur sind viele, speziell darauf ausgerichtete Einstellungen vorhanden (Füllgrad für die Stützpfeiler, Übergänge zum Druckteil, Haftung auf dem Drucktisch und vieles mehr).

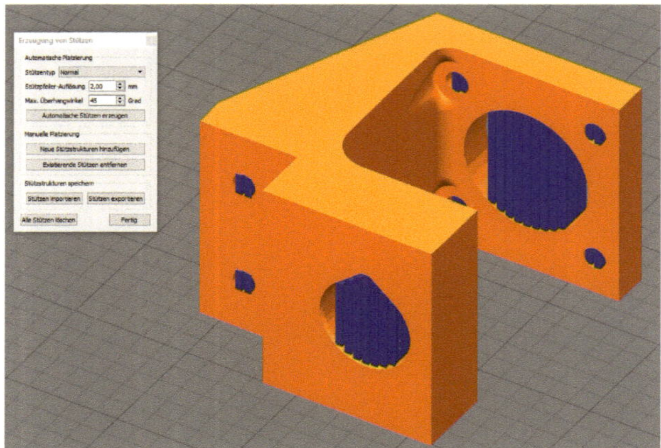

Bild 2.19 Erzeugung einer Stützstruktur an der Modellgeometrie

Stützstruktur und dichte Stützstruktur

Simplify3D verfügt über eine „normale" und eine zusätzliche sogenannte **dichte Stützstruktur**. Die normale Stützstruktur wird mit geringen Füllgraden gedruckt (10 – 30 %), sie soll die Überhänge gut stützen, aber nicht flächig anliegen. Hier soll ein guter Kompromiss zwischen Stützen und guter Trennbarkeit und somit wenig Nacharbeit gefunden werden. Das ist speziell beim Single-Druck die bessere Wahl. Für geringere Nacharbeit ist der Dual-Druck deutlich geeigneter, hier ist es sehr hilfreich, die sogenannten dichten Stützstrukturen einzubauen und einzustellen. Diese dichten Stützschichten bieten eine großflächige, dichte Auflage für das Werkstück und werden immer mit entweder gut wegzubrechendem oder löslichem Material eingesetzt. In Bild 2.20 sind im linken Bauteil für Dual-Druck diese dichten Strukturen (dunkelgrau) vorhanden, und im rechten Bauteil wird das normale Stützmaterial ohne dichte Stützschichten im Single-Druck eingesetzt.

In Abschnitt 7.8 ist die Bedienung und Funktion des Stützstruktur-Assistenten beschrieben. Die für das Stützmaterial wichtigen Druckeinstellungen und deren Einsatz befinden sich in Abschnitt 8.5. Kapitel 9 stellt die beiden Varianten Single-Druck und Dual-Druck konkret vor und bildet anhand des Praxisbeispiels Deckel die Vorgehensweise von der Strukturerzeugung bis zur Einstellung der Parameter ab.

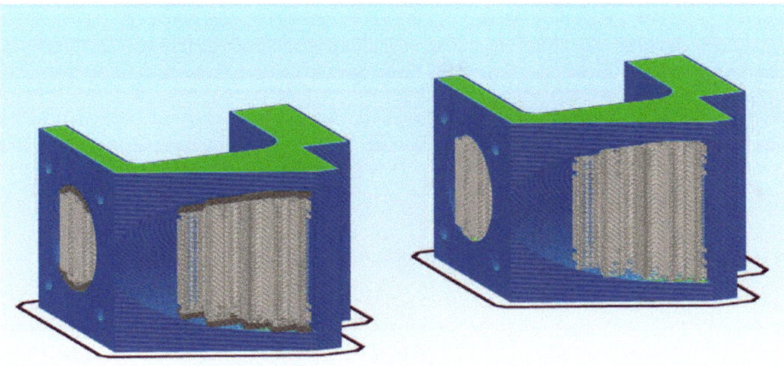

Bild 2.20 Dual-Druck mit dichter Stützstruktur (dunkelgrau, links) – Single-Druck mit normaler Stützstruktur (rechts)

2.7.2 Haftungsverbesserung: Raft und Rand (engl. Brim)

Wie in Abschnitt 2.3.3 beschrieben, muss bei manchen Kunststoffen und manchen Geometrien für zusätzliche Haftung in Form von Hilfsgeometrie gesorgt werden. Kleinflächige Teile sind häufig in Gefahr umzukippen, wenn dies nicht beachtet wird. Und großvolumige Druckteile können zur Unterstützung gegen das Schrumpfen beim Abkühlen des Kunststoffs auch von dieser zusätzlichen Hilfsgeometrie profitieren.

Simplify3D hat wie die meisten anderen Slicer zwei Hilfsgeometrien dafür. So kann um sehr kleine Teile eine umlaufende, verbundene Schicht (Rand, engl. Brim) für eine großflächigere Verbindung zum Drucktisch sorgen. Alternativ kann ein Raft eingesetzt werden: eine große, dicke Schicht unter dem Bauteil. Der Brim (Rand) hat den Raft jedoch weitestgehend verdrängt, da das Raft sehr viel Material und Druckdauer benötigt, sehr viel Nacharbeit erfordert und bei guten Kunststoffen und präzise ebenen Drucktischen mit gutem Drucktischbelag keine Daseinsberechtigung mehr hat.

In Bild 2.21 sind zwei hohe, schlanke Türme mit sehr kleiner Auflagefläche dargestellt. An diesem Beispiel ist gut erkennbar, dass die Haftung des Druckteils nur von dieser kleinen Fläche der untersten Schicht abhängt. Mit beiden Hilfsgeometrien wird eine größere Auflagefläche erreicht: beim linken Raft durch das sehr dicke „Brett“ und beim Brim/Rand durch die Umrandung.

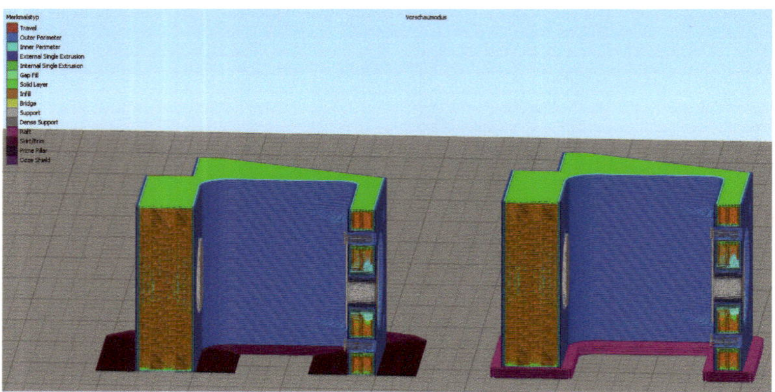

Bild 2.21 Linkes Bauteil: Raft (fester Unterbau) – rechtes Bauteil: Brim (umlaufende Fläche)

2.7.3 Filament-Einzug (Rückzug) – Retract

Das Drucken von Bauteilen erfordert immer wieder auch das freie Fahren ohne Extrusion in sogenannten Freifahrten zur nächsten Druckposition. Die Düse muss am letzten Punkt der aktuellen Druckgeometrie punktgenau die Extrusion stoppen. Während der anschließenden Freifahrt soll möglichst kein Material aus der Düse austreten, und beim folgenden nächsten Druckpunkt muss sie gut gefüllt wieder drucken. In der FFF-Technologie wird dies unter anderem dadurch gelöst, dass das Filament rückwärts gezogen wird. Das heißt, der Druck des Filaments auf die Schmelzkammer wird ruckartig aufgelöst. Durch die sofort anschließende Rückwärtsbewegung des Filaments (Simplify3D: deutsch **Einzug**, im deutschen Sprachraum häufig auch als **Retract** bezeichnet) wird ein gewisser Unterdruck in der Düse erzeugt. Daher tropft die Düse mit dieser Funktion für einen kurzen Zeitraum nicht. Denn da die Düse nicht verschlossen ist, wird durch den kurzfristigen Unterdruck/Rückzug zwar die Schmelze nach oben gezogen, fließt aber langsam wieder in Richtung Düse und dann auch aus der Düse. Es ist einleuchtend, dass dieser Rückfluss umso schneller geht, je flüssiger der Kunststoff ist und je länger die Druckpause dauert.

Das hat zwei Folgen: Je länger eine Düse nicht druckt, umso mehr Schmelze wird heraustropfen und unschöne Ablagerungen auf dem Druckteil bilden, die in der Nacharbeit entfernt werden müssen. Dieses Material fehlt bei der nächsten zu druckenden Position. Das bedeutet, dass beim nächsten Druckpunkt entsprechend die zurückgezogene Filamentlänge plus eventuell eine zusätzliche Menge wieder in die Düse gefördert werden muss. Dieses Tropfen aus der Düse wird als *Oozing* (Nachtropfen) und als Stringing (Fadenbildung durch dieses Tropfen) bezeichnet; diese beiden englischen Begriffe haben sich in der Technologie auch im deutschen Sprachraum etabliert.

Bild 2.22 Nachtropfen in Form von Oozing/Stringing im Single-Druck

Dieses Nachtropfen hängt sehr stark vom Kunststoff und den Düsentemperaturen ab, ein wenig von der Düsenform und vom Extrudervorschub und kann durch mehrere Parameter in der CAM-Software optimiert werden. Ein besonders großes Problem wird dieses Nachtropfen und die anschließend leeren Düsen beim Dual- oder Mehrfachdruck. Auch das „Nachfüllen" der leeren Düsen muss von der CAM-Software übernommen werden, wenn eine Düse relativ lang nicht druckt. Hierfür hat Simplify3D Hilfsgeometrie und Parameter im Portfolio, die in Abschnitt 2.7.5 und Abschnitt 2.7.6 beschrieben werden.

2.7.4 Schürze – Skirt

Vor dem Druck wird zunächst die Düse beheizt, und die Kunststoffschmelze aus dem Heißbereich der Düse tropft währenddessen aus. Somit ist häufig keine gute Füllung der Düse vor Druckbeginn gegeben. Daher empfiehlt sich bei jedem Druck der Einsatz einer Schürze (Skirt). Sie bildet eine einstellbare Anzahl von Umrandungen um das Teil, ähnelt zwar dem Rand (Brim) und wird mit den gleichen Parametern eingestellt, die Schürze wird jedoch nicht direkt an das Teil angrenzend gedruckt, sondern mit etwas Abstand. In Bild 2.23 ist eine Schürze beim Dual-Druck dargestellt. Hier wird sowohl für die Düse, die die Bauteilgeometrie druckt, als auch für die Düse, die das Stützmaterial druckt, eine Schürze mit je 2 Bahnen vor dem Druck der ersten Schicht aufgetragen. Damit wird sichergestellt, dass sich der Materialfluss in der Düse vor dem Druckbeginn stabilisiert.

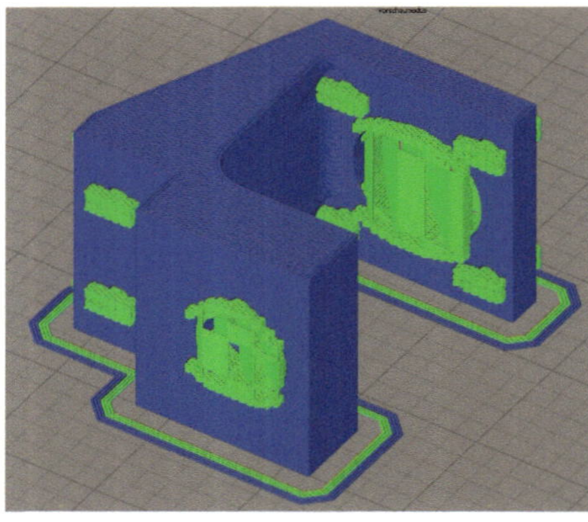

Bild 2.23
Skirt beim Dual-Druck: je 3 Umrandungen für die Düsenfüllung beider Düsen

2.7.5 Grundierungs-Stütze – Prime Pillar

Die Grundierungs-Stütze dient der gleichen Funktion wie die Schürze beim Druckstart und zusätzlich bei Druckpausen. Dieser Turm wird als Erstes in jeder Schicht des Druckteils und in jedem Material gedruckt und wird fast nur im Mehrfachdruck eingesetzt. Denn hier hat immer eine Düse Druckpause, während die andere Düse druckt. In den Pausen tropft das Material aus der Düse. Daher muss jede Düse vor dem nächsten Einsatz eine Schicht auf dem „Abfallturm" drucken, um eine gute Düsenfüllung zu erreichen. Der Vorgang mit der Grundierungs-Stütze sieht folgendermaßen aus:

- Das Material in der Düse des inaktiven Extruders wird längere Zeit nicht gefördert, kann sich durch den Stillstand weiter aufheizen, als es bei einem konstanten Materialfluss möglich wäre, und wird damit sehr flüssig und tropft aus.
- Wird dieser Extruder wieder aktiv und beginnt, eine Bahn zu ducken, so wird entsprechend kurzzeitig kein Material extrudiert, da zuerst das ausgeflossene Material in der Düse ersetzt werden muss.
- Diese ersten zu flüssigen und unterextrudierten Bahnen werden in die Grundierungs-Stütze gedruckt, und der Materialfluss kann sich zu einer gleichmäßigen Bahn stabilisieren, bevor das Druckteil gedruckt wird.

In Bild 2.24 ist eine solche Grundierungs-Stütze rechts im Bild dargestellt. Die Druckreihenfolge dieser Funktion in jeder einzelnen Schicht läuft folgendermaßen ab:

- Zuerst wird die Fläche der Grundierungs-Stütze der Düse T0 (dunkelblau) für das Druckteil einmal voll gefüllt gedruckt. Damit ist diese Düse gut gefüllt und bereit für den Druckeinsatz. Sie fährt direkt auf das Druckteil und druckt diese Schicht komplett. Da die Düse T1 in dieser Zeit nicht druckt, verliert sie währenddessen häufig Kunststoffmaterial.

- Dann wird die Fläche der Grundierungs-Stütze der Düse T1 (grün) für das Stützmaterial einmal voll gefüllt gedruckt. So ist auch diese Düse wieder gut gefüllt und kann das Stützmaterial dieser Schicht drucken.

Leider neigen diese Grundierungs-Stützen teilweise zum Umkippen. Da sie meist recht voll gefüllt und voll getropft sind, bleibt die Düse daran gelegentlich hängen und wirft den ganzen Turm um. Dagegen helfen breitere Türme. Leider fällt damit auch mehr Abfallmaterial an, und die Druckdauer erhöht sich.

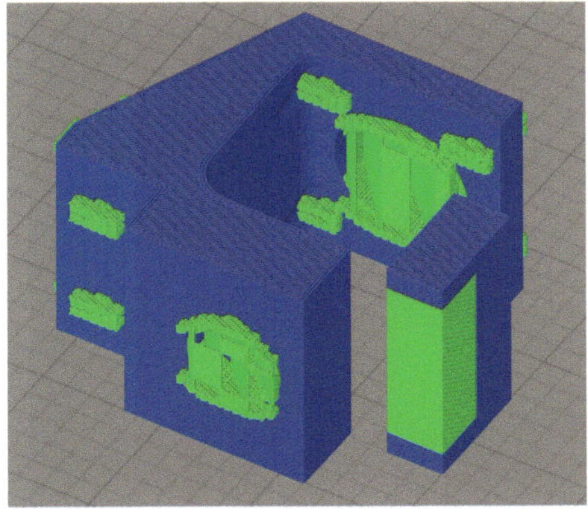

Bild 2.24
Grundierungs-Stütze (Prime Pillar) im Dual-Druck

2.7.6 Tropfenschutz – Ooze Shield

Beim Mehrfachdruck ist immer nur eine Düse aktiv im Druckvorgang, die anderen Düsen pausieren. In diesen Druckpausen, die deutlich länger sind als Druckpausen im Single-Druck, tropft die Kunststoffschmelze aus diesen inaktiven Düsen aus. Das heißt, die Materialien werden unschön verschmiert. Zum Beispiel tropft lösliches Stützmaterial in das Druckteil, und es entstehen unsaubere, verschmierte Druckteile, solange kein Druckkopf verwendet wird, der einen Düsenverschluss besitzt. Dieses sogenannte Oozing (Nachtropfen) kann beim Mehrfachdruck mit einer Abstreifwand etwas reduziert werden. Diese Abstreifwand wird in Simplify3D Tropfenschutz genannt (engl. Ooze Shield). Dieser läuft einmal außen um das Druckteil herum (Bild 2.25) und sollte dazu führen, dass die nicht druckenden Düsen sich gelegentlich daran abstreifen. Leider ist dieses Abstreifen nicht sehr gezielt und wird bei großen Teilen auch relativ selten von den Düsen überfahren, sodass es sich hier mehr um einen Notbehelf als um eine wirkliche Behebung des Problems handelt. Im Anwendungsbeispiel Deckel (Abschnitt 9.2) ist der Einsatz der Tropfenschutzwand in der Praxis erklärt. Die zweite Aufgabe, die ein Tropfenschutz übernehmen kann, ist das Sicherstellen der guten Düsenfüllung beim Extruderwechsel auf die neue Düse. Denn durch dieses Nachtropfen im pausierenden Zustand leert sich die Düse. Dadurch ist die Düse eventuell beim nächsten Druckanfang nicht ganz gefüllt und trägt die ersten Bahnen lückenhaft oder zu dünn auf. Der Tropfenschutz kann somit eine Grundierungs-Stütze (Abschnitt 2.7.5) ersetzen und ist sehr häufig das bessere Mittel der Wahl, da damit eine geringere Gefahr des Umkippens und damit des Druckabbruchs einhergeht.

Nur wenige Druckköpfe haben einen Düsenverschluss und eine zeitsparende Düsenwechselfunktion wie zum Beispiel der 4-fach-Druckkopf der Firma Multec (Bild 2.26). Hier wird das Oozing/Nachtropfen schon von vorn herein durch eine Düsenverschlussautomatik unterbunden, und die Düse bleibt immer gut gefüllt. Durch das Zurückziehen der Düsen hinter die Abdeckscheibe wird auch die Oberfläche des Druckteils nicht gestört, wie es bei feststehenden Dual-Düsen der Fall ist. Mit dieser Bauweise sind sehr kurze Werkzeugwechselzeiten möglich, und sowohl Tropfenschutzwand als auch Grundierungs-Stützen sind unnötig.

Bild 2.25 Dual-Druck mit umlaufendem Tropfenschutz, gedruckt mit konventionellem Druckkopf (rechts) und ohne Tropfenschutz, gedruckt mit dem 4Move-Druckkopf mit Düsenverschluss der Firma Multec (links)

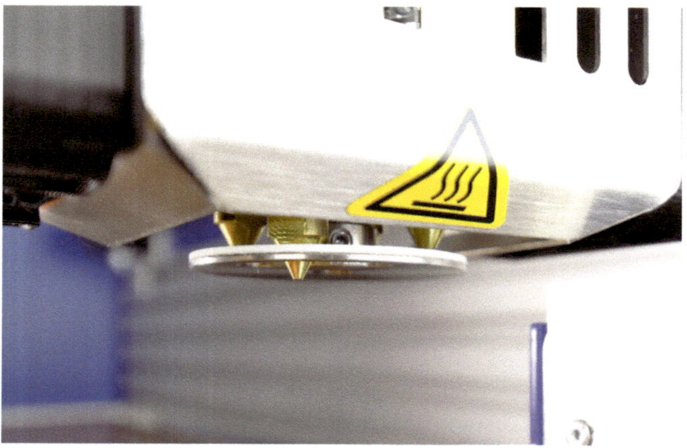

Bild 2.26 4-fach-Druckkopf mit Düsenverschlussautomatik der Firma Multec

2.7.7 Freifahrten – Wegbewegungen

Die sogenannten Freifahrten (engl. Free Travel) werden in Simplify3D etwas ungünstig mit Wegbewegungen bezeichnet. Das sind die Fahrten, die ohne Druckvorgang von einem Druckbereich zum nächsten „frei“ verfahren werden. Diese werden in der Druckvorschau rot dargestellt. Bild 2.27 zeigt anhand der vielen roten Linien anschaulich, dass sehr viele Wege ohne Druckvorgang gefahren werden müssen. Das ist grundsätzlich kein Problem, meist werden diese Freifahrten deutlich schneller gefahren als die Druckgeschwindigkeit. Aber auch hier muss bedacht werden: Jede Freifahrt kann zu Nachtropfen aus der momentan nicht druckenden Düse führen. Damit besteht hier immer die Gefahr, dass sich Tropfen und Ablagerungen auf dem Druckteil bilden. Simplify3D hat wie die meisten anderen Slicer eine Funktion, die dafür sorgt, dass Freifahrten weitestgehend über bedruckten Bereichen fahren und möglichst kurze Strecken über Drucklücken. Diese Funktion befindet sich in den Prozessen unter dem Reiter **Fortgeschritten**. Sie schafft etwas Abhilfe gegen Nachtropfen und wird in Abschnitt 8.12.5 erklärt.

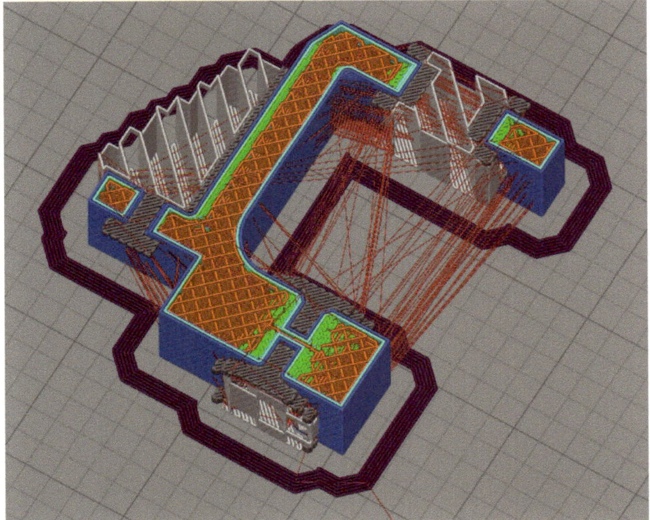

Bild 2.27 Freifahrten (rote Linien) in der Druckvorschau

2.7.8 Druckreihenfolge

Am Beispiel eines massiven und eines hohlen Würfels ist hier die Abfolge des Druckteilaufbaus *step by step* dargestellt. Die Bilder zeigen einen schematischen Ablauf des Druckprozesses, wie dieser in der Druckvorschau von Simplify3D dargestellt wird. Es werden die einzelnen Bahnen in der Reihenfolge und in den Merkmalsfarben gezeigt, wie sie auch beim Druck abgelegt werden.

Bild 2.28
Druckbeispiel anhand eines vollen und eines hohlen Würfels

Der Druck der ersten Schicht beginnt mit den inneren Konturhüllen, gefolgt von den äußeren Konturhüllen, der Außenkontur des Druckteils. Für dieses Druckteil sind zwei Konturhüllen (Perimeter) eingestellt, türkis der innere und dunkelbau der äußere Perimeter.

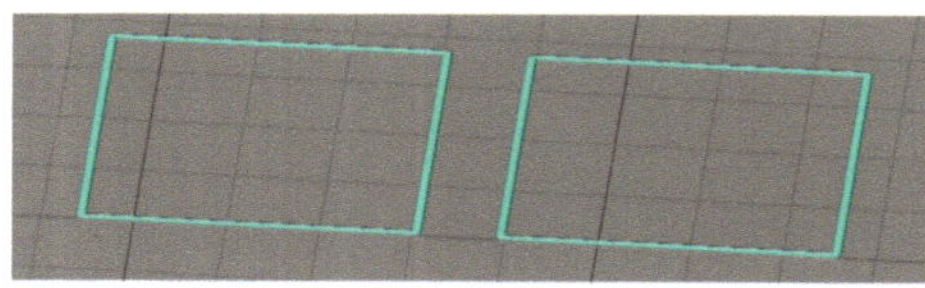

Bild 2.29
Erste Schicht – beginnend mit den inneren Konturhüllen

Beim massiven Würfel wird die Fläche zwischen den Außenkonturen mit 100% Infill gefüllt, um eine feste Fläche zu bilden. Dagegen bestehen beim hohlen Würfel alle Schichten nur aus den Konturhüllen, da die Wandstärke hier keinen Platz für Infill bietet (Bild 2.30).

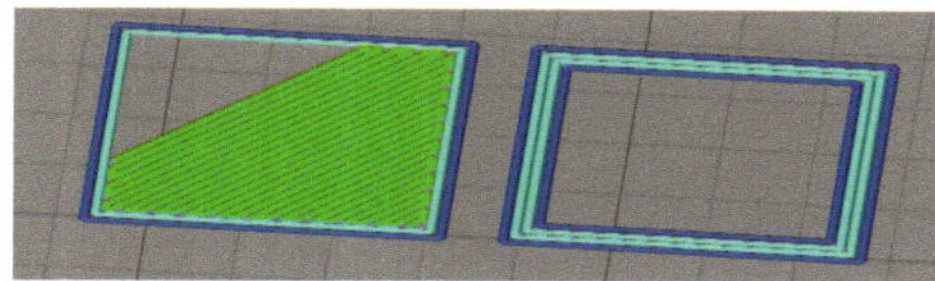

Bild 2.30
Erste Schicht

Ein wichtiger Punkt beim schichtweisen Drucken ist die sogenannte Z-Naht (englisch Z Seam). Diese Naht entsteht dadurch, dass die äußere Konturhülle nach dem Umfahren der Kontur an ihrem Anfang endet. Hier ist sie also schon nicht mehr gleichmäßig, sondern hat einen Treffpunkt von Anfang und Ende dieser Konturhülle. Diese Z-Naht ist mehr oder weniger an der Außenhülle sichtbar.

Ist die erste Schicht abgeschlossen, wird die Düse um die eingestellte Schichthöhe der ersten Schicht hochgefahren und startet dort wieder mit den Konturhüllen. Der Ablauf wiederholt sich, bis der Boden des Druckteils aus vollgefüllten Schichten fertiggestellt ist. Nach diesen untersten festen Schichten startet dann der **Infill**, der bis zum Beginn der obersten festen Schichten fortgesetzt wird (Bild 2.31).

Wichtig: Simplify3D besitzt hier eine ungünstige Übersetzung: die **primäre Schichthöhe** betrifft alle Schichthöhen des Prozesses und nicht, wie der Name vielleicht suggeriert, die erste Schicht. Diese erste Schicht wird mit **Einstellungen der ersten Schicht** parametriert.

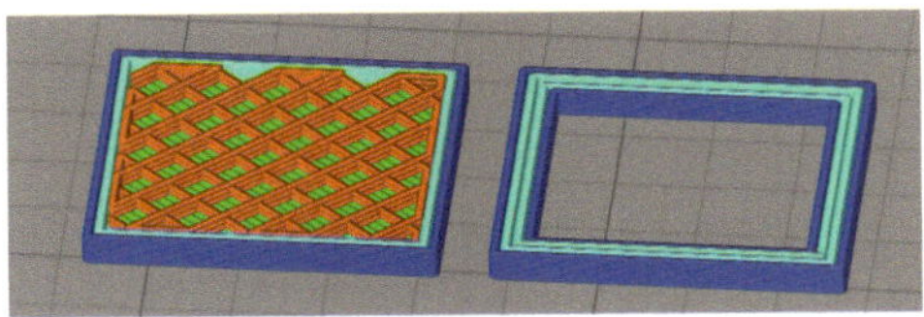

Bild 2.31
Links: Infill mit ca. 10 % Füllgrad – rechts: die Wände des Hohlwürfels bestehen nur aus Außenkonturen

Diese obersten festen Schichten bilden die obere Abschlussfläche (Bild 2.32).

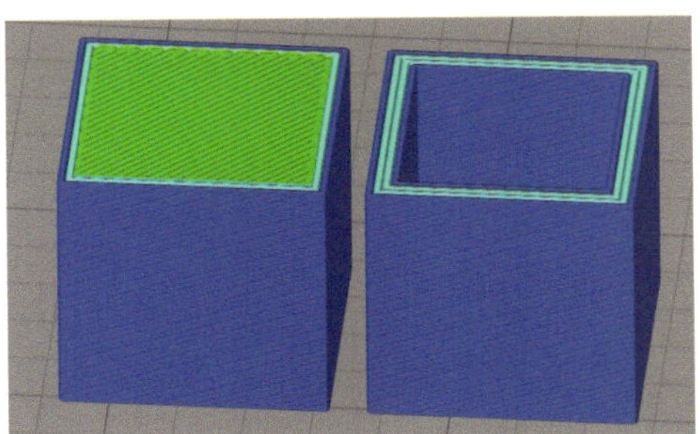

Bild 2.32
Fertiges Druckteil: links mit Infill, rechts dünnwandig und damit vollmassiv

2.8 Druckteilgeometrie – Möglichkeiten und Grenzen

Der Anwendungsbereich der FFF-Technologie ist sehr breit: Vom Rapid Prototyping über das Rapid Tooling bis zum Rapid Manufacturing und branchenübergreifend vom Privatanwender, dem Handwerk bis zur Industrie befindet sich die kostengünstige Technologie in immer umfassenderem Einsatz. Einen Überblick über die Anwendungsmöglichkeiten der additiven Technologien bietet das Buch „Additive

Manufacturing und 3D-Drucken für Prototyping – Tooling – Produktion“ des Hanser Verlags.

Die Gestaltungsfreiheit der Bauteile ist enorm: Mit Leichtigkeit können Formen hergestellt werden, die in der spanenden und Spritzgussfertigung undenkbar sind. Innenliegende Kanäle oder Strukturen, Hinterschneidungen und vieles mehr ist relativ einfach umsetzbar. Die sinnvollen Grenzen der Technologie befinden sich bei sehr feinen, filigranen Strukturen und sehr dünnen Wandstärken. Im Spritzguss kann mit etwas kleineren Wandstärken gefertigt werden, im 3D-Druck sollte wegen der geringeren Festigkeit in der Z-Richtung die Wandstärke nicht zu klein dimensioniert werden. Dafür kann in der FFF-Technologie sehr gut Material und Produktionszeit gespart werden durch teilgefüllte, mit Gitterstrukturen gut versteifte Innenbereiche. Diese Unterschiede zum Spritzguss machen auch deutlich, dass natürlich die Konstruktion ebenso differenziert gestaltet werden sollte. Wo beim Spritzguss mit möglichst gleichmäßig kleiner Wandstärke und Rippen gearbeitet wird, sollte beim FFF-3D-Druck voluminöser mit teilgefüllten Innenbereichen konstruiert werden. Zur Machbarkeit und Sinnhaftigkeit von verschiedenen Geometrien sind die Anwendungsbeispiele in Kapitel 9 hilfreich. Das Lernportal *www.3d-druck-knowhow.de* bietet Tutorials und weitere Anwendungsbeispiele mit Tipps zur konstruktiven Gestaltung und zur Umsetzung in der FFF-Technologie.

Die nächste Stärke liegt in der großen Wirtschaftlichkeit, der Produktion *just in time* und dem Fehlen von Form- und Vorrichtungskosten. Die Maschinenstundensätze liegen meist ein Vielfaches unter denen der spanenden Fertigung, es sind keine Vorrichtungen nötig, und es fällt wenig Abfall an.

Bild 2.33 Serienproduktion – Just in time

Sehr interessant wird die FFF-Technologie auch dort, wo Materialien mit verschiedenen Festigkeits- und Spezialeigenschaften kombiniert werden. So können zum Beispiel elastische Materialien mit festen Trägerstrukturen und Gleitlagerkunststoff in einem Druckvorgang zu einem Teil zusammengeführt werden (Bild 2.34).

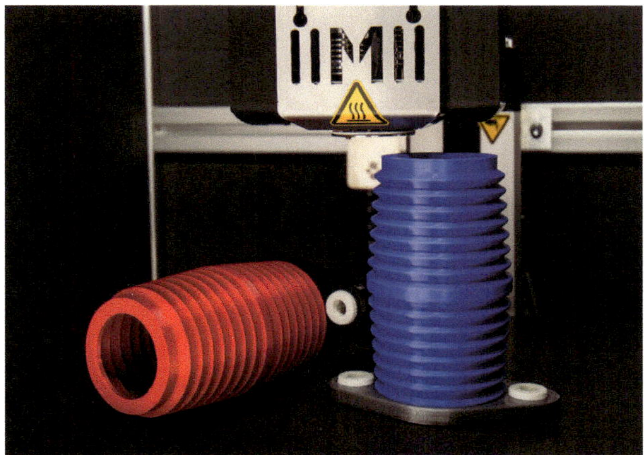

Bild 2.34 Gummimanschette mit festem Flansch und Gleitlagerkunststoff in einem Druckvorgang gedruckt

2.9 Wertebereich der wichtigsten Verfahrensparameter

Alle Parameter der Technologie sind in gewissem Maß abhängig vom Düsendurchmesser. Es gibt hier einige Grenzen, die für den guten und sinnvollen 3D-Druck nicht oder nur in Ausnahmefällen überschritten werden sollten.

Maximale Schichthöhe

Wie in Abschnitt 2.3.1 beschrieben, werden die Bahnen oval abgelegt, um eine gute Schichtverschweißung zu erreichen. Für die Schichthöhe heißt das, dass sie maximal 80 % des Düsendurchmessers betragen sollte.

Die minimale Schichthöhe wird durch die Druckergenauigkeit (speziell auch die Drucktischebenheit) und durch die damit einhergehenden sehr hohen Druckdauern limitiert. Hier ist keine allgemeine Grenze vorhanden, dies übernimmt eher die Sinnhaftigkeit von sehr langen Produktionszeiten. Auch die Optik gewinnt ab einer gewissen Schichthöhe nicht mehr dazu.

Die Tabelle gibt einen Überblick über empfehlenswerte maximale Schichthöhen bei verschiedenen Düsengrößen.

Düsendurchmesser	Max. Schichthöhe
0,35 mm	0,28 mm
0,4 mm	0,32 mm
0,5 mm	0,4 mm
0,8 mm	0,6 mm
1 mm	0,8 mm

Extrusionsbreite

Die Bahnbreite sollte immer größer sein als die Düsengröße, ein Faktor von 1,2 ist ein sehr guter Wert. Diese Voreinstellung liefert auch Simplify3D bei der Einstellung **Extrusionsbreite Auto**. In Kapitel 8 ist dieser Parameter näher erklärt.

Darüber hinaus wird die Verschweißung und auch die Optik nicht mehr sichergestellt. Simplify3D quittiert den Versuch, darüber hinaus zu gehen, daher mit der Warnung:

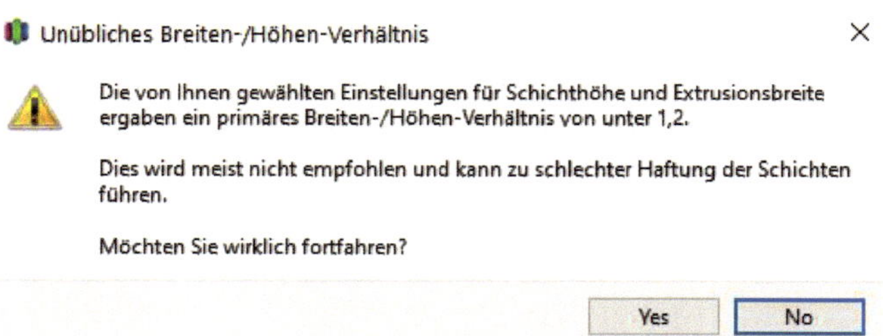

Druckgeschwindigkeit – Volumenstrom

Die maximalen Druckgeschwindigkeiten hängen nur zweitrangig von den maximalen Verfahrgeschwindigkeiten des Geräts ab. Limitierend ist meist weit vorher der erreichbare **gleichmäßige** Volumenstrom auch um Ecken herum mit dessen Tücken des Abbremsens und Beschleunigens. Empfehlenswert sind hier die Angaben und Standardprofile des Geräteherstellers. Ein wichtiges, häufig übersehenes Thema: Wird in einem Standardprofil die Schichthöhe erhöht, so entsteht damit auch ein höherer Volumenstrom bei gleichbleibender Geschwindigkeit. Das kann die Grenzen des Möglichen oder auch nur des guten Druckergebnisses überschreiten und zu Unterextrusion führen.

Sinnvolle Wandstärken und filigrane Details

Hier sollte unterschieden werden zwischen reinen Anschauungsobjekten und Funktionsteilen. Daran orientiert sich auch die Wandstärke. Das Limit ist immer die Bahnbreite, die von der Düsengröße abhängt. Daher sind filigrane Details unter der doppelten Extrusionsbreite schlecht abzubilden. Aus Sicht der Festigkeit sollte eher nicht unter 1-2 mm gedruckt werden. Schriftzüge und Kennzeichnungen auf festen Flächen können dennoch darunter gedruckt werden. In Abschnitt 9.4 und 9.5 befinden sich zwei Anwendungsbeispiele mit dünnen Wänden, im Internetportal *www.3d-druck-knowhow.de* werden Beispiele mit filigranen Schriftzügen und Strukturen anhand von Tutorials erklärt.

2.10 Die Maschinen

Das Thema 3D-Drucker wird hier nur kurz angeschnitten, die Gemeinsamkeiten der vielen Varianten der auf dem Markt verfügbaren Geräte werden im Folgenden beschrieben.

3D-Drucker bauen auf einer Basismaschine in Form einer CNC-gesteuerten Mehrachsmaschine auf. Dabei sind von 3-Achsmaschinen über Tripods bis 5-Achsmaschinen und Roboter viele Varianten auf dem Markt. Simplify3D bietet kein wirkliches dreidimensionales Drucken, es werden sukzessive 2D-Schichten aufeinander aufgetragen.

Bild 2.35 zeigt eine industrielle Fertigungsanlage der Firma Multec mit 4-fach-Druckkopf für Multimaterial-3D-Druck:

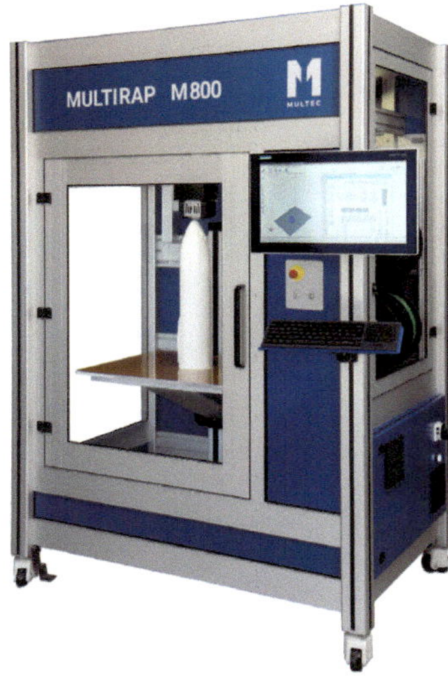

Bild 2.35
Industrieller Großraum-3D-Drucker mit 4-fach-Druckkopf

Der größte Anteil der auf dem Markt erhältlichen Geräte arbeitet mit 3-Achssystemen. Der Drucktisch ist meistens beheizt, teilweise wird auch der Innenraum beheizt. Das externe oder interne Filamentlager enthält die Filamentspulen. Von dort wird das Filament in den Filamentvorschub und in die beheizten Düsen gefördert. Idealerweise ist auch der Filamentlagerraum geschlossen und beheizt, da durch Feuchtigkeitsaufnahme einige Kunststofffilamente starke Einbußen in Druckqualität und Festigkeit erfahren.

Wichtige Merkmale für die Maschinen im industriellen Umfeld sind:

- Möglichst steife Basis, da beim 3D-Druck aufgrund der oft kurzen, schnellen Verfahrwege Schwingungen aufgefangen werden sollten.
- Präzise, verschleißarme und spielfreie Achsen mit schwingungsarmen Antrieben
- Maschinensicherheit nach allen geltenden Normen und Richtlinien
- Zuverlässigkeit, geringer Wartungsaufwand
- Hoher Automatisierungsgrad – Reduktion der Nebenzeiten (Selbstjustierung, automatische Filamentwechsel, schnelle und einfach Düsenmontage etc.)
- Geschlossene, beheizbare Filamentlager wirken der Feuchtigkeitsaufnahme entgegen und ersparen das Entnehmen, Trocknen und Wiedereinlegen von Filamenten sowie Lagern in separaten Trockenbehältern oder -schränken.
- Maschinenstundensätze: Energieverbrauch, Wartungskosten, Ersatzteilkosten (und Filamentkosten bei geschlossenen Systemen, die kein fremdes Filament zulassen)
- Druckgeschwindigkeiten, maximaler Volumenstrom, Freifahrtgeschwindigkeiten

2.10.1 Extruder

Die Funktion ist wie beschrieben aufgeteilt auf zwei Bereiche: den Filamentvorschub und den Druckkopf mit den Düsen. Auf dem Markt sind sowohl Einfachdruckköpfe (Single-Druckkopf) als auch Dual- oder Vierfachdruckköpfe verfügbar. Ein weiteres Unterscheidungsmerkmal ist, ob der Vorschub in direkter räumlicher Nähe zu den Düsen sitzt und das Filament direkt einschiebt (Direct Drive genannt) und/oder ob ein Schlauch zwischen den beiden Komponenten sitzt (Bowden-Druckkopf).

In Bild 2.36 ist links ein Bowden-Extruder dargestellt und rechts ein Direct-Drive-Extruder. Am wichtigsten ist beim Vorschub ein möglichst schubstarker, schlupfarmer und präziser Motor und eine gute Vorschubmechanik.

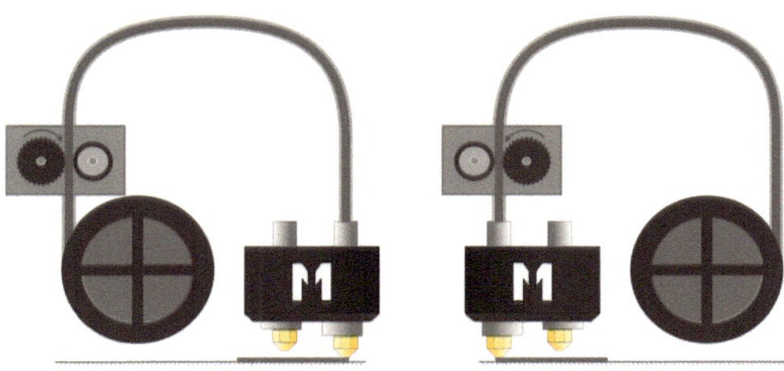

Bild 2.36 Bowden-Extruder mit Bowden-Schlauch (links) und Direct-Drive-Extruder (rechts)

2.10.2 Drucktisch – Heizbett

Ein charakteristischer kritischer Punkt der Technologie ist, dass das Druckteil auf dem Drucktisch haften muss, ohne dass eine Spannvorrichtung wie bei der spanenden Fertigung vorhanden ist. Das heißt, die Adhäsion zwischen Drucktisch und Druckteil muss sehr stark sein, um die Haftung zu gewährleisten. Leider führt eine weitere Eigenschaft des FFF-Verfahrens zu Problemen der Haftung des Druckteils auf dem Drucktisch: Beim Abkühlen ziehen sich die Kunststoffe mehr oder weniger stark zusammen, diese Eigenschaft wird technisch korrekt Schwindung oder nicht ganz korrekt, aber in der Technologie deutlich gängiger Schrumpfung (engl. Warping) genannt. Aus diesem Grund wird in diesem Buch der Begriff Schrumpfung oder Warping verwendet, da sich diese Begriffe auch im deutschen Sprachraum so durchgesetzt haben. Beim 3D-Druck sind es die einzelnen Bahnen, die sich beim Abkühlen zusammenziehen und dabei Kräfte auf angrenzende Bahnen und Schichten aufbringen. Bei dünnwandigen Teilen ist dieser Effekt kleiner als bei großvolumigen. Dort führt die Schrumpfung zum Abheben zuerst der Ecken vom Druckbelag und danach der Kanten. Im schlimmsten Fall hebt sich das Bauteil ganz vom Drucktisch ab, die Haftung geht verloren.

Deshalb muss neben den bestmöglichen Einstellungen der CAM-Software auch maschinenseitig Abhilfe dagegen geschaffen werden. Ein beheizter Drucktisch verbessert die Haftung in vielen Fällen (die erforderliche Temperatur des Drucktischs ist meist abhängig vom Druckmaterial) und beugt damit der Schrumpfung etwas vor. Denn hier erfolgt die Abkühlung nicht so schroff wie auf einer kalten Fläche.

Zusätzlich werden meist entweder Dauerdruckplatten mit spezieller chemischer Zusammensetzung zur guten Haftung oder aber aufzuklebende Folien oder Tapes verwendet. Des Weiteren können zusätzlich Haftvermittler in Form von Sprays, Klebesticks oder Gels aufgetragen werden. Trotz guter Haftung sollte auch die Entnahme des Druckteils nach dem Druck möglichst ohne Kraftaufwand zu bewerkstelligen sein. Sehr gut sind hier tatsächlich Dauerdruckplatten, da diese bei der Abkühlung des Heizbetts die Haftung verlieren und so die Entnahme der Druckteile erleichtern. Wichtig ist auch, dass nicht jeder Kunststoff für jede Haftunterlage geeignet ist. Beste Informationen bieten hier die Hersteller der Geräte, der Filamente und der Drucktischbeläge.

Die beste und hilfreichste Abhilfe ist, einen möglichst wenig schrumpfenden Kunststoff auszuwählen. ABS hat meist eine starke Schrumpfung, PLA eine deutlich geringere. Des Weiteren geben die reinen Werkstoffabkürzungen keine Auskünfte über die enthaltenen Additive. Die meisten Hersteller verwenden unterschiedliche Rezepturen, die Kunststoffe verhalten sich daher meist unterschiedlich.

2.10.3 Druckkühlung

Die Güte der Druckteile hängt in starkem Maß davon ab, dass die gerade aufgetragenen Bahnen möglichst formstabil so liegen bleiben und sich gut mit nebenliegenden und darunterliegenden Bahnen verschweißen. Das bedingt auch, dass diese daneben und darunter liegenden Bahnen schon etwas erstarrt sein müssen, denn sonst würde die neue Bahn die bisherige nur verrühren/verschieben. Daher besitzen gute 3D-Drucker eine einstellbare, variable Druckkühlung, die über die Software gesteuert werden kann. Diese Kühlung ist in Bereichen sehr wichtig, in denen die vorhergehenden Lagen bereits erstarren sollen, um die Formstabilität zu erhalten, und in sehr kleinen Flächen, in denen die darunter liegende Schicht kaum Zeit zum Abkühlen hat.

In manchen Single-Druckern wird sie auch genutzt, um möglichst wenig Stützmaterial zu benötigen und auf möglichst lange freitragende Brücken und möglichst große Überhangswinkel zu setzen. Dieses Vorgehen ist jedoch für die Festigkeit nachteilig, da eine Druckkühlung die Lagenverschweißung schwächt und bei manchen kristallisierenden Kunststoffen auch die Festigkeit durch zu schnelles Abkühlen abnimmt. Es bleibt zu wenig Zeit, um gute Kristallisation für gute Festigkeit zu bilden.

■ 2.11 Filament

Für die FFF-Technologie werden thermoplastische Kunststoffe verschiedenster Materialeigenschaften und Ausprägung eingesetzt. Diese gehen durch Aufschmelzen in einer heißen Düse in einen viskosen Zustand über. Dann werden sie durch die Düse und die Verfahrwege des 3D-Druckers in neue Formen gebracht und erstarren wieder. Dieses Aufschmelzen und Erstarren muss hierbei möglichst formstabil gewährleistet werden, gleichzeitig ist eine gute Verschweißung mit den bereits vorhandenen erstarrten Bahnen und Schichten ein wichtiger Punkt.

Auch die Viskosität muss ideal sein: nicht zu flüssig, da sonst die abgelegte Bahn zerfließt und auch das Nachtropfen/Oozing verstärkt wird, und nicht zu zäh, da dadurch ein Abreißen und eine Unregelmäßigkeit der Bahn droht. Es ist sehr wichtig, diesen Bereich der idealen Düsentemperaturen für jeden Kunststoff sehr gut zu kalibrieren.

Sehr wichtig ist auch eine möglichst geringe Schrumpfneigung. Denn diese wirkt sich sehr stark auf das Druckergebnis aus. Viele Kunststoffe profitieren wie beschrieben von einem Heizbett unter dem Drucktisch. Damit wird erreicht, dass die Abkühlung erst nur auf Heizbetttemperatur erfolgt, die Haftung besser gewährleistet ist und das Warping/die Schrumpfung verringert. Die Haftung auf der Druckunterlage ist ebenfalls materialspezifisch, und der Druckkunststoff sollte bestmöglich darauf haften, aber sich nach dem Druck auch ohne Hammer und Meißel entfernen lassen.

Die Palette der Thermoplaste ist breit gefächert von hochfesten zu hochzähen, abriebfesten, temperaturbeständigen oder elastischen Werkstoffen. Sie können gezielt für den Einsatzzweck gewählt werden, in Materialkombinationen oder mit löslichen Stützmaterialein produziert werden. Filamentkunststoffe sind häufig zwar von Spritzgusskunststoffen abgeleitet, werden aber aufgrund der anderen Bedingungen beim 3D-Druck fast immer in der Rezeptur geändert.

Daraus folgt für die CAM-Software: Jeder Kunststoff verhält sich etwas anders, benötigt andere Düsentemperaturen, tendiert zu mehr oder weniger Schrumpfung, besitzt eine andere Viskosität. All diese Parameter müssen daher eingestellt und für manche Geometrien wie z. B. Brücken angepasst werden. Auch die Kühlung muss fein justierbar sein.

2.11.1 Gängige Kunststoffe

Die Bandbreite der verfügbaren Kunststoffe mit verschiedensten Materialeigenschaften für die FFF-Technologie wächst ständig. Diese unterscheiden sich von Hersteller zu Hersteller sehr stark, sodass keine allgemeingültige Beschreibung und Anwendungsempfehlung gegeben werden kann. Simplify3D bietet einen eigenen *Ultimate 3D Printing Materials Guide* unter dem Link *https://www.simplify3d.com/support/materials-guide/* an.

In Tabelle 2.3 ist ein Überblick einiger gängiger Materialien enthalten. Für die Materialkennwerte kann kein allgemeingültiger Wert angegeben werden, sodass in der Tabelle nur die Druckeigenschaften und eine gewisse Tendenz der Materialeigenschaften aufgeführt sind.

Tabelle 2.3 Überblick der gängigen Kunststoffe für die FFF-Technologie

Material	Stärken	Schwächen
PLA	▪ gute Druckbarkeit ▪ geringe Schrumpfung ▪ günstig ▪ einfaches Handling ▪ gute chemische Beständigkeit (auch Aceton)	▪ geringe thermische Beständigkeit ▪ Sprödbruch ▪ Nachbearbeitung Schleifen schlecht möglich
Verbesserte PLA-Rezepturen: Multec PLA-HT	▪ gute Druckbarkeit ▪ geringe Schrumpfung ▪ günstig ▪ einfaches Handling ▪ Temperaturbeständigkeit wie ABS ▪ gute Nachbearbeitbarkeit ▪ geringes Oozing ▪ höchste Druckgeschwindigkeit ▪ hohe Kerbschlagzähigkeit ▪ Lebensmittelecht (Variante naturweiß) ▪ nachhaltig: basierend auf nachwachsenden Rohstoffen und abbaubar ▪ gute chemische Beständigkeit (auch Aceton)	▪ schlechteres Brückenverhalten als PLA
PETG	▪ gute Druckbarkeit ▪ transparent → Optik ▪ sehr schlagzäh	▪ stärkeres Oozing/Nachtropfen ▪ geringere Druckgeschwindigkeit als PLA/PLA-HT
ABS	▪ gute thermische Beständigkeit ▪ hohe Kerbschlagzähigkeit ▪ Glättung mittels Acetondämpfen möglich	▪ gesundheitsschädliche Dämpfe beim Drucken ▪ starke bis sehr starke Schrumpfung
ASA	▪ ähnliches Material wie ABS ▪ deutlich höhere UV- und Witterungsbeständigkeit	▪ Preis im Vergleich zu ABS höher ▪ etwas weniger schlagzäh als ABS
PA (Polyamid – Nylon)	▪ sehr gute thermische Beständigkeit ▪ sehr gute mechanische Eigenschaften ▪ gute Beständigkeit gegen viele Schmierstoffe/Öle	▪ aufwendig in Handling/Lagerung (starke Feuchtigkeitsaufnahme) ▪ Schrumpfneigung häufig sehr hoch (minimiert bei Multec PA) ▪ Preis

Material	Stärken	Schwächen
PA-CF (Polyamid mit Kohle-faser)	▪ sehr gute Festigkeiten ▪ höchste thermische Beständigkeit ▪ hervorragende Optik	▪ aufwendig in Handling/Lagerung (Feuchtigkeitsaufnahme) ▪ Preis ▪ Druckgeschwindigkeit limitiert ▪ verschleißfeste Düsen nötig ▪ Verstopfungsgefahr der Düsen durch Kurzfasern
TPU	▪ elastisches Material ▪ gute Griffigkeit	▪ Druckgeschwindigkeit limitiert ▪ häufig starkes Oozing/Nachtropfen ▪ aufwendig in Handling/Lagerung (Feuchtigkeitsaufnahme)
Soft-PLA	▪ elastisches Material ▪ gute Griffigkeit ▪ meist besser und schneller druckbar als TPU	▪ Druckgeschwindigkeit teils leicht limitiert ▪ meist stärkeres Oozing/Nachtropfen
PVA	▪ wasserlösliches Stützmaterial ▪ einfach auswaschbar ▪ damit innenliegende Kanäle möglich ▪ umweltverträglich	▪ Druckgeschwindigkeit limitiert ▪ teuer ▪ aufwendig in Handling/Lagerung (sehr große Feuchtigkeitsaufnahme) ▪ neigt zum Kristallisieren in der Düse ▪ verstärkte Düsenverstopfung
IPS	▪ geeignet als lösliches Stützmaterial (Lösemittel Limonene) ▪ bessere Druckbarkeit als PVA	▪ größere Schrumpftendenz ▪ Kostenfaktor Lösemittel

2.11.2 Metalldruck in der FFF-Technologie

Beim Metallfilamentdruck werden Filamente eingesetzt, bei denen 90 % (Gewichtsprozent) Metallpulver in einen Trägerkunststoff eingebettet sind. Gedruckt wird wie mit normalem Kunststofffilament, so wird das Metallpulver mit dem Binderpolymer in Form gebracht. Das gedruckte Bauteil wird als „Grünling“ bezeichnet, durch anschließendes Sintern erhält das Druckteil sehr hohe Metallfestigkeiten. Dieser Prozess vom Drucken bis zum Sintern ist mit einer gewissen, gut berechenbaren Schrumpfung verbunden, der Prozess wird im Lernportal *www.3d-druck-knowhow.de* ausführlich und anhand von Anwendungsbeispielen erklärt.

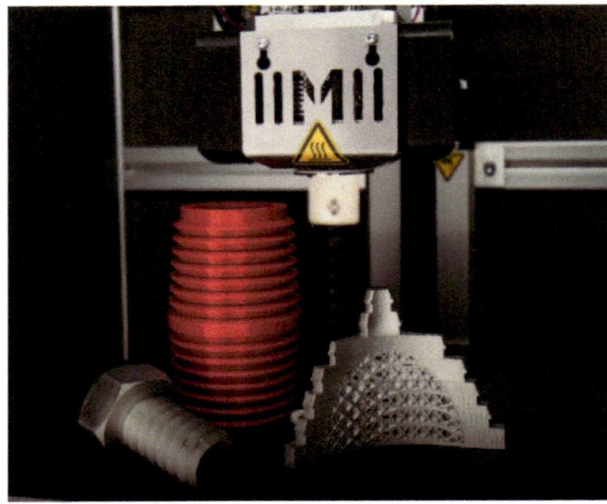

Bild 2.37 Gesinterte Metallteile gedruckt mit BASF Ultrafuse 316L (Edelstahl)

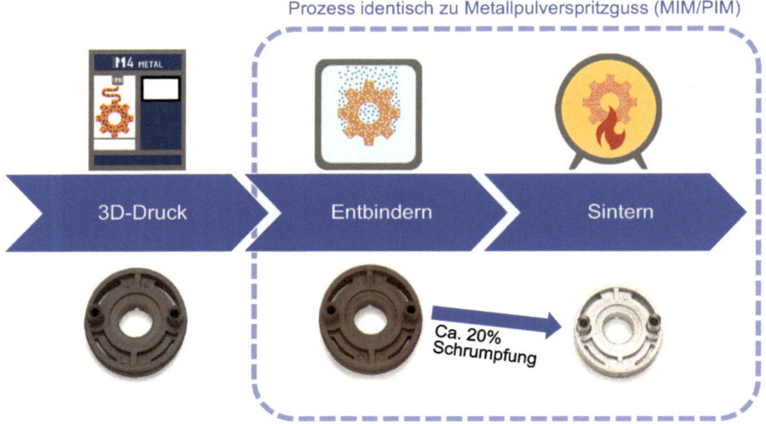

Bild 2.38 Prozesskette Metalldruck im FFF-Verfahren mit anschließender Sinterung

2.11.2 Filamentdurchmesser und -eigenschaften

Derzeit sind zwei Filamentdurchmesser am gängigsten:

- **2,85 mm Durchmesser:** meist in Kombination mit deutlich stärkeren Druckervorschüben eingesetzt, weniger anfällig gegen Brechen und Abreißen, vorteilhaft in Verbindung mit großen Düsendurchmessern für größere Volumenströme

- **1,75 mm Durchmesser:** meist in Druckern mit schwächeren Vorschubmotoren mit Direct-Drive-Extrudern verwendet, da hier die Vorschubkräfte geringer sind.

Sehr wichtig sind bei den Filamenten eine konstant gute Rundheit und möglichst geringe Durchmessertoleranzen und -schwankungen. Denn jede kleinste Durchmesseränderung führt zu deutlich höheren Änderungen im Austrag aus der Düse, da ja nur die Länge des eingeschobenen Filaments gesteuert ist. Damit führt das auch zu Über- und Unterextrusion in diesen Bereichen. Das heißt, die Lagen sind zu stark oder zu wenig gefüllt, die Außenabmessungen des Druckteils nehmen gleichzeitig zu oder ab.

2.11.4 Einfluss des Kunststoffs auf das Druckergebnis

Die Einflussfaktoren sind deutlich breiter als nur die Kunststofffestigkeiten und die Kosten, auch wenn hier ein Hauptaugenmerk liegen muss. Die Sprödigkeit von Filament ist ein Problem, das zu häufigen Druckabbrüchen führen kann. Eine Feuchtigkeitsaufnahme sorgt für unschöne Druckoberflächen und geringere Festigkeit, weshalb solche Kunststoffe immer getrocknet und trocken gelagert werden müssen. Weiches, elastisches Filament kann Probleme im Vorschub verursachen, da es zu weich ist, um als guter Kolben zu dienen, und die aufgebrachte Kraft nicht ausreicht.

Fasergefüllte Filamente benötigen abriebfeste und meist auch beschichtete Düsen, da ansonsten entweder ein „Aufreiben“ des Düsendurchmessers oder Düsenverstopfung droht. Hier empfehlen sich daher größere Düsendurchmesser ab 0,5 mm.

Wichtig sind:

- Kunststofffestigkeit und gute Schweißbarkeit (Lagenverschweißung)
- Filamentfestigkeit: keine Bruchgefahr und nicht zu weich/elastisch für den Vorschub
- geringe Schrumpfung
- geringe Tropfneigung im viskosen Zustand
- möglichst geringe Feuchtigkeitsaufnahme, alternativ müssen diese Kunststoffe trocken gelagert und am besten vor dem Druck getrocknet werden.
- möglichst keine giftigen Ausdämpfungen beim Druck, da ansonsten eine Absaugung eingesetzt werden muss.

Die Druckteiloberfläche hängt ebenfalls sehr stark vom Kunststoff ab. So gibt es glatte, glänzende Filamente, die aufgrund der Reflektion die Schichten/Rillen gut sichtbar werden lässt. Im Gegenzug dazu bilden manche Kunststoffe (insbesondere Kunststoffe mit Kurzfasern) eher matte Oberflächen, bei denen die Rillen praktisch unsichtbar werden und somit eine gleichmäßige Oberfläche entsteht.

Folgende Parameter in der CAM-Software werden durch den Kunststoff definiert:

- Düsentemperatur
- aktive Druckteilkühlung
- Drucktischtemperatur
- Druckgeschwindigkeiten
- Rückzug des Filaments während der Druckpausen und Freifahrten, Tendenz zum Nachtropfen
- Druckkosten
- dazu passendes Stützmaterial
- Verhalten bei bestimmten Merkmalen wie Überhängen und Brücken
- Gängige Stützmaterialien:
- wasserlösliches PVA (Polyvinylalkohol) als auswaschbares Stützmaterial
- HIPS als Limonene-lösliches Material
- Break-away-Materialien meist von Herstellern speziell zu ihren Materialien entwickelt und nur gezielt zu diesen passend

2.12 Viele Einflussfaktoren – viele Einstellmöglichkeiten

Aus diesen Erklärungen wird klar: Es gibt sehr viele Einflussfaktoren für ein gutes Druckteil. Diese resultieren zu einem großen Teil aus den Kunststoffeigenschaften und zu einem noch größeren aus der bestmöglichen Auswahl der zur Verfügung stehenden Parameter.

Ein Überblick über die Einflussfaktoren

- **Kunststofffilament**
  - gute Viskosität bei den optimierten Drucktemperaturen für schön regelmäßige Bahnen
  - Viskosität über weite Druckgeschwindigkeiten möglichst konstant (die meisten Kunststoffe verhalten sich bei hohen Geschwindigkeiten dünnflüssiger) → **Druckgeschwindigkeiten**
  - nicht zu flüssig zur Vermeidung von Nachtropfen/Oozing → **Rückzug/Retract und Tropfschutz**
  - geringe Schrumpfung bei Abkühlung

  - gute Lagenverschweißung
  - Filament nicht zu brüchig und nicht zu weich, um einen guten „Kolben" für die Druckerzeugung in der Schmelzekammer zu bilden
  - gute Festigkeit des Druckteils möglichst ohne thermische Nachbehandlung
  - gute Haftung auf dem Druckbelag
  - geringe Feuchtigkeitsaufnahme
- **3D-Drucker**
  - Druckgeschwindigkeiten, Volumenströme, Drucktemperaturen
  - beheizter Drucktisch
  - Düsengrößen (limitieren die Extrusionsbreite und die Schichthöhen)
  - Single- oder Mehrfachdruckköpfe
  - Drucküberwachungen (Filament, Temperaturregelung, Kamera etc.)
  - Maschinenpräzision und -steifigkeit
  - automatischer Filamentwechsel
- **Bauteilgeometrie**
  - Filigran, dünnwandig oder voluminös
    - Schrumpfung zu erwarten?
    - Drucktischhaftung gewährleistet?
    - Nachtropfen vermeiden?
    - benötigte Düsengröße?
  - Bedarf an Stützmaterial
  - Multimaterialbauteile
  - Füllgrad, gewünschte Festigkeit
  - Optik
  - Nacharbeitsaufwand
- **Umgebung**
  - Raumtemperaturen – verändern Filamentfestigkeit und -sprödigkeit
  - Luftfeuchtigkeit – kann zu sehr schneller Feuchtigkeitsaufnahme führen

3 Simplify3D – Installation und Programmoberfläche

■ 3.1 Installation und Lizenzierung

Nach dem Kauf der Software wird eine Lizenzmail vom Hersteller direkt an jeden Käufer (Simplify3D mit Sitz in den USA) gesendet, die die ersten Zugangsdaten zum Online-Lizenzportal von Simplify3D enthält. Jede Lizenz beinhaltet zwei Installationen, das heißt, pro Lizenz können 2 Installationen auf verschiedenen Geräten vorgenommen werden. Die Lizenzüberprüfung erfolgt zu unregelmäßigen Abständen über das Internet. Das heißt, die Geräte müssen entweder dauerhaft Zugang zum Internet bekommen oder spätestens bei der Meldung der Software, dass der Zugang erforderlich ist. Der Download der aktuellen Version der Software, die Aktivierung und Deaktivierung der beiden verfügbaren Lizenzen erfolgt über diesen Simplify3D-Account. Im Account kann im nächsten Schritt die Software heruntergeladen werden; es können auch später Lizenzen aktiviert und deaktiviert werden, falls diese auf ein anderes Gerät umgezogen werden sollen.

Zusätzlich bietet der Hersteller in diesem Portal viele Tutorials zu verschiedenen Features, Lernvideos und Drucktipps an. Unter dem Menüpunkt Support befinden sich Hilfestellungen in Form von FAQ, vielfältigen Tutorials, einem Forum und einer Mailadresse für direkte Supportanfragen beim Hersteller. Diese Tutorials gehen auf alle Bereiche von Drucker-Hardware-Fragen bis Drucktipps ein und sind durchaus empfehlenswert – leider jedoch bisher nur auf Englisch verfügbar.

3.1.1 Hard- und Software-Anforderungen für Simplify3D

Die von Simplify3D vorgegebenen Software-Anforderungen an das Betriebssystem des Rechners für die derzeit aktuelle Version 4.1.2 sind in Bild 3.1 dargestellt. Bei neueren Versionen sollten diese Angaben direkt beim Hersteller unter *www.simplify3D.com* überprüft werden.

Es empfiehlt sich jedoch grundsätzlich, die Rechner-Hardware eher an der oberen Grenze oder darüber hinaus einzuplanen. Die Modelle können mehrere Megabyte groß sein, entsprechend komplex und intensiv ist die Berechnung der Druckdaten. Andernfalls kann es zu Programmabstürzen oder sehr langen Rechenzeiten für die Erzeugung der Druckdateien kommen.

Wichtiger Praxistipp: Die gleichzeitige Druckdateierzeugung und Drucken über den Simplify3D-Host (Gerätebediensteuerung) führt häufig zu Auslastungsproblemen am Rechner. Dies kann in der Folge möglicherweise zu Druckaussetzern und unerwünschten Pausen (deutlich in der Druckteiloberfläche sichtbar) oder sogar zu Druckabbrüchen führen. Um dieses Problem zu vermeiden, empfiehlt es sich, jeweils einen Rechner für das Erzeugen der Druckdateien zu verwenden und einen zweiten (mit deutlich geringeren Hardware-Anforderungen) zur Ansteuerung des Druckers.

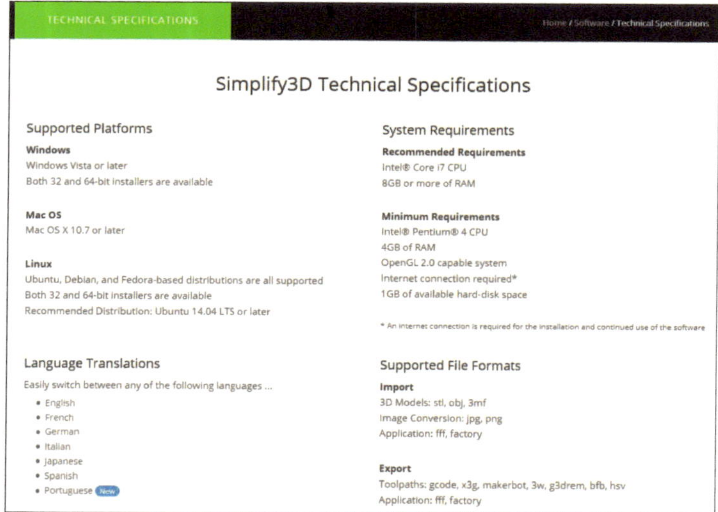

Bild 3.1 Hardware- und Software-Anforderungen an die Rechnerarchitektur und das Betriebssystem

3.1.2 Installation

Nach dem Download der Software vom Portal von Simplify3D wird die heruntergeladene *exe*-Datei ausgeführt. Der Installationsmanager führt anschließend durch die Installationsschritte. Jede dieser Einstellungen kann später noch im Programm unter **Menüleiste → Hilfe → Konfigurations-Assistent** geändert werden.

Zunächst erfolgt die Sprachauswahl.

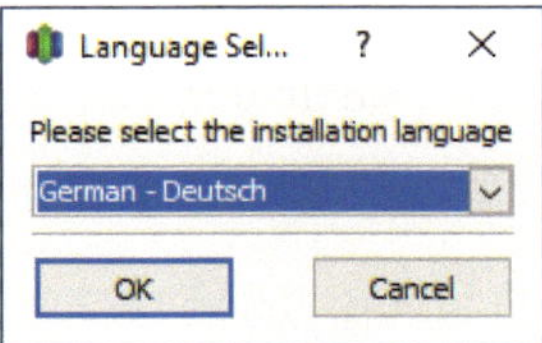

Es folgt ein Informationsfenster und danach die Lizenzvereinbarung, die akzeptiert werden muss. Im folgenden Schritt muss das gewünschte Installationsverzeichnis gewählt werden.

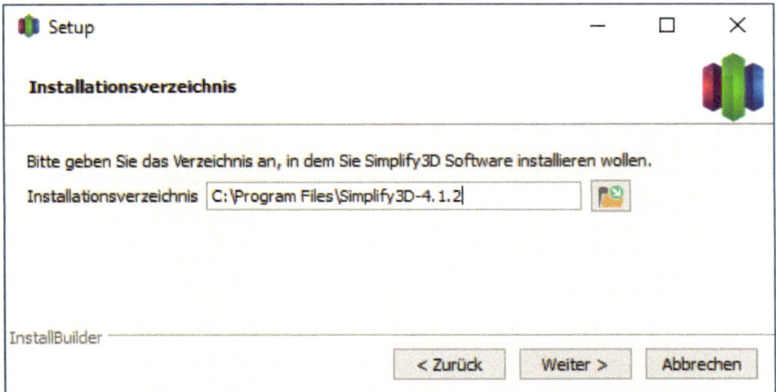

Im letzten Schritt besteht die Möglichkeit, eine kurze Schnellanleitung von Simplify3D in englischer Sprache zu lesen und/oder das Programm direkt zu starten.

3.1.3 Software-Aktivierung

Die Software muss nach der Installation über eine Internetverbindung aktiviert werden. Jede Software-Lizenz kann auf zwei Rechnern installiert werden.

Wichtiger Hinweis: Simplify3D prüft die Lizenzen in unregelmäßigen Abständen über den Internetzugang. Rechner, die keinen Zugang ins Internet haben, müssen daher mindestens für diese Anfragen ans Internet angeschlossen werden. Ansonsten werden keine G-Codes mehr erzeugt.

3.1.4 Erstkonfiguration

Für das Verständnis dieser Erstkonfiguration helfen ein paar Erklärungen vorab: 3D-Drucker ist nicht gleich 3D-Drucker, es gibt teilweise große Unterschiede in den Geräten, den damit zusammenhängenden Geschwindigkeiten, Düsentemperaturen, Kunststoffverarbeitungsparametern, Zusatzfunktionen, Mehrfachdruckköpfen etc. All diese Eigenschaften erfordern in den Simplify3D-Einstellungen entsprechend unterschiedliche Vorkonfigurationen. Diese werden vom Druckerhersteller erstellt und den Kunden in Form von Profilen als Parametersätze für verschiedene Kunststoffe und Druckszenarien bereitgestellt. Einige 3D-Druckerhersteller sind bereits im Programm Simplify3D vertreten, diese sind hier in der Erstkonfiguration (Bild 3.2) enthalten. Dieses Vorgehen hat jedoch Nachteile:

- Nur bei Programm-Updates werden Konfigurationen neu bereitgestellt. Zwischen den beiden letzten Updates lagen jedoch über ein Jahr, und so fehlen häufig neue Kunststoffe, neue Maschinenfunktionen und Innovationen.
- Je mehr Funktionen eine Maschine besitzt, umso mehr spezialisierte Profile können den Kunden bereitgestellt werden. In Simplify3D direkt im Programm kann jedoch nur ein Profil hinterlegt werden.

Beim ersten Start der Software erscheint der Konfigurationsassistent, in dem der eingesetzte 3D-Drucker gewählt werden kann, falls der Hersteller des 3D-Druckers in der Software angelegt ist. Es ist jedoch nicht wichtig, ob und welcher 3D-Drucker bei der Installation gewählt wird, da jederzeit die Möglichkeit besteht, aktuellere oder andere Hersteller-Profile ins Programm zu importieren. Daher gehen viele Hersteller von 3D-Druckern den Weg über die Bereitstellung von Profilen zum Download, sodass der Kunde diese per Import immer aktuell einladen kann. Dieser Weg ist der sicherere, da hiermit immer Aktualität garantiert ist und zum Beispiel auch neue Kunststoffe so vollautomatisch übernommen werden können, sobald der Gerätehersteller diese freigibt.

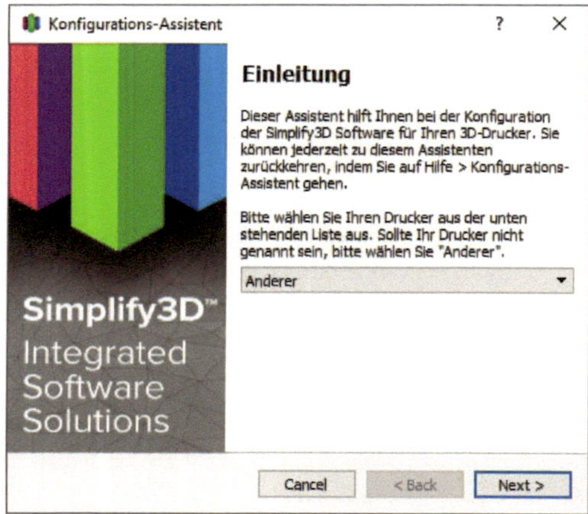

Bild 3.2
Konfigurationsassistent: Geräteauswahl

Falls das Gerät in der Auswahl nicht verfügbar ist, wird wie im Bild dargestellt „Anderer“ ausgewählt (Bild 3.2), und die vom Hersteller verfügbaren Druckprofile werden später ins Programm geladen (Abschnitt 6.1.2).

An diesem Beispiel wird die Installation der Druckerprofile nach der 3D-Drucker-Vorauswahl „Anderer“ beschrieben. Auch später kann der Konfigurationsassistenten neu gestartet werden, um diese Einstellungen zu ändern. Hierzu wird in der Menüleiste der Menüpunkt **Hilfe → Konfigurationsassistent** gewählt.

Für die Übersicht und zur Übung zu diesem Kapitel befindet sich die Übungsdatei *Programmstart.factory* im Downloadportal *https://plus.hanser-fachbuch.de/*. Diese wird folgendermaßen im Programm geöffnet: in der Menüleiste den Menüpunkt **Datei → Hersteller-Datei öffnen** auswählen (Bild 3.3) und anschließend im Datei-Explorer die heruntergeladene, lokal abgespeicherte Übungsdatei auswählen. Damit können die Ansichten der Bedienoberfläche für dieses Kapitel nachvollzogen werden. ■

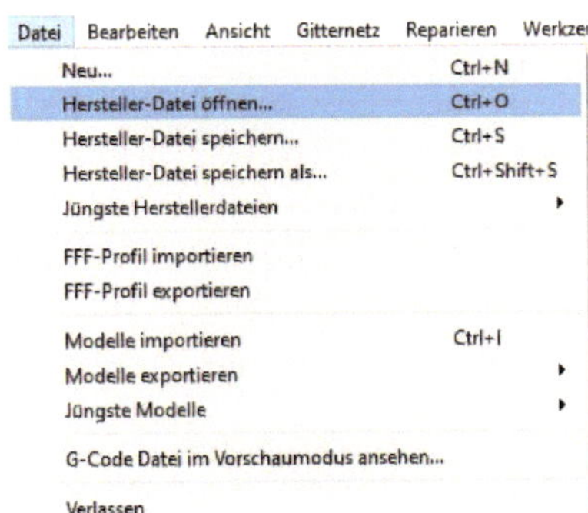

Bild 3.3
Öffnen der Übungsdatei *Programmstart.factory*

■ 3.2 Programm Hauptkomponenten

Das Programm enthält die drei Hauptmodule Startfenster, Druckvorschau und die Druckersteuerung, die auch als Host bezeichnet wird. In dieser Reihenfolge entstehen aus dem Modell zusammen mit den Prozessen (Druckparametern) zunächst die Simulation und daraus die Druckdatei, die dann mittels Druckersteuerung (Gerätebedienung/Host) an den 3D-Drucker gesendet wird:

Startfenster

In diesem Hauptfenster werden die Modelldateien geladen und auf dem Tisch angeordnet, die Druckparameter in Form von Prozessen definiert, den jeweiligen Modellen zugeordnet und für den Druck vorbereitet.

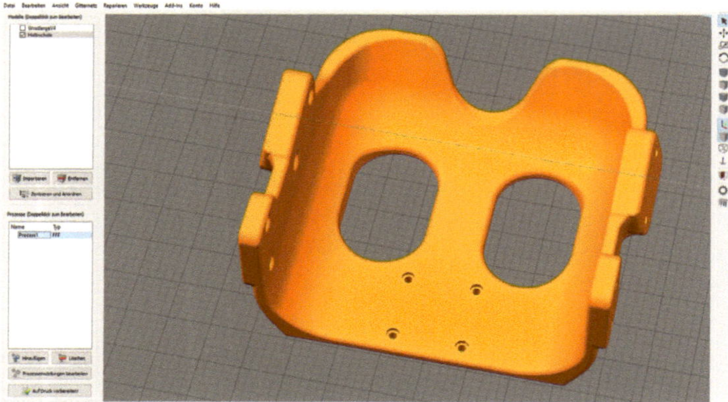

Druckvorschau

In diesem Modul wird die Drucksimulation mit Statistiken und den tatsächlichen Maschinen-Verfahrwegen dargestellt, sie zeigt die erzeugten Druckdaten mit jedem Feature des Drucks.

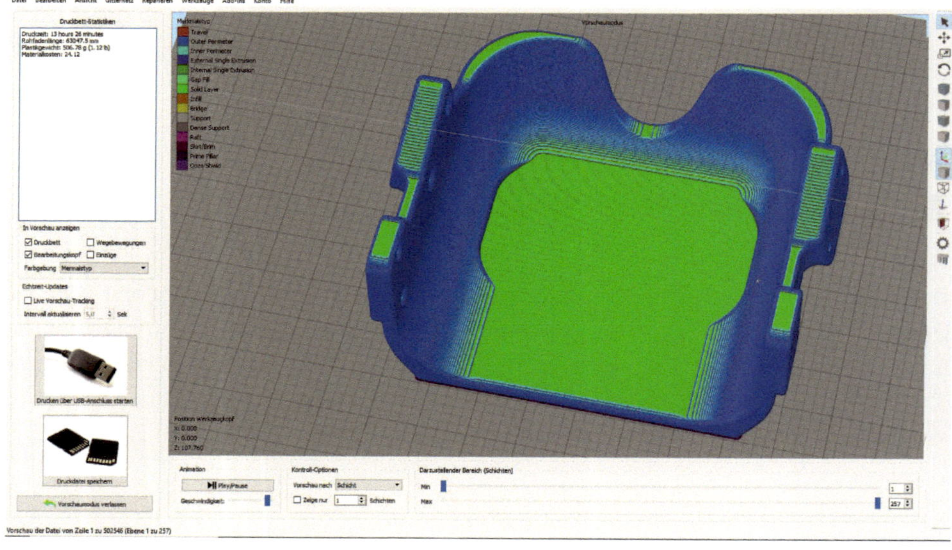

Geräte-Bedienfeld

(häufig als **Host** bezeichnet) Diese Programmfunktion enthält die direkte Ansteuerung des 3D-Druckers sowohl für manuelle Bedienung des Geräts als auch für den Druckvorgang. Diese Bedienoberfläche erlaubt es, über Simplify3D eine direkte Kommunikation vom PC zum 3D-Drucker herzustellen und so 3D-Drucke zu starten und zu kontrollieren. Alle Bedienfunktionen wie manuelles Verfahren, Aufheizen von Düsen und Druckbett etc. sind über dieses Bedienfeld möglich. Diese Gerätebedienung ist in Kapitel 7 ausführlich erklärt.

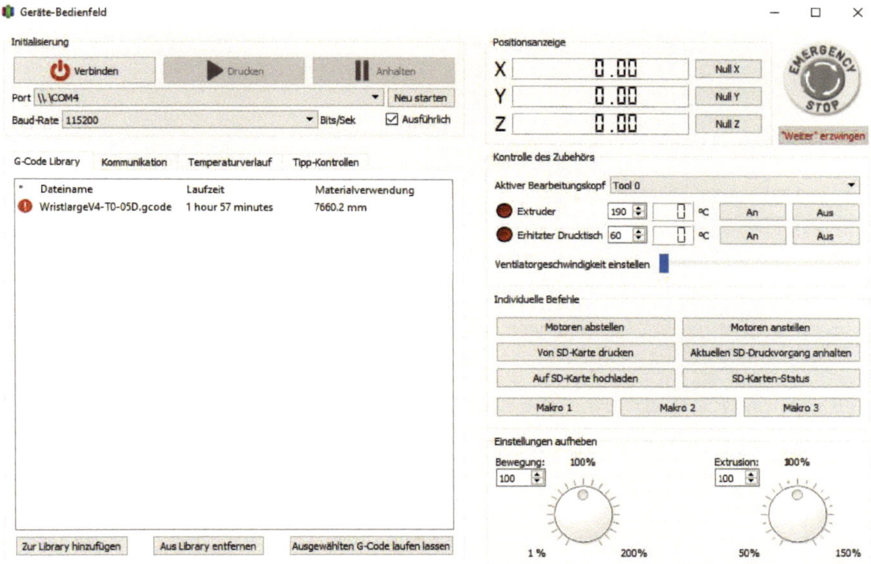

■ 3.3 Simplify3D-Startfenster: Programmoberfläche

Das Startfenster teilt sich in fünf Bereiche auf (Bild 3.4).

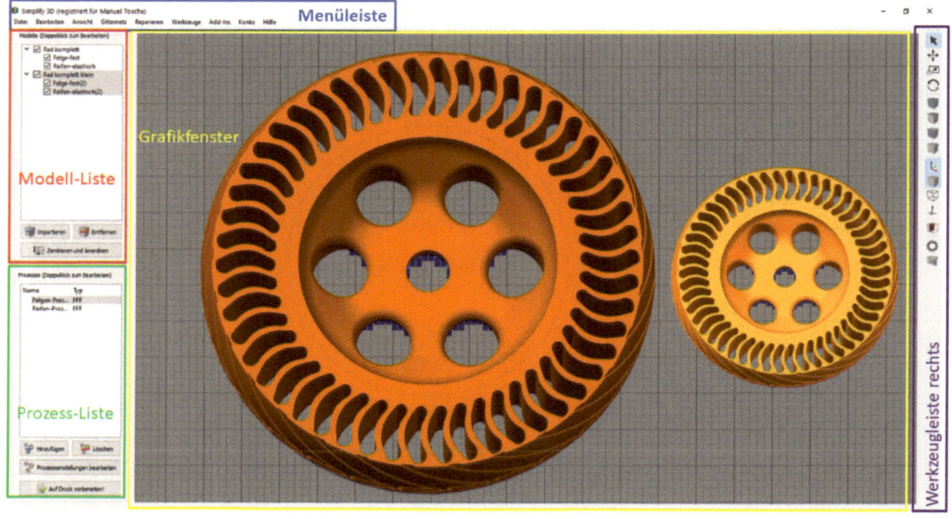

Bild 3.4 Startfenster von Simplify3D

- Die Größe der einzelnen Fensterbereiche und Leisten kann durch Ziehen der Fensterumrandung verändert werden.

Grafikfenster: Druckvolumen mit Druckfläche

Diese Ansicht zeigt in einer interaktiven 3D-Darstellung den Drucktisch und das Druckvolumen mit den geladenen Modellen. Hier können die Modelle auf der Druckfläche positioniert und bearbeitet werden. Das graue Gitter stellt den Drucktisch dar (die richtige Größe wird nur dann angezeigt, wenn das korrekte Profil des Herstellers vorher geladen wurde). Der Rahmen oberhalb des Drucktischs bildet das Druckvolumen des 3D-Druckers ab. Das Koordinatensystem des 3D-Druckers kann ein- oder ausgeblendet werden (Abschnitt 3.5), es zeigt die Achsausrichtung des Geräts an.

Diese Ansicht kann ganz einfach mit den drei Maustasten skaliert und ausgerichtet werden:

- Ansicht drehen – Linksklick und ziehen
- Ansicht verschieben – Rechtsklick und ziehen
- Zoom – Scrollen mittleres Maustastenrad

Diese Zuordnung zu Maustasten kann im Programm unter **Menüleiste → Werkzeuge → Optionen** individuell angepasst werden (siehe Abschnitt 7.2). Die weiteren Befehle zur Ansichtseinstellung werden in Abschnitt 3.5 erklärt.

Menüleiste

Die Menüleiste erlaubt die Menünavigation für alle Funktionen der Simplify3D-Software:

- **Datei**
  In diesem Menüpunkt können Dateien importiert und gespeichert werden, das Druckvorschaufenster kann geöffnet werden. Mit dem letzten Menüpunkt kann das Programm beendet werden (**Verlassen**). Die Funktionen in diesem Menü und die Dateitypen werden in Abschnitt 3.6 beschrieben.
- **Bearbeiten**
  Unter diesem Punkt befinden sich Befehle für das Modell-Handling (Orientierung, Positionierung, Skalierung und Start der Druckvorschau). Diese Funktionen sind in Kapitel 5 erklärt.
- **Ansicht**
  Die hier verfügbaren Ansichtseinstellungen sind unter Abschnitt 3.5 aufgeführt.
- **Gitternetz**
  Damit ist das Gitternetz der Facettenmodelle gemeint. Unter diesem Menüpunkt können Reparaturen, Statistiken und das Spiegeln von Modellen angewählt werden (siehe Kapitel 4).
- **Reparieren**
  Dieser Menüpunkt beschäftigt sich mit der Reparatur von Dateifehlern in den geladenen Modellen (siehe Kapitel 4).
- **Werkzeuge**
  Einstellung von Optionen und Assistenten zur Nivellierung, Prozessteilung, Dual-Drucken, Firmware-Konfiguration und Stützstruktur (siehe Kapitel 7).
- **Add-Ins**
  Konvertierung eines 2D-Bildes in ein 3D-Modell (siehe Kapitel 7).
- **Konto**
  Ausloggen aus dem Simplify3D-Konto, Deaktivieren der Lizenz (Abschnitt 3.7)
- **Hilfe**
  Lizenz deaktivieren, Konfigurationen, Einstellungen zurücksetzen, Kurzanleitung (englisch) und Programminformationen (Abschnitt 3.7)

Modell-Liste

Wenn 3D-Modelle importiert wurden, werden diese in dieser Sektion gelistet. Direkt darunter befinden sich die Schaltflächen, um weitere Modelle zu laden **(Importieren)**, zu löschen **(Entfernen)** oder auf dem Tisch anzuordnen **(Zentrieren und Anordnen)**. Kapitel 4 und 5 beschreiben die Möglichkeiten des Imports, Exports und des Bearbeitens von Modellen.

Prozess-Liste

Die Druckprozesse für das aktuelle 3D-Druck-Projekt werden hier aufgelistet, darunter befinden sich die Schaltflächen **Hinzufügen**, **Löschen**, **Prozesseinstellungen bearbeiten** und **Auf Druck vorbereiten!**, die es ermöglichen, die Prozesse zu bearbeiten. In der Übungsdatei befinden sich zwei Prozesse für Drucke von einzelnen Druckteilen. Die Modell- und Prozess-Liste können durch Ziehen der Abgrenzungslinien verbreitert werden.

Werkzeugleiste rechts

Die Werkzeugleiste enthält Schnellzugriffsschaltflächen für vier Bereiche:

- Modell-Handling
- Ansichtseinstellungen
- Gerätebedienung
- Stützmaterialerzeugung

Sie befindet sich beim ersten Start des Programms rechts auf der Seite. Die Werkzeugleiste kann verschoben werden, indem auf die obere Punktlinie geklickt und sie damit an die gewünschte Position gezogen wird. Die ersten vier Schaltflächen der Werkzeugleiste werden in Kapitel 5, Modell-Handling, beschrieben, die folgenden neun Schaltflächen für die Ansichtseinstellungen sind in Abschnitt 3.5 erklärt. Die beiden letzten Schaltflächen betreffen die Gerätesteuerung (Zahnrad) und den Stützmaterialassistenten (Abschnitt 7.3 und 7.8).

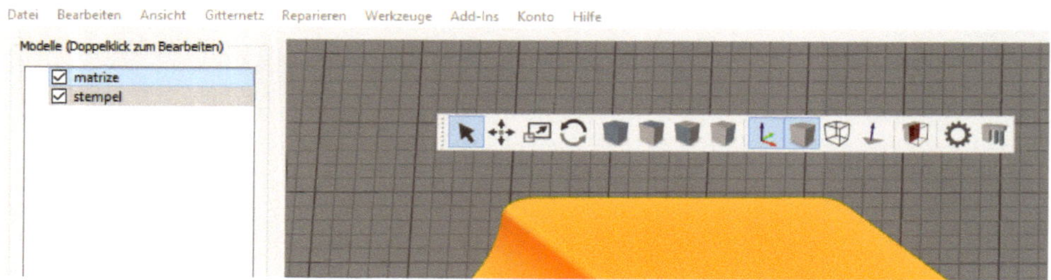

■ 3.4 Druckvorschau mit Druckanimation

Dieses Fenster öffnet sich automatisch nach der Druckdatenberechnung (Slicen) innerhalb von Simplify3D durch den Befehl **Auf Druck vorbereiten!** oder beim Öffnen von bereits erstellten G-Code-Dateien. Die Elemente und Bedienung der Druckvorschau werden in Abschnitt 6.3 beschrieben.

Die Druckvorschau enthält folgende Bereiche:

- die grafische **Druckvorschau** im Hauptfenster
- links oben die **Druckstatistiken** bezüglich Druckdauer, Materialverbrauch und Kosten
- links Mitte die **Anzeigeeinstellungen**
- links unten das **Drucken** direkt über die Simplify3D-Gerätebedienung oder **Speichern** der erzeugten Druckdatei
- rechts die **Werkzeugleiste** analog zum Hauptfenster
- ganz unten die Einstellungen für die **Animation** – die Visualisierung des Druckablaufs

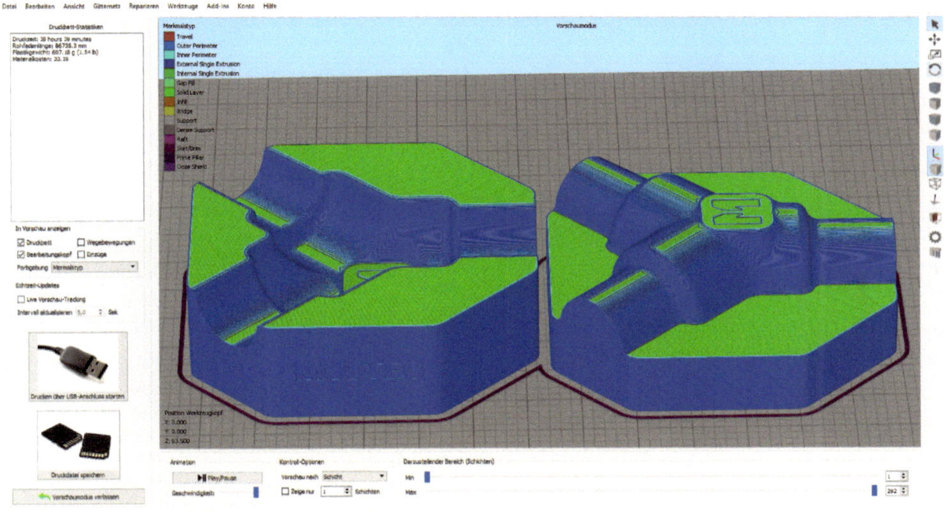

Bild 3.5 Druckvorschau der erzeugten oder geladenen Druckdatei

■ 3.5 Ansichtseinstellungen

Die Ansichtseinstellungen können sowohl über die **Menüleiste → Ansicht** als auch über die Werkzeugleiste rechts eingestellt werden. Bild 3.6 zeigt das Untermenü **Ansicht** mit den zugehörigen Shortcuts. Die gleichen Schaltflächen befinden sich in der Werkzeugleiste rechts.

Die ersten vier Schaltflächen beziehen sich auf die Ansichtsausrichtung im Grafikfenster und sind selbsterklärend: Es ist die perspektivische Ansicht schräg von rechts oben (**Standard** oder **Ctrl + 1**), die Draufsicht (**Oben** oder **Ctrl + 2**), die Vorderansicht (**Vorne** oder **Ctrl + 3**) oder die Seitenansicht (**Seite** oder **Ctrl + 1**) auswählbar.

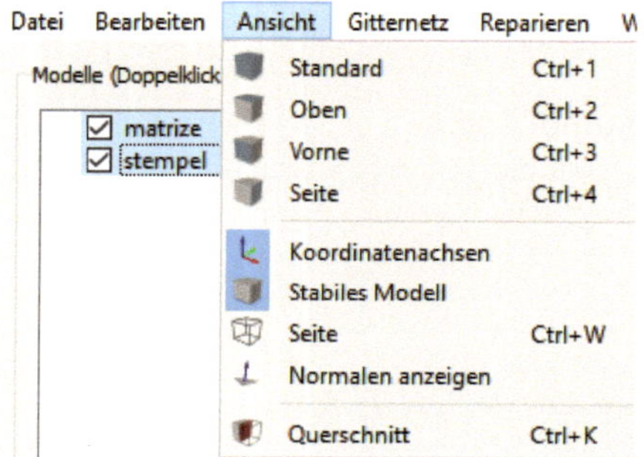

Bild 3.6
Ansichtseinstellungen

Darunter befindet sich zuerst die Möglichkeit, die **Koordinatenachsen** des Druckers anzuzeigen, danach folgen die drei Ansichtsmöglichkeiten **Stabiles Modell**, **Seite** (ungünstig übersetzt, besser wäre „Gitternetz"), **Normalen anzeigen** und **Querschnitt**, die beliebig kombinierbar sind. Tabelle 3.1 zeigt die Ansichtseinstellung am Beispiel eines Druckteils.

Zur Fehlersuche und Prüfung des Modells sind diese Ansichtseinstellungen sehr hilfreich. Speziell die Querschnittsansicht sollte bei Verdacht auf Fehler im Innern des Modells sowohl in der Grafikansicht als auch in der Druckvorschau genutzt werden.

Tabelle 3.1 Ansichtseinstellungen von Gitternetzen

Schaltfläche in der rechten Menüleiste	Menüpunkt in der oberen Menüleiste	Ansichtsbeschreibung
	**Ansicht → Stabiles Modell**	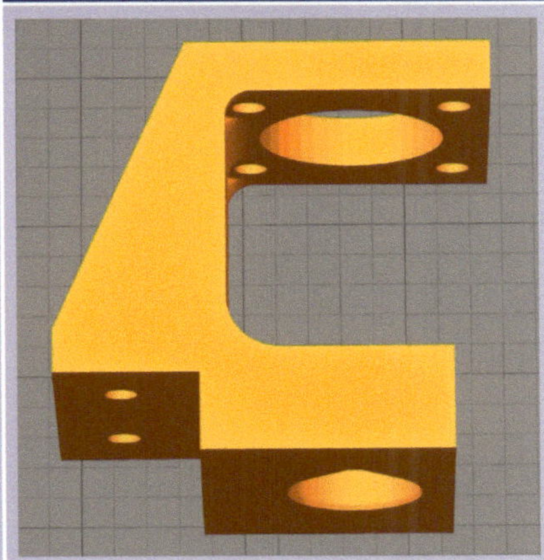 Mit dieser Ansicht werden alle Flächen geschlossen dargestellt.
	**Ansicht → Seite** Übersetzungsfehler in Simplify3D, korrekt wäre hier *Gitternetz* oder *Kanten*	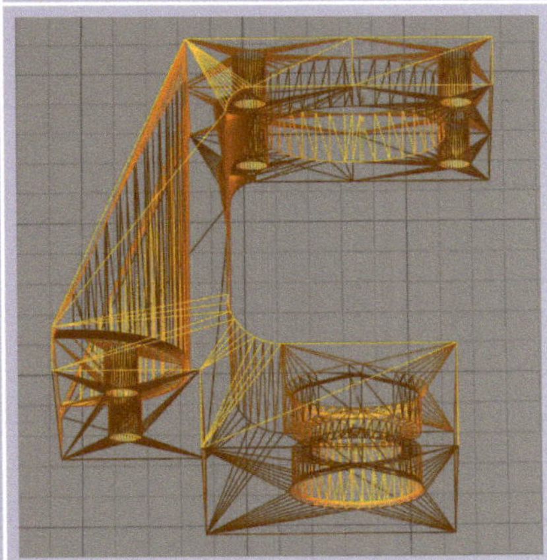 Diese Ansichtseinstellung zeigt nur das Netz ohne die Flächen, ist aber kombinierbar mit den anderen Anzeigen.

Tabelle 3.1 Ansichtseinstellungen von Gitternetzen *(Fortsetzung)*

Schaltfläche in der rechten Menüleiste	Menüpunkt in der oberen Menüleiste	Ansichtsbeschreibung
	**Ansicht → Normalen anzeigen** Shortcut **Ctrl + W**	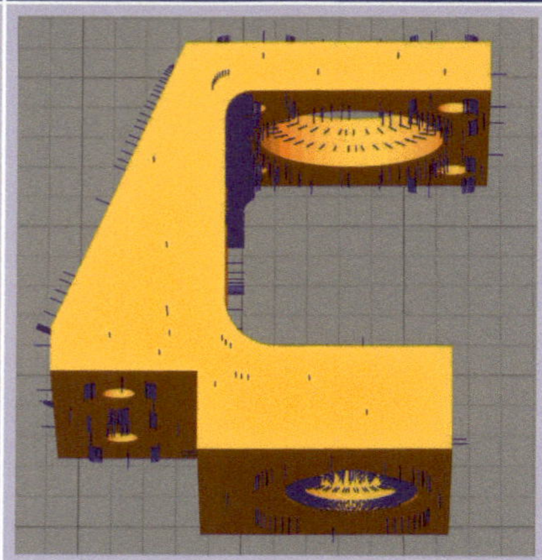 Diese Ansicht bildet die Normalen als blaue Linien ab. Hier gezeigt in Kombination mit der Ansicht **Stabiles Modell.**
	**Ansicht → Querschnitt** Shortcut **Ctrl + K**	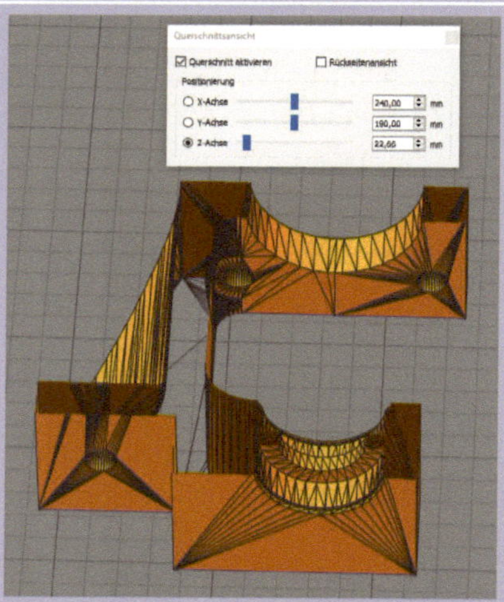 Der Querschnitt kann nach Koordinatenachse und Position mit dem Schieberegler oder per Zahleneingabe definiert werden.

3.6 Simplify3D Datei-Typen und -Verwendung

Im Programm werden insgesamt sechs Dateitypen verwendet, die importiert, exportiert und in den meisten Fällen auch bearbeitet werden können. Den Zusammenhang der Dateien zeigt Bild 3.7.

- **Modell-Dateien** (*.stl, *.obj und *.3mf)
  In diesen Formaten sind die geometrischen Modelldaten gespeichert und können importiert, kombiniert, verändert und exportiert werden.
- **Profil-Dateien** (*.fff)
  In diesen Dateien sind alle 3D-Druckprozessparameter gespeichert. Sie werden von Druckerherstellern meist mitgeliefert, können verändert, exportiert und importiert werden.
- **Hersteller-Dateien** (*.factory) mit dem Druckszenarium samt Modellen und Prozessen.
  Diese Datei ist am besten erklärt als Projektdatei, die Modelle, Druckprozesse und deren Verknüpfung speichert. Sie ist die wichtigste Datei, da nur hier alle Daten zum aktuellen Druckprojekt enthalten sind. Innerhalb dieser Datei kann optimiert, geändert und überarbeitet werden in allen Bereichen vom Modell bis zu den Prozessen und deren Zuordnung zueinander.
- **Druck-Dateien** (*.GCode) enthalten alle Daten für den gewünschten 3D-Druck, diese Datei wird direkt an den 3D-Drucker gesendet oder abgespeichert und später gedruckt. G-Code-Dateien sind nicht mehr nachbearbeitbar. Sind hier Änderungen gewünscht, erfolgen diese immer in der vorgelagerten Hersteller-Datei.
- **Stützmaterial-Dateien** (*.spt) bilden die Geometrie von Stützstrukturen ab, die exportiert und importiert werden können (siehe Abschnitt 7.8.3).
- **Firmware-Dateien** (*.frm) enthalten gerätespezifische Einstellungen zu 3D-Druckern wie zum Beispiel spezifische Maschinenbefehle für Werkzeugwechsel und bilden auf diese Art einen Dolmetscher zwischen Simplify3D-Druckdaten und individuellen Maschinenbefehlen für den 3D-Drucker (siehe Abschnitt 7.7).

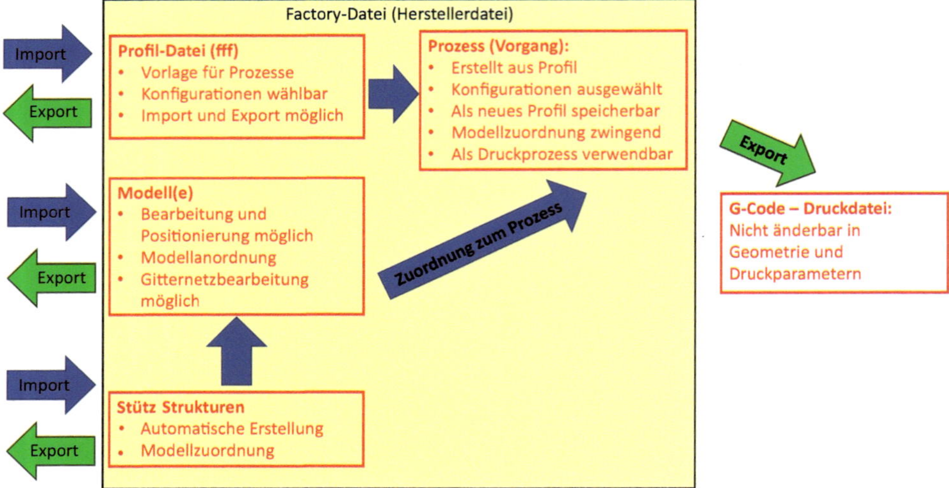

Bild 3.7 Dateitypen und Verarbeitung in Simplify3D

Die vier ersten Dateitypen werden über die **Menüleiste → Datei** importiert und exportiert (Bild 3.8), die Stützmaterial-Dateien über den Stützstrukturassistenten und die Firmware-Dateien über die Firmware-Konfiguration. Die Firmware-Dateien werden vom 3D-Druckerhersteller geliefert.

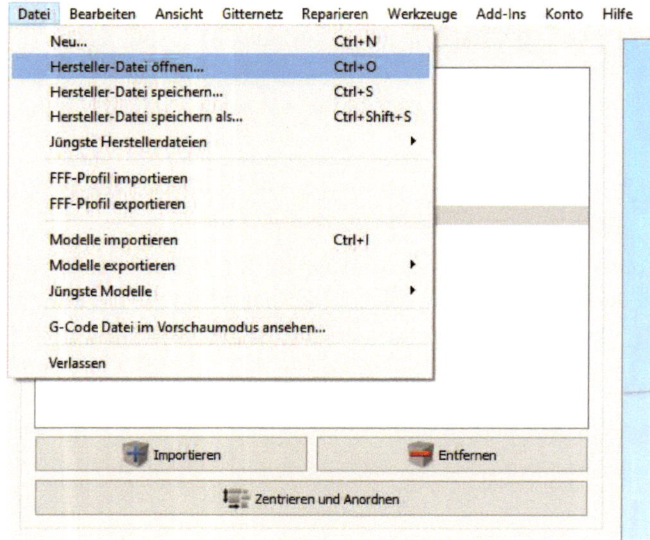

Bild 3.8 Ausgeklappte Menüleiste **Datei**

Im Folgenden werden die Möglichkeiten dieser Dateitypen tiefergehend erklärt. Wichtig ist hier zu wissen, dass aufgrund dieser Daten einmal erstellte Druckszenarien, Prozesse oder Modellgruppen für ähnliche Geometrien oder Druckvorhaben wieder genutzt werden können. Mit diesem Vorgehen kann viel Zeit bei neuen Projekten gespart werden. Der zweite wichtige Punkt: Es ist hierdurch immer wieder möglich, die vom Hersteller gelieferten Profile neu zu laden.

Wichtig: Einmal erzeugte G-Code-Dateien können nicht geändert werden. Werden hier Änderungen nötig, muss immer der Schritt zurück zu den Einstellungen vor der Druckdateierzeugung und möglicherweise auch zurück bis in die Konstruktion des Modells gegangen werden. Schon deshalb ist es wichtig, Hersteller-Dateien zu Projekten gut zu führen und zu speichern. ■

3.6.1 Hersteller-Dateien (Factory-Format)

Unter dem Dateiformat **.factory* wird der gesamte Arbeitsbereich der aktuellen Datei mit allen Modellen, Prozessen und deren Verknüpfungen miteinander gespeichert. Die Übersetzung mit „Hersteller-Datei" ist etwas ungünstig gewählt, gemeint ist eine Produktionsdatei (die Dateien und Prozesse zur Produktion bestimmter Teile enthält). Das Dateiformat ist eine Art Projektdatei für das aktuelle Druckprojekt, die alle Druckdaten beinhaltet. Beim Öffnen einer Hersteller-Datei sind alle verwendeten Druckprozesse und Modelle und die Zuordnung von Modellen zu Prozessen verfügbar. Eine kleine Einschränkung gibt es: Wurde die Hersteller-Datei beim letzten Programmende nicht gespeichert, so sind auch diese Änderungen verloren. Dieses Speichern vor Programmbeendigung empfiehlt sich daher unbedingt in den Fällen, in denen damit weitergearbeitet werden soll.

Praxistipp: Es ist hilfreich, zu allen Projekten eigene Factory-Dateien anzulegen und zu speichern. So kann sowohl die kontinuierliche Verbesserung und Erweiterung im jeweiligen Projekt, also der Hersteller-Datei, gespeichert als auch für ähnliche Geometrien und Prozesseinstellungen darauf zurückgegriffen werden. Im industriellen Umfeld macht es zum Beispiel Sinn, eine Hersteller-Datei für meist dünnwandige Abdeckungen zu erstellen und die Prozesse darin für die eigene Anwendung zu optimieren oder eine Projektdatei für hochfeste Vorrichtungsteile wie Blech-Tiefziehvorrichtungen, etc. aufzubauen. ■

Hersteller-Dateien werden über die **Menüleiste → Datei** im obersten Bereich entweder neu erzeugt, geöffnet, gespeichert oder unter neuem Namen gespeichert. Im letzten Punkt **Jüngste Herstellerdateien** können die zuletzt geöffneten Hersteller-Dateien erneut geöffnet werden. Es ist nicht möglich, mehrere Hersteller-Dateien pro Programminstanz zu öffnen.

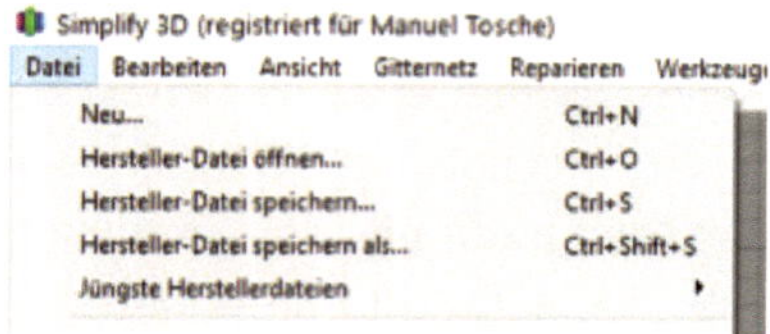

Achtung: Da Simplify3D beim Beenden die verwendete Herstellerdatei nicht automatisch speichert, empfiehlt es sich immer, vorher eine Speicherung vorzunehmen. Ansonsten wird die letzte Herstellerdatei beim Programmstart mit dem Stand der letzten Speicherung geöffnet.

3.6.2 Profil-Dateien

Diese Dateien im Dateiformat FFF enthalten alle 3D-Druckparameter und teilweise auch Geräteeinstellungen, die innerhalb des Programms einstellbar sind. Diese werden importiert über die **Menüleiste – Datei – FFF-Profil importieren** (Bild 3.9). Sie können ebenfalls exportiert werden. Diese Funktion ist sehr hilfreich, wenn eigene Spezialprofile erstellt werden, die wiederverwendet werden sollen. Eine weitere Möglichkeit, Profile zu importieren, besteht mit der Funktion G-Codes als FFF-Profile einzulesen (Abschnitt 6.1.1). Alle Funktionen zu Profilen, die Erzeugung von Prozessen aus Profilen und die Arbeit mit den Prozessen sind in Kapitel 6 enthalten.

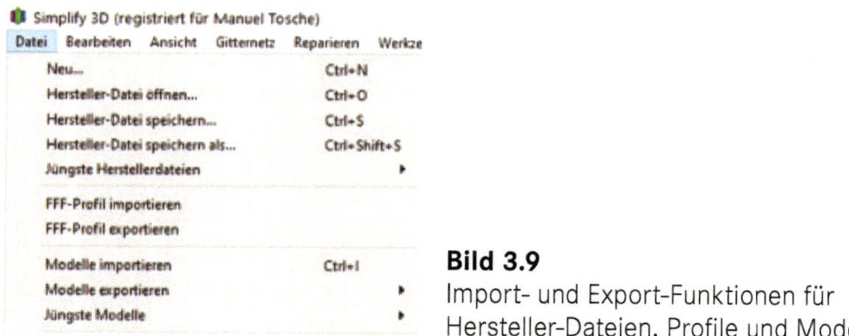

Bild 3.9
Import- und Export-Funktionen für Hersteller-Dateien, Profile und Modelle

Aktuell sind in den Profilen über 190 Parameter enthalten, die in Kapitel 8 im Einzelnen erläutert werden. Sie werden von Geräteherstellern meist in mehreren konfigurierbaren Varianten zur Verfügung gestellt und sind damit für Ihren 3D-Drucker optimal vorkonfiguriert. Es können jederzeit eigene Prozesse und Profile aus diesen Standards abgeleitet, gespeichert und exportiert werden, um sie für spätere ähnliche Anwendungen einzusetzen. Profile sind Textdateien, die alle Einstellungen für Simplify3D enthalten. Im Folgenden ist der Anfang eines FFF-Standardprofils abgebildet.

```
<?xml version="1.0"?>
<profile name="M800_4Move_1Single" version="2021-05-07 11:01:38" app="
S3D-Software 4.1.2">
  <baseProfile>Multec Multirap M800</baseProfile>
  <printMaterial>Multec PLA - HT</printMaterial>
  <printQuality>Ausgeglichen</printQuality>
  <printExtruders>Links Vorne Duese T0</printExtruders>
  <extruder name="Links Vorne Duese T0">
    <toolheadNumber>0</toolheadNumber>
    <diameter>0.5</diameter>
    <autoWidth>1</autoWidth>
    <width>0.6</width>
    <extrusionMultiplier>0.95</extrusionMultiplier>
    <useRetract>1</useRetract>
    <retractionDistance>6</retractionDistance>
    <extraRestartDistance>0</extraRestartDistance>
    <retractionZLift>0</retractionZLift>
...
```

Es sind darin alle Autokonfigurationen, Parameter und Einstellungen aufgeführt, geändert werden sollten sie auf keinen Fall. Wichtig zu wissen ist, dass die Parameter der gewählten Konfiguration auch allen Druckdateien in deren Startsequenz mitgegeben werden. Daher ist es möglich, auch G-Codes als FFF-Profile zu importieren (Abschnitt 6.1.1).

3.6.3 Modell-Dateien

Modell-Dateien können mit den Formaten *.stl, *.obj und *.3mf importiert werden. Kapitel 4 und Kapitel 5 befassen sich ausführlich mit den Hintergründen, Bearbeitungsmöglichkeiten und den für den 3D-Druck wichtigen Punkten der Modell-Dateien. Unter **Menüleiste – Datei** können Modelle importiert, exportiert und die jüngsten Modelle erneut aufgerufen werden. Es können damit auch Modelle exportiert werden, die innerhalb des Programms verändert wurden.

3.6.4 G-Codes – Druckdateien

In den G-Codes werden in der Maschinensprache alle Befehle gespeichert, die chronologisch zur Abarbeitung des 3D-Drucks notwendig sind. Es sind ebenfalls Textdateien. Darin sind Verfahrwege, Temperatursteuerungen, Kühlluftsteuerung, Drucktischtemperaturen und alle weiteren Befehle für die Maschinen enthalten.

Darin sind sowohl maschinenlesbare Zeilen als auch Kommentare (mit Semikolon eingeleitete Zeilen) enthalten (Tabelle 3.2).

G-Code-Dateien können in Simplify3D mit drei Funktionen genutzt werden:

1. Erzeugung aus Modellen mit Prozessen über **Auf Druck vorbereiten!**
2. Anzeigen eines bereits erstellten G-Codes in der Druckvorschau über **Menü – Datei – Gcode Datei im Vorschaumodus ansehen** oder das Ziehen einer G-Code-Datei auf das Simplify3D-Programmfenster
3. Auslesen von Prozessparametern aus bestehenden G-Codes und Import als FFF-Profil mittels **Menüleiste – Datei – FFF-Profil importieren.**

   Diese Funktion ist sehr hilfreich, wenn bereits ähnliche Druckteile gut gedruckt wurden und neue Teile mit den gleichen Parametern gedruckt werden sollen.

Tabelle 3.2 G-Code-Aufbau: Beispiel für ein Druckteil gedruckt mit einem Multirap M800

Dateibereich	Beispiel Dateiauszug

Parameterbereich Simplify3D
▪ Wird vom 3D-Drucker ignoriert
▪ Dient zum Wiedereinlesen als Profil
	`; G-Code generated by Simplify3D(R) Version 4.1.2`
	`; Sep 8, 2021 at 1:07:03 PM`
	`; Settings Summary`
	`;   processName,Process1`
	`;   applyToModels,ueberhangtest`
	`;   profileName,M800_4Move_1Single (modified)`
	`;   profileVersion,2019-05-07 11:01:38`
	`;   baseProfile,Multec Multirap M800`
	`;   printMaterial,Multec PLA – HT`
	`;   printQuality,Ausgeglichen`
	…

Startsequenz 3D-Druck
▪ Vorbereitung für den Druck, Düsen und Druckbett aufheizen, Düse reinigen.
▪ Resultiert aus Simplify3D-Einstellungen Scripte →Startscript
▪ Herstellerdefinition
	`G90`
	`M82`
	`M106 S0`
	`;Start Script`
	`M140 S50`
	`G28`
	`G29`
	`M190 S40`
	`M104 S215 T0 ; aufheizen Duese T0`
	`M140 S50 ; aufheizen Bett`
	`M109 S215 T0 ; warte bis T0 Temperatur erreicht hat`
	`G222`
	`; T0 reinigen`
	`T0`
	`G92 E0`
	`G1 E20 F120 ; 20 mm Filament extrudieren`
	…

<table>
<tr><th>Dateibereich</th><th>Beispiel Dateiauszug</th></tr>
<tr><td>Auszug Druckvorgang<ul><li>Koordinaten für Verfahrwege und Extruder-Wege für den 3D-Drucker</li></ul></td><td><pre>...
G92 E0.0000
G1 E-6.0000 F3000
G1 X371.078 Y218.692 F8000
G1 E0.0000 F3000
G92 E0.0000
G1 X372.020 Y219.634 E0.0429 F960
G1 X372.020 Y220.653 E0.0756
G1 X370.060 Y218.692 E0.1648
G1 X370.492 Y208.942 F8000
...</pre></td></tr>
<tr><td>Endscript<ul><li>Parkposition einnehmen</li><li>Düsen und Bett abkühlen</li><li>Maschine abschalten</li></ul></td><td><pre>;End Script
G91 ;Relative Positioning
G1 Z5 F1200 ;Move head away from part
G28 X0 Y0   ;home X axis
G90 ;Absolute Positioning
M104 S0 T0   ;turn off T0 extruder
M104 S0 T1   ;turn off T1 extruder
M140 S0 T0   ;turn off bed
M107   ;disable fan
M84   ;disable motors
;/End Script
; Build Summary
;   Build time: 2 hours 18 minutes
;   Filament length: 3741.3 mm (3.74 m)
;   Plastic volume: 23867.36 mm^3 (23.87 cc)
;   Plastic weight: 30.07 g (0.07 lb)
;   Material cost: 1.43</pre></td></tr>
</table>

Es würde den Rahmen dieses Buches sprengen, G-Code-Befehle im Einzelnen, den detaillierten Aufbau der Datei und die manuellen Eingriffsmöglichkeiten zu beschreiben. Simplify3D bietet im Bereich **Scripte** die Möglichkeit, individuelle Scripte in speziellen Funktionen einzufügen (Startscript, Werkzeugwechselscript etc. - siehe Abschnitt 8.9).

3.7 Menüpunkte Konto und Hilfe

3.7.1 Menüpunkt Konto

Mit dem Untermenüpunkt **Ausloggen** kann die aktuelle Lizenz deaktiviert werden. Zur Sicherheit erscheint noch eine Rückfrage, ob dies wirklich gewollt ist.

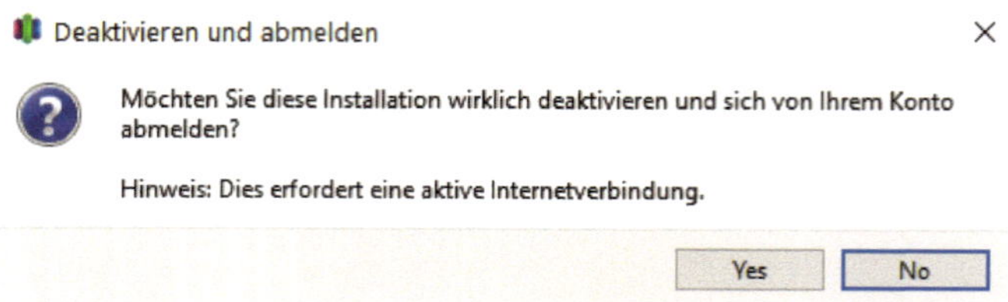

3.7.2 Hilfe-Menü

Das Hilfe-Menü umfasst folgende Punkte:

- **Produkt deaktivieren**
  Damit wird die aktuelle Lizenz deaktiviert.
- **Konfigurations-Assistent**
  Mit dieser Funktion kann die Konfiguration wie unter Abschnitt 3.1.4 beschrieben erneut aufgerufen und neu eingestellt werden.
- **Nach Updates suchen**
  Es wird online nach neuen Programmversionen gesucht. Ob diese auch installiert werden sollen wird in diesem Vorgang später abgefragt.
- **Sprache ändern**
  Programmsprache ändern
- **Alle Einstellungen zurücksetzen**
  Mit dieser Einstellung werden alle Prozesse gelöscht und der Konfigurationsassistent neu gestartet. Es ist eine erneute Anmeldung über die Internetlizenzierung notwendig.
- **Kurzanleitung**
  Englische Kurzanleitung für die ersten Schritte im Programm
- **Über Simplify3D**
  Programmversion und Lizenzvereinbarung aufrufen

3.7.3 Hilfe durch Tooltips (Mouse-over)

Bei den meisten Befehlen, Parametern und Funktionen sind Tooltips in Form von weitergehenden Informationen oder Hilfetexten verfügbar. So werden zum Beispiel bei Mouse-over über den Modellen in der Modellliste der Dateispeicherort und Name angezeigt. Leider sind diese Hilfetexte nicht immer optimal übersetzt, geben jedoch in den meisten Fällen schon gute Hinweise zur Erläuterung. In Bild 3.10 ist die Mouse-over-Hilfe über der Schaltfläche **Zentrieren und Anordnen** dargestellt.

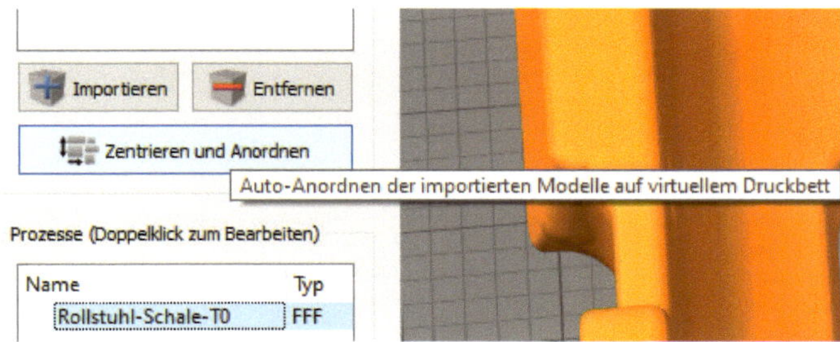

Bild 3.10 Hilfetext im Tooltip

3.8 Liste der Shortcuts

Die beiden wichtigsten Shortcuts **Ctrl + Z** für das Rückgängigmachen der letzten Aktion und **Ctrl + Shift + Z** sind in fast allen Befehlen und Aktionen verfügbar.

Tabelle 3.3 Shortcuts

Shortcut	Funktion
Modellhandling	
Q	Modell-Auswahl
W	Modell verschieben
E	Modell skalieren
R	Modell rotieren
Datei-Menü	
Ctrl + N	Neue Hersteller/Factory-Datei
Ctrl + O	Öffnen Hersteller/Factory-Datei
Ctrl + S	Speichern Hersteller/Factory-Datei
Ctrl + Shift + S	Speichern unter Hersteller/Factory-Datei
Ctrl + I	Importiere Modell
Bearbeiten Menü	
Ctrl + Z	Befehl rückgängig
Ctrl + Shift + Z	Befehl wieder herstellen
Ctrl + C	Auswahl kopieren
Ctrl + V	Auswahl einfügen
Entf	Auswahl löschen
Ctrl + G	Auswahl gruppieren
Ctrl + Shift + G	Gruppierung auflösen
Ctrl + A	Auswahl alles

Tabelle 3.3 Shortcuts *(Fortsetzung)*

Shortcut	Funktion
Ctrl + Shift + A	Auswahl nichts
Ctrl + D	Modelle vervielfältigen (duplizieren)
Ctrl + R	Zentrieren und Arrangieren alle Modelle auf dem Druckbett
Ctrl + T	Modell auf dem Druckbett ablegen/fallen lassen
Ctrl + L	Platziere Fläche auf Druckbett
Ctrl + E	Für Druck vorbereiten
Ansichtsmenü	
Ctrl + 1	Standardansicht
Ctrl + 2	Draufsicht
Ctrl + 3	Vorderansicht
Ctrl + 4	Seitenansicht
Ctrl + W	Drahtdarstellung
Ctrl + K	Schnittansicht
Werkzeugmenü	
Ctrl + P	Maschinensteuerung öffnen
Ctrl + U	Stützstrukturmenü öffnen

4 Dateien für den 3D-Druck

4.1 Geometrie-Daten in Form von Facettenkörpern

Derzeit bestehen die für den 3D-Druck verwendeten Dateiformate nicht aus gekrümmten Flächen wie in CAD-Konstruktionsprogrammen, sondern aus mosaikartig zusammengesetzten Facettenkörpern mit vielen kleinen, **ebenen** Flächen (englisch tessellation = „Mosaikstruktur"). Diese Facetten sind im Idealfall dreieckig, seltener vier- oder mehreckig. Gekrümmte Flächen werden also durch viele kleine ebene Teilflächen abgebildet. Bild 4.1 zeigt ein Druckteil mit regelmäßiger Facettierung auf gekrümmten Flächen, die in diesem Teil aus ästhetischen Gründen mit relativ großen Facetten modelliert wurden.

Bild 4.1 Facettenstruktur im 3D-Druckteil als Designelement

Im Idealfall wird der Körper so facettiert, dass er „wasserdicht" und lückenfrei geschlossen ist. Alle Facetten haben gerade Kanten, es gibt also in diesen Geometrien weder Radien noch Kurven. Dieses Netz aus Kanten wird Gitternetz oder Mesh genannt. Der Ursprung der Dateiformate für den 3D-Druck liegt in den sogenannten STL-Dateien, die bereits 1988 eingeführt wurden. Inzwischen gibt es eine Vielzahl von Dateiformaten für den 3D-Druck, die im Folgenden beschrieben werden. In diesem Buch werden stellvertretend für alle Dateiformate von Gitternetzen STL-Dateien genannt. Bild 4.2 stellt einen zylindrischen Bolzen als Facettenkörper dar. Wird der Zylinder in dieser stehenden Position gedruckt, so besteht der Außenrand dieses Druckteils aus einem Vieleck und keinem Kreis. Dies ist kein Nachteil, da bei geeigneter, guter Auflösung diese „Ecken“ am Modell nicht mehr sichtbar sind.

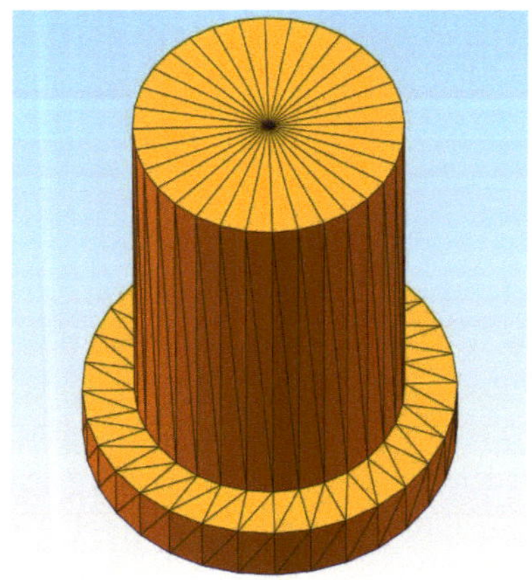

Bild 4.2 Facettenmodell eines Zylinders

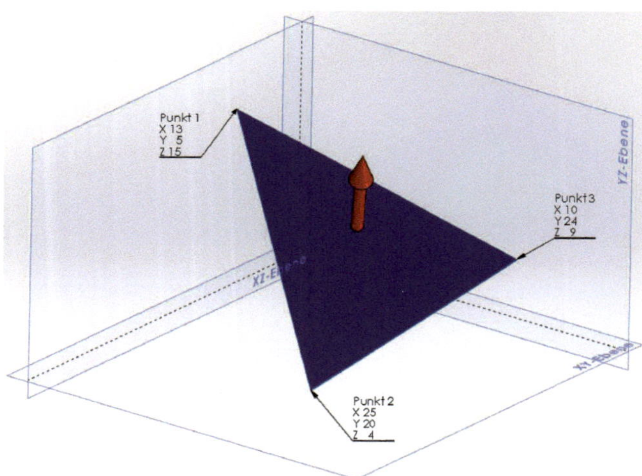

Bild 4.3 Facette mit 3 Eckpunkten, 3 Kanten und dem Normalenvektor

Bild 4.3 zeigt eine Facette mit den drei Eckpunkten, definiert durch deren XYZ-Koordinaten in Bezug auf den Modellursprung. Zwischen diesen drei Punkten liegt die ebene Dreiecksfläche/Facette. Der Normalenvektor (Flächensenkrechte als Einheitsvektor) wird im Bild durch den schräg nach oben zeigenden Pfeil dargestellt, er kennzeichnet damit die Außenseite der Facette. Bei einem fehlerfreien Gitternetz zeigen alle Normalen nach außen.

4.1.1 STL-Dateien im ASCII- oder Binary-Dateiformat

Der Ursprung der Facettendateien liegt im STL-Format. Für das STL-Format existieren zwei Speicherarten: ASCII oder Binär (engl. Binary). Im älteren STL-ASCII-Dateiformat werden die Daten der einzelnen Facetten mit folgendem Schema gespeichert:

facet normal n1 n2 n3

outer loop

vertex p1x p1y p1z

vertex p2x p2y p2z

vertex p3x p3y p3z

endloop

endfacet

Dieser Block steht für ein Dreieck und wird für alle im Körper enthaltenen Facetten gespeichert. Bei Körpern mit sehr vielen Facetten werden diese Dateien schnell sehr groß. Aus diesem Grund wurde das Binär-Dateiformat entwickelt, das mit deutlich geringeren Datenmengen einhergeht.

Im Binär-Dateiformat wird jedes Dreieck durch zwölf Gleitkommazahlen mit je 32 Bit abgespeichert, die deutlich weniger Speicherplatz benötigen. Der Vorteil der Binary-Datei ist die deutlich geringere Dateigröße, aus diesem Grund ist es für den 3D-Druck grundsätzlich besser geeignet.

4.1.2 Weitere Dateiformate

Neben den STL-Dateiformaten gibt es eine Vielzahl von Dateiformaten für die Speicherung von Druckdateien. In Simplify3D können neben STL nur die beiden Formate OBJ und 3MF verwendet werden.

Dateierweiterung	Herkunft	Besonderheiten
OBJ	Von Object abgeleitet und meist aus 3D-Modelling-Software wie Blender exportiert	Neben den Facettengeometriedaten können auch Texturen gespeichert werden. Diese Zusatzdaten werden im 3D-Druck jedoch ignoriert.
3MF	Von Microsoft ins Leben gerufen und in einem Konsortium weiterentwickelt	Unterstützt ebenfalls Farben und Multi-Materialdrucke

Das OBJ-Format kann genauso eingesetzt werden wie das STL-Format. Etwas spezieller sind 3MF-Dateien, die zwar grundsätzlich deutlich mehr für den 3D-Druck bieten wie zum Beispiel die Speicherung von Materialdaten und Mehrfachkörpern oder Multimaterialkörpern. Leider ist Simplify3D in deren Verarbeitung noch sehr eingeschränkt. Daher müssen für Mehrkörpermodelle oder Multi-Materialdrucke für jeden Körper eine eigene STL- oder OBJ-Datei eingesetzt werden (Abschnitt 9.6. Praxisbeispiel Rad).

4.2 Erzeugung von Facettenmodellen

Meist werden Modelle aus einer der folgenden Quellen abgeleitet:

- Konstruktionsprogramme – CAD-Software – Export nach STL
- Modelling- oder Sculpting-Programme – Export nach STL
- 3D-Scan, häufig mit Nachbearbeitung durch spezielle Software – Berechnung von STL

Je nach Herkunft haben die Modelle unterschiedliche Eigenschaften oder Facettenfehler. So tauchen beim 3D-Scan häufig Fehler in Form von Lücken oder Überschneidungen von Facetten auf. Meist sind die Daten aus CAD-Programmen am verlässlichsten. Eine Prüfung auf Facettenfehler wird jedoch immer empfohlen.

4.2.1 Auflösung – Feinheit von Facettenkörpern

Da die Geometriedaten von Facettenkörpern aus mehr oder weniger ebenen Flächen bestehen, kann die Annäherung an gekrümmte Flächen mit kleineren Facetten besser abgebildet werden. Gleichzeitig entstehen mit sehr fein aufgelösten Modellen relativ schnell sehr große Dateien. Diese zu fein aufgelösten Modelle führen auch beim Drucken oft zu Problemen. Hier gilt: so fein wie nötig, so grob wie möglich. Für den Export aus CAD- und Sculpting-Programmen kann im Allgemeinen die Auflösung und damit die Feinheit der Modelle eingestellt werden (ein Tutorial dazu befindet sich auf der Hanser-Plus-Seite).

Bild 4.4 stellt ein Modell in sehr geringer, mittlerer und sehr hoher Auflösung dar.

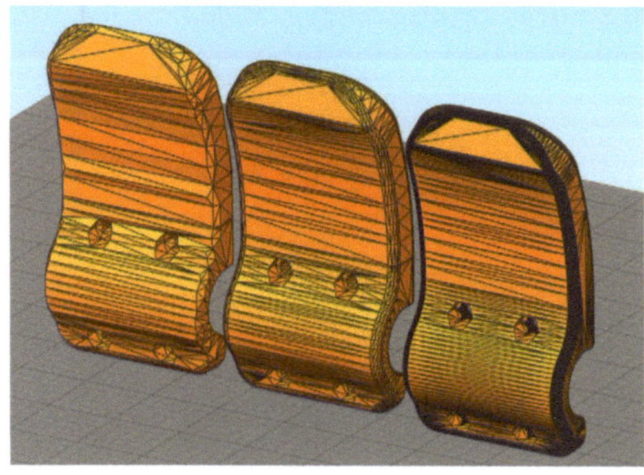

Bild 4.4
Facettenmodelle v. l. n. r: unregelmäßige, grobe – mittlere – zu feine Auflösung

Am Beispiel wird ersichtlich, dass zu grobe und unregelmäßige Polygonfacetten ein unschönes, eckiges Modell erzeugen. Im mittleren Modell ist ein gut druckbares und genügend fein aufgelöstes Modell dargestellt. Beim rechten sehr fein aufgelösten Modell sind zwar im Bereich großer Radien durchaus sinnvolle Gitternetze enthalten, jedoch sind sie für die kleinen Radien eher zu fein. Das mittlere und das rechte Modell wurden mit unterschiedlichen Einstellungen aus Solidworks exportiert, das linke wurde durch Nachbearbeitung auf reduzierte Facettenzahl erzeugt. Die Exporteinstellungen der beiden Solidworks-Exporte zeigen die beiden folgenden Bilder, links für eine grobe Auflösung mit einer Facettanzahl von 2513 (Lowpoly), rechts für eine feine Auflösung mit einer Facettenanzahl von 18 648 – Faktor 7 (Highpoly).

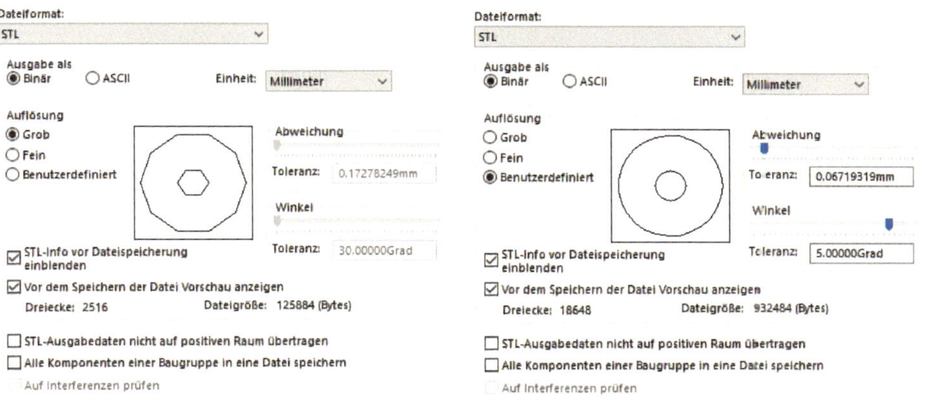

Diese Modelle sind in der zum Kapitel gehörenden Übungsdatei *facettenmodelle.factory* enthalten.

Bei kleinen Modellen spielt die Dateigröße eine untergeordnete Rolle. Bei größeren und komplexeren Modellen sind Dateigrößen im dreistelligen Megabyte-Bereich keine Seltenheit. Derartig große Dateien führen zu großen Rechenzeiten bei der Druckdateierzeugung und können zu Problemen im Druck führen.

Tipp: Zu fein aufgelöste Facettenmodelle können im Druckvorgang zu Fehlern wie Lagenversatz und Fehlstellen führen, da die Druckersteuerung durch die hohe Anzahl der kurzen Verfahrwege überfordert werden kann. Dies kann zu Ausschuss oder unschönen Oberflächen führen. Daher lautet die Empfehlung, die Facettengrößen zweckmäßig für eine gute Krümmungsabbildung und nie zu klein zu gestalten. ■

4.2.2 Exporteinstellungen aus CAD- und Sculpting-Programmen

In Sculpting-Programmen kann bereits bei der Erstellung und ebenso bei der Nacharbeit eine sehr große Palette an Funktionen genutzt werden, die die Facettengrößen und den Feinheitsgrad in verschiedenen Bereichen separat gestalten können. Hier muss der Anwender das Augenmerk auf gewünschte Feinheiten je nach Geometrien legen, ohne die Dateigröße dabei aus dem Auge zu verlieren. In CAD-Programmen sind es meist zwei Einstellungen, die beim Export in die STL-Datei über den gesamten Körper hinweg angewendet werden (Bild 4.5):

- **Die maximale Segmenthöhe oder Toleranz** (engl. Chord height): Dies ist der maximale Abstand zwischen den Facettenebenen und der tatsächlichen Körpergeometrie. Anhand von Bild 4.4 wird klar: je kleiner diese Toleranz oder Segmenthöhe, umso mehr und kleinere Facetten müssen in die Kontur gelegt werden und umso näher ist die Facettengeometrie an die Krümmung angelegt. Sinnvolle Werte sind nur schwierig generell zu definieren, da hier mit gutem Augenmaß zwischen Dateigröße und optimaler Feinheit gewählt werden sollte.

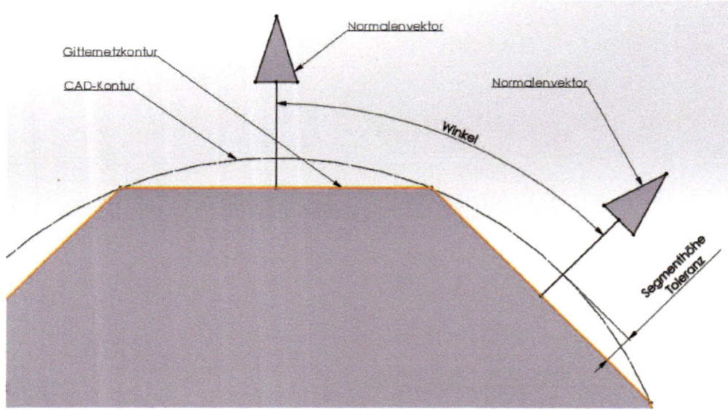

Bild 4.5 Exportparameter maximale Segmenthöhe (Toleranz) und Winkel

- **Der maximale Winkel** der Normalen zueinander. Je kleiner dieser Winkel gewählt wird, umso mehr kleinere Facetten müssen in die Krümmung gelegt werden. Sinnvolle Werte liegen zwischen 5° und 15°. Die Modelle sollten immer optisch und anhand der Dateigröße auf optimale Einstellung zwischen guter Annäherung und akzeptabler Dateigröße geprüft werden.

4.2.3 Dateigrößen und Einheiten beim Export

Je größer ein Modell ist und umso mehr gekrümmte Flächen es enthält, umso mehr Facetten werden benötigt, um es in guter Annäherung zu facettieren. Wie bereits erwähnt, führen sehr große STL-Dateien zu sehr großen Druckdateien und damit auch zu langen oder gar abbrechenden Slicing-Prozessen und im Endeffekt sogar zu Druckfehlern. Hier geht es darum, einen guten Mittelweg zu finden. Dateigrößen über 100 MB machen häufig Schwierigkeiten

Es ist hilfreich, bereits beim Export im CAD-Programm die Maßeinheit Millimeter einzustellen, um die sonst nötigen nachträglichen Skalierungen zu vermeiden.

4.3 Gitternetzfunktionen in Simplify3D

Simplify3D besitzt zwei Themenbereiche zur Bearbeitung von Gitternetzen: die Menüpunkte **Gitternetz** (Abschnitt 4.5) und **Reparieren** (Abschnitt 4.4) mit deren Untermenüpunkten. Im ersten Menüpunkt können Analysen und Nacharbeiten des Gitternetzes vorgenommen werden, im zweiten Bereich sind Reparaturen möglich.

4.4 Facettenfehler und Reparatur in Simplify3D

Allgemeines zu Fehlererkennung und -behebung

Die Reparatur von Fehlstellen in Facettenkörper ist in Simpfliy3D möglich, leider nicht sehr funktional. Bei stark fehlerbehafteten Modellen sollte auf zusätzliche Programme wie Meshmixer, Blender oder Netfabb zurückgegriffen werden. Meshmixer ist kostenlos bei Autodesk zum Download verfügbar. Bild 4.6 zeigt die Fehlerdarstellung in Simplify3D und zum Vergleich in Meshmixer:

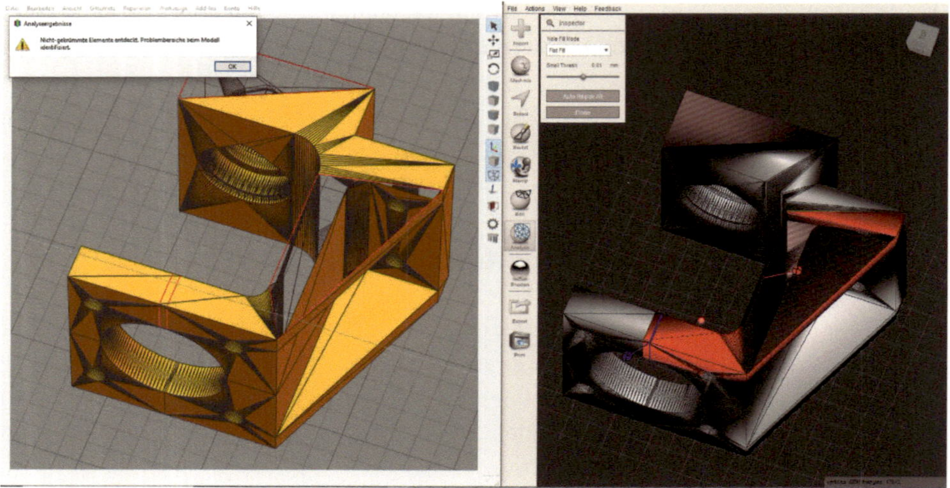

Bild 4.6 Fehlerdarstellung in Simplify3D (links) und Meshmixer (rechts)

Die STL-Übungsdatei *Motorhalter_fehler.stl* enthält alle im Folgenden erklärten Fehler. Deutlich ist erkennbar, dass in Simplify3D zwar fehlende und offene und falsch orientierte Flächen ersichtlich sind, der Unterschied aber nicht sehr gut zu identifizieren ist.

Tipp: Die Prüfung auf Facettenfehler von Modelldateien ist wichtig, um bereits in diesem Schritt Druckfehler zu vermeiden. Am besten hilft im Fehlerfall dann die Behebung im CAD-Programm und ein erneuter Export oder die Reparatur in einem Sculpting-Programm.

Fehler in Baugruppen, Mehrkörperteilen und Flächenkörpern

Grundsätzlich sind einzelne Volumenkörper die beste Vorlage für den Export einer STL-Datei, da hier am wenigsten Fehler im Gitternetz und damit im 3D-Druck auftreten. Einige Modelle im CAD-Programm bestehen jedoch aus Oberflächenkörpern, das heißt, sie sind bereits dort nicht als Volumenkörper definiert. Zusätzlich können diese Oberflächenkörper auch offen sein, das heißt, sie sind nicht „wasserdicht". Diese Körper können häufig dennoch gedruckt werden, wenn die in den folgenden Kapiteln beschriebenen möglichen Fehler und deren Behebung beachtet werden. Der beste Weg ist jedoch, vorab bereits im CAD-Programm die Fehler möglichst zu vermeiden.

Wenn es um den Export von Mehrkörperteilen oder von Baugruppen geht, können folgende Fehler in den Facettenkörpern auftreten, die ebenfalls zu Druckfehlern führen:

- **Unverbundene Körper** führen manchmal zu fehlenden Teilen im Druck, da dann die zusätzlichen Körper nicht erkannt werden. Das sind zum Beispiel Stifte in Stiftbohrungen oder Kettenglieder. Hier sollten je nach Wunsch entweder die Teile separat gedruckt und dann eingebaut werden oder die Konstruktion sollte so geändert werden, dass nur ein Volumenkörper verbleibt, der am Stück gedruckt wird.
- **Baugruppenexporte** haben ähnliche Probleme: Mehrere aneinander angrenzende Teile oder ineinander hineinragende Teile stören fast immer das Druckbild. Soll die ganze Baugruppe am Stück gedruckt werden, empfiehlt es sich, einen Hüllkörper um die Baugruppe zu legen. Dieser Hüllkörper kann die Außenkonturen abbilden, ohne durch die innen liegenden Objekte und Flächen Störungen im Druckbild zu verursachen.
- **Multimaterial-Exporte** bilden einen Druckvorgang mit mehreren Materialien ab, Beispiel ist ein Rad bestehend aus Gummireifen mit Felge (siehe Abschnitt 9.6). Für den Druck mit Simplify3D müssen beide Materialien als einzelne STL-Dateien vorliegen.

Tipp: Es sollte vermieden werden, Baugruppen oder Mehrkörpermodelle aus dem Konstruktionsprogramm zu exportieren. Besser werden dort schon verschmolzene und verbundene Körper gebildet.

Mit dem Menüpunkt **Reparieren** verfügt Simplify3D über mehrere Funktionen zur Auffindung und Behebung von Facettenfehlern. Leider werden die jeweiligen Fehler im Grafikfenster häufig nicht sehr übersichtlich angezeigt, und wie oben beschrieben ist die Reparatur häufig auch nur eingeschränkt erfolgreich. In der Folge ist die vom Programm durchgeführte Reparatur nicht wirklich gut ersichtlich, sodass der Anwender wenig optische Kontrolle über die Reparaturautomatik erhält. Als Kontrolle empfiehlt sich immer die genaue Durchsicht der Druckvorschau speziell in den defekten Bereichen, die die Druckfehler am besten anzeigt. Die Reparaturfunktionen befinden sich unter der **Menüleiste → Reparieren**. Die ersten drei Menüpunkte betreffen die Analyse und Darstellung der Fehler, die folgenden fünf Menüpunkte bilden Reparaturen ab.

Vorgehensweise

Am besten ist es, für jedes neue Modell eine kurze Fehlersuche und Analyse in Simplify3D durchzuführen. Sind dort Fehler in Form von rot markierten Kanten ersichtlich und/oder erscheint das Meldungsfenster, dass Fehler vorhanden sind, sollten diese Fehlerstellen genauer geprüft werden. Im Fall von einfachen, ebenen offenen Flächen und verkehrt orientierten Facetten sollten die Reparaturen von Simplify3D durchgeführt und nach den Reparaturen geprüft werden, ob die Körperform noch stimmt und ob weiterhin Fehler gefunden werden. An diesem Punkt wird am besten eine kurze Druckvorschau und eine Prüfung der Druckgeometrie in den fehlerbehafteten Bereichen durchgeführt. Liegen jedoch komplexe offene Flächen, überschneidende Facetten oder Körper oder auch unverbundene Mehrkörpergeometrien vor, empfiehlt sich der Schritt zurück ins Konstruktionsprogramm zur Behebung, da diese Fehler in Simplify3D nicht behoben werden können.

Tipp: In den Druckprozessen kann ein weiterer Reparaturversuch von fehlerhaften Stellen vorgenommen werden, indem in den Prozesseinstellungen unter dem Reiter **Fortgeschritten** die Korrektur **Nicht-gekrümmte Segmente Bereinigen** aktiviert wird. Diese Funktion wird in Kapitel 8 beschrieben.

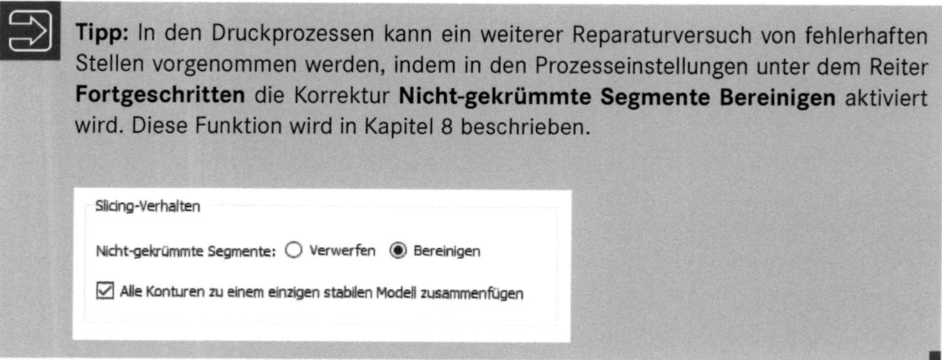

Nicht-gekrümmte Kanten identifizieren

Der Aufruf der Funktion erfolgt über **Menüleiste → Reparieren → Nicht-gekrümmte Kanten identifizieren.** Diese Fehleranalyse wurde leider nicht korrekt aus dem Englischen übersetzt, besser wäre die Bezeichnung *Erkennung von nicht geschlossenen Kanten.*

Am Beispielmodell sieht das Ergebnis dieser Analyse folgendermaßen aus, die rot umrandeten Kanten sind für Simplify3D offen:

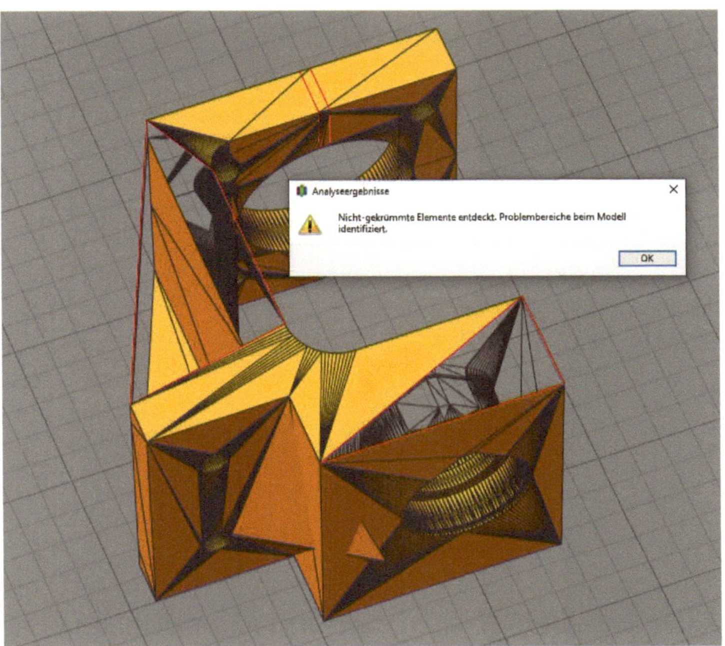

Wie im Bild ersichtlich, erfasst Simplify3D die fehlende Fläche und die überlappenden Flächen als offene Kanten und eine Facette mit der falschen Orientierung/Normalen. Alle Fehlerstellen werden rot umrandet dargestellt. Durch diese Analyse sind bereits mögliche Fehler im Druckteil zu vermuten, diese Stellen sollten später unbedingt in der Drucksimulation geprüft werden. Hier handelt es sich nur um eine Analyse und noch keine Reparatur.

Sich selbst überkreuzende Oberflächen feststellen

Die Funktion **Menüleiste → Reparieren → Sich selbst überkreuzende Oberflächen feststellen** erkennt im Beispielmodell die Fehlerstelle und umrandet die Durchstoßkanten rot (Bild 4.7).

Im Querschnitt zeigt sich meist mehr von dieser Überschneidung. Es ist deutlich zu erkennen, wie die Flächen der Spitze durch den Körper schneiden (Bild 4.8).

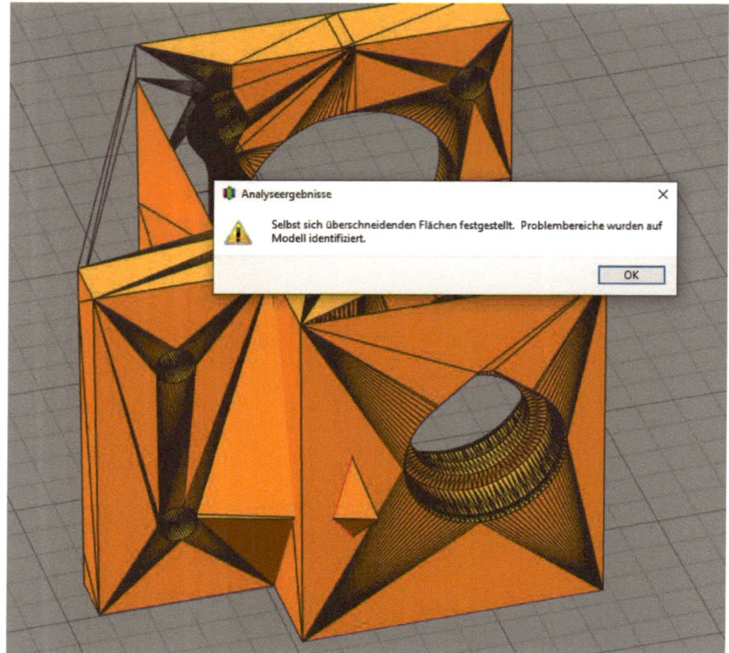

Bild 4.7 Überlappende Facetten

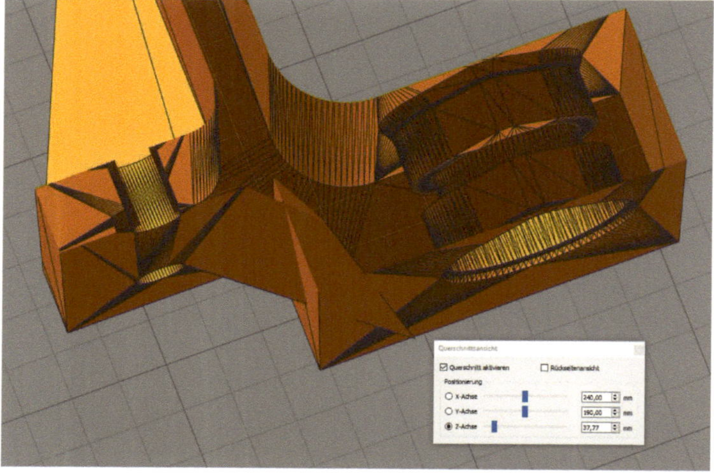

Bild 4.8 Querschnitt durch überlappende, sich kreuzende Oberflächen

Dieser Fehler führt häufig trotz durchgeführter Reparatur zu Fehlern und Ausschuss des Druckteils. In solchen Fällen ist es hilfreich, sich die Drucksimulation in diesen Bereichen genauer anzuschauen (Bild 4.9).

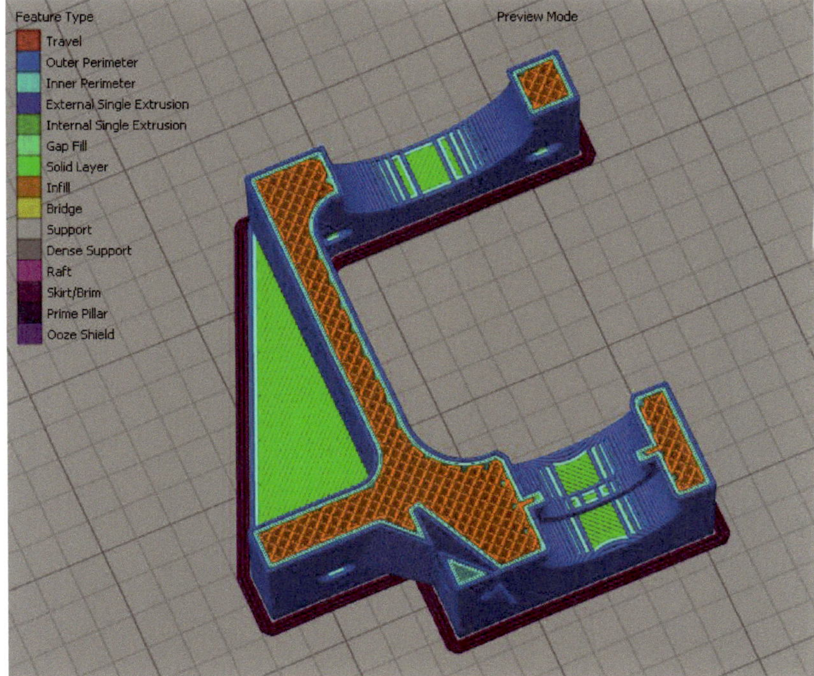

Bild 4.9 Druckfehler resultierend aus sich kreuzenden Flächen

Tipp: Die Körper sollten daraufhin geprüft werden, ob sie problemlos mit Wasser gefüllt werden könnten. Offene Flächen und überkreuzende Flächen sind hier das größte Problem. Wie in Bild 4.9 ersichtlich, führen überkreuzende Flächen zu innenliegenden Hohlräumen, die beim Einfüllen von Wasser nicht gefüllt werden würden.

Ergebnisse löschen

Durch den Menüpunkt **Ergebnisse löschen** wird die Markierung der Fehlerstellung wieder aus der Grafik entfernt. Die Fehler werden nicht repariert.

Normalen reparieren

Mit diesem Menüpunkt führt das Programm eine Neuberechnung der Normalen der Facetten aus. Hier analysiert Simplify3D alle Facetten und berechnet die Flächennormale dementsprechend neu.

Umgedrehte Dreiecke reparieren

Mit dieser Funktion werden verkehrt orientierte Facetten korrigiert (Innenseite nach außen, Normale zeigt ins Körperinnere anstatt nach außen). Im Beispielmodell betrifft dies eine Fläche, im Bild links das fehlerhafte Modell, rechts die korrekte Reparatur der vorher falsch orientierten Dreiecksfläche:

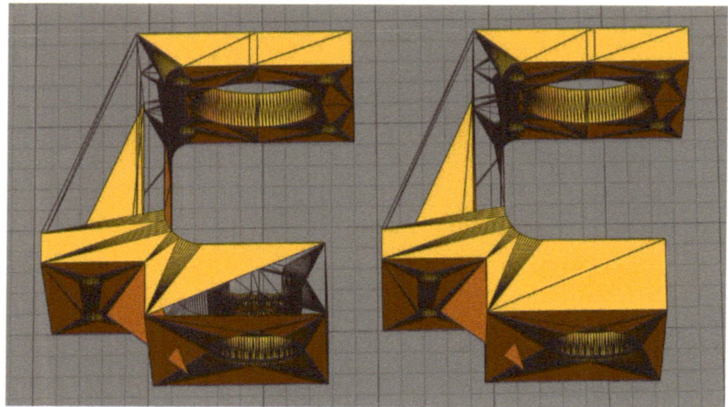

Oberflächenorientierung umdrehen

Diese Funktion kehrt die Oberflächenorientierung des Körpers um: Innenseiten werden Außenseiten. Dies führt allenfalls bei Körpern mit durchgehend falscher Flächenorientierung zu sinnvollen Reparaturen. Bei nur einzelnen falsch orientierten Facetten sind die vorher korrekten Facetten danach falsch orientiert und die vorher falschen sind korrekt orientiert.

Duplizierte Dreiecke entfernen

Diese Reparatur entfernt alle doppelten, in der gleichen Größe direkt übereinander liegenden Facetten. In der Praxis ist dies ein eher seltener Fehler.

Verwaiste Dreiecke entfernen

Speziell bei 3D-Scans kommt es häufiger vor, dass einzelne oder Gruppen von Facetten frei im Raum stehen und mit dem Hauptkörper nicht verbunden sind. Solche freistehenden Dreiecke werden durch diese Funktion gelöscht.

4.5 Gitternetzfunktionen in Simplify3D

Der Menüpunkt **Gitternetz** enthält folgende Funktionen zum Analysieren und Bearbeiten von Gitternetzen:

- Volumen berechnen
- Element-Statistik
- Gitternetz reduzieren
- Verbundene Netze trennen
- Gitternetz spiegeln

Volumen berechnen

Diese Funktion berechnet für das oder die ausgewählten Modelle das Volumen. Aus der Übungsdatei sieht das für die Gruppe Doorhandle-Varianten folgendermaßen aus:

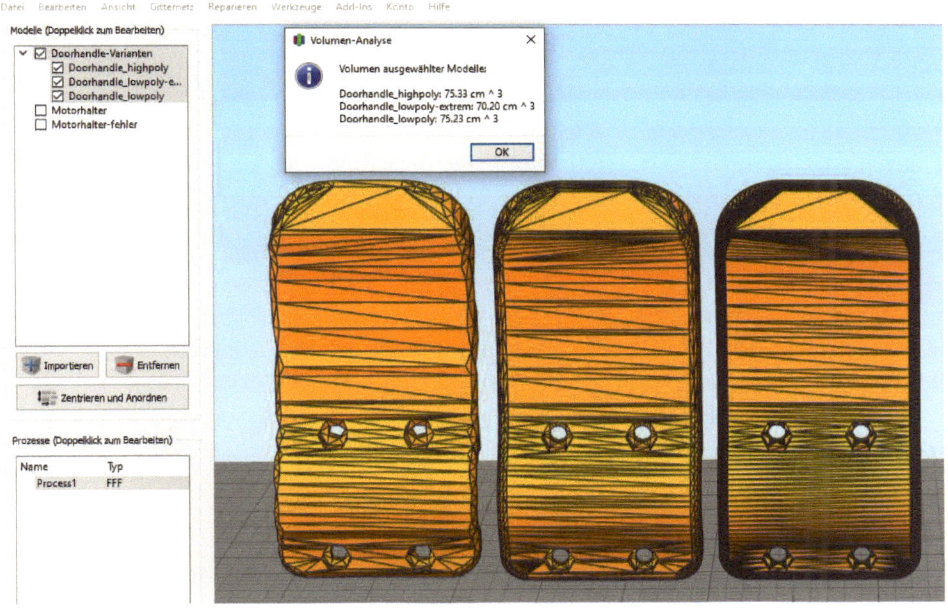

Bild 4.10 Volumenberechnung in Simplify3D

Element-Statistik

Diese Funktion analysiert das Gitternetz auf folgende Parameter:

- **Anzahl der Dreiecke** (korrekt wäre Vielecke, da nicht jedes Mesh aus Dreiecken besteht) – je größer diese Anzahl ist, umso feiner ist der Detaillierungsgrad des Modells und umso größer wird die Datei.
- **Durchschnittsseitenlänge** – der berechnete Durchschnitt aller Seitenlängen der Dreiecksfacetten
- **Mindestkantenlänge** – die kleinste Seitenlänge aller Dreiecksfacetten
- **Maximale Seitenlänge** – die größte Seitenlänge aller Dreiecksfacetten
- **Durchschnittlicher Innenwinkel** – der Durchschnitt aller Dreieckswinkel.
- **Mindestinnenwinkel** – kleinster Dreieckswinkel
- **Maximale Innenwinkel** – größter Dreieckswinkel
- **Degenerierte Dreiecke** – fehlerhafte Facetten, falsche Orientierung der Normalen
- Am Beispiel der Modelle Doorhandle zeigt Bild 4.11 einen Vergleich zwischen grob und fein aufgelösten Modellen und deren Elementstatistiken.

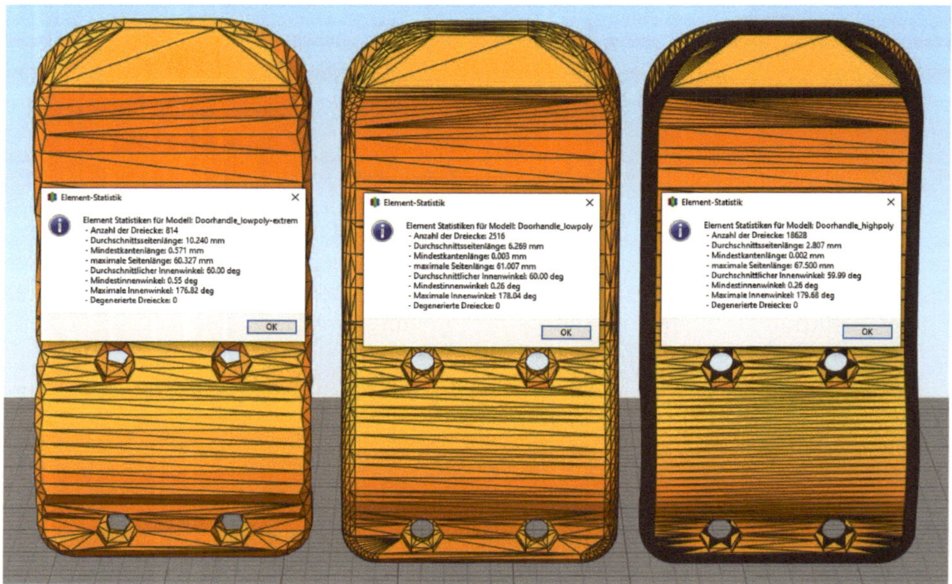

Bild 4.11 Elementstatistik im Vergleich bei unterschiedlichen Modellauflösungen

Gitternetz reduzieren

Diese Funktion ermöglicht es, zu fein facettierte Modelle mit weniger und größeren Facetten zu gestalten. Beim Aufruf dieses Menüpunkts öffnet sich ein Fenster, in dem die Einstellung **Minimale Dreieck Kantenlänge** in Millimeter eingegeben werden kann. Entsprechend dieser Eingabe reduziert Simplify3D die Facetten, indem es Dreiecke mit Kantenlänge kleiner diesem Wert zusammenfasst zu neuen, größeren Dreiecken. Am Beispiel Halbschale des Hunderollstuhls ist diese Reduktion auf weniger und größere Facetten mit dem Einstellwert 2 mm dargestellt (Bild 4.11).

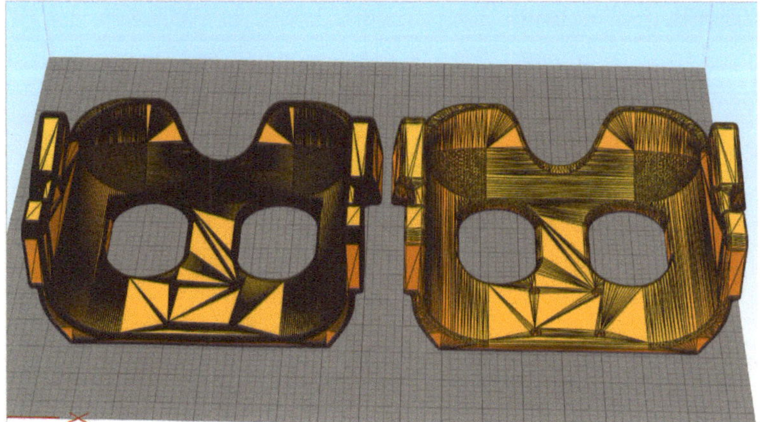

Bild 4.12 Gitternetz rechts reduziert mit der Einstellung minimale Kantenlänge 2 mm

Deutlich sichtbar sind rechts die größeren Facetten, und sehr interessant ist die Reduktion der Dateigröße von 38 MB auf unter 1 MB. Beide Dateien befinden sich im Ordner der Übungsdateien. Leider ist die Veränderung der Facettierung mit dieser Funktion im Modell nicht sehr regelmäßig, und vor allem die Radien erscheinen ungleichmäßig und gezackt. Der bessere Weg zu starker Reduktion des Gitternetzes und damit der Dateigröße führt über den erneuten Export aus dem CAD-Programm mit den dort entsprechend gröber eingestellten Werten von Facettentoleranz und -winkel (Abschnitt 4.2.2).

Verbundene Oberflächen trennen – Mehrkörpermodelle in Einzelmodelle auflösen

Diese Funktion ist ungünstig übersetzt. Sie kann besser beschrieben werden durch „Mehrkörperteile auftrennen in einzelne Körper“ oder „getrennte Netze aufteilen in Einzelnetze“. Das in der Übungsdatei enthaltene Modell *Schaltergehaeuse.stl* zeigt, dass Mehrkörpermodelle bereits in der STL-Datei enthalten sind oder aber durch den Export von mehreren Modellen aus Simplify3D als Mehrkörpermodell erzeugt werden können. Simplify3D bietet die Möglichkeit, ein Mehrkörpermodell in alle enthaltenen Körpermodelle zu zerlegen.

Dies erfolgt über den Menüpunkt **Gitternetz → Verbundene Oberflächen trennen.** Durch diese Aktion können Modelle entstehen, die aus sogenannten verwaisten Facetten bestehen. Das sind einzelne Facetten oder Reste eines Gitternetzes, die keinen Körper bilden.

In der Übungsdatei wird hierfür das Modell *Schaltergehaeuse* markiert, das aus vier Einzelkörpern besteht. Durch den Befehl **Gitternetz → Verbundene Oberflächen trennen** werden die Körper jeweils einzeln als neues Modell angelegt (Bild 4.13). Diese Modelle können jetzt einzeln exportiert, gedruckt, bearbeitet oder geändert werden.

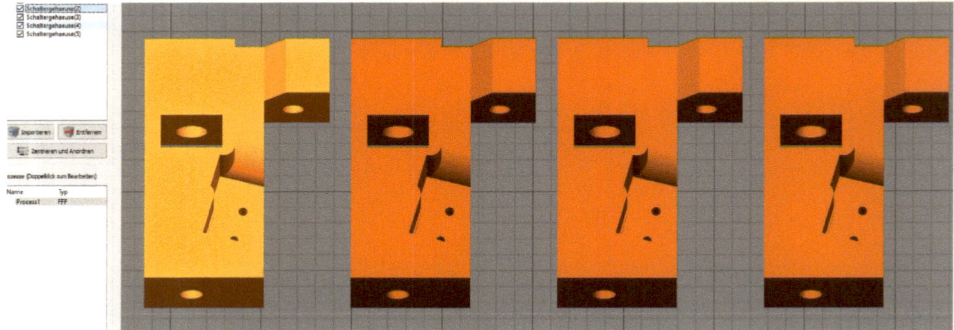

Bild 4.13 Auflösen eines Mehrkörpermodells in einzelne Modelle

Sehr hilfreich ist die Funktion **Verbundene Oberflächen trennen** auch bei Multimaterialmodellen, die sich in einer STL-Datei befinden. Voraussetzung ist allerdings, dass bereits mehrere Körper (je einer für jedes Material) darin enthalten sind. Damit kann für jedes Material ein eigenes Modell und damit eine eigene Prozesszuordnung erstellt werden.

Gitternetz spiegeln

Mit der Funktion **Gitternetz spiegeln** erzeugt Simplify3D ein Spiegelbild des Modells um die wählbare Ebene X, Y oder Z. Das Ursprungsmodell wird dabei gelöscht.

In Bild 4.14 ist links eines der Schaltergehäuse aus der Übungsdatei dargestellt. Rechts daneben liegt das gespiegelte Modell.

Bild 4.14 Spiegelfunktion von Simplify3D

5 Modellbearbeitung in Simplify3D

Die Positionierung, Orientierung und Skalierung von Druckteilen auf dem Drucktisch ist ein wichtiger Aspekt für gute 3D-Drucke. Es gilt zum einen, die optimale Drehung eines Druckteils so zu finden, sodass der Anteil an notwendigem Stützmaterial minimiert wird, die Festigkeit in bestimmten Richtungen sichergestellt oder auch die Optik optimiert wird. Zum andern ist auch die Position zu anderen Modellen wichtig, zum Beispiel um die Abstände zwischen mehreren Modellen möglichst klein zu halten, wenn diese in einem Druckvorgang gedruckt werden.

5.1 Bedienelemente für die Modellbearbeitung

Die vielfältigen Bearbeitungsmöglichkeiten von Modellen sind in Simplify3D sehr komfortabel mit mehreren Funktionen bedienbar.

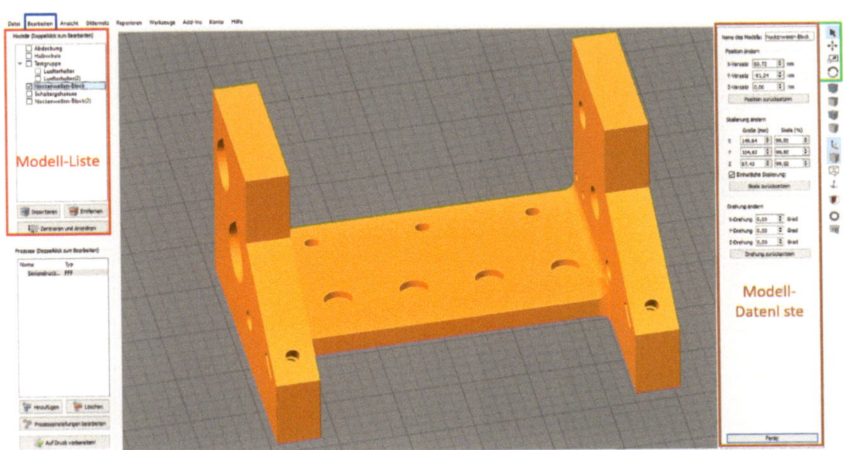

Bild 5.1 Bedienelemente für Modellbearbeitung

Bild 5.1 zeigt die Bildschirmbereiche und Bedienmenüs für diese Funktionen:

- Blau: in der Menüleiste unter **Bearbeiten** (Bild 5.2)
- Rot: Modell-Liste
- Braun: Modell-Datenliste (öffnet sich bei Doppelklick auf das Modell)
- Grün: Bereich der Werkzeugleiste für Bewegung und Skalierung

Zusätzlich sind für einige Funktionen Shortcuts verfügbar; diese werden in den Bedientabellen der folgenden Abschnitte aufgeführt. Für dieses Kapitel steht die Übungsdatei *Modellhandling.factory* zur Verfügung.

Maßlich konkrete Veränderung: Nur die Modell-Datenliste rechts ermöglicht das Ablesen und die Eingabe von konkreten Dimensionen für die Positionen, Skalierungen und Rotationen jeweils eines ausgewählten Modells. Hier sind die Modellabmessungen in Millimeter ersichtlich. Diese maßlichen Änderungen sind in Abschnitt 5.5 im Detail beschrieben.

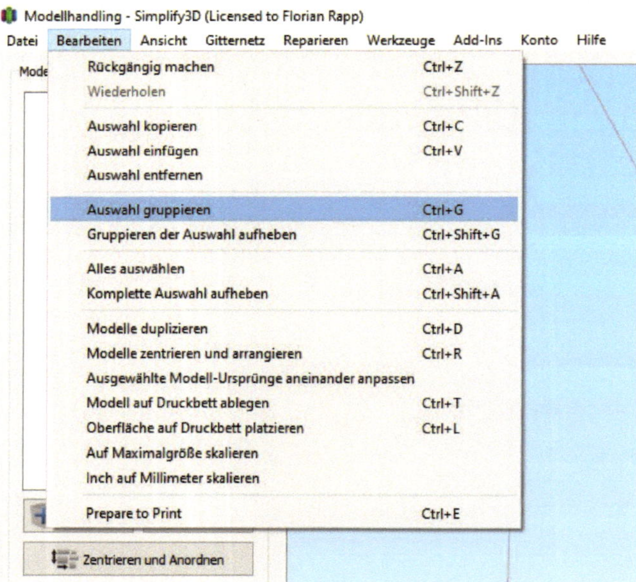

Bild 5.2 Modellfunktionen im Menü unter **Bearbeiten**

Menüleiste → Bearbeiten

Hier sind sechs Unterbereiche enthalten. Punkt 2, 3 und 4 beziehen sich auf Modell-Liste oder Prozess-Liste (abhängig davon, in welchem Fenster selektiert wurde, werden Modelle oder Prozesse behandelt).

1. **Rückgängig machen** und **Wiederholen**: Hiermit können vorher durchgeführte Aktionen rückgängig gemacht oder wiederholt werden. Die Funktionen entsprechen den Shortcuts **Ctrl + Z** und **Ctrl + Shift + Z**.
2. **Auswahl kopieren**, **Auswahl einfügen** und **Auswahl entfernen** entspricht den in Windows gängigen *Copy and Paste*-Shortcuts **Ctrl + C** und **Ctrl + V** und **Entf** (Abschnitt 5.3).
3. **Auswahl gruppieren** und **Gruppierung aufheben** (Abschnitt 5.3)
4. **Alles auswählen (Ctrl + A)** – **Komplette Auswahl aufheben (Ctrl + Shift + A)** (Abschnitt 5.3)
5. Die Spezialfunktionen für Modelle (Abschnitt 5.6)
6. **Prepare to print** entspricht der Schaltfläche **Auf Druck vorbereiten!** unter der Prozess-Liste und startet die Berechnung der Druckdatei.

Modell-Liste

Funktionen innerhalb der Modell-Liste:

- Selektion/Mehrfachselektion
- Copy and Paste mit **Ctrl + C** und **Ctrl + V**, Entfernen mit **Entf**
- Ein- oder Ausblenden von Modellen und Gruppierungen

Werkzeugleiste

Im oberen Bereich der Werkzeugleiste befinden sich vier Schaltflächen zur Selektion, Bewegung, Rotation und Skalierung der ausgewählten Modelle. Wichtig ist hier zu wissen, dass diese Schaltflächen und damit deren Funktion aktiv bleiben, wenn sie einmal geklickt wurden. Wurde zum Beispiel die Rotation angeklickt, können so lange keine Modelle im Grafikfenster mehr selektiert werden, bis entweder die Selektionsschaltfläche aktiviert wird oder ein Modell einen Doppelklick erhält.

5.2 Import und Export von Modellen

Modell-Import

Der erste Schritt im 3D-Druck-Prozess ist der Import des Modells, das gedruckt werden soll. Die Dateiformate müssen im Format *.stl, *.obj oder *.3mf vorliegen. Wichtige Punkte zum Erstellen und dem Arbeiten mit diesen 3D-Dateien befinden sich in Kapitel 4. Für den Import von 3D-Modellen stehen die in Tabelle 5.1 aufgeführten Möglichkeiten zur Verfügung. Zusätzlich können Modell-Dateien per Drag and Drop direkt vom Explorer in das Grafikfenster gezogen werden. Es können mehrere Dateien gleichzeitig importiert werden (Bild 5.3).

Tabelle 5.1 Funktionen zum Import und Export von Modellen

Aktion	Shortcut/ Maus	Menüleiste	Modell-Liste
Modellimport	**Ctrl + I**	**Bearbeiten → Modelle importieren**	Schaltfläche **Importieren**
Import zuletzt verwendeter Modelle		**Bearbeiten → Jüngste Modelle**	
Modellexport		**Bearbeiten → Modelle exportieren**	

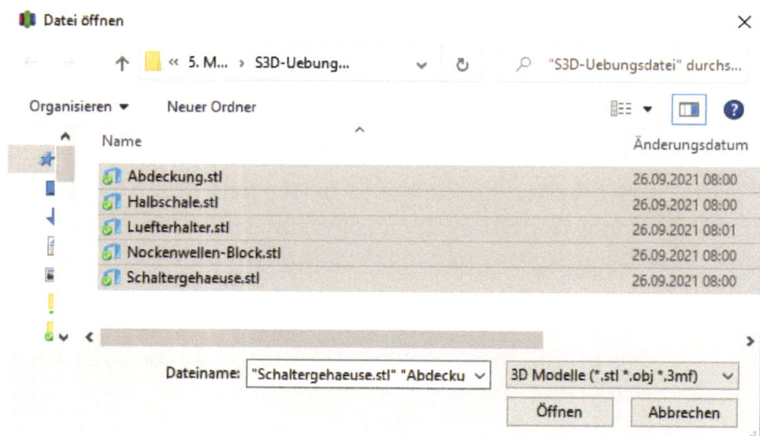

Bild 5.3 Mehrfachselektion für Modellimport

Nun befinden sich fünf Modelldateien in der linken Modell-Liste (Bild 5.4). Zusätzlich ist in diesem Bild zu erkennen: Das selektierte 3D-Modell *Schaltergehaeuse* enthält vier gleiche Körper, die alle in hellerem Gelb dargestellt sind. Wie in Kapitel 4 beschrieben, sind Mehrkörpermodelle möglich, sollten jedoch nur bewusst und gezielt eingesetzt werden, wenn wie in diesem Fall immer vier Teile für einen Satz Schaltergehäuse gedruckt werden.

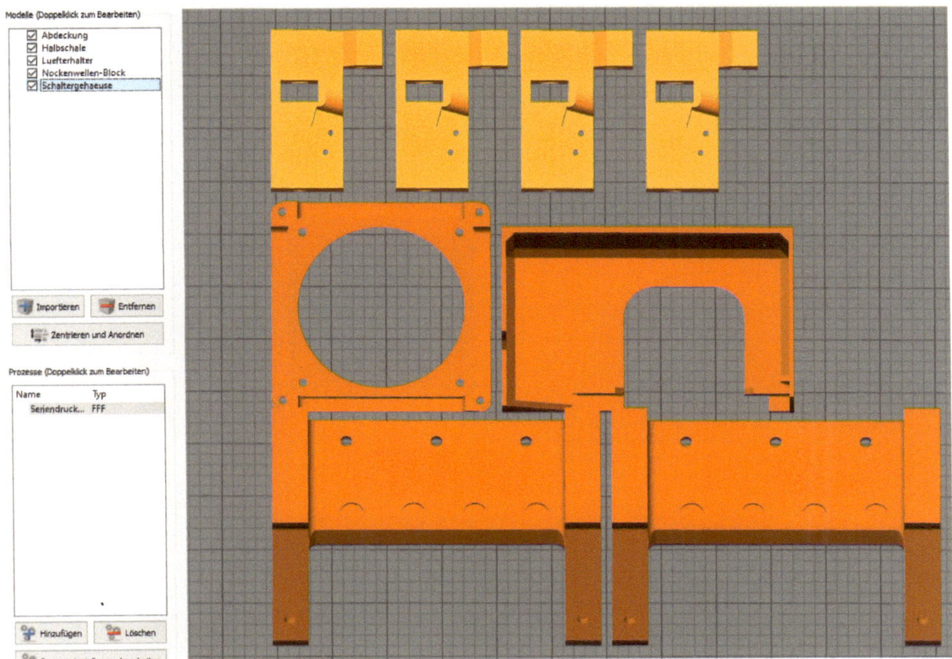

Bild 5.4 Modelle zentriert und angeordnet (Schaltfläche **Zentrieren und Anordnen**)

Tipp zur Orientierung von Bauteilen beim Import: Simplify3D bietet zwei Optionen zur Importorientierung, die unter der **Menüleiste → Werkzeuge → Optionen → Modelle → Automatisches Zentrieren und Ausrichten importierter Modelle** eingestellt werden können. Wenn dieses Häkchen gesetzt ist, werden die Modelle auf dem Tisch angeordnet und auf Tischhöhe abgelegt. Ist diese Funktion deaktiviert, so werden Modelle entsprechend ihrem Koordinatenursprung auf den Maschinenursprung gesetzt (siehe Kapitel 7).

Die Funktion zur Anordnung kann jederzeit neu über die Schaltfläche **Zentrieren und Anordnen** aufgerufen werden.

Importprobleme

Die häufigsten Importprobleme liegen in Skalierungsfehlern: Die Modelle werden zu groß oder zu klein importiert. Dies resultiert meist aus Einheitenunterschieden aus dem Konstruktionsprogramm. Daher ist das häufig die Umrechnung Inch zu Millimeter, teilweise in Zehnerpotenzen aus dem metrischen System. Zur Behebung von Fehlern aus der Umrechnung Inch zu Millimetern besitzt Simplfiy3D eine eigene Funktion, die in Abschnitt 5.6.6 beschrieben ist.

Sind die Modelle sehr klein, erscheint in Simplify3D eine Fehlermeldung (Bild 5.5). Teilweise sitzen die Teile irgendwo im Raum und sind nicht auffindbar. Um ein aktuell im Grafikfenster nicht sichtbares Modell aufzufinden, hilft zunächst die Funktion **Zentrieren und Anordnen**. Wenn das Teil immer noch nicht sichtbar wird, empfiehlt sich ein Doppelklick auf das Modell in der Modell-Liste, um in der Modell-Datenliste die Abmessungen zu erkennen.

Weitere Importprobleme können unvollständig erscheinende Gitternetze darstellen, in diesem Fall sollten zunächst Analyse und Reparaturversuche wie in Kapitel 4 beschrieben durchgeführt werden.

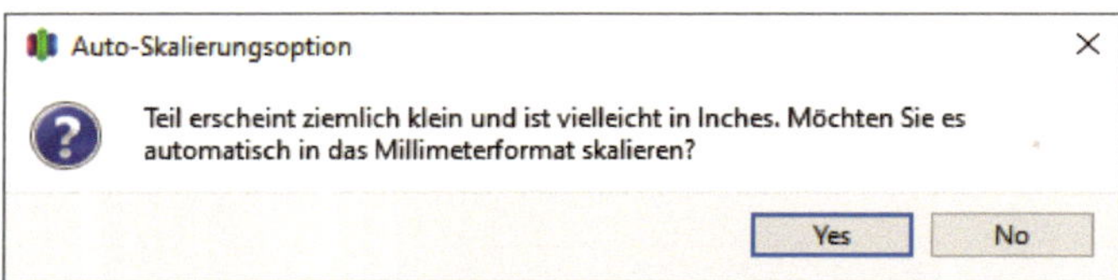

Bild 5.5 Fehlermeldung Import von sehr kleinen Teilen

Export von Modellen

Über **Menü → Datei → Modelle exportieren** können Modelle exportiert werden. Das macht Sinn, wenn Modelle repariert oder verändert wurden und so neu gespeichert werden sollen. Beim Export von Modellen aus Simplify3D erhalten diese Modelle den Modellursprung, der dem Maschinenursprung in der aktuellen Position des Modells entspricht.

Der Export bietet zwei Varianten: das Abspeichern im Binary-STL- oder im ASCII-STL-Format. Aufgrund der geringeren Dateigröße des Binary-STL-Formats sollte immer diese Variante gewählt werden. Die Unterschiede der Dateiformate werden in Kapitel 2 beschrieben.

Export von Mehrkörpermodellen: Werden mehrere Modelle selektiert und exportiert, so enthält die exportierte Datei diese Körper in der gewählten Anordnung als Mehrkörpermodelle mit dem aktuellen Maschinenkoordinatensystem als Ursprung.

5.3 Selektion, Sichtbarkeit, Vervielfältigung und Gruppierung

Tabelle 5.2 zeigt Ihnen in der Übersicht die Bedienelemente für die folgenden Funktionen.

Tabelle 5.2 Funktionen zur Selektion, Gruppierung, Vervielfältigung

Aktion	Shortcut/ Maus	Menüleiste	Modell-Liste/Grafikfenster
Selektion	Q		Mausklick auf Modellname oder Modell im Grafikfenster
Mehrfach-selektion			**Ctrl** oder **Shift**
Alles auswählen	**Ctrl + A**	**Bearbeiten → Alles aus-wählen**	
Auswahl aufheben	**Ctrl + Shift + A**	**Bearbeiten → Komplette Auswahl aufheben**	
Sichtbarkeit Ein-/Aus-blenden			Häkchen vor Modellname (aktiviert = sichtbar, deaktiviert = unsichtbar)
Modell ent-fernen (ohne Export)	**Entf**		Schaltfläche **Entfernen**
Gruppieren selektierter Modelle	**Ctrl + G**	**Menüleiste Bearbeiten → Auswahl gruppieren**	
Gruppierung aufheben	**Ctrl + Shift + G**	**Bearbeiten → Gruppieren der Auswahl aufheben**	
Verviel-fältigen	**Ctrl + D** (alter-nativ: **Ctrl + C** und **Ctrl + V**)	**Bearbeiten → Modelle duplizieren**	

Auswahl/Selektion von Modellen

Bevor Modelle bearbeitet werden können, müssen sie selektiert werden. Selektierte Modelle werden im Grafikfenster aufgehellt dargestellt, und in der Modell-Liste links wird der Modellname graublau hinterlegt. Diese Farbgebung für Modelle und selektierte Modelle ist einstellbar (Abschnitt 7.2). In diesem Kapitel wird die Voreinstellung von Simplify3D verwendet, damit erscheinen selektierte Modelle in einem helleren Gelb. In Bild 5.6 wurde der *Nockenwellen-Block* selektiert.

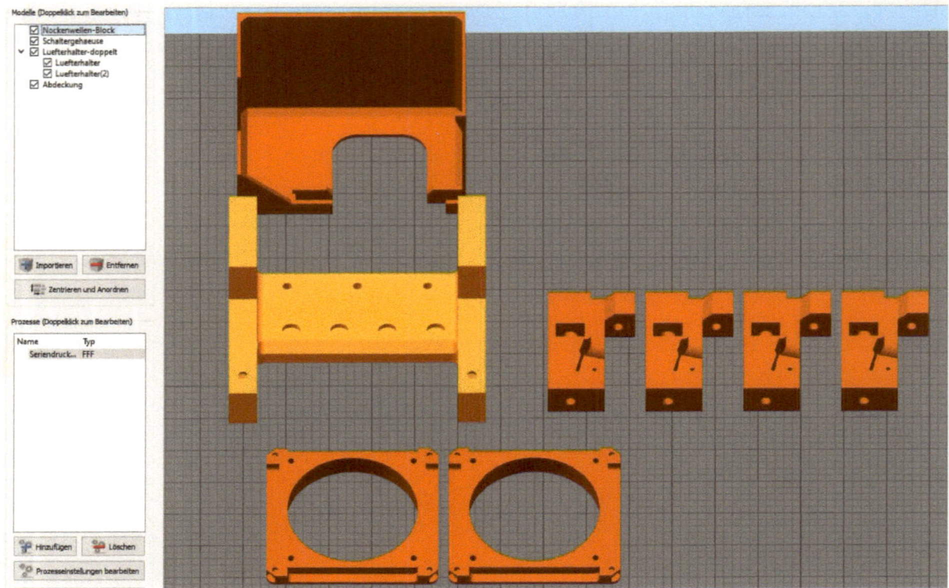

Bild 5.6 Selektierte Modelle werden farblich hervorgehoben und in der Modell-Liste blau hinterlegt.

Sichtbarkeit: Ein- und Ausblenden von Modellen

Die Steuerung der Sichtbarkeit von Modellen im Grafikfenster erfolgt nur in der Modell-Liste. Hier kann das Häkchen gesetzt oder entfernt werden, damit ist das jeweilige Modell sichtbar oder ausgeblendet. Diese Funktion ist für einzelne Modelle und für Gruppen anwendbar.

Gruppieren von Modellen

Simplify3D bietet die Möglichkeit, Modelle zu gruppieren. Dies erlaubt das gemeinsame Bearbeiten, Ein- und Ausblenden und Markieren von allen in der Gruppe enthaltenen Modellen. Modelle, die gruppiert werden sollen, werden entweder in der linken Modell-Liste oder im Grafikbereich markiert, dann wird der Menüpunkt **Bearbeiten – Auswahl gruppieren** (Bild 5.2) oder der Shortcut **Ctrl + G** zur Gruppierung aufgerufen.

Der Name der Gruppe kann durch Doppelklick auf die automatisch erzeugte Benennung Group 1 geändert werden in *„Testgruppe“*.

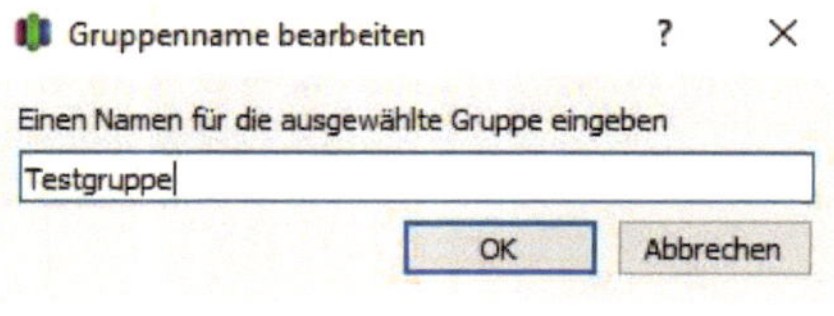

Bild 5.7
Benennung einer Modellgruppierung

Diese Gruppe kann in weiteren Schritten gemeinsam behandelt werden wie z. B. das Verschieben, Rotieren, Skalieren, Ein- oder Ausblenden. Auch das Vervielfältigen von Gruppen ist möglich.

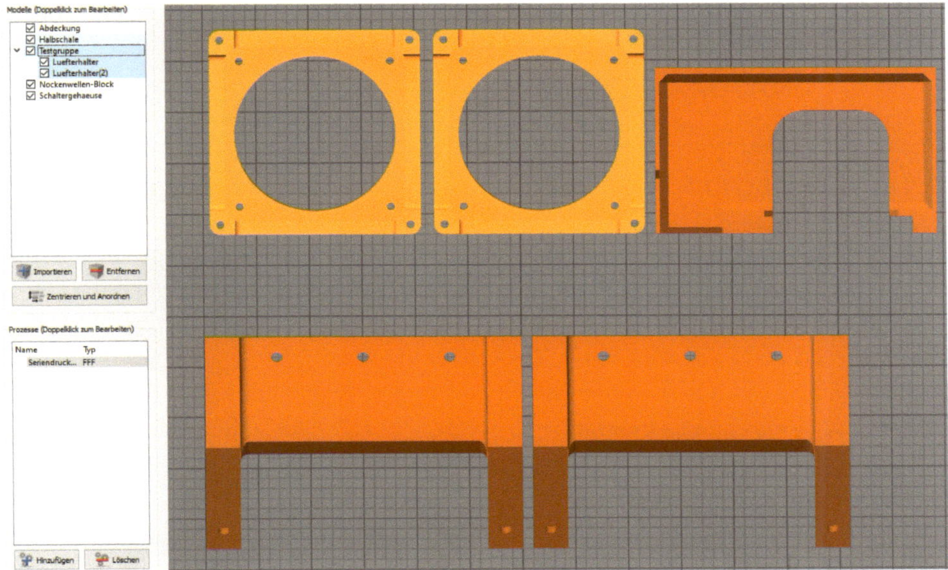

Bild 5.8 Modellgruppen können gemeinsam verändert werden (Verschieben, Skalieren etc.).

Mehrfachdruckteile: Gruppen sind sehr hilfreich, wenn es um Multimaterial-Druckteile geht: Wenn diese einmal zueinander ausgerichtet sind, können sie über die Gruppierung in allen weiteren Aktionen gemeinsam bearbeitet werden und verlieren ihre Position zueinander nicht mehr.

Kopieren und Vervielfältigen

Für das Kopieren von einem oder mehreren markierten Modellen stehen die gängigen Möglichkeiten von Copy and Paste zur Verfügung. Eine eigene Simplify3D-Funktion ist im Menü unter **Bearbeiten → Modelle duplizieren** verfügbar. Hier kann die gewünschte Anzahl der Kopien direkt eingegeben werden.

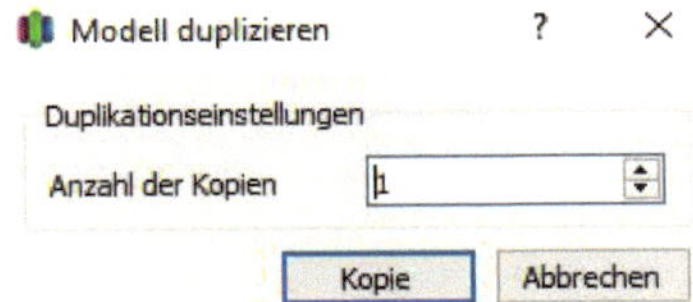

Die erzeugten Duplikate erhalten in der Modell-Liste zur Unterscheidung automatisch eine Ergänzung mit einer in Klammern gesetzten fortlaufenden Nummer.

■ 5.4 Positionierung und Orientierung von Modellen

5.4.1 Translation, Rotation und Skalierung nach Augenmaß

Wie in Abschnitt 5.1 erklärt, verfügt Simplify3D über zwei Varianten der Positionierung, Orientierung und Skalierung: einmal über die Eingabe der konkreten Maße in der Modell-Datenliste (Abschnitt 5.5) und zum andern über das Verschieben, Rotieren und Skalieren durch Ziehen der Maus und damit nach Augenmaß im Grafikfenster (folgende Unterabschnitte). Eine Spezialeinstellung in den Optionen erlaubt es, mit einem sogenannten 3D-Gizmo die Bewegung, Rotation und Skalierung in allen Achsen separat zu steuern. Diese Einstellung ist in Abschnitt 5.4.2 erklärt.

Des Weiteren sind Spezialfunktionen enthalten, die zum Beispiel das Ablegen auf dem Tisch in der Ausrichtung einer Facette oder das Fallenlassen von im Raum schwebenden Modellen auf den Tisch ermöglichen. Diese sind in Abschnitt 5.6 beschrieben.

Tabelle 5.3 stellt die Möglichkeiten zu den Funktionen über das Ziehen mit der Maus dar.

Tabelle 5.3 Funktionen zum Bewegen, Rotieren und Skalieren von Modellen

Aktion	Shortcut/Maus	Werkzeug-Leiste
Verschiebung in der XY-Ebene	**W** mit anschließendem Ziehen mit der Maus	
	Ziehen mit gleichzeitig gedrückter **Ctrl-Taste**	
Rotation um die Z-Achse	**R**	
Einheitliche Skalierung	**Q**	

Verschieben von Modellen in der XY-Ebene

Ein oder mehrere Modelle oder Gruppen können mit dieser Funktion nach Augenmaß auf dem Drucktisch verschoben werden – jedoch immer nur in der XY-Ebene. Das Verschieben in der Z-Achse ist nur über die Modell-Datenliste mit Maßeingaben (Abschnitt 5.5), dem 3D-Gizmo oder einige Spezialfunktionen (Abschnitt 5.6) möglich. Die einfachste Methode für das manuelle Verschieben ist das Anklicken des Modells mit gleichzeitigem Drücken der **Ctrl-Taste** und das Ziehen mit dem Maus-Cursor auf die gewünschte neue Position oder alternativ durch Auswahl des Modells mit **Shortcut Q** und Verschieben mit **Shortcut W**.

Rotieren um die Z-Achse mit der Mausfunktion

Hier können ebenso ein oder mehrere Modelle gleichzeitig – jedoch nur um die Z-Achse – rotiert werden. Nach Auswahl der Funktion **Rotation** erscheint ein blauer Ring um die selektierten Teile. Durch Klicken mit der linken Maustaste in diesen blauen Ring (der sich hierbei weiß einfärbt) kann das Teil mit weiter gedrückter Maustaste um den gewünschten Winkel gedreht werden. Startposition und Zielposition werden mit gelben Linien dargestellt. Rotationen um alle drei Achsen mit konkreten Winkeleingaben sind über die Maßeingabe in der Modell-Datenliste möglich.

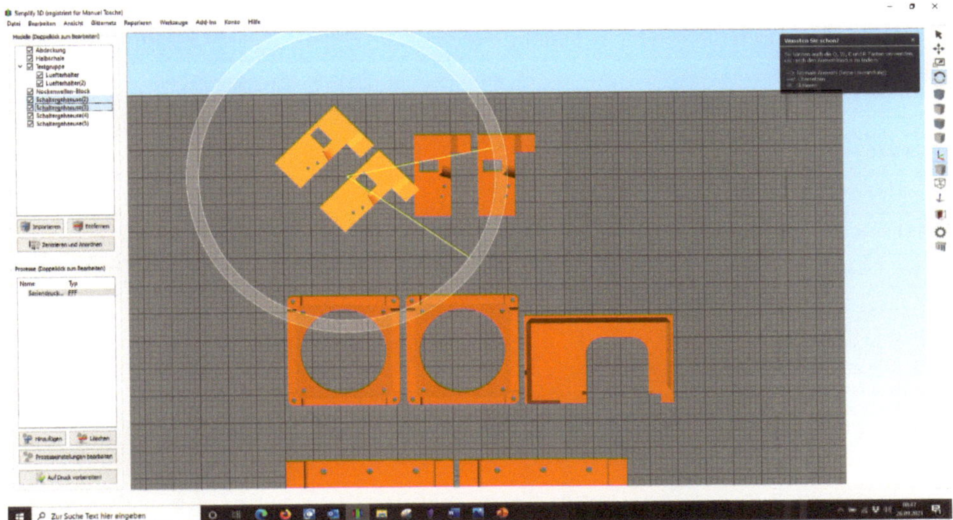

Bild 5.9 Rotation um die Z-Achse

Skalieren mittels Mausfunktion

Mit der Mausfunktion kann nach Augenmaß in allen 3 Achsen einheitlich skaliert werden. Wenn eine unterschiedliche Skalierung in den verschiedenen Achsen gewünscht wird, so kann dies über die Modell-Datenliste (konkrete Maßeingabe) oder das Verwenden des 3D-Gizmo (Augenmaß) erreicht werden.

5.4.2 Verwenden des 3D-Gizmos

Wahlweise ist in den Simplify3D-Optionen ein sogenanntes 3D-Gizmo aktivierbar, das es erlaubt, durch direktes Ziehen an einem eingeblendeten Achsenkreuz in einzelnen Achsen zu bewegen, skalieren und um die Achsen zu rotieren. Das Aktivieren dieser Option befindet sich unter **Menüleiste → Werkzeuge → Optionen → Lieblingseinstellungen → Immer volles 3D-Transformdings anzeigen** (siehe Abschnitt 7.2) Im Gegensatz zum freien Verschieben, Rotieren, Skalieren kann hier in jeder Achse per Mausklick und Ziehen transformiert werden. Genauso wie beim freien Verschieben ist hier nur eine ungefähre Transformation nach Augenmaß möglich, es sind keine Zahlenwerte einstellbar.

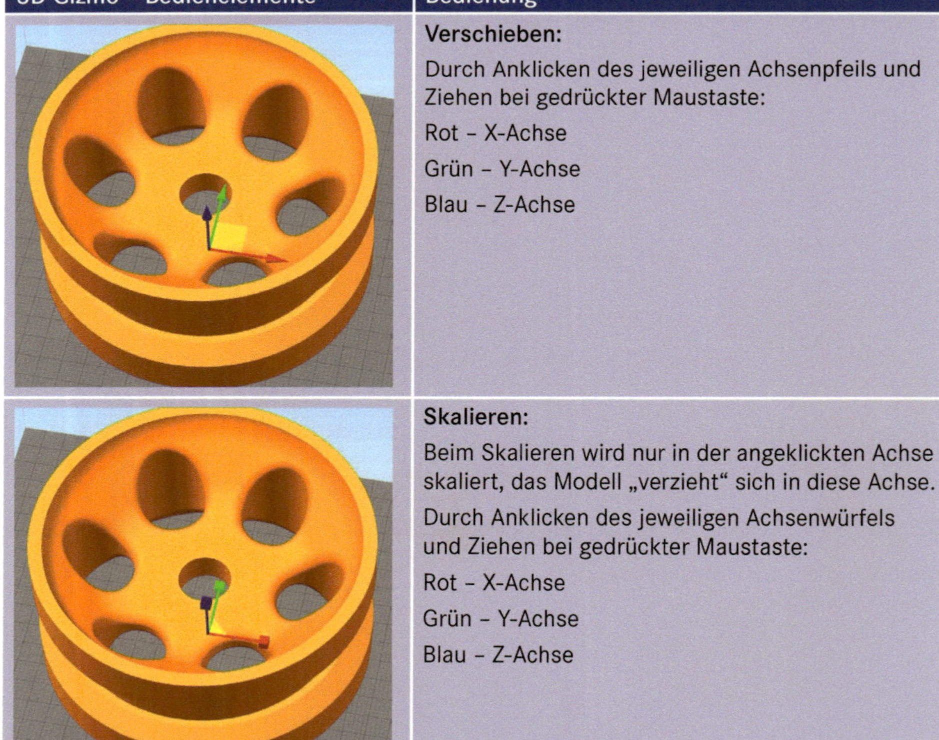

3D-Gizmo - Bedienelemente	Bedienung
	Verschieben: Durch Anklicken des jeweiligen Achsenpfeils und Ziehen bei gedrückter Maustaste: Rot - X-Achse Grün - Y-Achse Blau - Z-Achse
	Skalieren: Beim Skalieren wird nur in der angeklickten Achse skaliert, das Modell „verzieht“ sich in diese Achse. Durch Anklicken des jeweiligen Achsenwürfels und Ziehen bei gedrückter Maustaste: Rot - X-Achse Grün - Y-Achse Blau - Z-Achse

3D-Gizmo – Bedienelemente	Bedienung
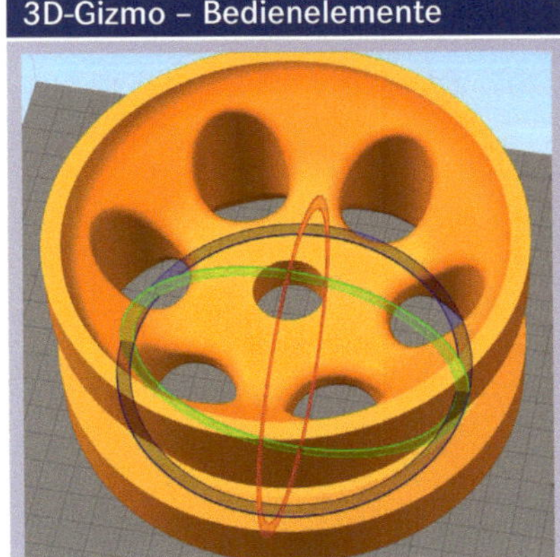	**Rotieren:** Beim Rotieren wird nur um die angeklickte Achse rotiert. Durch Anklicken des jeweiligen Achsenrings und Ziehen bei gedrückter Maustaste: Rot – um die X-Achse Grün – um die Y-Achse Blau – um die Z-Achse

■ 5.5 Modell-Datenliste rechts – konkrete Maßeingaben

Nur mit dieser Datenliste (Bild 5.10) sind Veränderung maßlich genau vorzunehmen. Alle anderen Funktionen sind Bewegungen nach reinem Augenmaß per Drag and Drop. Diese Funktionen hier sind deutlich wichtiger und hilfreicher, wenn es um konkrete Anpassungen der Modell-Position, Skalierung und Orientierung geht. Dagegen ist das schnelle Ziehen mit der Maus einfacher, wenn es um die einfache Anordnung auf dem Tisch geht.

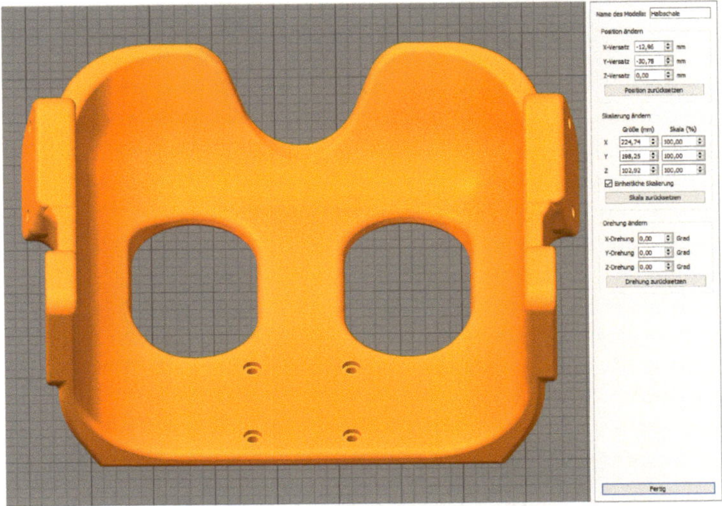

Bild 5.10 Modell-Datenliste zum Verschieben, Rotieren und Skalieren von Modellen

Wichtig: Nur mit dieser Datenliste sind Modelle maßlich genau zu verändern, zu positionieren und zu rotieren. Alle Maße und Winkel in der rechten Modell-Liste beziehen sich auf den Ursprung und das Koordinatensystem des eingestellten 3D-Druckers. Da bei manchen Geräten der Ursprung in der Mitte liegt, muss entsprechend der Wunschpositionen mit negativen Werten gearbeitet werden.

Die Modell-Liste enthält folgende Informationen und Eingabemöglichkeiten:

- Benennung des Modells – Änderung hier durch Überschreiben möglich
- Momentane Position des Modells – Eingabe der gewünschten Position durch Zahlenwerte für X-, Y- und Z-Achse
- Derzeitige Abmessungen des Modells – und gleichzeitig die Eingabemöglichkeit der Skalierung/Größenänderung in Absolutwerten oder Prozenten
- Derzeitige Rotation des Bauteils – Eingabe der Rotationswinkel um X-, Y- und Z-Achse
- Unter jeder dieser Funktionen (mit Ausnahme der Benennung) kann über die Schaltfläche **Zurücksetzen** die ursprüngliche Modell-Position/Rotation/Skalierung wieder eingestellt werden. Die Arbeitsweise mit diesen Funktionen wird in den folgenden Unterkapiteln erklärt.

Tipp: Der schnellste Weg, um die aktuelle Größe eines Modells maßlich festzustellen, findet sich über die Modell-Liste rechts. Hier ist unter dem Punkt Skalieren die Bauteilabmessung in X, Y und Z in mm abzulesen.

5.5.1 Translation mit Maßeingaben

Hiermit ist ein Verschieben in allen Achsen mit genauer Maßeingabe möglich. Dies ist die einzige Möglichkeit, das Modell in Z-Richtung zu verschieben (abgesehen von der Funktion **Modell auf Druckbett ablegen** – siehe Abschnitt 5.6.3). In der Modell-Datenliste rechts wird die aktuelle Position des Modell-Ursprungs in mm angezeigt.

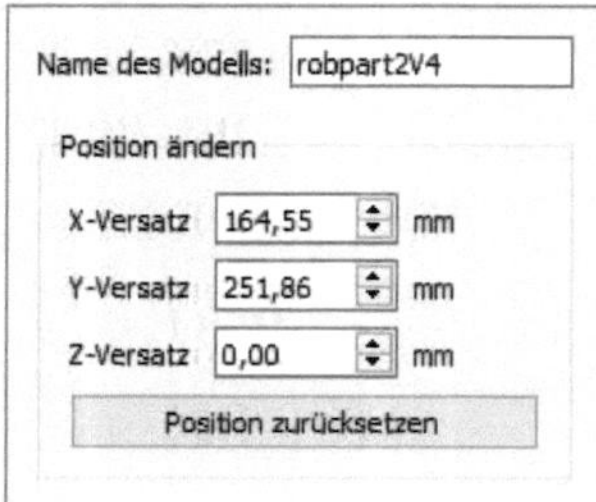

Durch Änderung der Koordinaten mittels Zahleneingabe oder mit den Pfeilen neben den Dimensionen kann jede gewünschte Verschiebung eingegeben werden. Im Grafikfenster wird die neue Position sofort übernommen, das Klicken der Schaltfläche **Fertig** ganz unten ist hierfür nicht notwendig. Über den Button **Zurücksetzen** wird die ursprüngliche Position des Modells wieder eingenommen.

Ursprung des Modells finden: Der Modell-Ursprung wird leider in Simplify3D nicht angezeigt. Durch die Schaltfläche **Position zurücksetzen** wird das Modell mit seinem Ursprung auf den Maschinenursprung (Koordinatensystem im Grafikfenster) gesetzt. Somit ist der Ursprung des Modells erkenntlich, da die beiden Nullpunkte damit aufeinandergelegt werden.

5.5.2 Modellabmessung und Skalierung mit Maßeingaben

Das Skalieren ist sowohl in allen Richtungen mit gleichem Faktor möglich oder nur in einzelne gewünschte Richtungen. Für einheitliche Skalierung in allen 3 Achsen wird das Häkchen gesetzt im Menüpunkt **Einheitliche Skalierung** unter dem Punkt **Skalierung ändern**. Dann kann entweder durch Eingabe einer der neuen, gewünschten Abmessungen unter **Größe (mm)** skaliert werden oder durch eine Prozentangabe unter der Spalte **Skala (%)**. Damit werden alle Richtungen gleich skaliert, die neuen Größenwerte werden angezeigt.

Bei Deaktivierung des Häkchens für die einheitliche Skalierung kann in jeder Achse separat skaliert werden. In Bild 5.11 ist ein Beispiel dargestellt für eine Skalierung auf 200% nur in Y-Richtung, das Modell wird dadurch in dieser Richtung „verzerrt“:

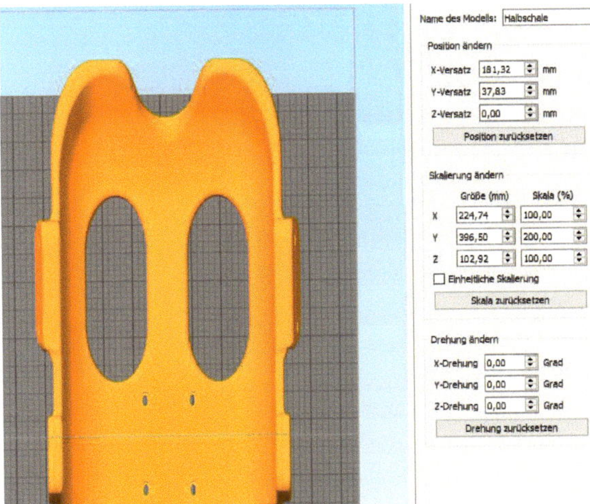

Bild 5.11
Skalierung der Halbschale nur in Y

5.5.3 Rotation mit Maßeingabe

In diesem Bereich der rechten Modell-Datenliste ist die Rotation um alle drei Achsen möglich. Die Drehung erfolgt entsprechend dem mathematischen positiven Drehsinn: entgegen dem Uhrzeigersinn. Um die Vorstellung der Drehrichtung zu erleichtern, hilft die Vorstellung, entlang der entsprechenden Achse auf das Bauteil zu schauen und entsprechend den Winkel positiv (entgegen dem Uhrzeigersinn) oder negativ (mit dem Uhrzeigersinn) zu drehen. Eine Rotation um 45° im gewählten Beispiel der Halbschale ist in Bild 5.12 dargestellt.

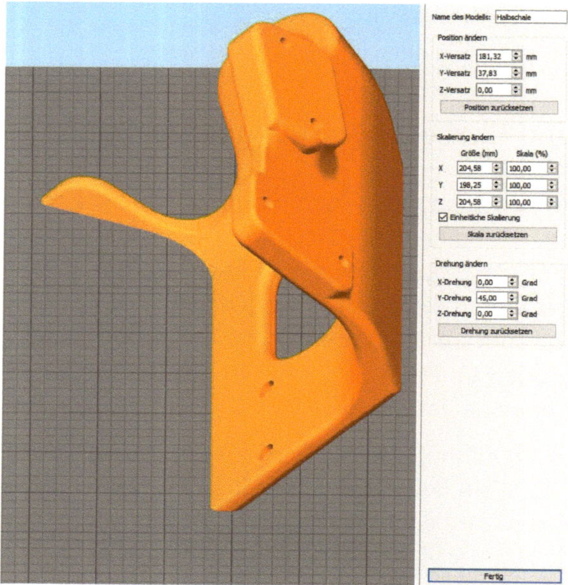

Bild 5.12 Beispiel: Rotation um 45° um die Y-Achse

Wichtig ist, dass das Modell durch die Drehung in der gewünschten Achse im Tisch „versinkt“. Es muss danach auch wieder auf dem Tisch platziert werden, zum Beispiel durch die Funktion **Modell auf dem Druckbett ablegen** (Abschnitt 5.6.3). Diese Art der Rotation ist sehr hilfreich beim Optimieren/Reduzieren von Stützmaterial durch Ausnutzen des Überhangwinkels. Dies wird in Kapitel 9 am Praxisbeispiel Deckel erklärt.

5.6 Spezialfunktionen zur Positionierung und Skalierung

Simplify3D verfügt in der **Menüleiste → Bearbeiten** über zusätzliche sehr hilfreiche Funktionen zur Positionierung von Modellen auf dem Tisch und speziellen Skalierungsfunktionen.

Aktion	Shortcut/Maus	Menüleiste
Zentrieren und Anordnen	Ctrl + R	**Bearbeiten → Modelle zentrieren und arrangieren**
Modell-Ursprünge zueinander ausrichten		**Bearbeiten → Ausgewählte Modell-Ursprünge aufeinander anpassen**
Modell auf Drucktisch ablegen	Ctrl + T	**Bearbeiten → Modell auf Drucktisch ablegen**
Modell in spezieller Facettenorientierung ablegen	Ctrl + L	**Bearbeiten → Oberfläche auf Druckbett platzieren**
Skalieren auf maximale Druckgröße (bezogen auf 3D-Drucker Druckbereich)		**Bearbeiten → Auf Maximalgröße skalieren**
Inch auf Millimeter skalieren		**Bearbeiten → Inch auf Millimeter skalieren**

5.6.1 Modelle zentrieren und arrangieren

Diese Funktion ordnet automatisch alle geladenen Teile zentrisch und mit gewissem Abstand voneinander auf dem Drucktisch an. Es wird damit auch sichergestellt, dass es keine Überschneidungen der Teile gibt. Der Anwender hat keinen weiteren Einfluss auf die konkrete Anordnung. Vorsicht ist geboten bei vorher zueinander ausgerichteten Teilen: Diese verlieren ihre Anordnung, es sei denn, sie sind gruppiert.

Achtung: Wenn nach dieser Berechnung die Tischfläche nicht ausreichend groß ist, werden auch Teile außerhalb der Tischfläche angeordnet. Dies sollte immer überprüft werden.

5.6.2 Ausgewählte Modell-Ursprünge aneinander anpassen

Diese Funktion legt die konstruktiven Koordinatenursprünge zweier oder mehrerer Modelle auf einen gemeinsamen Punkt. Dies macht vor allem Sinn für Dual- und Mehrfach-Drucke. Hierfür werden pro Druckdüse eigene Modelle importiert, die so konstruiert sind, dass sie einen gemeinsamen Ursprung haben. In der Übungsdatei *Modellhandling.factory* sind die beiden Modelle *lead-screw* und *screw-nut* enthalten. Diese Spindeln mit Mutter sollen in einem Druckvorgang gedruckt werden. Nach dem Import stehen die beiden Modelle nebeneinander, nach Ausführung des Befehls sind sie korrekt zueinander ausgerichtet (Bild 5.13) und können so im Dual-Druck mit zwei Materialien oder Farben produziert werden. Leider werden die Achsen nicht ausgerichtet. Liegt eine Verdrehung der Achsen zueinander vor, dann bleibt diese auch nach diesem Ausrichten bestehen.

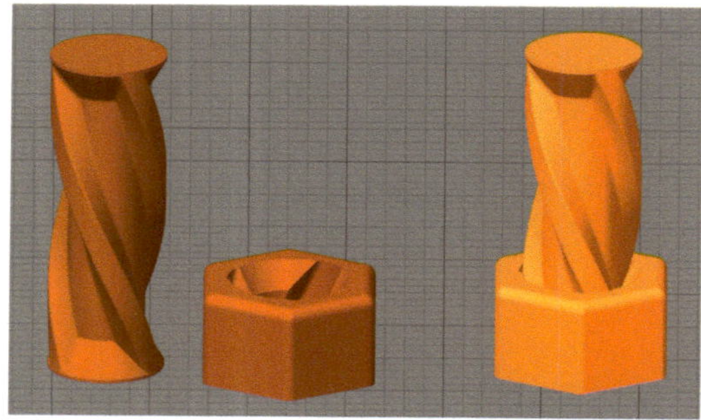

Bild 5.13
Dual-Druckteile vor und nach der Ausrichtung der Ursprünge zueinander

5.6.3 Modell auf Druckbett ablegen

Diese Funktion legt selektierte, freischwebende oder unter dem Tisch liegende Modelle in der aktuellen Orientierung (also ohne zusätzliche Rotation) auf dem Druckbett so ab, dass der tiefste Punkt des Modells auf dem Druckbett zu liegen kommt. Diese Funktion ist hilfreich bei Modellen, die beim Import irgendwo im Raum schweben, unter dem Tisch liegen oder auch im Moment nicht sichtbar sind. Sie dient auch immer der Fehlervermeidung bei Teilen, die eventuell nur wenige Millimeter über dem Tisch „schweben". Werden diese nicht korrekt ohne Abstand abgelegt, wird Stützbedarf nötig oder sie werden nicht korrekt gedruckt.

5.6.4 Oberfläche auf Druckbett platzieren

Diese Funktion ist sehr hilfreich für die spezielle Orientierung anhand der Modell-Flächen (genauer der Facetten), da hierdurch die Orientierung anhand einer auszuwählenden Fläche (Facette) auf dem Druckbett ermöglicht wird.

Am Beispiel Mutter sieht diese Funktion folgendermaßen aus:

- **Menüleiste: Bearbeiten – Oberfläche auf Druckbett ablegen** oder Shortcut **Ctrl + L** auswählen
- Gewünschte Fläche/Facette anwählen: Dadurch wird die Mutter mit dieser Fläche auf dem Druckbett abgelegt.

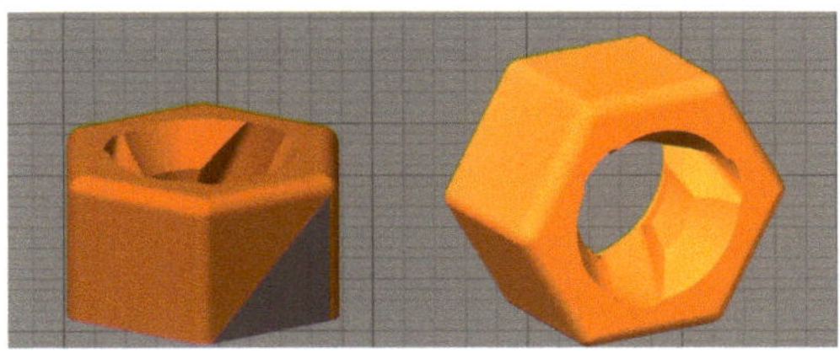

Bild 5.14
Oberfläche auf Druckbett platzieren: Facette auswählen (links) → Neuorientierung auf dieser Facette (rechts)

5.6.5 Auf Maximalgröße skalieren

Mit diesem Befehl unter **Menüleiste → Bearbeiten → Auf Maximalgröße skalieren** kann ein Modell so vergrößert werden, dass es den eingestellten und vom Profil des Geräteherstellers definierten Druckraum größtmöglich ausfüllt. Da die Orientierung hierfür nicht geändert wird, findet die Skalierung anhand der jeweilig größten Achse statt. Am Beispiel der Mutter sieht das folgendermaßen aus: Die Y-Achse wird auf größtmögliches Maß je nach Druckraumabmessung skaliert und in der gleichen Orientierung mittig auf dem Druckbett platziert.

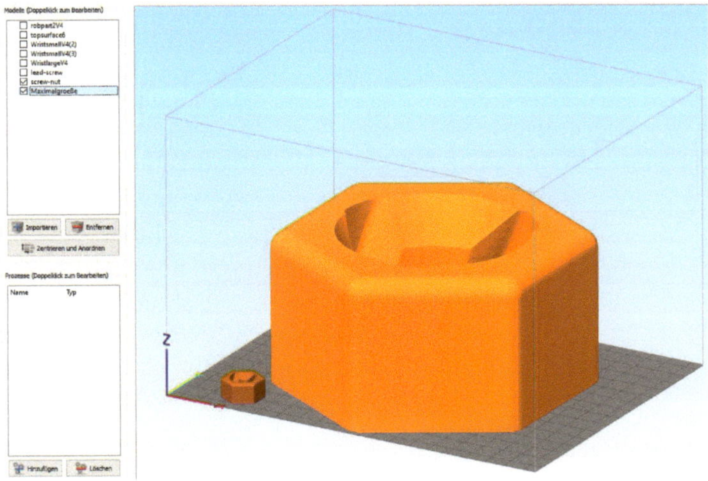

Bild 5.15 Auf Maximalgröße skalierte Spindelmutter

5.6.6 Inch auf Millimeter skalieren

Wenn ein Modell mit den Einheiten Inch anstatt Millimeter konstruiert wurde, wird es in Simplify3D mit eingestelltem Einheitssystem Millimeter mit der Kantenlänge 1 mm dargestellt. Mit diesem Befehl wird es um den Faktor 25,4 und damit auf korrekte Größe jetzt jedoch in Millimeter skaliert. Häufig erscheint bereits eine Fehlermeldung beim Import (Bild 5.5).

Beispiel: Ein Würfelmodell wurde mit der Kantenlänge 1 Inch konstruiert. In Simplify3D wird es mit der Einheit 1 jedoch in Millimeter importiert. Durch den Befehle **Menüleiste – Bearbeiten – Inch auf Millimeter skalieren** liegt es dann korrekt mit 25,4 mm = 1 Inch im Druckraum.

Skalierung in anderen Einheiten: Bei Modellen aus unbekannten Quellen sollte immer geprüft werden, ob die Skalierung innerhalb von Simplify3D korrekt ist. Das Programm passt immer auf Millimeter an, häufig liegen Fehler in den Zehnerpotenzen dazu und in Modellen mit zölligen Einheiten.

6 Druckprozesse und G-Code-Erzeugung

6.1 Profile, Prozesse und Modellzuordnung

6.1.1 Grundlagen Profile und Prozesse

Die Software arbeitet mit zwei Typen von Daten mit Druckparametereinstellungen: den **Profilen** und den **Prozessen** (diese werden unglücklicherweise im Programm teilweise auch als Vorgänge bezeichnet). Das Profil stellt eine Standardvorlage für Druckeinstellungen mit der Möglichkeit der Vorkonfiguration dar und wird vom 3D-Druckerhersteller meist mitgeliefert. Aus diesen Profilen können dann Prozesse erzeugt werden, die dort vorhandene Konfigurationen verwenden und individuell angepasst werden können. Simplify3D erzeugt dann aus dem gewählten Profil mit den Änderungen einen Prozess. Profile sind im Programm intern abgespeichert und können importiert, exportiert und innerhalb der Prozesse verändert und unter neuem Namen gespeichert werden. Druckvorgänge können jedoch nur direkt mit den Prozessen aus der Prozess-Liste erzeugt werden. Diese Beziehung zwischen Prozessen und Profilen ist in Abschnitt 3.6.2 beschrieben.

Vergleichbar ist dieses Vorgehen mit Word-Vorlagen: Aus einer Vorlage für einen Geschäftsbrief wird ein individualisierter Geschäftsbrief erstellt. Da Prozesse nach individuellen Einstellungsänderungen nicht mehr mit dem Profil übereinstimmen, können diese Prozesse wiederum als neue Profile (Vorlagen) abgespeichert werden. Vorsicht ist geboten beim Überspeichern: Sehr leicht sind Fehler eingebaut, und durch das Überschreiben ist die ursprüngliche Vorlage nicht mehr vorhanden. Dann sollten die Profile vom Hersteller unbedingt neu importiert werden, ansonsten werden einmal gemachte Fehler mitgezogen. Bereits erstellte Prozesse befinden sich in der Prozess-Liste. Innerhalb dieses Fensters können folgende Funktionen durchgeführt werden:

- Selektion/Mehrfachselektion
- Copy and Paste mit **Ctrl + C** und **Ctrl + V**, Entfernen mit **Entf**
- Gruppierungen

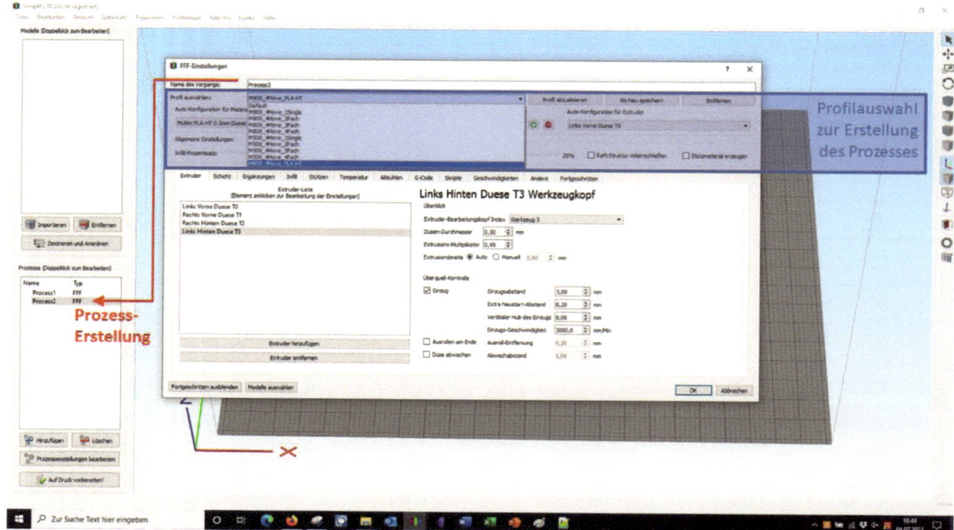

Bild 6.1 Ein Druckprozess entsteht durch Auswahl eines Profils und ggf. individueller Anpassungen.

Wichtig: Profile sind die Vorlagen für die Prozesse und können importiert, geändert, unter neuem Namen gespeichert und wieder exportiert werden. Für Druckvorgänge werden nur Prozesse verwendet, die aus den Profilen erzeugt wurden und in der Prozess-Liste vorhanden sind. Die Modelle werden den Druckprozessen und nicht den Profilen zugeordnet.

Profile importieren und exportieren

Über das Menü **Datei – FFF-Datei importieren** können sowohl die vom Hersteller zum 3D-Drucker empfohlenen Profile als auch von Simplify3D erstellte G-Codes importiert werden. Werden hier G-Codes importiert, so stehen diese als Profil innerhalb der Prozesse zur Auswahl (Bild 6.1), genauso wie importierte Profile. Sobald der Import erfolgt ist, meldet Simplify3D die Verfügbarkeit des Profils (Bild 6.2).

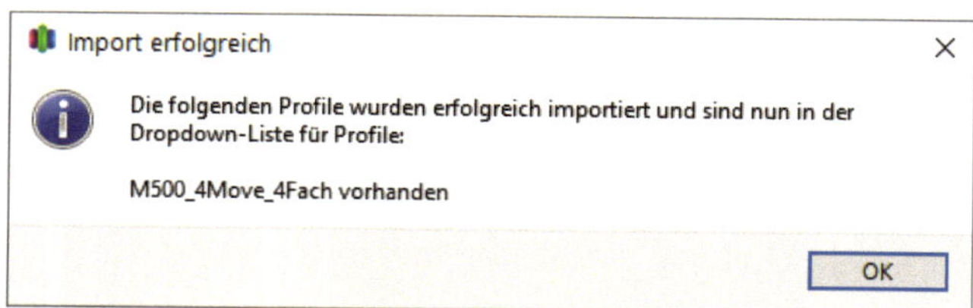

Bild 6.2 Import-Meldung für Profile

Unter **Datei – FFF-Datei exportieren** ist es möglich, hier selbst erzeugte Profile zu exportieren. Das Vorgehen empfiehlt sich dann, wenn häufiger ähnliche Bauteile gedruckt werden sollen.

6.1.2 Prozess erstellen und Prozess-Einstellungen

Das Erstellen eines Prozesses erfolgt über die Schaltfläche **Hinzufügen** unterhalb der Prozess-Liste:

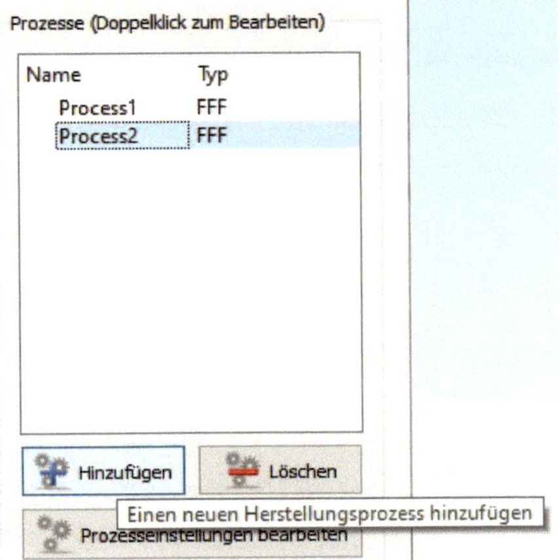

Danach öffnet sich das Prozess-Fenster, in dem alle Einstellungen zu Druckparametern vorgenommen werden können. Das Fenster hat zwei Ansichtseinstellungen: nur die Basis-Einstellungen oder unter dem Befehl **Fortgeschritten anzeigen** das Unterfenster, in dem alle über 190 Parameter des Druckvorgangs eingestellt werden können. Der Gedanke in dieser Aufteilung liegt darin, dass eine einfache, schnelle Druckdateierzeugung nur in den Basis-Einstellungen konfiguriert wird und nur beim Feintuning auf die fortgeschrittenen Einstellungen zugegriffen wird. Die Praxis zeigt jedoch, dass die meisten Druckteile von Feintuning profitieren.

Das Prozess-Fenster ist in vier Hauptbereiche aufgeteilt:

- ganz oben der Prozess-Name und darunter das ausgewählte Profil
- darunter die Leiste mit den Auto-Konfigurationen des Profils: die Material-, Qualitäts- und Extruder-Konfiguration
- dann die allgemeinen Einstellungen des Druckvorgangs, mit den Basis-Einstellungen Infill-Prozentsatz, Raft aktivieren und Stützmaterial verwenden
- ganz unten die beiden Schaltflächen **Fortgeschritten anzeigen** und **Modelle auswählen**

Prozess-Bezeichnung und Profil-Aktionen

Im oberen Bereich des Prozessfensters befinden sich die Aktionen zu den Profildateien und der Name des Prozesses, der frei gewählt werden kann. Achtung: Es dürfen keine Sonderzeichen und keine Umlaute im Namen verwendet werden, weder bei Modellen noch bei Prozessen noch bei Factory-Dateien.

Wie bereits beschrieben, werden Prozesse aus Profilen erzeugt. Sobald jedoch nur ein Feld geändert wird, ändert sich auch das Profil in diesen geänderten Einstellungen - zunächst ohne gespeichert zu werden. Dem Profilnamen wird ab dieser Änderung der Zusatz **(modified)** hinten angehängt. Die Schaltflächen hinter dem Profilnamen bieten daher mehrere Möglichkeiten, um Änderungen im Profil zu verarbeiten:

- **Profil aktualisieren:** Mit dieser Schaltfläche werden die durchgeführten Änderungen im Prozess auf das Profil übertragen, und das Profil wird damit **unter dem alten Namen mit den durchgeführten Änderungen abgespeichert**. Damit ist das ursprüngliche Standardprofil überschrieben, und die Gefahr besteht, dass einmal gemachte Änderungen ungewollt immer weiter mitgezogen werden.
- **Als neu speichern:** Dieser Schritt ermöglicht es, das bisherige Profil unverändert weiter bestehen zu lassen und die eingebrachten Änderungen in einem neuen Profil zu speichern. Dieses kann ebenfalls exportiert und jederzeit für neue Prozesse verwendet werden. Das ist hilfreich, wenn für wiederkehrende Druckteile mit ähnlichen Geometrien und Druckeinstellungen eigene Profile angelegt werden sollen.
- **Entfernen:** Nach Anklicken dieser Schaltfläche öffnet sich ein Fenster, in dem zu löschende Profile angewählt und entfernt werden können. Achtung: Diese Profile sind dann nicht mehr verfügbar und müssen im Bedarfsfall wieder neu importiert werden.

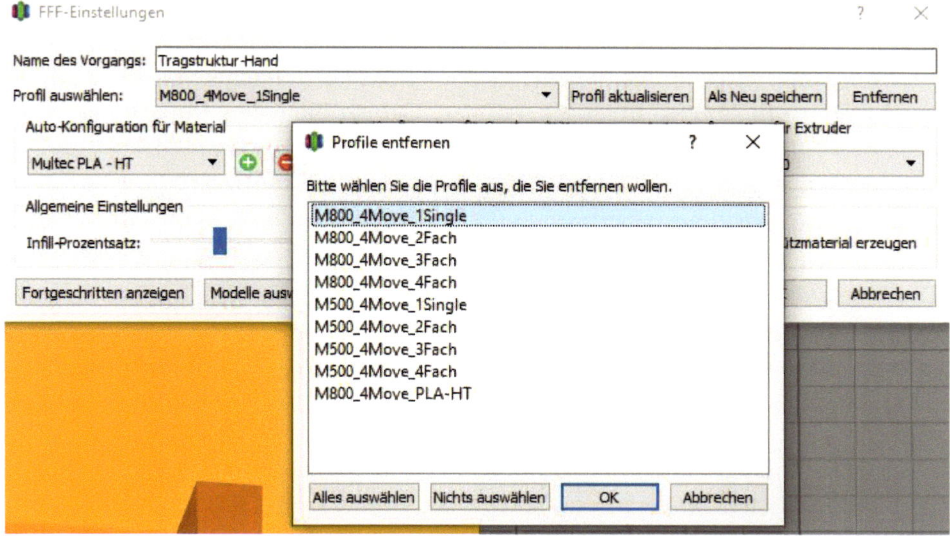

Auto-Konfiguration von Material, Qualität und Extruder

Hier als Beispiel ein vom Hersteller Multec mitgeliefertes Profil für einen 4-fach-Drucker mit den aufgeklappten Konfigurationsmöglichkeiten:

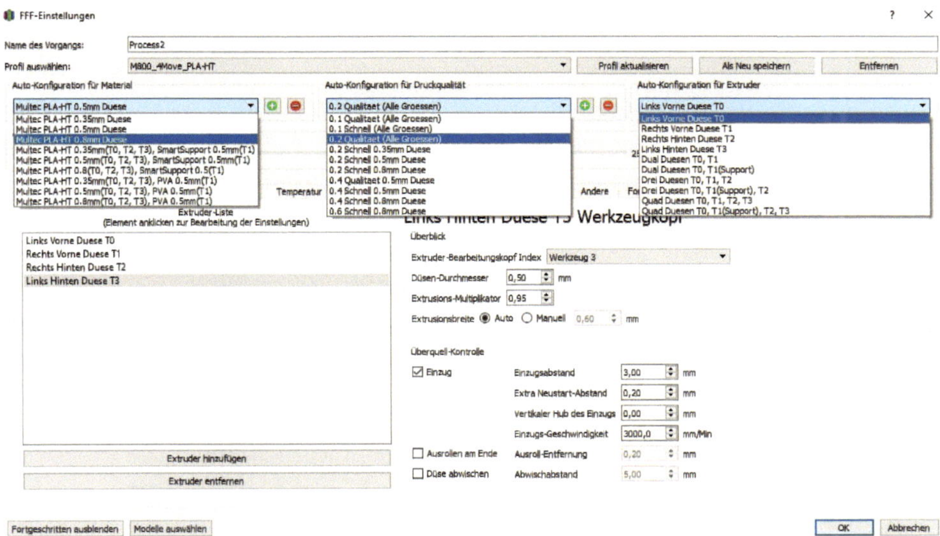

Bild 6.3 Herstellerprofil mit Auto-Konfiguration für Material, Druckqualität und Extruder

In diesen drei Feldern kann die Konfiguration für den zu druckenden Kunststoff, die gewünschte Druckqualität und die Anzahl der druckenden Extruder/Düsen gewählt werden. Nun ist dieses Beispiel sehr komplex, da aufgrund von vier einsetzbaren Düsen mit jeweils frei einsetzbaren Düsengrößen und Kunststoffen und Qualitäten eine sehr große Auswahl von Druckszenarien zur Verfügung steht. Unter jeder dieser Konfigurationen stehen Voreinstellungen des Herstellers, die über 190 Parameter des dahinterstehenden Druckprozesses entsprechend definieren.

Aus den Grundlagen der 3D-Drucktechnik aus Kapitel 2 ist bekannt, dass sich beim 3D-Druck viele Faktoren gegenseitig beeinflussen. So hängen zum Beispiel Druckgeschwindigkeiten in starkem Maß vom Kunststoff ab, da unterschiedliche Schmelz- und Abkühleigenschaften, Lagenverschweißung, Viskosität bei verschiedenen Temperaturen und Volumenströmen jeweils angepasste Parameter in verschiedenen Elementen benötigen. Daneben hat auch die Zielsetzung des Druckergebnisses einen großen Einfluss auf die Parametereinstellung: Werden optimale und feine Oberflächen gewünscht, so hat dies Einfluss auf die Wahl der Schichthöhe, die Druckgeschwindigkeit und andere Einstellungen wie Höhensprung und Anzahl der Perimeter. Gleichzeitig spielen Druckgeschwindigkeiten und Düsengrößen eine große Rolle bei der Druckdauer, der Festigkeit der Schichtverschweißung und der Oberflächengüte. Es gilt daher häufig, Kompromisse zu finden zwischen z. B. der Wirtschaftlichkeit durch möglichst kurze Druckdauern und der besten Druckoberfläche, die wieder mit eher langsamen Druckgeschwindigkeiten erzielt wird. Diese wechselseitigen Einflüsse machen die Einstellung zwar komplex, führt jedoch auf der anderen Seite zu einer sehr guten Optimierung auf die jeweils gewünschten Eigenschaften. Sehr wichtig für die optimierten Druckeinstellungen ist auch die Anpassung an die Geometrie von Werkstücken. Dünnwandige Gehäuse haben andere Anforderungen als vollmassive Tiefziehformen. Die Erfahrung zeigt, dass für kaum ein Werkstück unveränderte Herstellerprofile eingesetzt werden können, wenn die Optimierung des Druckvorgangs auf Anwenderwünsche angepasst werden soll.

Folgende Faktoren sind maßgebend und für verschiedene Druckszenarien daher individuell einzustellen:

- Auto-Konfiguration Material:
  - Düsentemperaturen für jeden Kunststoff (oft auch innerhalb des Druckvorgangs unterschiedlich, wie z. B. erste Schicht wärmer etc.)
  - Extrudereinstellungen wie Extrusions-Multiplikator und Retract (Rückzug)
  - Drucktischtemperaturen
  - Einstellung Kühllüfter
  - Druckgeschwindigkeiten (Standard und für spezielle Elemente wie erste Schicht)
  - Zusammenspiel von Stützkunststoffen und Werkstückkunststoffen

- Auto-Konfiguration Qualität:
  - Schichthöhe
  - Düsengrößen
  - Geschwindigkeiten
- Auto-Konfiguration Extruder:
  - Mit welcher Düse soll welche Druckkomponente gedruckt werden (Beispiel Düse 1 Werkstückmaterial, Düse 2 Stützmaterial)?
  - Diese Einstellung hier ist sehr wichtig für die Startsequenz des 3D-Drucks, da hier auch die Startroutinen für die angewählten Düsen korrekt eingestellt werden. Muss beim Single-Druck nur eine Düse aufgeheizt, gereinigt oder gefüllt werden, so sind es beim Vierfachdruck vier Düsen.

Die Vorkonfiguration der Profile kann jedoch in allen Punkten nachträglich manuell und individuell in den **Fortgeschrittenen** Einstellungen geändert werden. Nach allen erfolgten Einstellungen wird das Fenster mit **Ok** bestätigt, und der Prozess erscheint unter dem neuen Namen in der Prozess-Liste.

Mit den Schaltflächen **+** und – hinter den beiden ersten Auto-Konfigurationen (Bild 6.4) können eigene Konfigurationen für Material und Qualität eingefügt oder vorhandene gelöscht werden. Änderungen in diesen Bereichen sollten mit den Herstellervorgaben vereinbar sein.

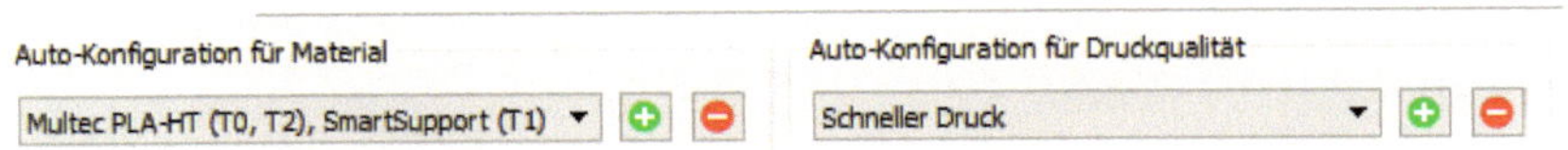

Bild 6.4 Hinzufügen von Auto-Konfigurationen mit den Schaltflächen + und -

Achtung: Sobald eine Änderung im Prozess vorgenommen wurde, wird das Basis-Profil, aus dem der Prozess erzeugt wurde, mit dem Anhang **(modified)** hinter der Bezeichnung gekennzeichnet. Damit hat sich auch das Profil geändert und entspricht nicht mehr der Ursprungsvorlage! Um hier sicherzugehen, sollte das geänderte Profil unter einem neuen Namen abgespeichert werden.

Allgemeine und fortgeschrittene Einstellungen

Simplify3D bietet eine Unterteilung der Druckeinstellung in zwei Teilbereiche:

- die **Allgemeinen Einstellungen**, die besser übersetzt wären mit Basis-Einstellungen, in denen nur die wichtigsten Einstellungen **Infill-Prozentsatz, Raft- und Stützstruktur** eingestellt werden können. Diese Einstellungen können jederzeit hier oder in den Fortgeschrittenen Einstellungen geändert werden.

- **Die Fortgeschrittenen Einstellungen.** Diese Einstellungen öffnen sich durch die gleichnamige Schaltfläche und zeigen dann die Unterfenster mit allen verfügbaren Druckparametern an.

Das Fenster der fortgeschrittenen Einstellungen umfasst zwölf Reiter mit Parametergruppen, in denen jeweils eine Vielzahl untergeordneter Parameter einzustellen ist.

In Kapitel 8 sind alle Parameter mit deren Einstellmöglichkeiten, den Auswirkungen und den Zusammenhängen zu anderen Einstellungen aufgelistet. Die Anwendungsbeispiele in Kapitel 9 helfen beim Überblick, welche Einstellungen für welche Geometrien und Zielsetzungen hilfreich sind.

6.1.3 Ändern, Kopieren und Löschen von Prozessen

Bestehende Prozesse werden durch einen Doppelklick auf den Prozessnamen in der Prozess-Liste oder alternativ durch Auswahl in der Prozessliste und anschließendem Anklicken der Schaltfläche **Prozesseinstellungen bearbeiten** aufgerufen und können jederzeit geändert werden.

Das Löschen von Prozessen erfolgt entweder durch die **Entf**-Taste oder die Schaltfläche **Löschen.** Hierbei ist auch eine Mehrfachauswahl möglich.

6.1.4 Modell-Zuordnungen zu Prozessen

Ein Druckvorgang kann sowohl mehrere Modelle als auch mehrere Prozesse umfassen. Im einfachsten Fall ist ein Prozess enthalten, der ein Modell umfasst; es sind jedoch auch alle Kombinationen von Prozessen und Modellen möglich. So kann ein Modell mit mehreren Prozessen gedruckt werden, mehrere Modelle mit einem Prozess oder Modellgruppen mit mehreren Prozessen.

Die Zuordnung von Modellen zu Prozessen erfolgt im Prozess durch die Schaltfläche **Modelle auswählen.**

Bild 6.5 zeigt den Prozess „schneller Seriendruck - Doorhandle" der Übungsdatei *Prozesse.factory.* Diesem Prozess werden alle Modelle „Doorhandle" zugewiesen. Die anderen auf dem Drucktisch enthaltenen Modelle können anderen Prozessen zugewiesen werden. Das heißt, dass für die jeweiligen Modelle für das gewünschte Ergebnis unterschiedliche Prozesse eingesetzt werden können, die der Geometrie und der Zielsetzung des Werkstücks angepasst sind. Diese Zuweisung von Prozessen zu Modellen erfolgt im Fenster **Modelle auswählen.** Blau hinterlegte Modelle sind dem Prozess zugewiesen. Das Auswählen und Abwählen von Modellen erfolgt durch einen Links-Klick. Leider funktionieren die Tasten Shift und Ctrl nicht, die sonst für Mehrfachauswahl verwendet werden können. Genau so wenig können hier Modellgruppen ausgewählt werden. Die Schaltflächen im unteren Bereich sind selbsterklärend, es können alle ausgewählt werden, nichts ausgewählt werden, die Auswahl bestätigt werden mit **Ok** oder die Auswahl abgebrochen werden mit **Abbrechen**.

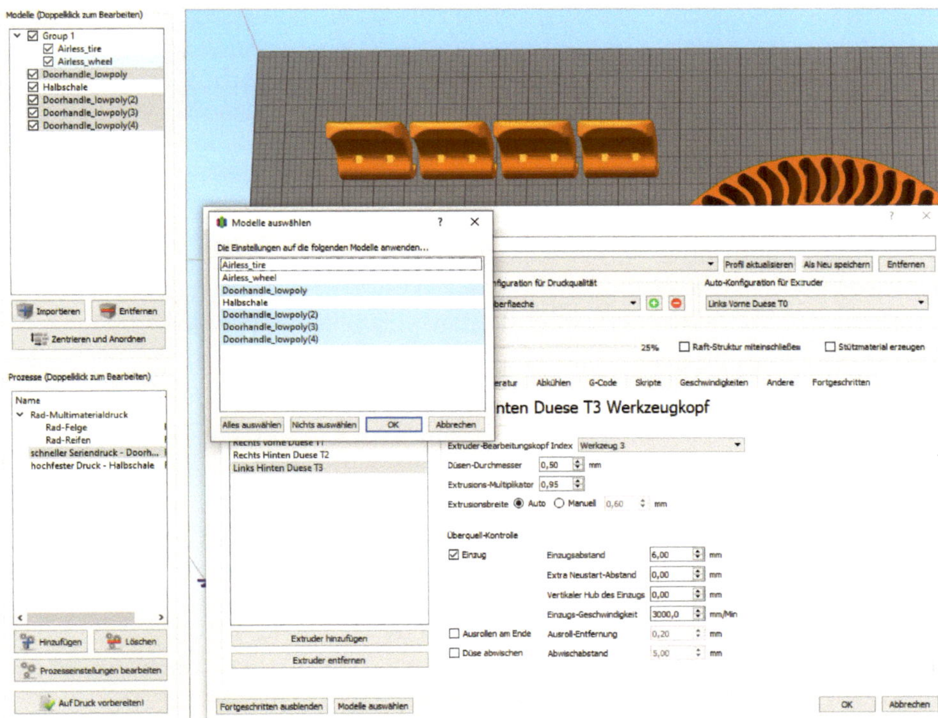

Bild 6.5 Modellzuweisung: Alle Modelle Doorhandle werden dem Prozess schneller Seriendruck zugewiesen.

Um die Zuordnung von Modellen zu Prozessen zu überprüfen oder festzustellen, hilft ein Mausklick auf den Prozess: Damit werden alle Modelle aufgehellt dargestellt, die dem jeweiligen Prozess zugeordnet sind. Sinnvoll ist eine aussagekräftige Benennung des jeweiligen Prozesses, der bei der Zuordnung hilft.

6.1.5 Mehrere Prozesse für mehrere Modelle

Das Praxisbeispiel Multimaterialdruck Rad in Kapitel 9 zeigt, wie für einen Mehrfachdruck pro Material ein Prozess und ein Modell eingesetzt werden. Ebenso können durch den Prozessteilungsassistenten mehrere Prozesse für verschiedene Höhen eines Druckteils erzeugt werden. Folgende Punkte sind mit viel Sorgfalt beim Drucken mit mehreren Prozessen zu beachten:

- Jedem Modell muss mindestens ein Prozess zugewiesen werden, bevor es gedruckt werden kann. Es können jedoch auch mehrere eingesetzt werden (Beispiel Prozess-Teilung, Abschnitt 7.6).
- Es dürfen keine Modellbereiche doppelt von Prozessen abgedeckt werden.
- Prozesse können mehreren Modellen zugewiesen werden.
- Für den Multimaterialdruck muss für jedes Material/jede Farbe ein eigenes Modell einem eigenen Prozess zugewiesen werden. Stützmaterial dagegen wird genau den Prozessen zugewiesen, in denen Stützmaterial auch erforderlich ist.
- Die Fehlergefahr ist durch die Kombinationsmöglichkeiten Modelle ↔ Prozesse größer, hier ist unbedingt die Druckvorschau genau zu prüfen.

6.2 Erzeugung einer Druckdatei – Workflow

Dieser Abschnitt führt Schritt für Schritt durch die Erzeugung einer Druckdatei und gibt Hilfestellung zum Vorgehen und den wichtigsten Einstellungen. Tabelle 6.1 und Bild 6.6 stellen den Ablauf im Überblick dar.

Tabelle 6.1 Workflow Überblick: Erzeugung einer Druckdatei

Schritt	Vorgang	Simplify3D-Aktion	Kapitel
1	Druckteil laden	Modelle → Importieren	Abschnitt 5.2
2	Druckteil analysieren	Druckteilposition und Rotation festlegen	Kapitel 5
		Facettenmodell prüfen	Kapitel 4
3	Druckteil platzieren	Doppelklick auf Teil oder Bewegungstools	Kapitel 5
4	Stützmaterialbedarf prüfen, ggf. erstellen	Stützmaterialassistent	Abschnitt 7.8
5	Prozess hinzufügen	Prozesse aus Profilen erstellen	Abschnitt 6.1.2
6	Prozess bearbeiten	Prozesse → Prozesseinstellungen bearbeiten	Abschnitt 6.7
7	G-Code generieren	Auf Druck vorbereiten!	Abschnitt 6.2
8	Drucksimulation prüfen	Druckvorschau → Animation	Abschnitt 6.3

Der Punkt 6, das Bearbeiten der Prozesseinstellungen, folgt im Detail dem Workflow Tabelle 6.2 und Bild 6.7.

Das konsequente Befolgen dieser Schritte bewahrt vor vielen Druckfehlern und spart viel Zeit in der Druckdateierzeugung. Wird hier etwas vergessen oder falsch gewählt, führt das schlimmstenfalls zu Ausschuss, bestenfalls zu Mehraufwand für die Korrektur.

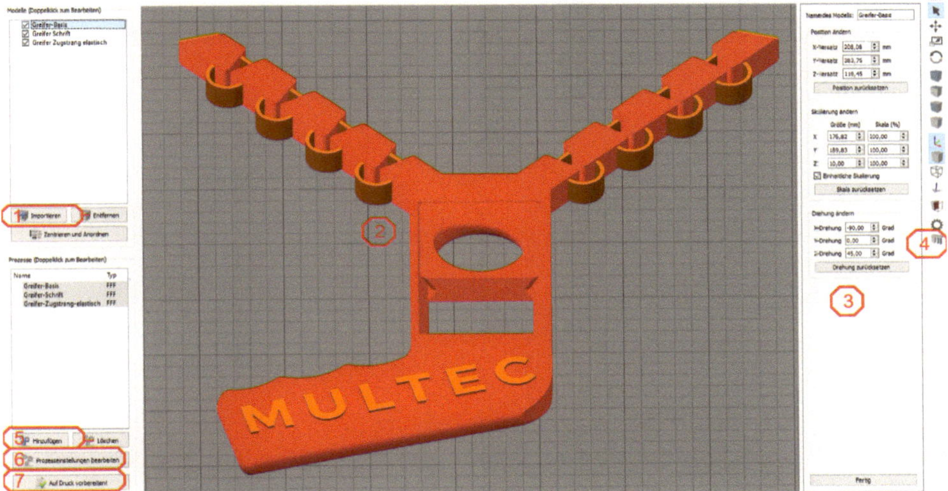

Bild 6.6 Druckdateierzeugung im Grafikfenster

Tabelle 6.2 Workflow Prozesse bearbeiten Schritt für Schritt

Schritt	Vorgang	Simplify3D-Einstellung	Kapitel
6.1	Richtiges Profil wählen!	Profil auswählen	Gerätehersteller Definition als Basis
6.2	Druckmaterial auswählen	Auto-Konfiguration für Material	Abschnitt 6.1.2
6.3	Druckqualität auswählen	Auto-Konfiguration für Druckqualität	Abschnitt 6.1.2
6.4	Extruder-Anzahl wählen	Auto-Konfiguration für Extruder	Abschnitt 6.1.2.
6.5	Modelle auswählen	Modelle auswählen	Abschnitt 6.1.4
6.6	Detaileinstellungen bearbeiten	Extruder, Schicht, Ergänzungen usw.	Kapite 8

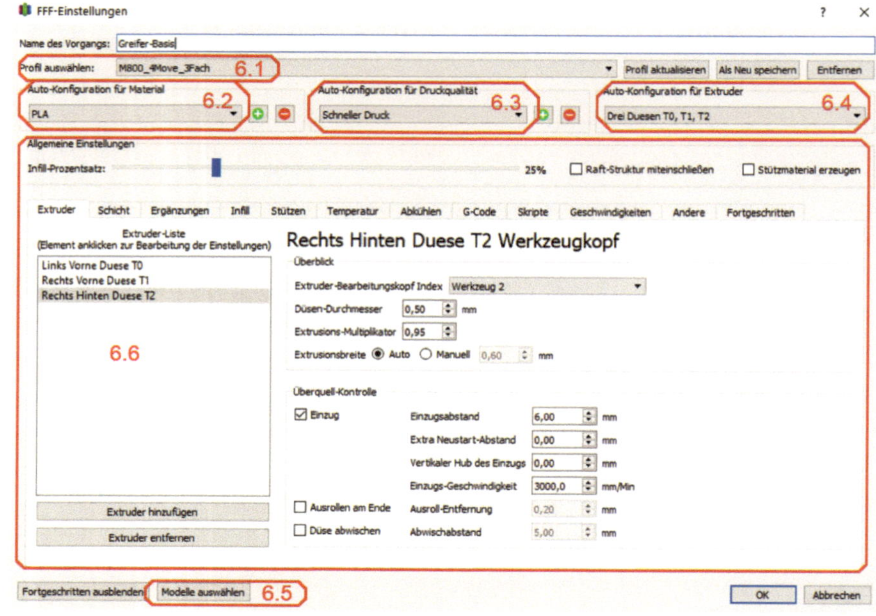

Bild 6.7 Prozess bearbeiten – Schritt für Schritt

Bevor im Folgenden auf die Prozesseinstellungen eingegangen wird, ist zunächst der Ablauf innerhalb der Druckvorschau elementar, die durch den Schaltfläche **Auf Druck vorbereiten!** gestartet wird. Die Funktion kann auch über das **Menü** – **Bearbeiten** – **Prepare to print** oder den Shortcut **Ctrl + E** gestartet werden. Es empfiehlt sich häufig, diese Druckvorschau bereits vor der Feineinstellung von Parametern zu prüfen. Denn hieraus ergeben sich die meisten Optimierungen für die spezielle Bauteilgeometrie. Der Workflow für das Prüfen der Drucksimulation Punkt 8 wird unterteilt in einen Ablauf gemäß Tabelle 6.3 und Bild 6.8.

Tabelle 6.3 Workflow Druckvorschau und Prüfen der Animation

Schritt	Vorgang	Simplify3D-Einstellung	Kapitel
8	Anzeigemodus einstellen auf Merkmalstyp (ggf. auf korrekte Bearbeitungskopf und Prozess-Zuordnung)	In Vorschau anzeigen → Farbgebung	Abschnitt 6.3.3
9	Druckteil prüfen auf fehlerfreie Geometrieabbildung (fehlende Details, Druckfehler aufgrund von Facettenfehlern etc.)	Druckfehler in Vorschau prüfen auf Fehler wie in Gitternetz und Reparieren beschrieben	Kapitel 4

Tabelle 6.3 Workflow Druckvorschau und Prüfen der Animation *(Fortsetzung)*

Schritt	Vorgang	Simplify3D-Einstellung	Kapitel
10	Druck-Animation prüfen, ggf. Schicht für Schicht	Druckvorschau → Animation	Abschnitt 6.4
11	Druckstatistik prüfen (Dauer, Gewicht, Kosten)	Druckvorschau → Druckbett-Statistiken	Abschnitt 6.3.1
12	Druckdatei Speichern	Druckvorschau → Druckdatei speichern	Abschnitt 6.3.5

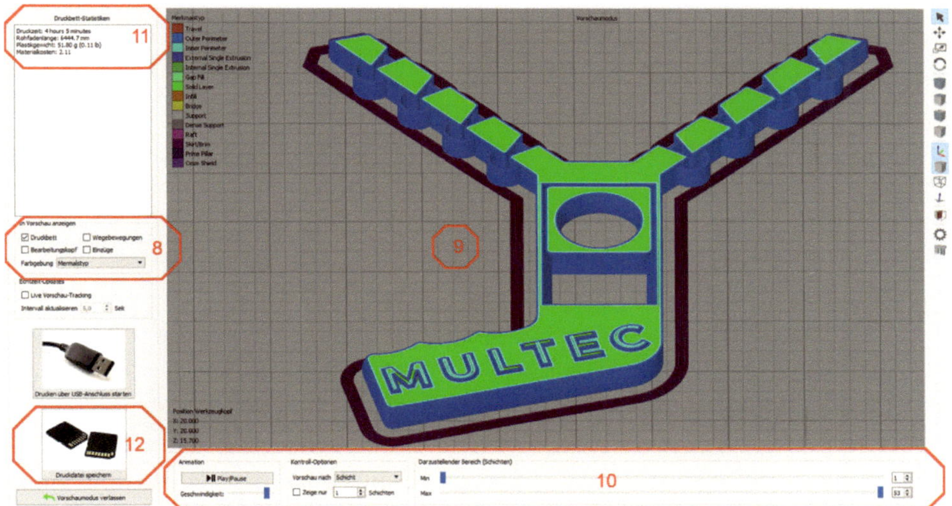

Bild 6.8 Workflow Druckvorschau und Animation

6.2.1 Starten der G-Code-Erzeugung → Auf Druck vorbereiten!

Nach dem Fertigstellen der Prozesse und dem Zuordnen zu Modellen startet der Slicing-Vorgang mit dem Schaltfläche **Auf Druck vorbereiten!**. Dazu öffnet sich das in Bild 6.9 dargestellte Fenster zur Prozessauswahl und Einstellung des Druckmodus. Wenn nur ein Prozess in der Prozess-Liste enthalten ist, wird dieses Fenster nicht geöffnet. Die Prozessauswahl muss hier korrekt getroffen werden. Wurden bereits vor Anklicken der Schaltfläche **Auf Druck vorbereiten!** die gewünschten Prozesse gewählt, so sind sie in diesem Fenster grau hinterlegt und damit ausgewählt.

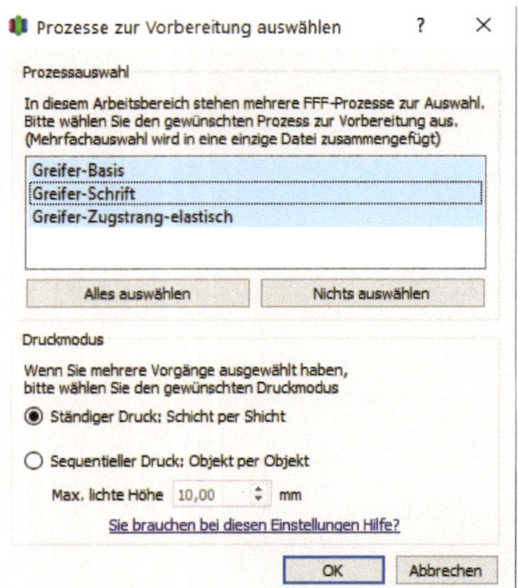

Bild 6.9
G-Code-Erzeugung Prozessauswahl und Druckmodus

Der Druckmodus teilt sich auf in zwei Möglichkeiten:

- **Ständiger Druck: Schicht für Schicht**
  Mit dieser Einstellung wird über alle im Druckprozess enthaltenen Modelle und Geometrien eine Schicht nach der anderen gedruckt.
- **Sequenzieller Druck: Objekt für Objekt**
  Dieser Modus ermöglicht das Drucken von einzelnen Modellen nicht mehr Schicht für Schicht, sondern sequenziell. Das heißt, das erste Druckteil kann zuerst in einer gewissen Höhe gedruckt werden, dann erst startet das zweite von unten bis zu dieser Höhe. Dieser Druckmodus bietet Kollisionsgefahren mit dem Druckkopf und sollte daher sehr vorsichtig eingesetzt werden.

Die einstellbare **Max. Lichte Höhe** ist in Bild 6.10 dargestellt. Da diese in den meisten Fällen nicht sehr groß möglich ist, kann das Problem dadurch umgangen werden, dass die größte Breite des Druckkopfs als Maßgabe für den Teileabstand genommen wird. Dann kann dieser Wert sehr hoch eingestellt werden. Ansonsten sollte immer die Auswahl **Ständiger Druck: Schicht für Schicht** getroffen werden. In den wenigsten Fällen ist sequenzieller Druck hilfreich, ein Fall ist zum Beispiel bei stark nachtropfendem Material im Seriendruck (mehrere Teile auf dem Drucktisch mit ausreichend großer Entfernung zueinander).

Achtung: Beim sequenziellen Druck muss sehr vorsichtig vorgegangen werden, es drohen Kollisionen und Maschinenschäden.

Bild 6.10 Lichte Höhe und Kollisionsgefahr bei sequenziellem Druckablauf

6.2.2 Ampelsystem – Wichtige Einstellungen

Langjährige Erfahrung in Schulungen und Support-Hotline haben gezeigt, dass es sehr hilfreich ist, wenn Anwender sich Schritt für Schritt einarbeiten. Häufig wird zu viel und mit zu wenig Berücksichtigung der Beeinflussung anderer Parameter geändert, was eher zu Frust und unguten Druckergebnissen führt. Ein weiteres, sehr häufig anzutreffendes Problem ist, dass zu viele Parameter gleichzeitig geändert werden. Mit manchen falschen Einstellungen kann auch der 3D-Drucker überfordert sein oder Kunststoffe überhitzen oder Düsen verstopfen. Alle Parameter sind in Kapitel 8 beschrieben, und dort ist auch erklärt, welche Punkte bei der jeweiligen Einstellung wichtig sind, welche anderen Parameter beeinflusst werden und welche Einstellungen am besten nicht oder nur mit Rücksprache mit dem Gerätehersteller geändert werden sollten.

Daraus ist das folgende Ampelsystem entstanden. Die Empfehlung dazu besteht darin, beim Einstieg in die Drucktechnologie und Software zunächst mit den grün markierten Parametern zu arbeiten und später mit den als Fortgeschritten markierten gelben Einstellung zu arbeiten.

Alle Einstellungen bis auf die rein maschinenabhängigen Settings sind in Kapitel 8 ausführlich beschrieben.

Das Ampelsystem teilt in folgende Kategorien ein:

Tabelle 6.4 Parameterkategorien: Einsteiger, Fortgeschrittener, Maschinen-/Kunststoffparameter

Ampel	
Einsteiger	Häufig anzupassende Parameter, für Einsteiger geeignet und für den Großteil der Druckgeometrie ausreichend.
Fortgeschrittene	Parameter, die teilweise Einfluss auf andere Parameter haben, etwas schwieriger einzustellen sind und daher nur mit gutem Hintergrundwissen und Erfahrung geändert werden sollten.
Nicht Ändern!	Diese Einstellungen betreffen Maschinenparameter, Kunststoffparameter aber auch einige Parameter, deren Änderung nicht sehr sinnhaft ist. **Hier können durchaus Maschinenschäden oder Gefährdungen auftreten, wenn unsachgemäß oder ohne Rücksprache mit dem Geräte-/Kunststoffhersteller geändert wird.**

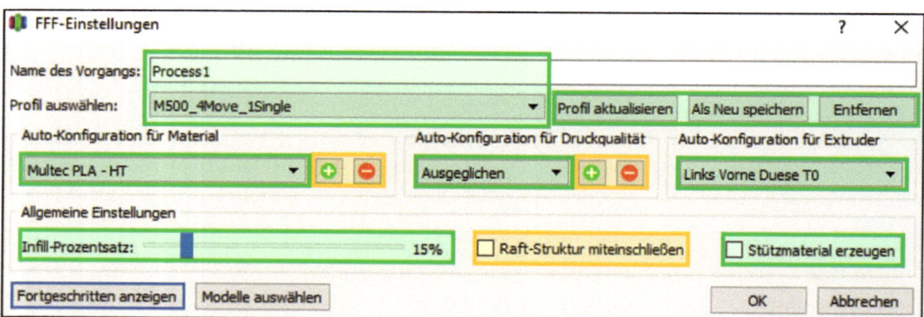

Bild 6.11 Workflow Prozesse – Basiseinstellungen – Vorkonfiguration

In den in Bild 6.11 dargestellten Konfigurationen und Basis-Einstellungen sollten lediglich beim Hinzufügen und Löschen von Konfigurationen bereits gute Kenntnisse vorliegen, alle anderen Einstellungen sind einfach einstellbar.

Im Reiter Extruder (Bild 6.12) sollten die Extruder-Zuordnungen nicht geändert werden. Hierauf beziehen sich alle maschinenseitigen Skripte und Einstellungen, Änderungen hier würden zu Ausschuss oder Maschinenproblemen führen. Die Einstellungen im Bereich des Einzugs sind zwar änderbar, hier besteht jedoch dann Gefahr durch eine Verstopfung der Düsen/Hotends, wenn diese Wege und Geschwindigkeiten über die vom Gerätehersteller empfohlenen Grenzwerte eingestellt werden.

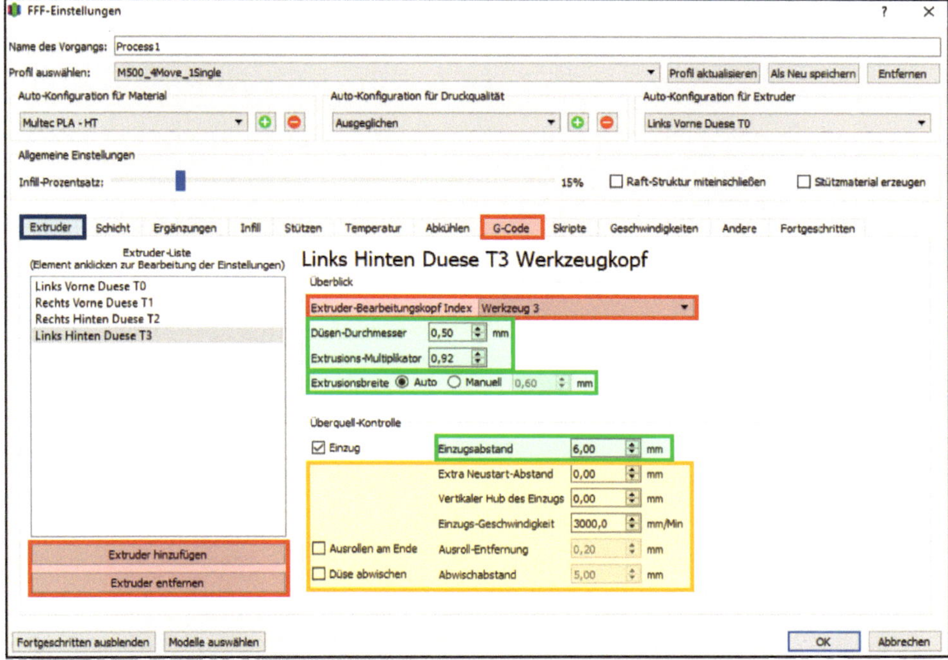

Bild 6.12 Workflow Prozesse – Reiter Extruder

Im Reiter Schicht (Bild 6.13) kann mit Erfahrung alles geändert werden, speziell die Einstellungen der ersten Schicht sind jedoch häufig mit Testdrucken und Kalibrierung verbunden. Das Ändern der Primären Schichthöhe ist jedoch eng gekoppelt an die Geschwindigkeiten und die Düsengrößen.

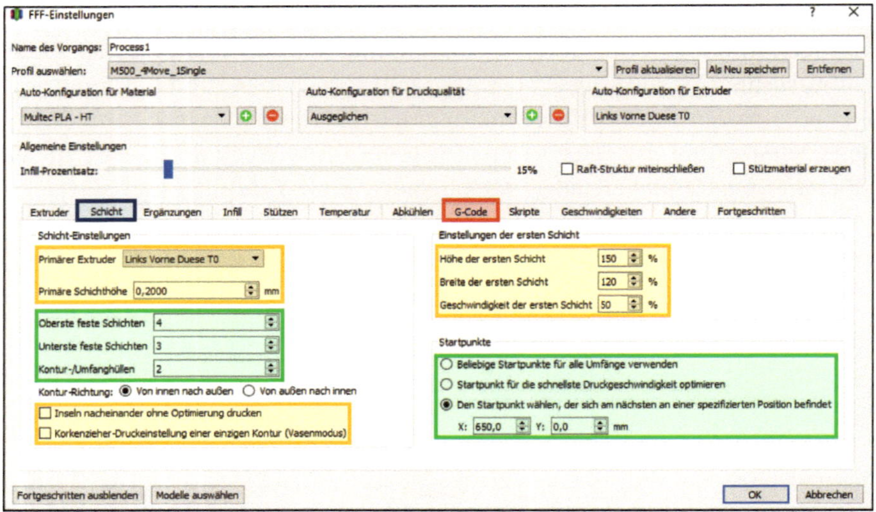

Bild 6.13 Workflow Prozesse – Reiter Schicht

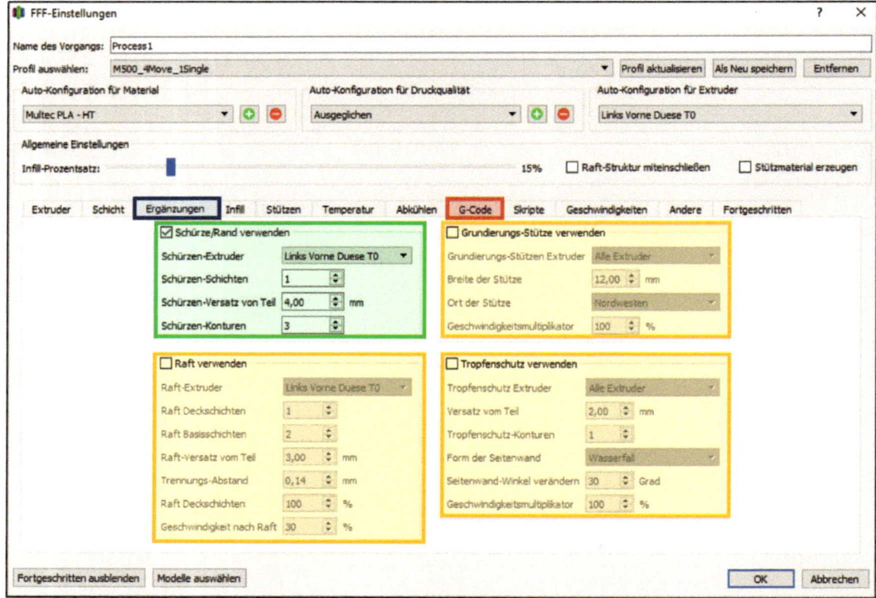

Bild 6.14 Workflow Prozesse – Reiter Ergänzungen

Im Reiter Schicht (Bild 6.13) sind Erfahrungen bei den Ergänzungen Raft, Grundierungs-Stütze und Tropfenschutz hilfreich. Speziell für die beiden Mehrfachdruck-Ergänzungen Grundierungs-Stütze und Tropfenschutz ist in Abschnitt 9.2 das Praxisbeispiel Deckel hilfreich.

Die gelb markierten Parameter im Reiter Infill (Bild 6.15) sollten mit Rücksicht auf Empfehlungen in Kapitel 8 modifiziert werden, hier können zu große bzw. kleine Werte zu Ausschuss führen.

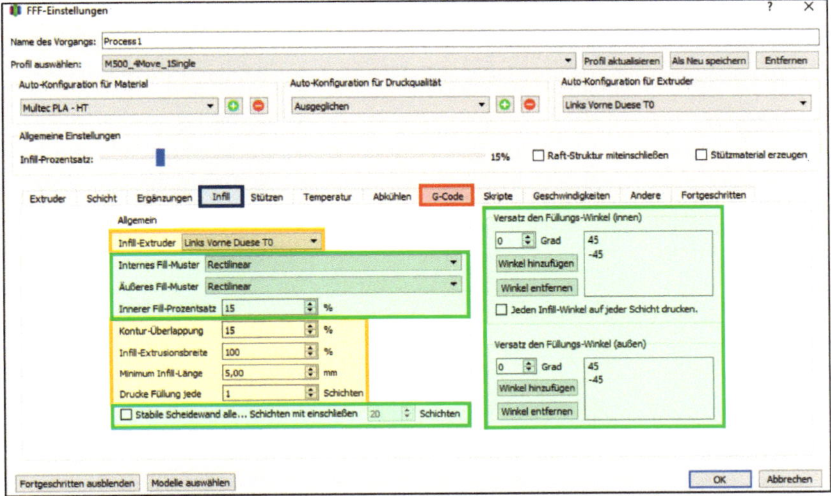

Bild 6.15 Workflow Prozesse – Reiter Infill

Im Reiter Stützen (Bild 6.16) profitiert die Optik des Bauteils in den gelb markierten Bereichen von Erfahrung und guter Kenntnis, da vor allem hier optimiert werden kann.

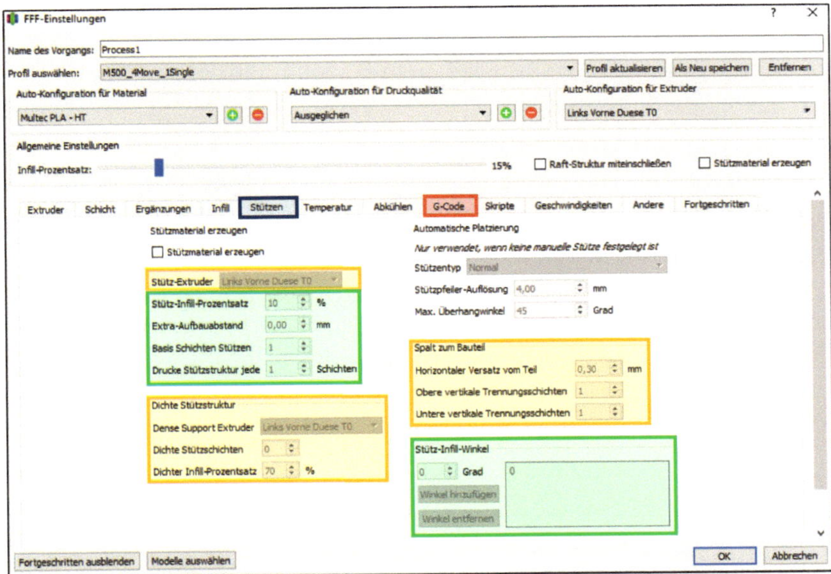

Bild 6.16 Workflow Prozesse – Reiter Stützen

Die Temperatureinstellungen in Bild 6.17 hängen neben den 3D-Druckerdaten sehr stark von den eingesetzten Kunststoffen ab, daher sollte am besten nach den Empfehlungen des Herstellers geändert werden.

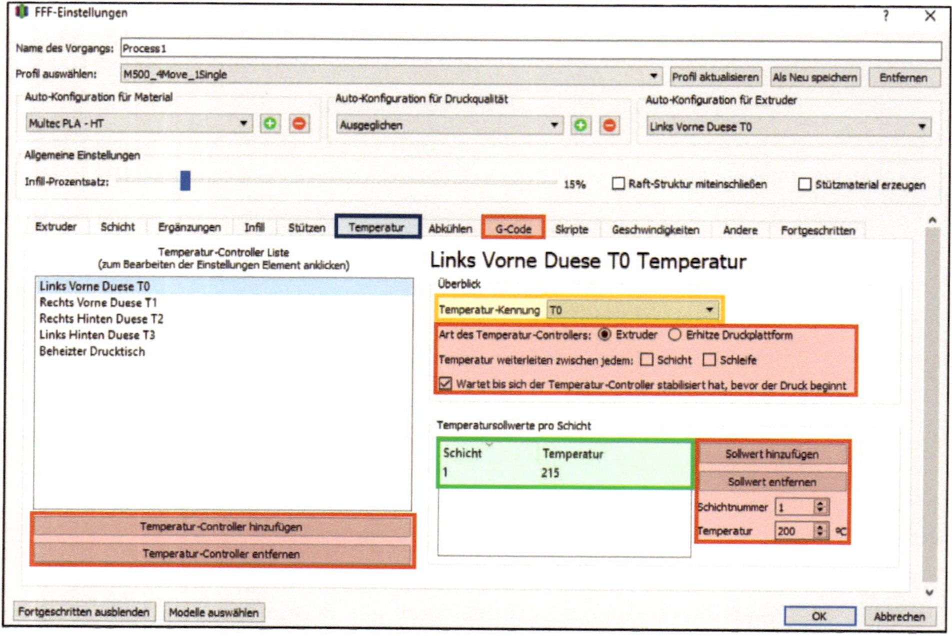

Bild 6.17 Workflow Prozesse – Reiter Temperatur

Die Einstellungen zum Abkühlen in Bild 6.18 hängen teilweise von den Kühleinrichtungen des Gerätes ab. Im Rahmen dieser Möglichkeiten kann hier mit Erfahrung sehr gut eingestellt werden. Häufig helfen hier auch Kalibrierungsdrucke mit dem jeweils eingesetzten Kunststoff.

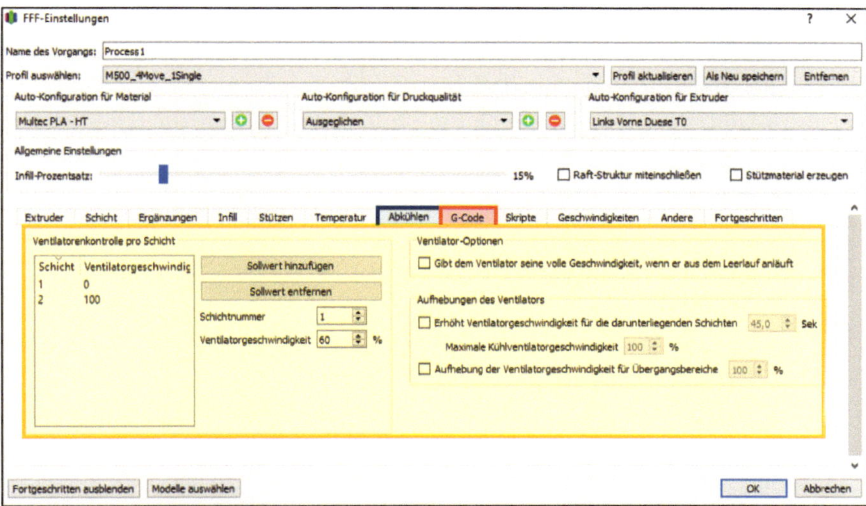

Bild 6.18 Workflow Prozesse – Reiter Abkühlung

Alle Einstellungen im Reiter G-Code (Bild 6.19) hängen vom eingesetzten Gerät ab. Sie werden auch mit dem vom Hersteller bereitgestellten Profil oder ggf. mit Firmware-Dateien (Abschnitt 6.1.1 und Abschnitt 7.7) direkt eingelesen und sollten unverändert verwendet werden.

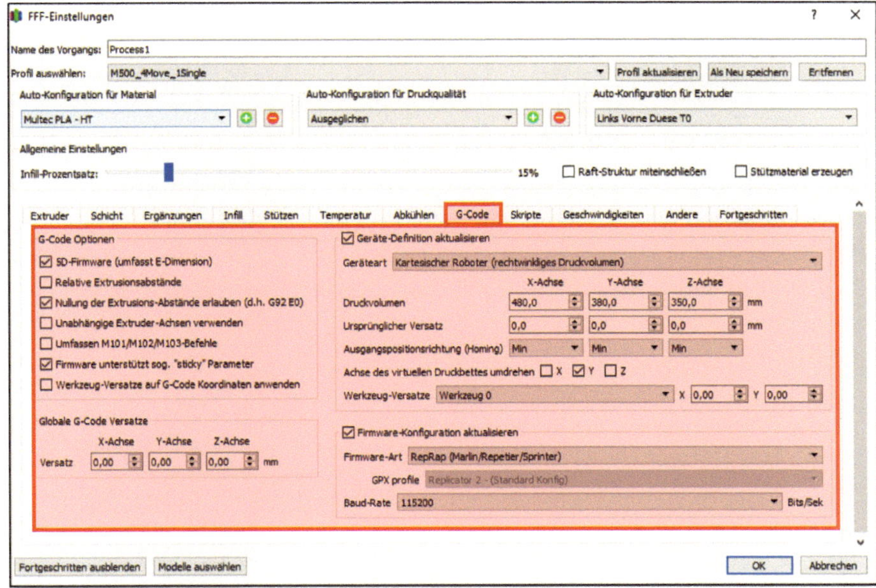

Bild 6.19 Workflow Prozesse – Reiter G-Code

Zu den Einstellungen im Bereich Skripte (Bild 6.20) müssen sehr tiefgehende Kenntnisse des G-Codes des speziellen 3D-Druckers vorliegen. Bevor hier geändert wird, sollten mit dem Hersteller des Geräts die individuellen G-Code-Befehle geklärt werden. Häufig lassen Hersteller hier keine Änderungen zu, da damit sowohl Maschinenschäden als auch Ausschuss drohen.

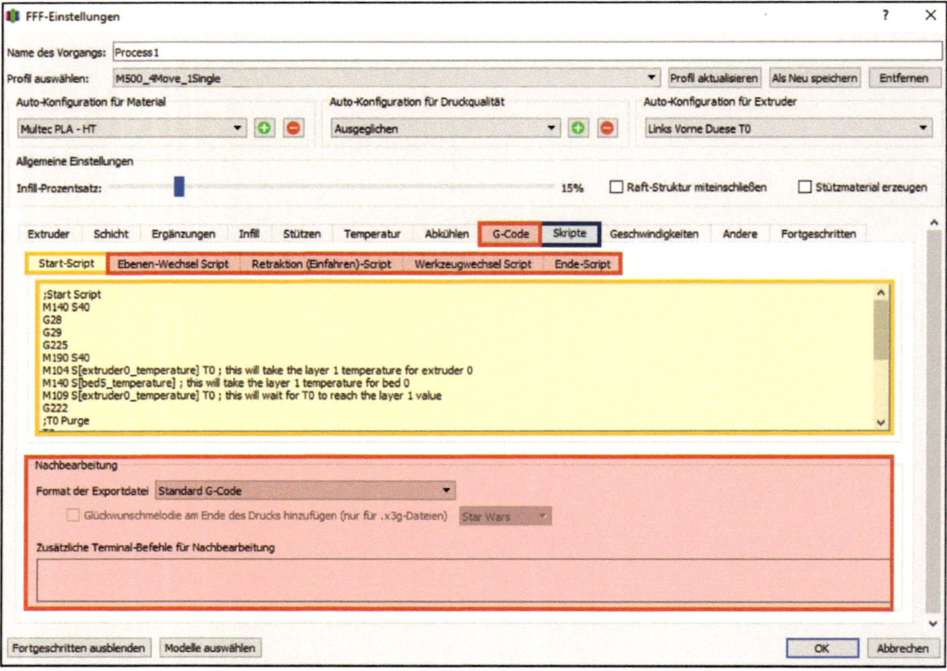

Bild 6.20 Workflow Prozesse – Reiter Skripte

Die Geschwindigkeiten (Bild 6.21) hängen sowohl vom möglichen Volumenstrom (Standarddruckgeschwindigkeit in Abhängigkeit von Schichthöhe/Extrusionsbreite) als auch von den Gerätemöglichkeiten ab. Bei den Bewegungsgeschwindigkeiten (Freifahrten) sollte nicht über die Grenzen des Geräts eingestellt werden, das führt meistens zu Ausschuss.

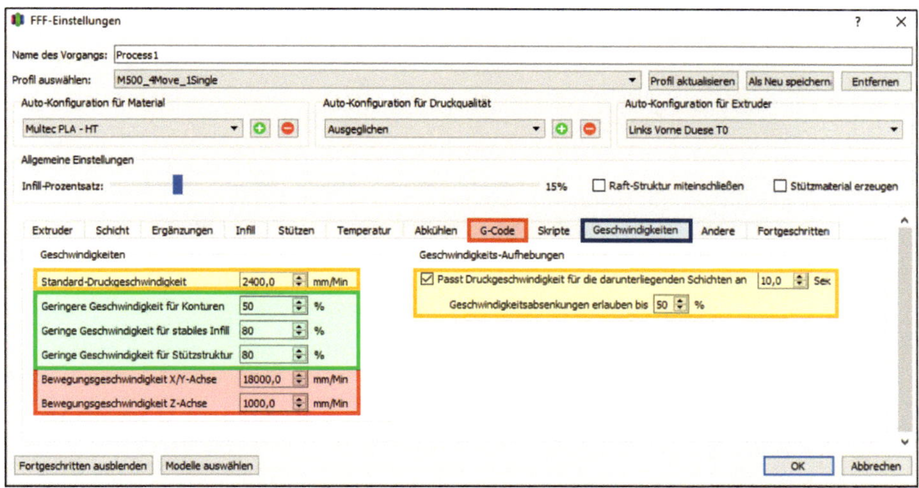

Bild 6.21 Workflow Prozesse – Reiter Geschwindigkeiten

Im Reiter Andere (Bild 6.22) kann mit guter Erfahrung und eventuell nach Kalibrierdrucken vom erfahrenen Anwender geändert werden. Nur die Einzugsabstände beim Werkzeugwechsel sollten nicht über die vom Hersteller gesetzten Werte eingestellt werden, auch hier drohen Düsenverstopfung und Ausschuss.

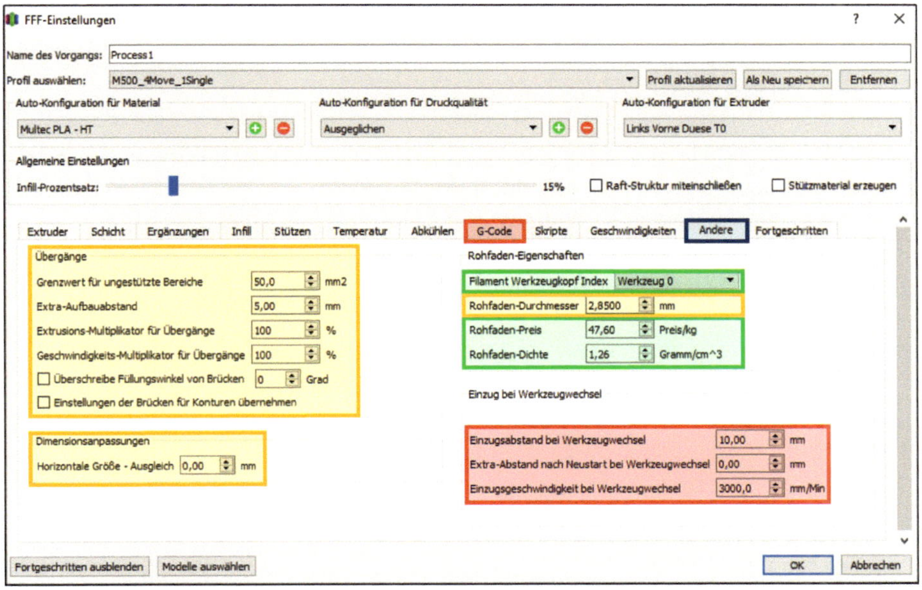

Bild 6.22 Workflow Prozesse – Reiter Andere

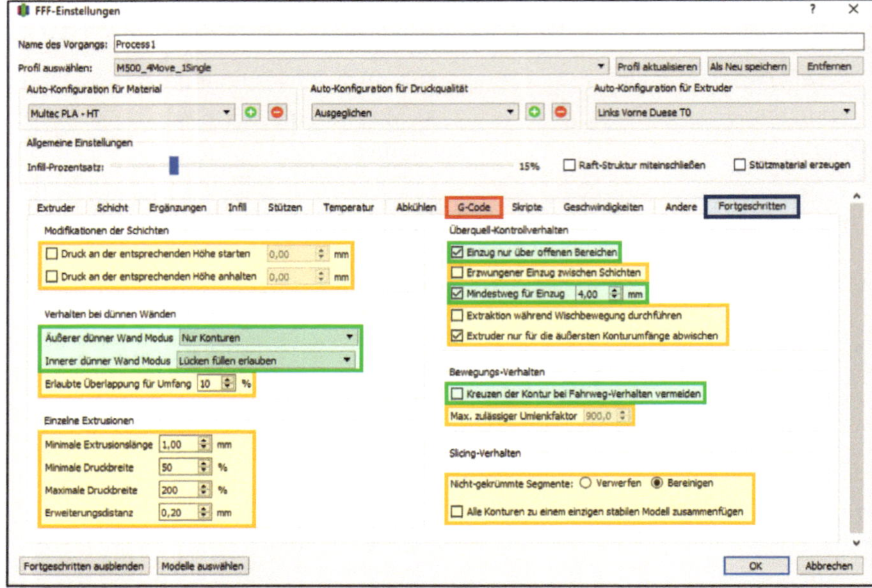

Bild 6.23 Workflow Prozesse – Reiter Fortgeschritten

Der Reiter Fortgeschritten (Bild 6.23) bietet sehr viele gute Einstellmöglichkeiten, die speziell beim Feintuning bei vielen Druckteilen sehr hilfreich sein können.

6.2.3 Beispiel: Vom Modell zur Druckdatei

Anhand der Übungsdatei *Prozesse.factory* und den darin enthaltenen Modellen *Doorhandle_lowpoly.stl* wird im Folgenden der Ablauf der G-Code-Erzeugung erklärt. Das Beispielprofil stammt vom Großraumdrucker Multirap M800 mit 4-fach-Druckkopf. Die Profile haben je nach Druckerhersteller unterschiedliche Auto-Konfigurationen, die hier dargestellten Einstellungen können sich je nach Gerät unterscheiden.

Das Druckteil soll unter folgenden Voraussetzungen gedruckt werden:

- Das Funktionsteil für den Einsatz als Türgriff benötigt eine gute Festigkeit, das heißt einen festen, zähen Kunststoff und einen angepassten Füllgrad.
- Die Oberflächengüte sollte ohne Nacharbeit entsprechend gut sein.
- Es sind keine Überhänge vorhanden und damit keine Stützstrukturen notwendig. Die vorhandenen horizontalen Bohrungen können in Beispielen wie diesem praktisch immer ohne Stützen gedruckt werden.
- Daraus folgt, dass das Druckteil aus einem Material mit einem Extruder gedruckt werden kann.

Zunächst wird durch Anklicken der Schaltfläche **Hinzufügen** unter der Prozess-Liste ein Prozess erstellt. Die Benennung des Prozesses wird geändert in *Tuergriff-PLA-HT-Duese T0* (Achtung: keine Sonderzeichen und Umlaute benutzen, das führt zu Programmabstürzen). Es wird die Vorlage M800_4Move_1Single ausgewählt (Bild 6.24), diese bildet Single-Drucke mit verschiedenen Varianten ab.

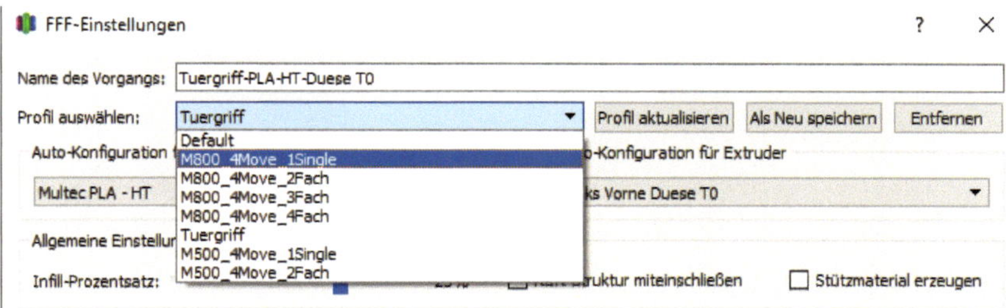

Bild 6.24 Auswahl des korrekten Herstellerprofils

In den Konfigurationen des Druckprozesses werden folgende Einstellungen gewählt (Bild 6.25):

- **Auto-Konfiguration für Material: Multec PLA-HT** – ein hochfestes, schlagzähes und temperaturbeständiges Material
- **Auto-Konfiguration für Druckqualität:** zur Verfügung stehen
  - **Schneller Druck** (0,4 mm Schichthöhe)
  - **Ausgeglichen** (0,2 mm Schichthöhe)
  - **Feine Oberfläche** (0,1 mm Schichthöhe)
  - Hier wird **Ausgeglichen** ausgewählt, da der Anwendungsfall Türgriff ohne Nachbearbeitung direkt eingesetzt werden soll. Gleichzeitig soll die Druckdauer nicht durch unnötig kleine Schichthöhen zu groß werden.
- **Auto-Konfiguration für Extruder:** Auswahl T0, es soll mit der Düse T0 gedruckt werden.

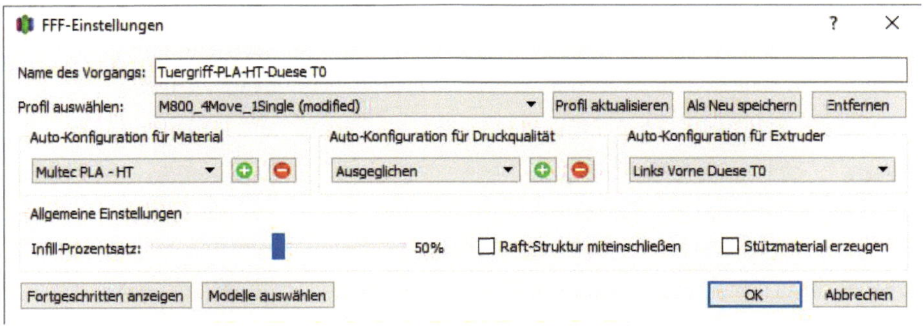

FFF-Einstellungen
Name des Vorgangs: Tuergriff-PLA-HT-Duese T0
Profil auswählen: M800_4Move_1Single (modified) | Profil aktualisieren | Als Neu speichern | Entfernen
Auto-Konfiguration für Material: Multec PLA - HT
Auto-Konfiguration für Druckqualität: Ausgeglichen
Auto-Konfiguration für Extruder: Links Vorne Duese T0
Allgemeine Einstellungen
Infill-Prozentsatz: 50% | Raft-Struktur miteinschließen | Stützmaterial erzeugen
Fortgeschritten anzeigen | Modelle auswählen | OK | Abbrechen

Bild 6.25 Basis-Einstellungen konfiguriert für den Druck der Türgriffe

Bei den Allgemeinen Einstellungen wird ein Infill-Prozentsatz von 50 % für eine gute Festigkeit gewählt, eine Haftungsstruktur in Form eines Rafts wird nicht benötigt, und Stützmaterial ist ebenfalls nicht erforderlich. Da der Türgriff keine besonderen Einstellungen im Bereich der Fortgeschrittenen Prozessparameter benötigt, kann das Prozessfenster mit **OK** bestätigt werden.

Im letzten Schritt müssen dem erstellten Prozess die zu druckenden Modelle zugewiesen werden. Durch Anklicken der Schaltfläche **Modelle auswählen** unter der Prozess-Liste öffnet sich das gleichnamige Fenster (Bild 6.5).

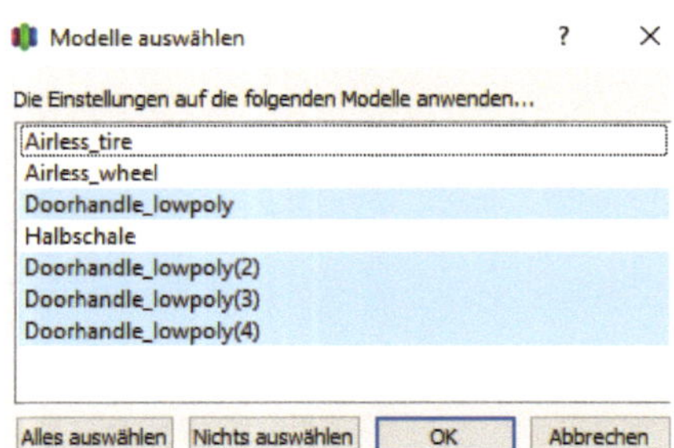

Bild 6.26
Modellzuordnung zum aktuellen Prozess

Durch Auswahl des Prozesses in der Prozess-Liste und anschließendes Anklicken der Schaltfläche **Auf Druck vorbereiten!** startet der Slicing-Vorgang in Simplify3D, und anschließend wird das Vorschaufenster mit der Drucksimulation geöffnet. Der G-Code kann nun gespeichert oder direkt gedruckt werden.

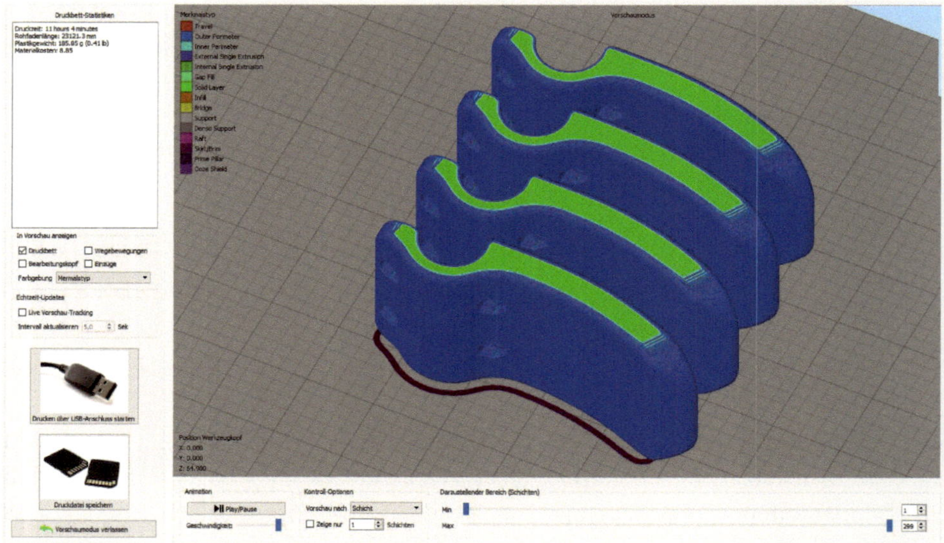

Bild 6.27 Druckvorschau Seriendruck Türgriffe

6.3 Druckvorschau

Die Drucksimulation im Vorschaufenster von Simplify3D ist ein sehr wichtiges und hilfreiches Tool zur Auswertung und Prüfung der zu druckenden Bauteile. Es lohnt immer, sich diese Ansicht genauer anzuschauen, da häufig schon hier Fehler erkannt, Verbesserungen überlegt und somit Druckfehler bereits im Vorfeld unterbunden werden können. Im Folgenden wird erklärt, welche Ansichten möglich und hilfreich sind, wie die Simulation Schicht für Schicht oder Linie für Linie betrachtet werden kann und worauf geachtet werden sollte.

6.3.1 Druckbett-Statistiken

Dieses Fenster gibt Auskunft über die Druckdauer, den Materialverbrauch pro Druck und die Materialkosten.

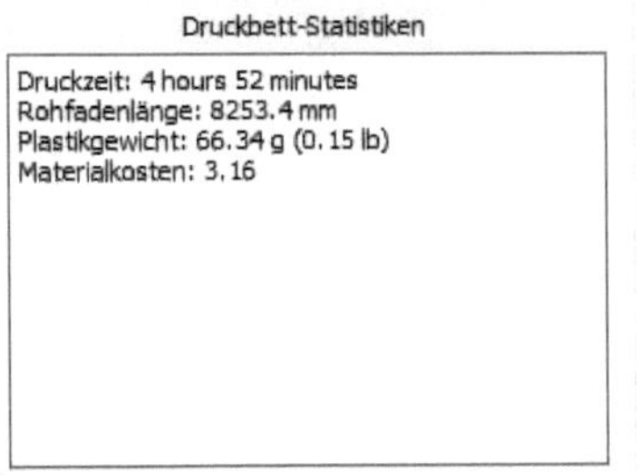

Druckbett-Statistiken

Druckzeit: 4 hours 52 minutes
Rohfadenlänge: 8253.4 mm
Plastikgewicht: 66.34 g (0.15 lb)
Materialkosten: 3.16

- **Druckdauer:** Dieser Wert wird vom Programm ermittelt durch alle Bahnfahrten und die im Prozess vorgegebenen Geschwindigkeiten. **Achtung:** Simplify3D berechnet keine Beschleunigungen des 3D-Druckers, keine eventuellen Reinigungsfahrten oder Aufheiz- und Abkühlzeiten. Die tatsächliche Druckdauer weicht daher meist um > 5 % ab.
- **Rohfadenlänge:** Damit ist die Länge des benötigten Filaments für diesen Druck gemeint. Auch dies ist eine Berechnung aus Simplify3D, die meist relativ gut mit dem tatsächlichen Bedarf übereinstimmt. **Achtung:** Bei Mehrfachdrucken wird hier nur die Gesamtlänge ausgegeben. Welche Kunststoffe anteilig welche Mengen benötigen, ist hier nicht herauszulesen.
- **Plastikgewicht:** Diese Angabe bezieht sich auf das Kunststoffgewicht, das in dem Druckvorgang benötigt wird. Darin sind auch alle später zu entfernenden Komponenten wie Stützmaterial, Raft und Grundierungs-Stütze enthalten. Das Werkstück selbst wiegt deshalb oft deutlich weniger. Berechnet wird das Gewicht aus der Filamentlänge, dem gedruckten Volumen und der Dichte des Materials.

- **Materialkosten:** Für die Berechnung der Kosten des Druckteils übernimmt Simplify3D ebenso wie für das Gewicht die im Prozess unter Fortgeschrittene Einstellungen → Andere → Rohfadeneigenschaften hinterlegten Daten.

6.3.2 Ansichtseinstellung: In Vorschau anzeigen

In diesem Teilfenster werden die wichtigsten Ansichtsvorgaben für die Ansicht der Druckvorschau eingestellt.

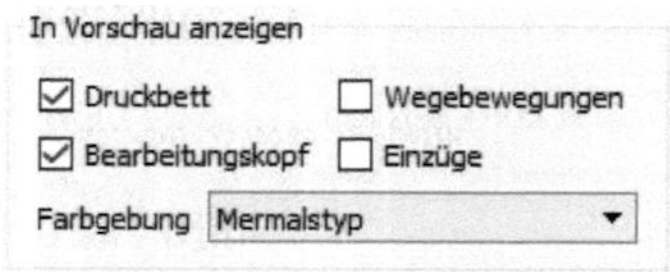

Zunächst werden über die Häkchen Ein-/Ausblendemöglichkeiten von Elementen geboten. Diese sind in Bild 6.28 gekennzeichnet:

- **Druckbett:** Das Druckbett des Druckers kann ein- oder ausgeblendet werden. Meist ist es hilfreich, dieses einzublenden. Damit werden die Lage des Druckteils auf dem Drucktisch, mögliche Übergrößen oder Teile, die über den Tisch hinausragen oder gefährlich nah an der Kante sitzen, ersichtlich.
- **Bearbeitungskopf:** Hiermit kann die Düse schematisch mit eingeblendet werden.
- **Wegbewegungen:** Mit dieser Einstellung werden sogenannte Freifahrten (Free Travel) mit dargestellt. Diese Funktion ist sehr hilfreich, wenn es um Nachtropfen oder Oberflächenoptimierungen geht. Denn dort sieht man, wie oft unbedruckte Flächen überfahren werden, ob effektiv gedruckt wird oder unnötige Leerfahrten enthalten sind.
- **Einzüge:** Hier sind Retracts – also Filament-Rückzüge – gemeint. Auch diese Einstellung kann hilfreich sein, da durch Einzüge oft optische Spuren am Bauteil verbleiben. Ein Einzug heißt immer, dass der Volumenstrom des Filaments unterbrochen wird und beim erneuten Ansetzen Störungen im Druckbild verursachen kann.

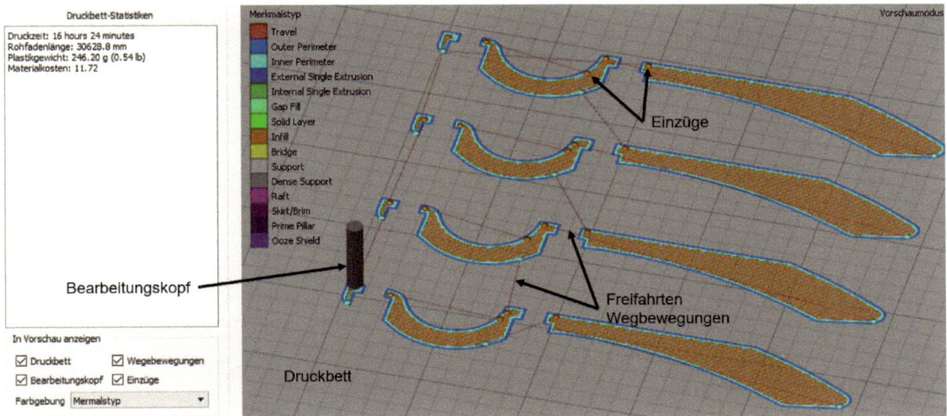

Bild 6.28 Ansichtseinstellungen für die Druckvorschau

6.3.3 Farbgebung der Druckvorschau

In diesem Pull-Down-Menü sind vier Möglichkeiten der Farbeinstellungen der Drucksimulation untergebracht. Je nachdem, was hier ausgewählt wird, ändert sich die Darstellung im Grafikfenster der Vorschau.

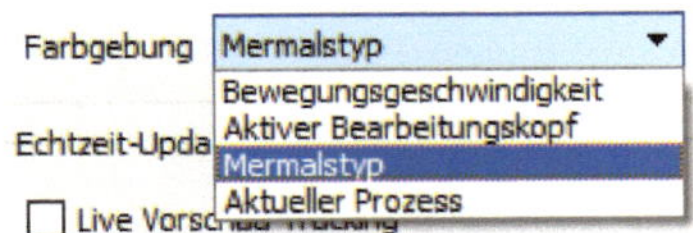

Farbgebung Bewegungsgeschwindigkeit

Bei dieser Darstellungsart wird mittels Farbskala dargestellt, mit welchen Geschwindigkeiten in welchen Bereichen des Druckteils gedruckt wird. In Bild 6.29 ist das Druckteil im Schnitt dargestellt, und es wird ersichtlich, dass die Füllung (Infill) deutlich schneller gedruckt wird als die Perimeter und die Solid Layer.

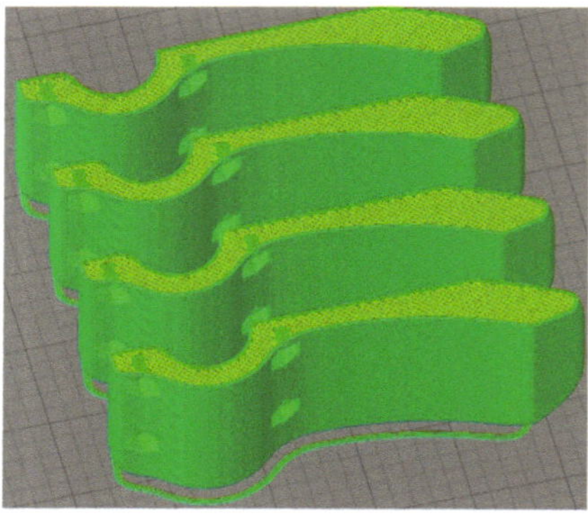

Bild 6.29
Druckvorschau Farbgebung Bewegungsgeschwindigkeit

Farbgebung Aktiver Bearbeitungskopf

Mit dieser Einstellung wird die Farbgebung der Vorschau so dargestellt, dass ersichtlich ist, welche Bereiche des Druckteils oder aller Druckteile mit welchem Extruder/Hotend gedruckt werden. Das Beispiel des Multimaterialdruckteils Rad mit den einzelnen Bearbeitungsköpfen für Reifen und Felge und Stützmaterial (im Querschnitt) zeigt Bild 6.30.

- Blau - Extruder 0 - Felge
- Grün - Extruder 1 - Stützmaterial für Felge
- Gelb - Extruder 2 - Reifen aus elastischem Material

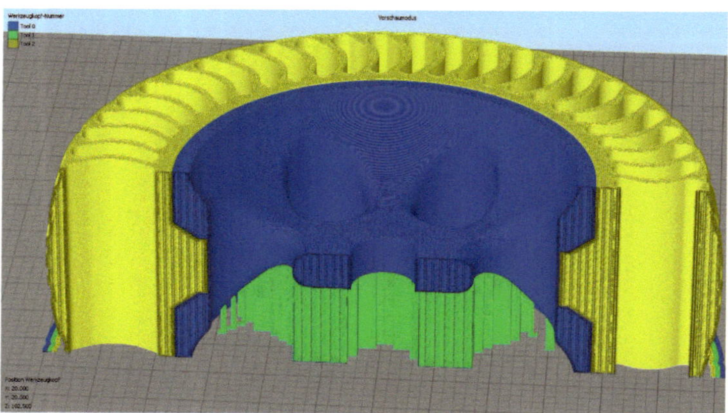

Bild 6.30 Farbgebung Bearbeitungskopf

Farbgebung Merkmalstyp

Die Darstellung Merkmalstyp ist sehr hilfreich beim Einstieg in die Drucktechnologie, denn hier werden die Druckmerkmale und Elemente farblich getrennt dargestellt. Diese Ansicht ist auch beim Prüfen der Druckvorschau auf Fehlerstellen am hilfreichsten.

Leider hat Simplify3D diese Merkmalstypen nicht übersetzt. Bild 6.31 zeigt die Beschriftung der Merkmale mit der zugehörigen deutschen Übersetzung.

Merkmalstyp	
Travel	Freifahrt
Outer Perimeter	äußere Konturhülle
Inner Perimeter	innere Konturhülle
External Single Extruision	äußere dünne Wand
Internal Single Extrusion	innere dünne Wand
Gap Fill	Lückenfüllung
Solid Layer	obere/untere feste Schicht
Infill	Infill
Bridge	Übergang
Support	Stützstruktur
Dense Support	dichte Stützstruktur
Raft	Raft
Skirt/Brim	Schürze
Prime Pillar	Grundierungs-Stütze
Ooze Shield	Tropfschutz

Bild 6.31 Druckvorschau nach Merkmalstyp mit Übersetzung

Bild 6.32 stellt das Rad in einer mittleren Schicht in der Farbgebung Merkmalstyp dar.

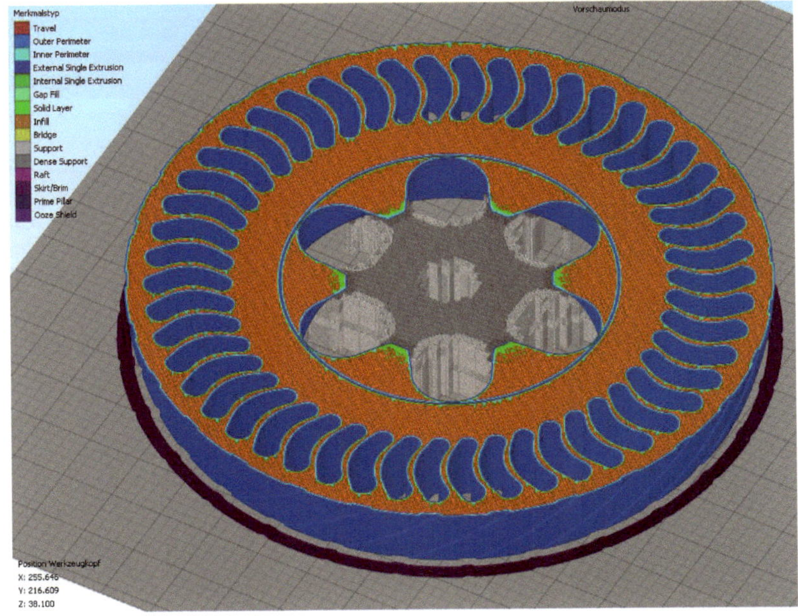

Bild 6.32 Farbgebung Merkmalstyp

Farbgebung Aktueller Prozess

Mit dieser Einstellung wird dargestellt, welcher Prozess welchen Bereich der Druckteile druckt. Am Beispiel vom Rad sieht man, dass hierfür zwei Prozesse verwendet wurden.

Zu diesem Druckteil befindet sich in Abschnitt 9.6 eine ausführliche Erklärung für die Druckdateierzeugung für den Multimaterialdruck.

- Der Prozess Rad-Felge – blau erzeugt die Felgenstruktur und das Stützmaterial.
- Der Prozess Rad-Reifen – rot druckt den Reifen.

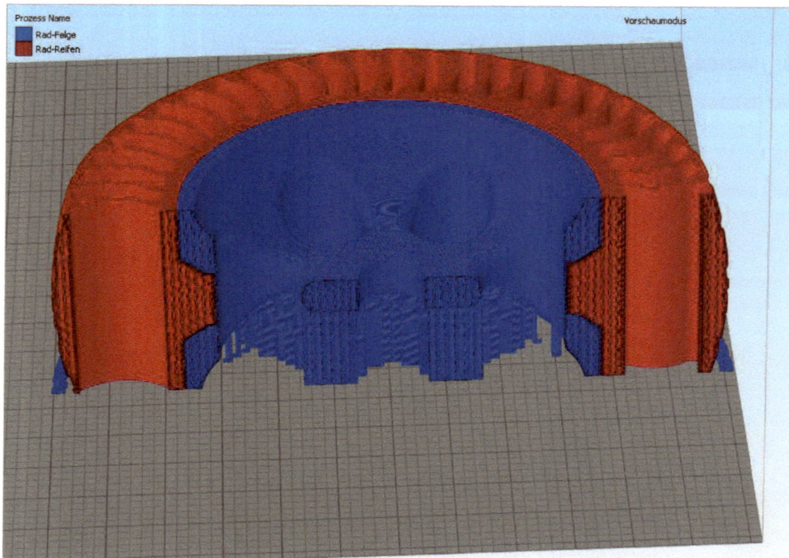

6.3.4 Echtzeit-Updates

Dieses Feld betrifft die Echtzeitdarstellung dieser Druckvorschau während eines Druckvorgangs. Das heißt, die Simulation wird an der Stelle gleichzeitig oder leicht zeitversetzt gezeigt, wie der 3D-Drucker im Druck fortschreitet. Darunter kann das Intervall eingestellt werden, in dem die Synchronisation von Drucker und Vorschau erfolgt. Eine gewisse Vorsicht mit zu kurzen Intervallen ist geboten, denn diese Abfrage belastet auch die PC-Drucker-Kommunikation und kann im schlimmsten Fall auch zu Druckaussetzern führen.

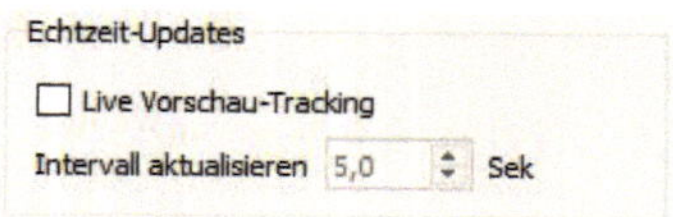

6.3.5 Drucken/Druckdatei speichern

Aus der Vorschau sind zwei Aktionen zum G-Code möglich:

- **Drucken über USB-Anschluss starten** - hier wird der Druck direkt über die USB-Verbindung aus dieser Simulation mit Hilfe des Gerätebedienfelds (Abschnitt 7.3) gestartet.
- **Druckdatei speichern** - Abspeichern dieses G-Codes in einem Dateiverzeichnis zum späteren Drucken

Die unterste Schaltfläche **Druckvorschau verlassen** schließt das Vorschaufenster und öffnet das Grafikfenster mit Modellen und Prozessen.

6.4 Drucksimulation - Animation

Da die Druckvorschau auch gleichzeitig eine Simulation des tatsächlichen Druckablaufs abbildet, kommt ihr eine große Wichtigkeit beim Überprüfen und Analysieren von erzeugten Druckdateien zu. Es können sehr viele Fehler oder Schwächen des Werkstücks schon in dieser Vorschau erkannt und verbessert werden. Es ist daher immer hilfreich, sich diesen Druckablauf in der Drucksimulation genau anzusehen und auf Fehler zu prüfen. In dieser Simulation kann Schicht für Schicht und Linie für Linie im Druckvorschritt von unten nach oben geprüft werden.

Bedienleiste für die Drucksimulation

Der Bedienbereich für diese Simulation befindet sich in der Leiste unter dem Grafikfenster.

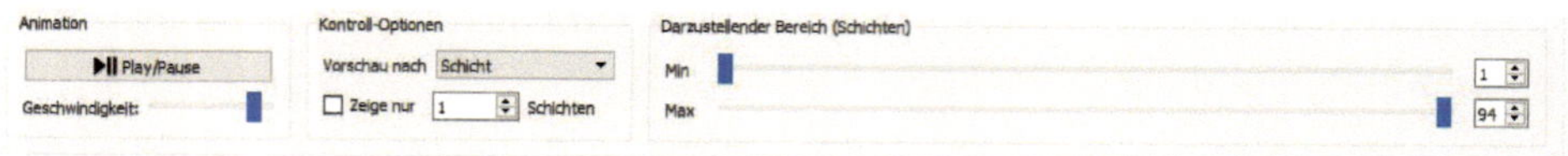

Von links nach rechts sind in dieser Leiste folgende Elemente untergebracht:

- **Animation:** In diesem Teilbereich kann die automatisch ablaufende Simulation gestartet und pausiert werden. Darunter wird für diese Animation die Geschwindigkeit eingestellt.
- **Kontroll-Optionen:** In der mittleren Spalte wird eingestellt, welche und wie viele Schichten/Linien dargestellt werden. Hier erfolgt zunächst die Auswahl von entweder Schicht oder Linien. Auf diese Elemente bezieht sich dann die darunterliegende Einstellmöglichkeit **Zeige nur** – **Zahlenfeld** – **Schichten.** Es ist hier beispielsweise möglich, sich jeweils nur eine Schicht/Linie anzuschauen oder aber x auf einander folgende Schichten/Linien. Diese Möglichkeit ist sehr hilfreich, um die Vielzahl der Linien/Schichten so zu unterteilen, dass bestimmte Bereiche gezeigt werden. Bild 6.33 zeigt die Druckvorschau mit einer Einschränkung von **Zeige nur 1000 Linien**. Damit kann genau geprüft werden, welche Bereiche in welcher Reihenfolge gedruckt werden.
- **Darzustellender Bereich:** In diesem Bereich ist abzulesen, in welchen Schichten oder Linien (je nach Vorauswahl der Kontrolloptionen) des gesamten Druckverlaufs sich die Simulation im Grafikfenster befindet. Es ist möglich, durch Bewegung der Schieberegler diesen Bereich manuell zu verschieben (Bild 6.33 unten rechts). So bewegt sich die Druckvorschau entsprechend dieser Reglerstellung vorwärts oder rückwärts durch den Druckvorgang.

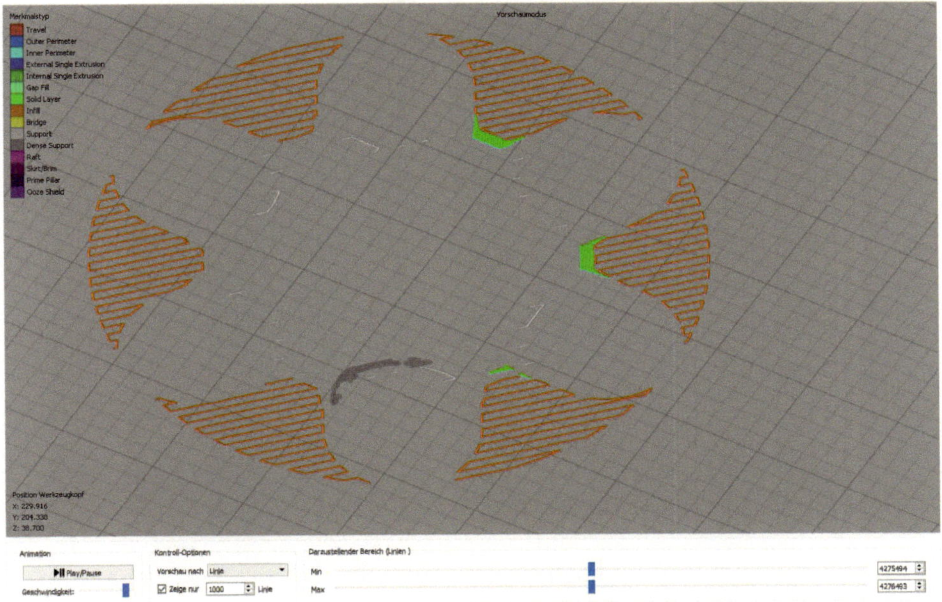

Bild 6.33 Anzeige von 1000 Linien im Innern eines Druckteils

7 Werkzeuge und Tools

7.1 Funktionen und Optionen in den Werkzeugen

Im Werkzeug-Menü des Programms befinden sich Optionen, Geräte-Bedienfeld und Stützstruktur-Unterfunktion sowie weitere Assistenten für verschiedene Funktionen. Der Menüpunkt Add-Ins wird mit in diesem Kapitel beschrieben, da es sich hier ebenfalls um ein Werkzeug handelt.

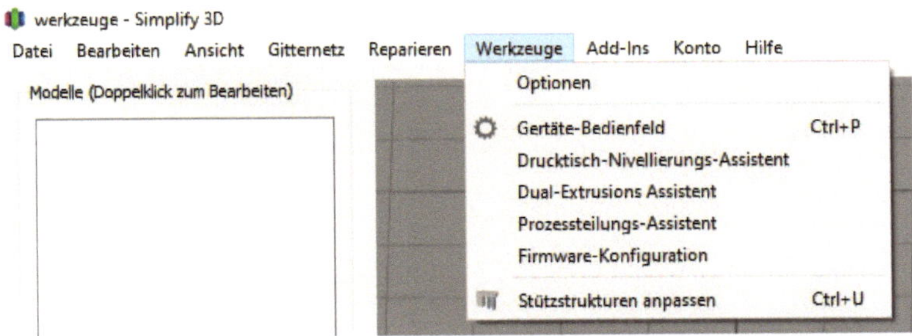

Die Funktionen werden hier kurz beschrieben:

- **Optionen:** Unter diesem Punkt werden Programmoptionen wie Ansichten, Farben und individuelle Shortcuts eingestellt. Es finden sich einige 3D-Druckereinstellungen darin, das Netzwerk kann eingerichtet werden, und einige Modell-Funktionen sind einstellbar
- **Drucktisch-Nivellierungs-Assistent:** Mit diesem Assistenten kann das Druckbett manuell justiert werden, indem die Messpunkte hierfür eingegeben und entsprechend angefahren werden.
- **Dual-Extrusions-Assistent:** Dieser Assistent ermöglicht es relativ einfach, zwei Druckköpfe entsprechenden Modellen und Prozessen zuzuordnen.

- **Prozessteilungs-Assistent:** Diese Funktion ist sehr hilfreich, wenn innerhalb von Druckteilen auf verschiedenen Z-Höhen unterschiedliche Prozesse eingesetzt werden sollen.
- **Firmware-Konfiguration:** Dieser Punkt lässt individuelle Einstellungen zur Kommunikation mit der 3D-Druckersteuerung zu. Die Steuerungssoftware der verschiedenen 3D-Drucker versteht nicht immer die gleiche Sprache, hier befinden sich die „Dolmetscher“ für die Kommunikation.

7.2 Optionen

Lieblingseinstellungen = Programmoptionen

Das Unterfenster der Optionseinstellungen ist in Bild 7.1 abgebildet.

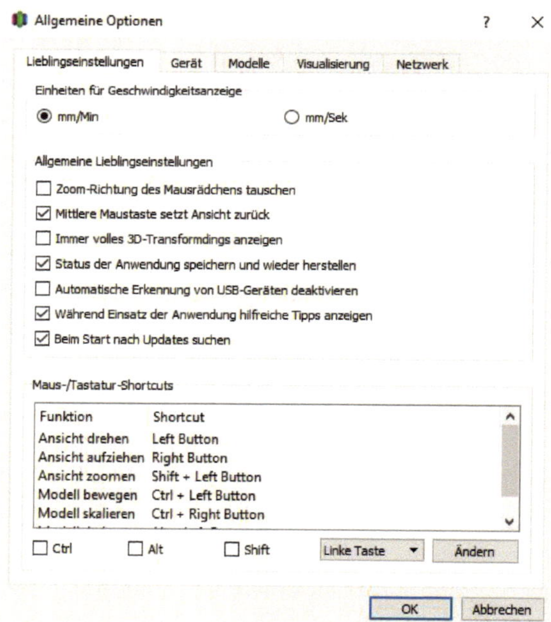

Bild 7.1 Optionen: Einstellungen zu Simplify3D

In diesem Bereich werden Einstellungen zur Softwarebedienung und -anzeige getroffen. Die geänderten Einstellungen müssen mit dem Button **OK** ganz unten bestätigt werden, nur dann werden sie übernommen.

Die Einstellungen von oben nach unten:

- **Einheiten für Geschwindigkeitsanzeige:** Hier können entweder mm/Min oder mm/Sek eingestellt werden. Diese Einstellung wirkt sich auf alle Prozessparameter zu Geschwindigkeiten aus. Das heißt, was hier gewählt ist, wird Standard im ganzen Programm.
- **Allgemeine Lieblingseinstellungen:**
  - **Zoom-Richtung des Mausrädchens tauschen**
    Ohne dieses Häkchen bedeutet Vorwärtsdrehen eine Vergrößerung des Drucktischs und rückwärts eine Verkleinerung, mit Häkchen drehen sich diese Richtungen um.
  - **Mittlere Maustaste setzt Ansicht zurück**
    Beim Klicken der mittleren Maustaste/Mausrad wird die Standardansicht/Perspektive des Grafikfensters schräg von oben dargestellt. Durch Entfernen dieses Häkchens verliert diese Maustaste die Funktion.
  - **Immer volles 3D-Transformdings anzeigen**
    Zunächst ist das eine recht ungeschickte Übersetzung des englischen „Always show full 3D transform gizmo“. Besser übersetzt wäre der Befehl mit Transformationsbediensystem. Mit dieser Option wird für Modellaktionen wie Verschieben, Rotieren und Skalieren ein Koordinatensystem angezeigt. Mit dessen Hilfe kann durch direktes Ziehen an X, Y oder Z-Achse das Modell verändert werden. Diese Option wird in Abschnitt 5.4.2 beschrieben. Es wird empfohlen, diese Option nur in speziellen Fällen einzuschalten, wenn schnelles, ungefähres manuelles Handling gewünscht wird. Vor allem technische Bauteile und maßhaltige Drucke werden durch diese schnellen ungefähren Klicks meist unpräzise verändert, und ein kleines Danebenklicken hat unbeabsichtigte Fehler zur Folge.

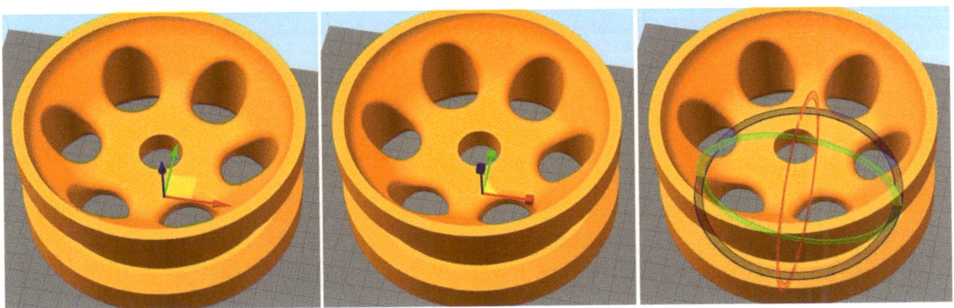

  - **Status der Anwendung speichern und wiederherstellen**
    Wenn diese Option aktiviert ist, dann speichert das Programm seine aktuellen Inhalte und seinen Status ab und startet beim nächsten Öffnen mit

diesen Einstellungen. **Wichtig:** Das aktuelle Factory-File (Herstellerdatei) wird **nicht** abgespeichert, dieses kann durch erneutes Öffnen in der zuletzt gespeicherten Version geöffnet werden. Und erst durch Speichern dieses letzten Status wird auch die Herstellerdatei unter dem zuletzt aktuellen Status gespeichert.

- **Automatische Erkennung von USB-Geräten deaktivieren**
  Bei Aktivierung dieser Option wird verhindert, dass Simplify3D automatisch die USB-Verbindung detektiert und aufbaut. Diese Option sollte dann aktiviert sein, wenn öfter direkt von SD-Karte gedruckt wird, ohne die USB-Kommunikation über Simplify3D zum Gerät einzusetzen. Denn in dem Fall, dass der eingesetzte 3D-Drucker aktuell von der SD-Karte autonom druckt, wird dieser Druck beim automatischen Verbinden durch Simplify3D abgebrochen.
- **Während Einsatz der Anwendung hilfreiche Tipps anzeigen**
  Durch diese Option werden ein paar wenige Tipps angezeigt bei Optionen wie Modellhandling. Die Mouse-over-Hilfe bleibt auch bei Deaktivierung der Option verfügbar.
- **Beim Start nach Updates suchen**
  Simplify3D sucht je nach Einstellung beim Start nach Programm-Updates oder auch nicht. Selbst wenn Updates gefunden werden, werden sie nicht automatisch auch durchgeführt. Es kann hier also auch später noch entschieden werden, ob aktuell ein Update durchgeführt werden soll oder nicht.

- **Maus-/Tastatur-Shortcuts:**
  In diesem Feld können die programmseitigen Voreinstellungen für die Maus-/Tastatur-Shortcuts entsprechend der hier einzufügenden Vorgaben umgestellt werden.

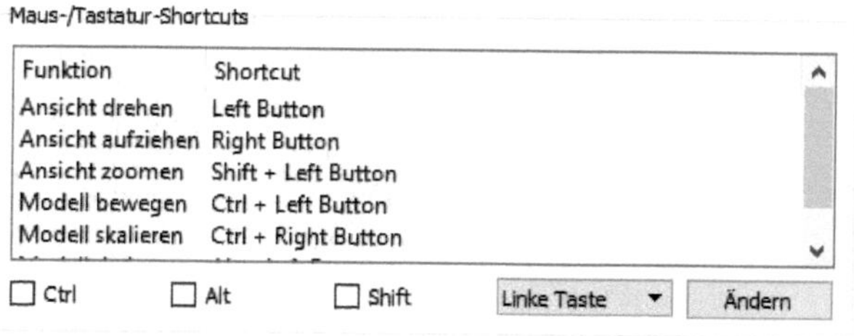

Maus-/Tastatur-Shortcuts

Funktion	Shortcut
Ansicht drehen	Left Button
Ansicht aufziehen	Right Button
Ansicht zoomen	Shift + Left Button
Modell bewegen	Ctrl + Left Button
Modell skalieren	Ctrl + Right Button

Ctrl Alt Shift Linke Taste Ändern

Die Vorgehensweise zum Ändern der Voreinstellung ist:

1. Den zu ändernden Eintrag aus der Liste auswählen
2. Je nach Wunsch die Zusatztaste der Tastatur ankreuzen
3. Die dazu gewünschte Maustaste auswählen
4. Den Button **Ändern** anklicken

Gerät

In diesem Fenster sind Einstellungen möglich, die den 3D-Drucker in Abmessungen und Werkzeugen definieren. **Allerdings werden diese Einstellungen beim Laden von neuen, in diesen Punkten abweichenden Profilen direkt überschrieben.**

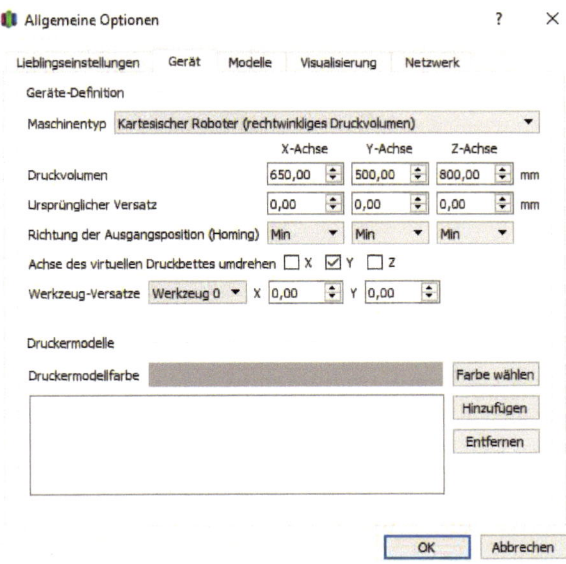

Es empfiehlt sich, diese Einstellungen nicht hier zu ändern, sondern die Profile des Druckerherstellers einzusetzen. In den Prozessen stehen die gleichen Angaben unter dem Reiter **G-Code → Gerätedefinition**.

Die einzige Einstellung in diesem Reiter, die nur hier anzutreffen ist, ist der Punkt **Druckermodelle** und **Druckermodellfarbe**. Hier kann der Anwender oder der Gerätehersteller ein 3D-Modell für den Drucker hinterlegen und dessen Farbe einstellen. Die Farbe wird mit dem Button **Farbe wählen** eingestellt, und das Modell des 3D-Druckers kann über Hinzufügen in die Grafik eingefügt oder auch wieder entfernt werden.

Modelle

Diese Einstellungen beziehen sich vor allem auf die Importeinstellungen.

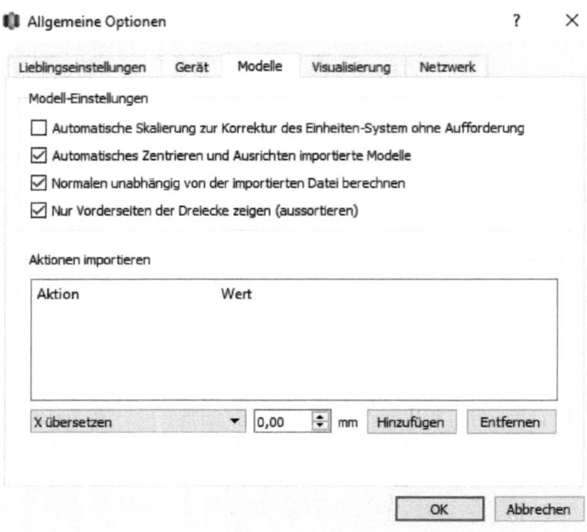

- **Modell-Einstellungen:**
  - **Automatische Skalierung zur Korrektur des Einheiten-Systems ohne Aufforderung**
    Bei Aktivierung der Funktion versucht Simplify3D die Skalierung anhand der Modelldaten zu ändern. Meist wenn die Teile sehr klein oder sehr groß sind, werden sie von Simplify3D um den Faktor Inch/mm umgerechnet. Ohne zusätzliche Prüfung sollte diese Funktion nicht aktiviert werden.
  - **Automatisches Zentrieren und Ausrichten importierter Modelle**
    Bei Aktivierung der Funktion ordnet das Programm die Modelle bereits schon beim Import auf dem Drucktisch an und zentriert sie.
  - **Normalen unabhängig von der Datei berechnen**
    Bei Anwahl dieser Funktion übernimmt Simplify3D nicht die Richtungen der Normalenvektoren aus den Modelldateien, sondern berechnet sie selbst.
  - **Nur Vorderseiten der Dreiecke zeigen (aussortieren)**
    Bei Anwahl dieser Funktion blendet Simplify3D alle Dreiecke aus, die verkehrt orientiert sind, also deren Innenfläche nach außen zeigen. Wird die Funktion deaktiviert, so werden die verkehrt orientierten Flächen dunkler angezeigt als die korrekt orientierten.

- **Aktionen importieren**
  Unter dieser Option können eigene Importroutinen für Modelle festgelegt werden. Leider befindet sich in der deutschen Sprachversion des Programms ein großer Bug. Es funktionieren zwar die translatorischen Modellfunktionen. Jedoch sind die Rotation und Skalierung nicht funktionsfähig. Falls diese Funktionen benötigt werden, muss zwingend in die englische Version des Programms gewechselt werden. Diese Funktion funktioniert nur, wenn zusätzlich **Automatisches Zentrieren und Ausrichten importierter Modelle** aktiviert ist.

Visualisierung

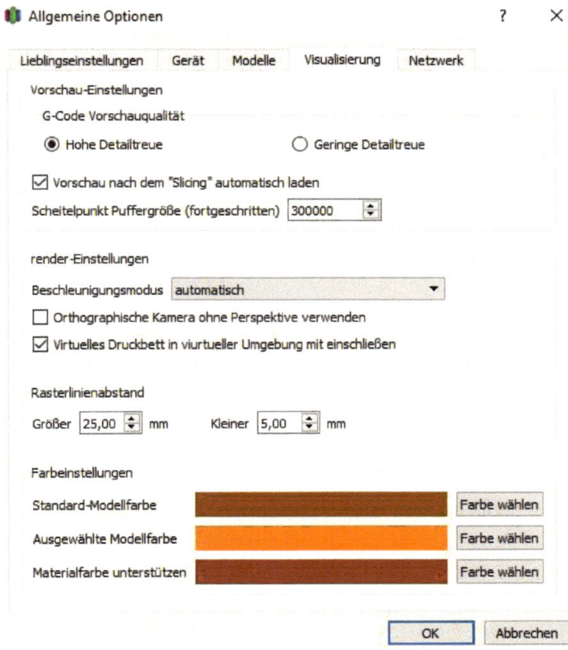

Der Reiter Visualisierung bezieht sich auf die Grafikeinstellungen des Programms und teilt sich in vier Unterbereiche auf:

- **Vorschau-Einstellungen:**
  - **G-Code-Vorschauqualität**
    Einstellbar in hohe und geringe Detailtreue. Hier ist unbedingt die hohe Detailtreue vorzuziehen, da ansonsten die Bahnvisualisierungen wenig nah an der Realität liegen. Sie werden dann nicht in ihrer tatsächlichen Breite dargestellt.

  - **Vorschau nach dem „Slicing“ automatisch laden**
    Wenn dieser Haken gesetzt ist, wird direkt nach dem Befehl **Auf Druck vorbereiten!** die Druckvorschau geladen. Ist dies deaktiviert, wird anstatt der G-Code-Vorschau direkt die Speichermöglichkeit des G-Codes im Explorer angeboten. Empfehlenswert ist auf jeden Fall, die Vorschau aufzurufen und den Druckvorgang noch zu prüfen.
  - **Scheitelpunkt Puffergröße (fortgeschritten)**
    (engl. vertex buffer size (advanced)) hat mit dem Puffer für die grafischen Einstellungen zu tun. Änderungen in diesem Bereich können zu stärkerer Auslastung des Arbeitsspeichers und Abstürzen führen.
- **Render-Einstellungen:**
  - **Beschleunigungsmodus**
    Dazu finden sich auch beim Hersteller keine Informationen. Im Forum werden Bugs erwähnt, daher sollte diese Funktion eher nicht geändert werden.
  - **Orthografische Kamera ohne Perspektive verwenden**
    Ist das Häkchen hier nicht gesetzt, so wird die Grafik in der perspektivischen Projektion dargestellt (parallele Linien sind in der Darstellung nicht mehr parallel, sondern laufen auf den Fluchtpunkt zu). Entsprechend ist bei gesetztem Häkchen die orthografische Ansicht aktiviert, parallele Linien sind damit parallel.
  - **Virtuelles Druckbett in virtueller Umgebung mit einschließen**
    Wenn diese Funktion aktiviert ist, wird der Drucktisch dargestellt, ohne Häkchen sind nur die Druckmodelle ohne Tisch sichtbar.
- **Rasterlinienabstand:**
  Mit diesen Maßeingaben kann die Rasterdarstellung des virtuellen Drucktischs eingestellt werden:
  - **Größer** bezieht sich auf die große Rasterung.
  - **Kleiner** bezieht sich auf die kleine Rasterung.

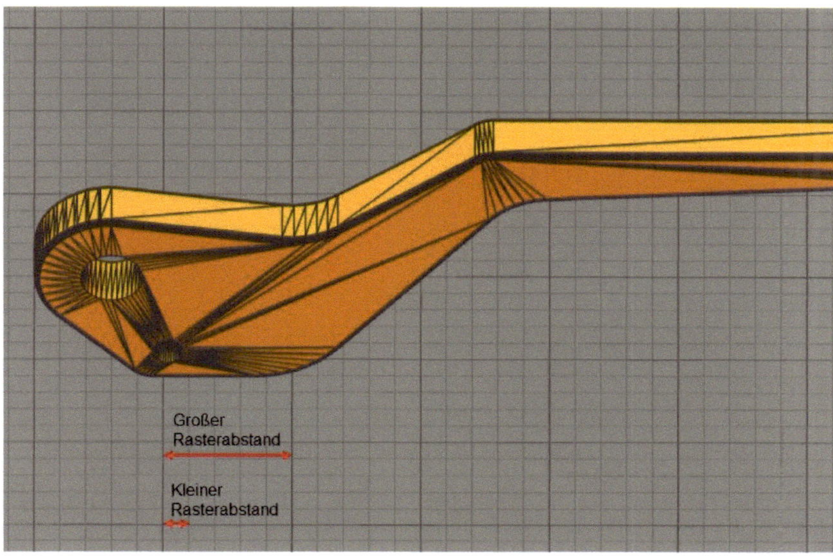

- **Farbeinstellungen:**

- **Standard-Modellfarbe** betrifft alle nicht selektierten Modelle im Grafikfenster.
- **Ausgewählte Modellfarbe** betrifft die selektierten Modelle im Grafikfenster.
- **Materialfarbe unterstützen** Mit dieser unglücklichen Übersetzung ist die Farbe des Stützmaterials im Grafikfenster gemeint.

Mit obigen Einstellungen sieht die Grafik entsprechend folgendermaßen aus: Das rote Modell ist selektiert (ausgewählt) und besitzt Stützstrukturen, das grüne Modell ist nicht angewählt.

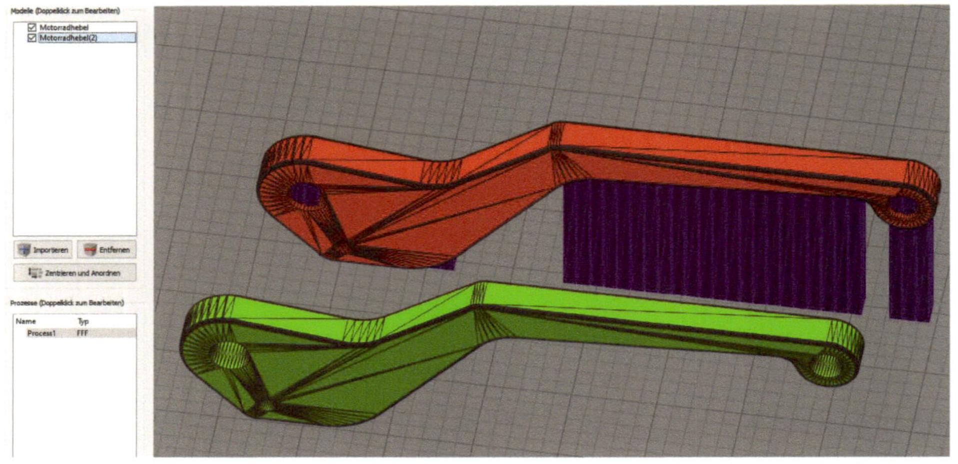

Netzwerk

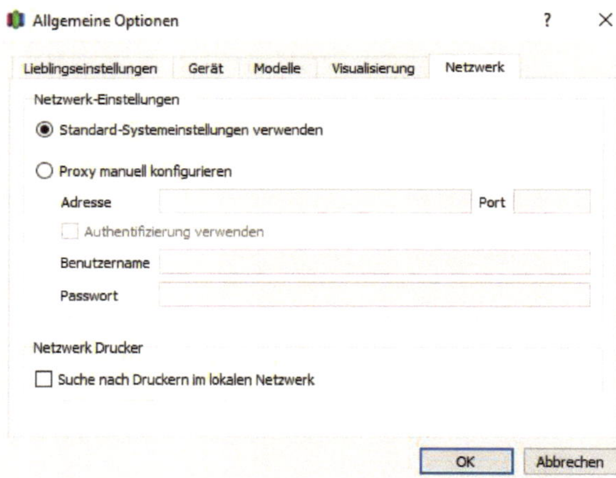

- **Netzwerk-Einstellungen:** Simplify3D gleicht periodisch die Lizenzinformationen über das Internet ab. Soll dieser Abgleich über einen Proxy-Server laufen, können hier die entsprechenden Daten angegeben werden.
- **Netzwerk Drucker:** Eine Druckerverbindung über das Netzwerk steht nur bei bestimmten Druckermodellen zur Verfügung und richten sich nach Herstellervorgaben.

■ 7.3 Geräte-Bedienfeld

Simplify3D kann 3D-Drucker direkt über diese Funktion ansteuern. Dies erfordert, dass der 3D-Drucker direkt über ein USB-Kabel mit einem PC verbunden ist. Mit diesem Programm können sowohl manuelle 3D-Druckerfunktionen wie das Achsverfahren, Aufheizen von Heizelementen etc. vorgenommen als auch der Druckvorgang ausgelöst werden.

Das Geräte-Bedienfeld kann über drei Möglichkeiten aufgerufen werden:

- **Menüleiste:** unter **Bearbeiten → Geräte-Bedienfeld**
- **Rechte Werkzeugleiste:** Schaltfläche ⚙ (Zahnrad)
- **Shortcut: Ctrl + P**

Auch aus der Drucksimulation heraus ist der Aufruf möglich mit der Schaltfläche **Drucken über USB-Anschluss starten**:

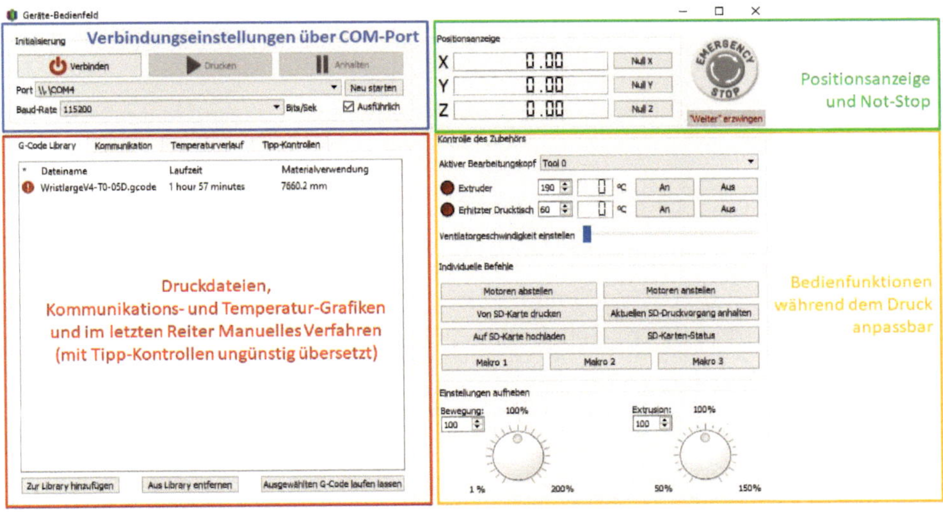

Bild 7.2 Geräte-Bedienfeld mit Unterfenstern

Im Geräte-Bedienfeld sind alle wichtigen Informationen zum Druckvorgang enthalten, wie zum Beispiel die Temperaturdiagramme und die Überwachung der Kommunikation des bedienenden PC und des 3D-Druckers. Allerdings muss beim Bedien-PC unbedingt darauf geachtet werden, dass dieser nicht in einen Ruhe- oder Energiesparmodus übergeht, damit der Druck hierdurch nicht abgebrochen wird. Zusätzlich wird eine zu hohe Auslastung des PC mit anderen Programmen oder Diensten oft zulasten der Druckerkommunikation gehen, was zu Druckpausen oder sogar -abbrüchen führt. Auch Betriebssystem-Updates oder automatische Treiber-Updates sind eine häufige Fehlerquelle für den Druckvorgang.

Sehr viele 3D-Druckerhersteller bieten mit aus diesem Grund ein eigenes Bedienpanel und/oder Geräte-Software an, die meist tiefergehende Funktionen aufweisen und alle Möglichkeiten der 3D-Drucker-Hardware abbilden. Bild 7.3 zeigt ein Beispiel für tiefergehende Funktionen in der Gerätebedienung, die von Simplify3D nicht mehr abgebildet werden können.

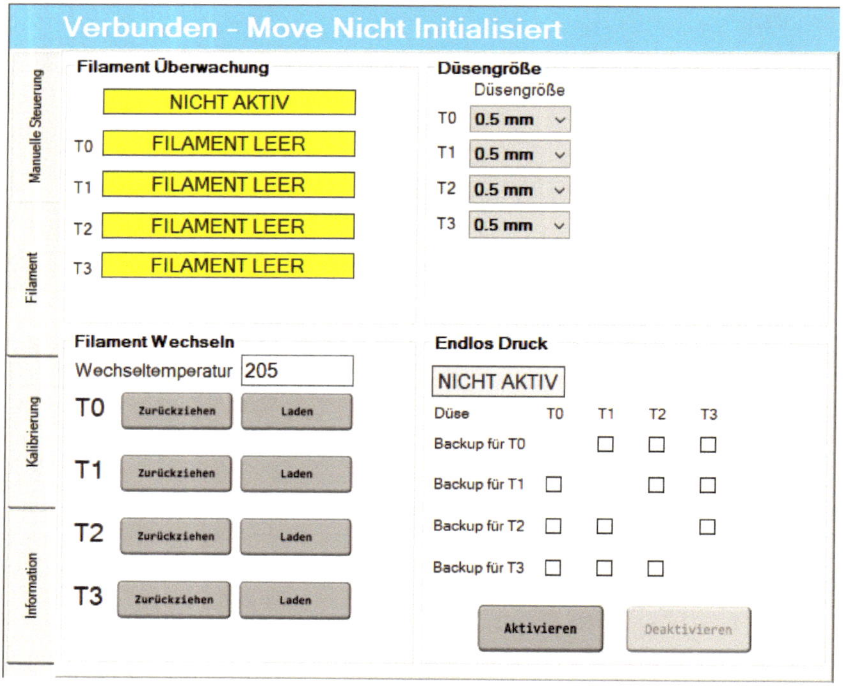

Bild 7.3 Beispiel Bedienprogramm Industrie 3D-Drucker Multirap

Tipp: Wenn der 3D-Drucker mit Simplify3D angesteuert werden soll, dann empfiehlt es sich, hierfür einen separaten PC zu nutzen, der nur geringen Hardware-Anforderungen unterliegt. Dieser sollte unbedingt so eingestellt werden, dass Ruhe- und Energiesparmodi abgeschaltet sind, möglichst keine anderen Programme und Dienste den Prozessor auslasten und automatische Software-Updates von allen installierten Programmen und Betriebssystem komplett unterdrückt werden. Denn all diese Punkte können die Druckerkommunikation unterbrechen und den Druck abbrechen.

7.3.1 Verbindung zum Drucker – Initialisierung

Die Verbindung vom PC zum 3D-Drucker erfolgt über ein USB-Kabel und einen virtuellen Com-Port. Seit Windows 10 erkennt das Betriebssystem selbständig, wenn ein 3D-Drucker auf Arduino-Basis angeschlossen wird, und installiert alle hierfür benötigten Treiber. Ansonsten sind diese Treiber und Informationen beim 3D-Druckerhersteller erhältlich.

Ebenfalls automatisch wird von Windows 10 der virtuellen seriellen Schnittstelle eine Com-Port-Nummer zugewiesen. Falls hierbei Probleme auftreten, den richtigen COM-Port auszuwählen, kann das im Geräte-Manager des Computers nachgeprüft werden (Bild 7.4).

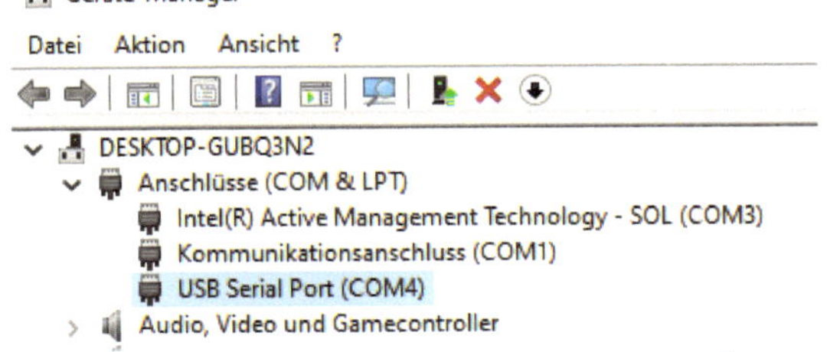

Bild 7.4
USB Serial Port für den Anschluss von Geräten mit serieller COM-Schnittstelle

Diese Funktionen und Einstellungen befinden sich unter **Initialisierung**:

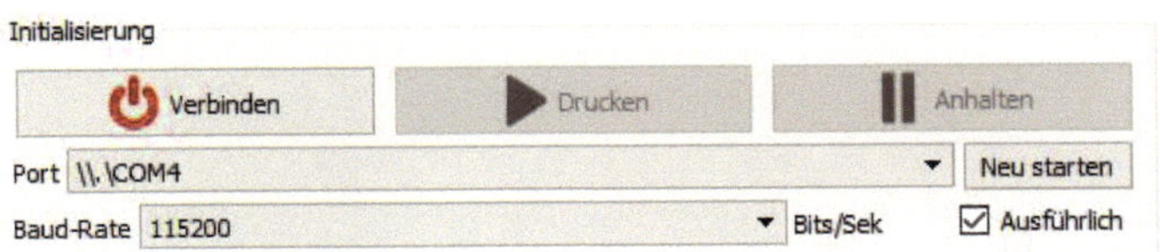

Die Schaltfläche **Verbinden** stellt die Kommunikation mit dem 3D-Drucker her. Neben dem korrekten COM-Port muss auch die **Baud-Rate** mit den Einstellungen der Druckersteuerung übereinstimmen, damit die Kommunikation funktioniert. Diese Informationen sind beim Gerätehersteller erhältlich.

Die Schaltfläche **Drucken** startet den im darunter stehenden Fenster angewählten G-Code direkt. Es muss vorher sichergestellt werden, dass der 3D-Drucker für den nächsten Druck bereit ist: letztes Druckteil entnommen, keine Ablagerungen an der Düse vorhanden, Filament korrekt eingelegt? etc.

Mit der Schaltfläche **Anhalten** kann der Druck pausiert und je nach Gerätehersteller auch wieder fortgesetzt werden. Die Schaltfläche **Neu starten** trennt die Verbindung zum 3D-Drucker und stellt sie neu her. Achtung: Damit wird auch ein eventuell gerade ausgeführter 3D-Druck abgebrochen. Das Häkchen neben der Bezeichnung **Ausführlich** wirkt sich auf die Anzeige des Kommunikationsprotokolls im Reiter Kommunikation direkt darunter aus. Dann ist hier die ausführliche Kommunikation ersichtlich, die mehr Informationen enthält als die nicht ausführliche Version.

7.3.2 Dateiliste der Druckdateien – Die Library

Der erste Reiter G-Code-Library im Fenster unter der Initialisierung enthält bisher geladene G-Code-Dateien. Hier können G-Codes hinzugefügt werden mit der darunter liegenden Schaltfläche **Zu Library hinzufügen** oder auch aus der Liste gelöscht werden mit der Schaltfläche **Aus Library entfernen**. Die letzte Schaltfläche unter der Liste ermöglicht ebenfalls das direkte Starten des ausgewählten G-Codes.

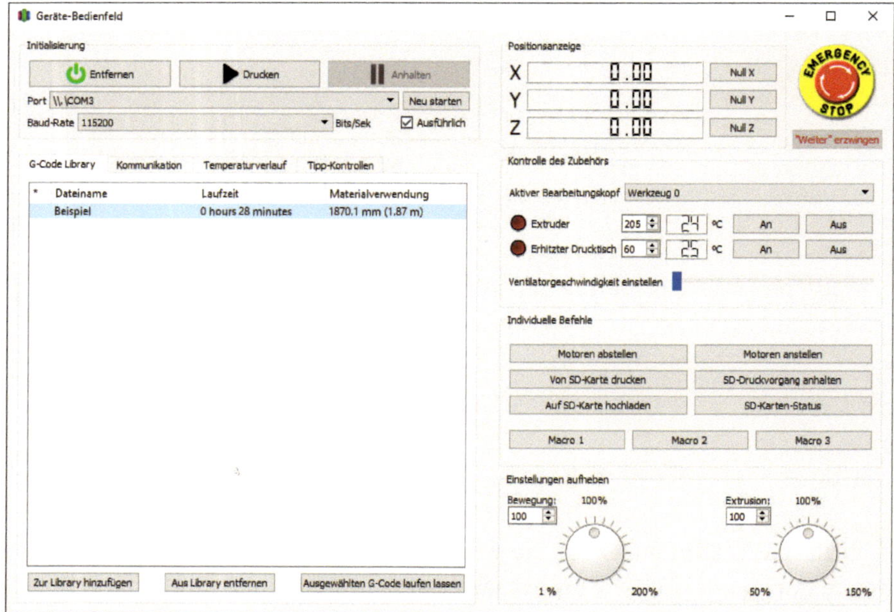

Bild 7.5 Verbundener 3D-Drucker: Das Bild zeigt einen verbundenen 3D-Drucker und damit auch einen aktiven Emergency Stop, und die Schaltfläche Drucken ist aktiviert. Der angewählte G-Code der Library kann auch über die Schaltfläche **Drucken** oben gestartet werden.

Die Datei Beispiel wurde zur Library zugefügt und kann von hier aus direkt gedruckt werden. Das rote Ausrufezeichen von manchen G-Code-Dateien zeigt an, dass die Datei unter dem bisher bekannten Dateipfad nicht mehr aufzufinden ist und somit dieser Druck nicht gestartet werden kann.

7.3.3 Kommunikation

Unter der Kommunikation befinden sich zwei Felder: Das große Feld zeigt die aktuelle Druckerkommunikation an, die sich unterscheidet, wenn das Gerät gerade einen Druckvorgang abarbeitet oder nur eingeschaltet ist und vom Bediener gesteuert wird.

Das kleine Feld darunter mit der Schaltfläche **Senden** ermöglicht das Senden von Eingaben direkt an die Gerätesteuerung. Diese Befehle müssen mit korrekten G-Code-Befehlen gesendet werden, ein Beispiel wäre G28 (Initialisiere alle Achsen).

Dieser Reiter zeigt den Verlauf der Kommunikation mit der Einstellung **Ausführlich**.

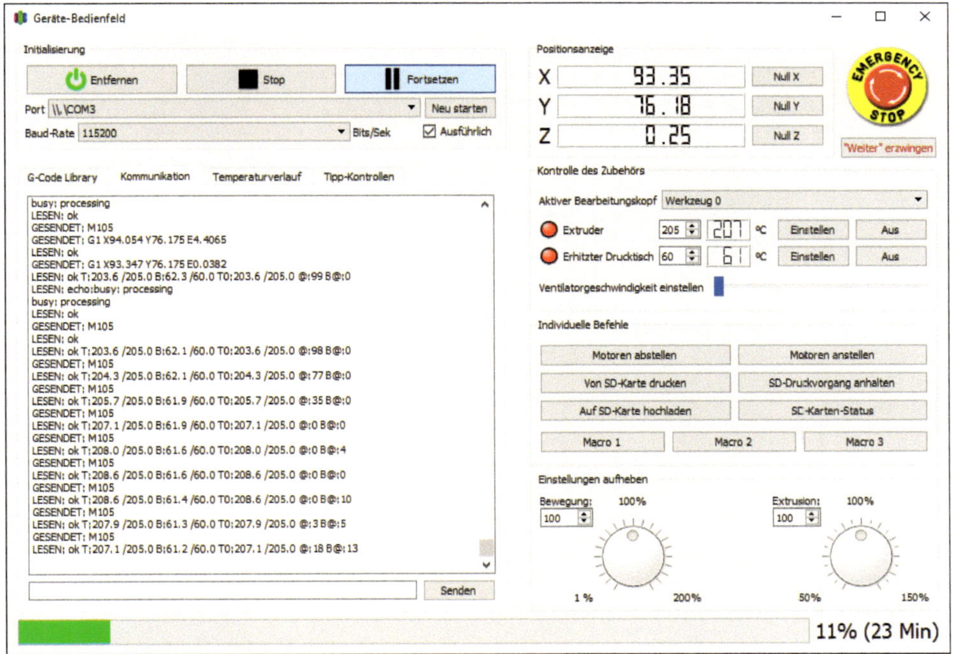

Bild 7.6 Druckerkommunikation – ausführlich – ohne aktiven Druckvorgang

Ohne aktiven Druckvorgang ist hier im Wesentlichen die Temperaturkommunikation aktiv. Die Zeilen beginnen mit **LESEN** – diese Informationen kommen vom 3D-Drucker – oder **GESENDET** – diese Angaben werden von Simplify3D an den Drucker gesendet.

Es können jedoch auch Warnungen und Fehlermeldungen enthalten sein, wie z. B. Drucktemperatur zu niedrig.

Fehlermeldungen: Falls der 3D-Drucker aus irgendeinem Grund in einen Fehlermodus geht, sind bei den meisten Geräten hier die Fehler benannt und eventuell auch beschrieben. Da die Gerätehersteller hier meist ihre eigenen Wege gehen, sollten die Herstellerangaben verwendet werden.

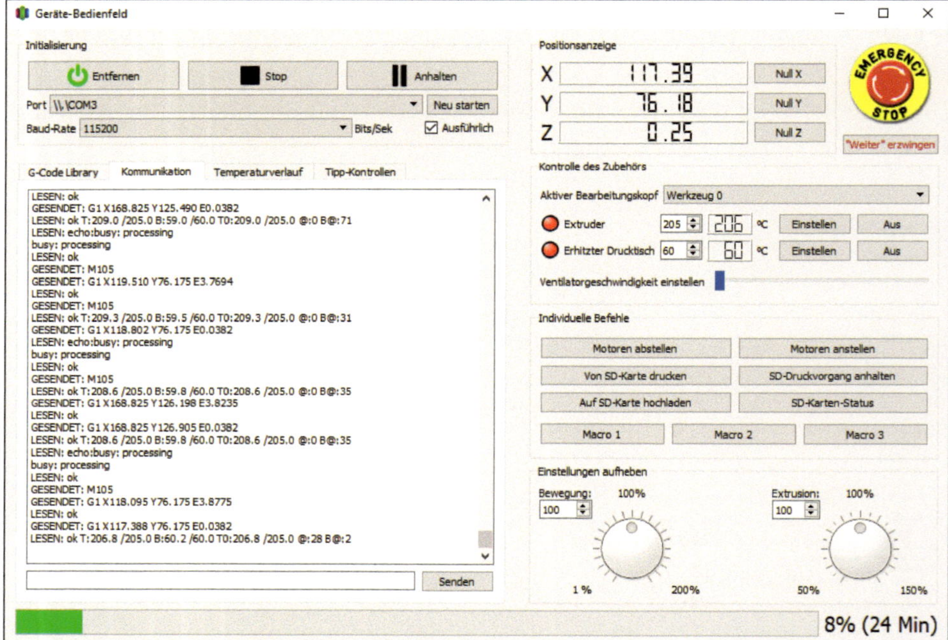

Bild 7.7 Während des Druckvorgangs wird die Befehlsübergabe an das Gerät dargestellt.

7.3.4 Temperaturverlauf

Dieser Reiter zeigt den Verlauf der Kommunikation.

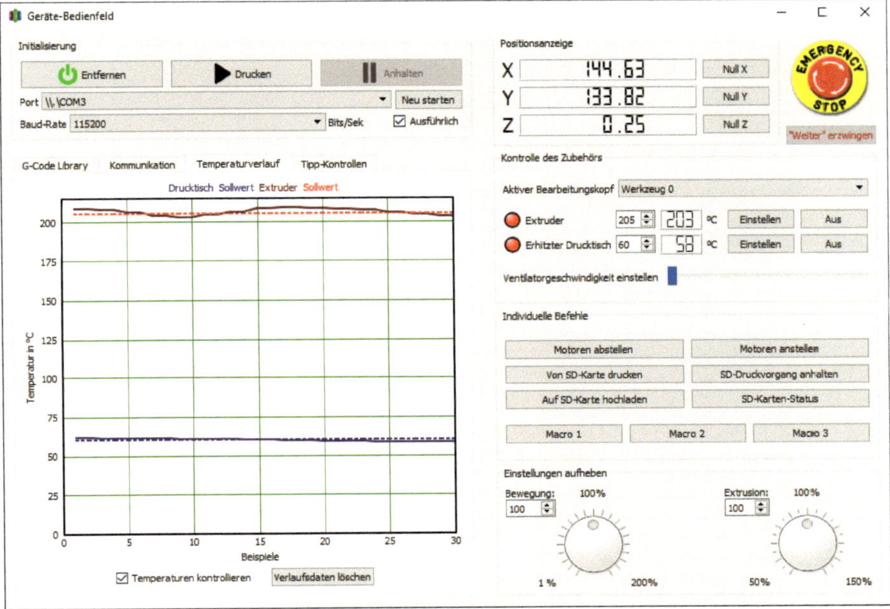

Bild 7.8 Temperaturverlauf über die letzten 30 Minuten
Rote Linie gestrichelt: Sollwert der Extruder-Temperatur, rot durchgehend gezeichnete Kurve: tatsächlicher Verlauf mit geringen Schwankungen während des Drucks.
Blaue Linie gestrichelt: Sollwert der Drucktischtemperatur, blaue durchgehend dargestellte Kurve: gemessener Verlauf der Drucktischtemperatur.

Bei mehreren Extrudern wird nur der im rechten Fensterteil ausgewählte **Aktive Bearbeitungskopf** dargestellt. Bei mehreren Extrudern muss manuell umgeschaltet werden. Es ist nicht möglich, den Temperaturverlauf für mehrere Extruder gleichzeitig anzuzeigen.

Mit der Schaltfläche **Verlaufsdaten löschen** unter dem Diagramm kann der aktuelle Verlauf gelöscht werden. Der Temperaturverlauf beginnt von neuem.

7.3.5 Gerätebedienung – Tipp-Kontrollen

Diese Übersetzung des Reiters macht im Deutschen keinen Sinn, tatsächlich gemeint ist die Bedienung des 3D-Druckers in allen Achsen beim manuellen Verfahren. Hier können die Achsen initialisiert werden (= Homing), sodass der Druckkopf in dem vom Druckerhersteller gewählten Startpunkt steht. Meist ist dies der Ursprung/Nullpunkt der XYZ-Achsen. Auch die Verfahrgeschwindigkeiten für dieses manuelle Verfahren kann hier eingegeben werden.

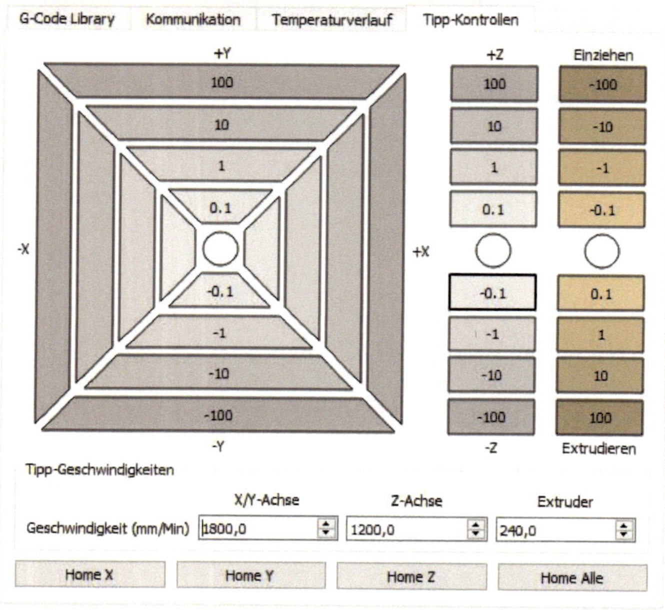

Bild 7.9 Achsansteuerung im Geräte-Bedienfeld

Die Ansteuerung der X- und Y-Achse sind im linken Würfel dargestellt, so kann im linken Quadranten die X-Achse des 3D-Druckers in die negative Richtung verfahren werden, je nachdem, welche Schaltfläche angewählt wird, um wahlweise - 100, - 10, - 1 oder - 0,1 mm. Genauso funktionieren diese Schritte in Y und in die positive Achsrichtung. Direkt daneben kann die Z-Achse ebenso in den wählbaren Schrittgrößen ins Negative oder ins Positive verfahren werden. Wichtig ist, dass in der Z-Achse eventuell auch Kollisionen der Düse mit dem Drucktisch oder nicht entnommenen Druckteilen stattfinden können.

Ganz rechts graubraun unterlegt kann der Extrudervorschub angesteuert werden. Falls der 3D-Drucker mehr als eine Düse besitzt, muss darauf geachtet werden, dass auch die korrekte Düse angewählt ist (Abschnitt 7.3.6) und dass diese Düse korrekt aufgeheizt ist.

Unter diesen Steuerfeldern befindet sich eine Geschwindigkeitsleiste (**Tipp-Geschwindigkeiten** – ebenfalls eine ungünstige Übersetzung), in der die Wunschgeschwindigkeit für das manuelle Verfahren eingegeben werden kann. Bei diesen Werten sollten höchstens die vom Hersteller vorgegebenen Höchstgeschwindigkeiten eingegeben werden, darüber drohen manchmal Wegverluste, Schlupf beim Extrudieren, und auch blockierende Achsen können so auftreten.

Wichtig: Diese Eingaben hier gelten nicht für den Druckvorgang, sondern für das manuelle Verfahren. Alle Druckgeschwindigkeiten werden bereits bei der Druckdateierzeugung definiert und sind im G-Code festgeschrieben.

Die unterste Reihe der Schaltflächen ermöglicht das Anfahren der Home-Position in jeder Achse einzeln und über **Home Alle** das Verfahren in die vom Hersteller festgelegte Nullposition (meist der Koordinatenursprung).

7.3.6 Druckeransteuerung – Heizelemente, Kühlung, Druckdaten

Die rechte Spalte des Geräte-Bedienfelds dient der Ansteuerung des 3D-Druckers in allen anderen Bereichen neben dem manuellen Verfahren, wie es im vorigen Kapitel beschrieben wurde. Hier können Heizelemente bedient werden, es kann in manche Parameter während des Drucks eingegriffen werden, und es können eigene Makros hinterlegt werden. Ganz oben befindet sich links die aktuelle Positionsanzeige des Geräts in X-, Y- und Z-Achse.

Rechts daneben der **Emergency Stop** (Notaus-Schaltfläche), der den Druck abbricht, indem er die Kommunikation zum Drucker trennt und je nach Gerät auch die Stromversorgung abschaltet. Direkt darunter die Schaltfläche **„Weiter" erzwingen**, der bei eventuell gestörter USB-Kommunikation versucht, die nächste Befehlszeile des G-Codes zu senden.

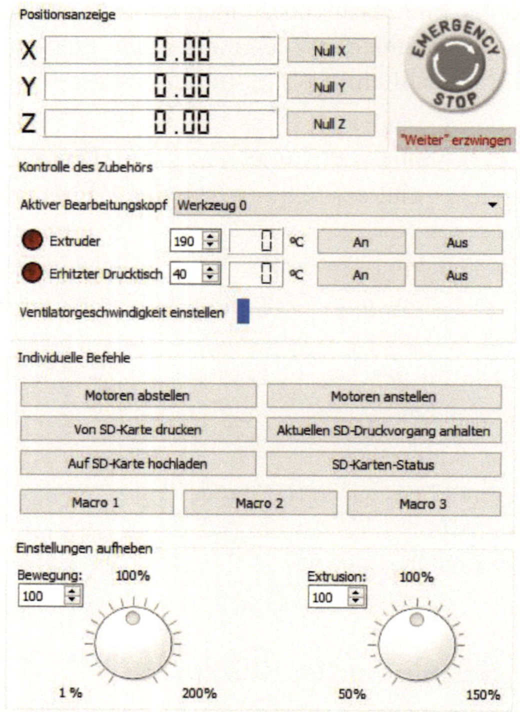

Bild 7.10
3D-Druckersteuerung rechte Spalte des Bedienfelds

- Unter dem Bereich **Kontrolle des Zubehörs** erfolgt die Einstellung von Düsen- und Drucktischtemperaturen und die Ventilatorgeschwindigkeit. Diese Einstellungen werden bei einem Druckvorgang beim Slicen im Druckprozess eingestellt und von dort an die Druckersteuerung übergeben. Diese Funktionen können dennoch während der Druckvorgänge an die Druckersteuerung gegeben werden und so „online" Temperaturen oder Lüftereinstellungen verändern. Diese werden jedoch eventuell im Verlauf des G-Codes wieder durch Daten aus der Druckdatei geändert. Falls hier während der Druckprozesse Einstellungen verändert werden, muss beachtet werden, dass darunter die Druckqualität leiden kann und auch Druckabbrüche möglich sind (Temperaturen zu niedrig, Kunststoffförderung bricht ab, Düse verstopft etc.).

Von oben nach unten die Schaltflächen und Anzeigen des Bereichs **Kontrolle des Zubehörs** erklärt:

- **Aktiver Bearbeitungskopf** mit anschließender Auswahlleiste: Hiermit kann die Düse/der Extruder ausgewählt werden, für den die darunter stehenden Temperatureinstellungen eingestellt und angezeigt werden sollen. **Wichtig:** Die Auswahl beeinflusst das Diagramm Temperaturanzeige auf der linken Spalte des Geräte-Bedienfelds. Sobald hier rechts umgeschaltet wird, wird links die Temperatur des gewählten neuen Heizelements angezeigt.

- **Extruder:** Die rote Lampe zeigt an, ob geheizt wird oder nicht, das Eingabefeld zeigt die Solltemperatur, die hier auch geändert werden kann, und direkt dahinter die Ist-Temperatur der aktuell gewählten Düse.
- **Erhitzter Drucktisch:** Analog zu den Einstellungen beim Extruder wird hier angezeigt, ob aktuell der Drucktisch beheizt wird, die Vorgabe und Eingabemöglichkeit für die neue Solltemperatur und dahinter die aktuelle Ist-Temperatur.
- **Ventilatorgeschwindigkeit einstellen:** Mit dem Schieberegler kann der Kühllüfter für die Druckteilkühlung geregelt werden. Leider wird keine Zahl oder Skala angezeigt.

Individuelle Befehle

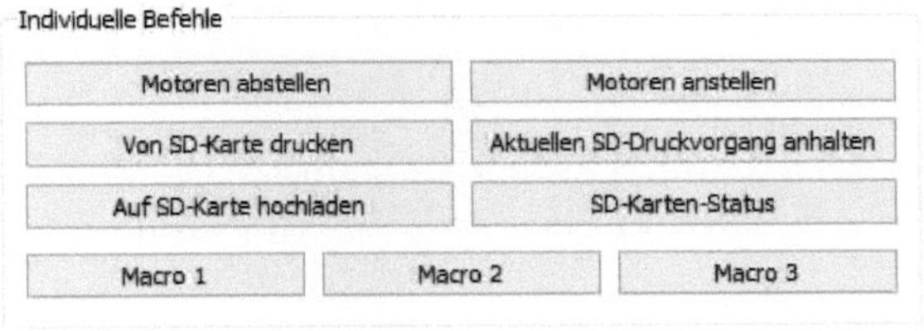

Individuelle Befehle
Motoren abstellen | Motoren anstellen
Von SD-Karte drucken | Aktuellen SD-Druckvorgang anhalten
Auf SD-Karte hochladen | SD-Karten-Status
Macro 1 | Macro 2 | Macro 3

Dieser Bereich betrifft verschiedene Zusatzfunktionen:

- **Motoren abstellen** und **Motoren anstellen** ermöglicht es, die Schrittmotoren des 3D-Druckers zu aktivieren und zu deaktivieren. Da Schrittmotoren auf Arduino-Basis eine Haltefunktion haben, wenn sie von den Motortreiberstufen entsprechend angesteuert sind, kann durch **Motoren abstellen** die Haltefunktion gelöst und durch **Motor anstellen** die Haltefunktion aktiviert werden. Mit ausgeschalteten Motoren können die Achsen des Druckers leicht bewegt werden. Nachdem die Motoren ausgeschaltet waren, muss neu initialisiert werden.
- **Von SD-Karte drucken:** Einige 3D-Drucker haben einen SD-Kartenslot, der es ermöglicht, den Drucker praktisch ohne Kommunikation mit dem PC zu betreiben. Das heißt, beim Drucken über die PC-Kommunikation werden die Befehle mit einer gewissen Pufferung kontinuierlich an die Druckersteuerung übergeben. Versagt oder unterbricht die Kommunikation zwischen PC und 3D-Drucker, so bricht praktisch immer auch der 3D-Druck ab. Wird mit dieser Schaltfläche das Drucken von SD-Karte ausgelöst, so erfolgt die Kommunikation direkt vom Microcontroller der 3D-Druckersteuerung: Er liest dann pufferweise die Daten von der SD-Karte aus und verarbeitet sie. Dies ist damit der sicherere Druckvorgang, bei dem allerdings auch weniger Eingriffsmöglichkeiten vorhanden sind. Nach Anwahl der Schaltfläche kann eine Datei aus den

auf der SD-Karte vorhanden G-Codes ausgewählt werden, die dann automatisch gestartet wird.

- **Aktuellen SD-Druckvorgang anhalten:** Hiermit wird der aktuelle Druckvorgang, der über die SD-Karte gesteuert wird, angehalten.
- **Auf SD-Karte hochladen:** Mit dieser Funktion kann eine G-Code-Datei vom PC auf die SD-Karte gespeichert werden.
- **SD-Karten-Status:** Hiermit wird im Kommunikationsfenster bei einigen Geräten angezeigt, wieviel Bytes der gesamten Datei bereits gedruckt sind.
- **Macro 1 bis 3:** Diese drei Schaltflächen können mit Funktionen hinterlegt werden, die mithilfe von G-Code-Befehlen unter dem Hauptfenster von Simplify3D unter **Menüleiste → Werkzeuge → Firmware-Konfiguration** eingegeben werden können. Beispiele sind Reinigungsfahrten zur Düsenreinigung, Vermessungsvorgänge von Drucktisch oder Düsen.

7.4 Drucktisch-Nivellierungs-Assistent

Dieser Assistent unterstützt beim manuellen Justieren des Drucktischs bei Geräten, die keine automatische Drucktischvermessung besitzen. Für die Ausführung muss der 3D-Drucker über das Geräte-Bedienfeld mit Simplify3D verbunden sein. Dann fährt Simplify3D automatisch den Drucker Position für Position die Koordinaten ab, die im Fenster des Assistenten eingegeben sind. Zunächst wird der erste Punkt angefahren, und der Anwender kann mit den Stellschrauben und einer Fühlerlehre oder einem Blatt Papier die Düsenhöhe über Tisch nach den Angaben des Herstellers an dieser Position einstellen. Sobald dieser Punkt abgeschlossen ist, wird mit der Schaltfläche **Weiter** der nächste Punkt angefahren.

Bild 7.11 zeigt die Einstellmöglichkeiten der zu vermessenden Koordinaten an. Zunächst sind die gewünschten Verfahrgeschwindigkeiten für den Vermessungsvorgang einzugeben. Im nächsten Schritt wird der Parameter **Z-Höhe für Nivellierungspositionen** in mm eingegeben. Das ist die Höhe, in der Simplify3D von Punkt zu Punkt fährt. Danach erfolgt die Eingabe der Koordinaten über zwei verschiedene Möglichkeiten:

- **Automatische Nivellierungspositionen auf Grundlage der Druckdimensionen – Versatz von den Druckbettkanten** (Eingabe in mm)

  Simplify3D ermittelt dann die Positionen zur Justierung aus den Drucktischabmessungen aus den Geräteeinstellungen minus des hier eingegebenen Werts.

- **Manuelle Eingabe von Nivellierungs-Positionen**

  Bei Auswahl dieser Variante können über **Hinzufügen** konkrete Koordinaten zur Vermessung eingegeben werden. Mit **Entfernen** können Punkte wieder aus der Liste entfernt werden.

Die unterste Schaltfläche enthält einen Übersetzungsfehler: **Manuelle Eingabe von Nivellierungs-Positionen** sollte korrekt **Starte die Vermessung** lauten. Durch Klicken auf diese unterste Schaltfläche wird der Vermessungsvorgang gestartet, der erste Punkt wird angefahren. Über die nun verfügbare Schaltfläche **Weiter** kann jeweils der nächste Punkt angefahren werden, bis der Justiervorgang fertig gestellt wurde.

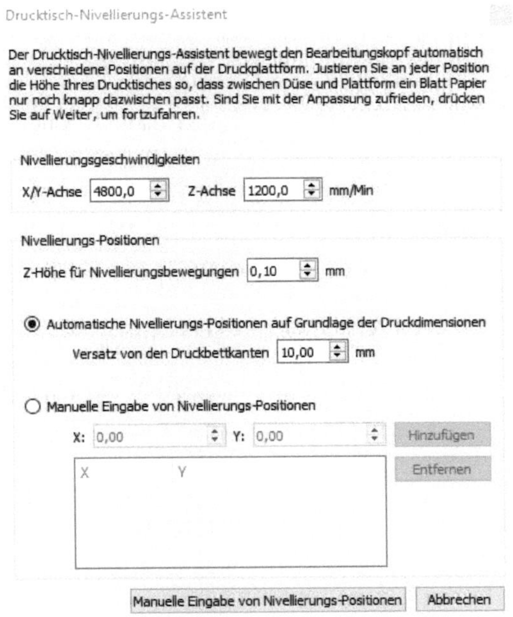

Bild 7.11 Eingabefenster des Drucktisch-Nivellierungs-Assistenten

7.5 Dual-Extrusions-Assistent

Dieser Assistent ermöglicht es, für einen Drucker mit mindestens zwei Düsen auf einfachem Weg zwei Modelle den beiden Düsen zuzuordnen. Leider ist es hier nicht möglich, mehr als zwei Düsen auf verschiedene Modelle zu verteilen. Voraussetzung für den Einsatz dieses Assistenten ist, dass in der Anwendung bereits ein Profil geladen ist, das Dualdruck unterstützt. Ansonsten erscheint eine Fehlermeldung. Des Weiteren ist es hilfreich, wenn nur die beiden Modelle geladen sind, die mit zwei unterschiedlichen Materialien oder Farben gedruckt werden sollen. Die beiden Modelle sollten bereits den gleichen Ursprung besitzen, nur dann werden sie auch korrekt zu einander ausgerichtet. In Bild 7.12 soll die Kalibrierhilfe Teil 1 und Teil 2 mit zwei Farben gedruckt werden. Der Assistent öffnet sich folgendermaßen:

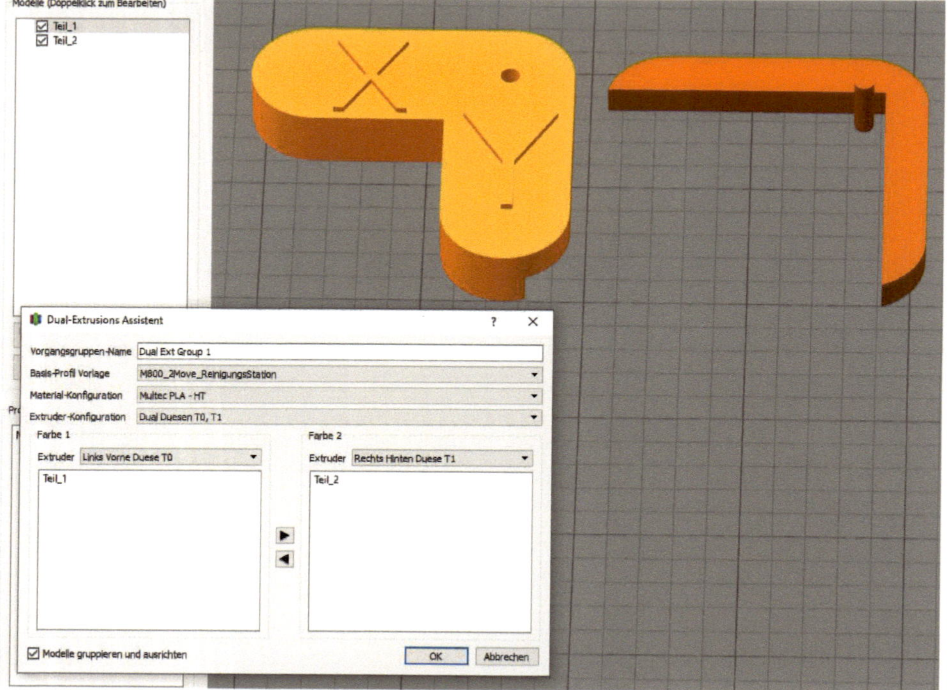

Bild 7.12 Einstellungen des Dual-Extrusions-Assistenten

Die Einstellungen des Dialogfensters im Einzelnen:

- **Vorgangsgruppen-Name:** Eingabe einer Benennung für die Prozess-Gruppe
- **Basis-Profil Vorlage:** Auswahl des gewünschten Dualdruck-Profils aus den vorhandenen Profilen. Wichtig ist, dass das Profil die Materialien und Düsen enthält, die für den Druck eingesetzt werden.
- **Material-Konfiguration:** Hier stehen die Material-Konfigurationen des gewählten Profils zur Verfügung.
- **Extruder-Konfiguration:** Es sind die Vorkonfigurationen wählbar, die das Hersteller-Profil anbietet.

- **Farbe:** Zwei Fenster zur Zuordnung der Modelle zu den im Profil aufgeführten Düsen. Im Beispiel des Multec-Profils sind zwei Düsen aus dem 4-fach-Druckkopf wählbar, die im Profil mit *Links Vorne Duese T0* und *Rechts Hinten Duese T1* bezeichnet sind. In beiden Feldern können die jeweils darunter aufgeführten Modelle den jeweiligen Düsen zugeordnet werden. Alternativ können die Modelle zwischen den Fenstern verschoben werden, wie es für die Druckteile gewünscht wird.
- **Modelle gruppieren und ausrichten:** Wenn das Feld aktiviert ist, werden die Modelle gruppiert und die Modellursprünge zueinander ausgerichtet.
- Aus dem obigen Beispiel werden folgende Prozesse und Modell-Anordnungen erzeugt:

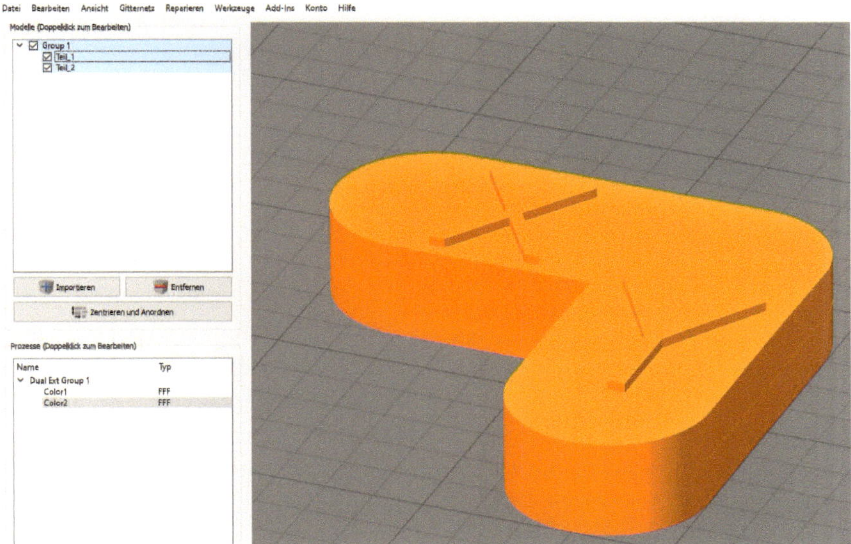

- Die beiden Modelle wurden gruppiert und zueinander ausgerichtet. Es muss im Vorfeld im CAD-Programm darauf geachtet werden, dass die Modelle einen gemeinsamen Ursprung besitzen.
- Es wurden **zwei Prozesse** erstellt – je einer pro Farbe, die als Prozessgruppe „Dual Extr Group 1“ zusammengefasst wurden.
- Im weiteren Schritt können die einzelnen Prozesse einzeln angepasst werden. So kann wie gewünscht z. B. dem einen Teil ein anderer Füllgrad als dem anderen zugewiesen werden, auch unterschiedliche Düsengrößen und Materialien sind möglich. Mehr dazu in Kapitel 9, Praxisbeispiel Reifen mit Felge.

Das Ergebnis des Dualdrucks sieht in der Druckvorschau dann folgendermaßen aus: Blau dargestellte Bereiche werden mit Extruder 0 = *Links Vorne Duese T0* gedruckt und Grün mit Extruder *Rechts Hinten Duese T1.*

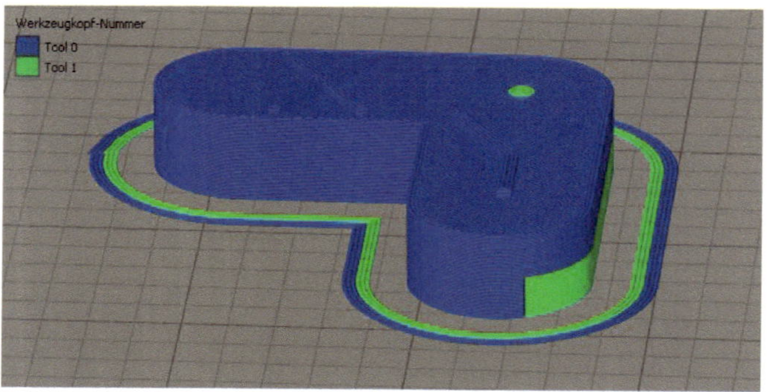

■ 7.6 Prozessteilungs-Assistent

Mit diesem Assistenten ist es möglich, Modelle in Z-Richtung in mehrere Teilbereiche zu unterteilen und diesen Teilbereichen eigene Prozesse zuzuweisen. Am Beispiel des Stempels einer Tiefziehform (Bild 7.13) wird gezeigt, wie Druckteile mithilfe des Assistenten in drei Teilbereiche eingeteilt werden. Die Tiefziehform und deren Optimierung wird in Kapitel 9 als Praxisbeispiel für hochbelastete Bauteile beschrieben. Der Stempel hat zwei unterschiedliche Bereiche: einen einfachen und voluminösen Sockel und darauf die halbrunde Form, die von dünneren Schichthöhen und eventuell geringeren Geschwindigkeiten profitiert. Damit wird dort der Treppenstufeneffekt reduziert, wohingegen der untere Bereich mit hohen Schichthöhen und schnell gedruckt werden kann. Bevor der Prozessteilungs-Assistent aufgerufen wird, muss mindestens ein Prozess angelegt werden, der dann aufgeteilt wird. Ansonsten quittiert Simplify3D den Aufruf mit der Fehlermeldung *„Fügen Sie mindestens einen Prozess zu, bevor Sie diese Aktion durchführen“.* Für den Stempel wird ein Herstellerprofil für Single-Druck gewählt und mit Stempel benannt.

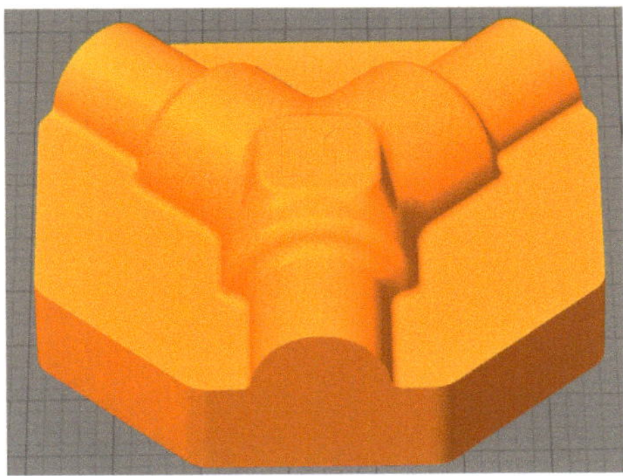

Bild 7.13
Stempel der Tiefziehform

Anschließend wird der Prozessteilungs-Assistent aufgerufen, der die in Bild 7.14 dargestellten Einstellungen ermöglicht. Als erste Eingabe muss im Feld Prozess zum Aufteilen der Prozess gewählt werden, der als Basis für den Druck einsetzt werden soll. Auf der gewählten Basis können dann in den erstellten Teilprozessen Anpassungen vorgenommen werden. Es ist hilfreich, hier bereits die gewünschten Auto-Konfigurationen für Material, Druckqualität und Extruder vorzunehmen. Dann sind die Teilprozesse, die als Kopien dieser Einstellungen erstellt werden, hier korrekt vorkonfiguriert.

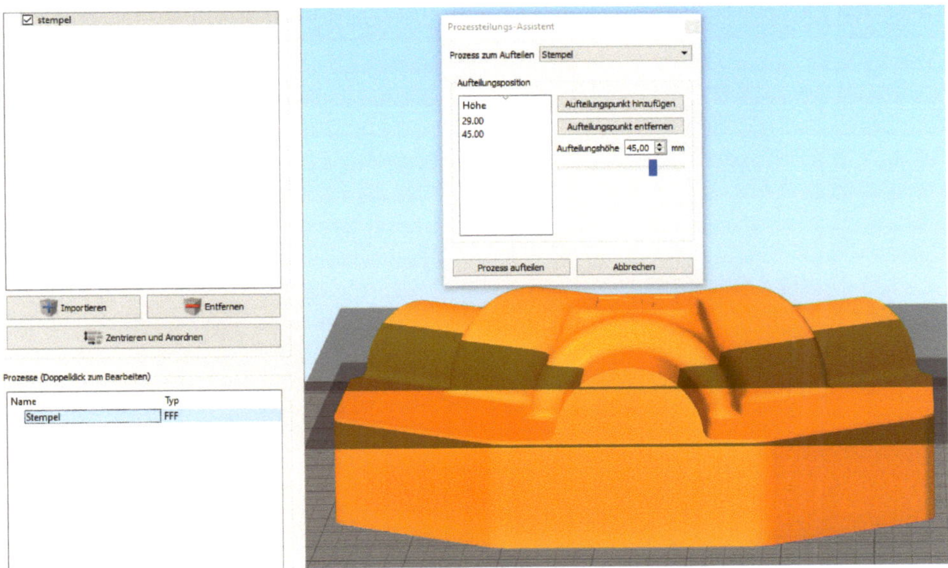

Bild 7.14 Aufteilungspunkte werden als Schnittebenen dargestellt.

Die gewünschte Aufteilungshöhe für das Hinzufügen von Aufteilungspunkten kann entweder mit dem Schieberegler oder der konkreten Zahleneingabe eingegeben werden. Nach Einstellung der Höhe muss die Schaltfläche **Aufteilungspunkt hinzufügen** angewählt werden. Erst dann, mit Erscheinen des Aufteilungspunkts in dem mit **Höhe** bezeichneten Feld, kann der Prozess geteilt werden. Einmal gesetzte Aufteilungspunkte können durch die Schaltfläche **Aufteilungspunkt entfernen** wieder gelöscht werden. Für den Stempel werden zwei Aufteilungspunkte gesetzt: Der untere Bereich soll schnell, massiv und mit großer Schichthöhe gedruckt werden. Der mittlere Bereich erhält eine mittlere Schichthöhe, um im unteren Bereich der halbrunden Form kleinere Schichthöhen für geringere Stufung zu nutzen. Der oberste Bereich wird dann mit noch geringeren Schichthöhen gedruckt, da hier der Treppenstufeneffekt aufgrund der geringen Steigung am meisten auffallen würde. Mit der Schaltfläche **Prozess aufteilen** wird die Prozessteilung vorgenommen.

Durch die Schaltfläche **Prozess aufteilen** wird der gewählte Prozess in drei Teilprozesse zerlegt, die von unten (Drucktischebene) nach oben durchnummeriert werden und sofort in der Prozess-Liste erscheinen. In den jeweiligen Prozessen wird durch den Prozessteilungs-Assistenten eine Start- und eine Endhöhe pro Prozess entsprechend der Aufteilungspunkte eingetragen. Stempel-1 druckt bis zum ersten Aufteilungspunkt, Stempel-2 übernimmt den mittleren Bereich, und Stempel-3 erzeugt den Bereich vom zweiten Aufteilungspunkt bis zum Druckende.

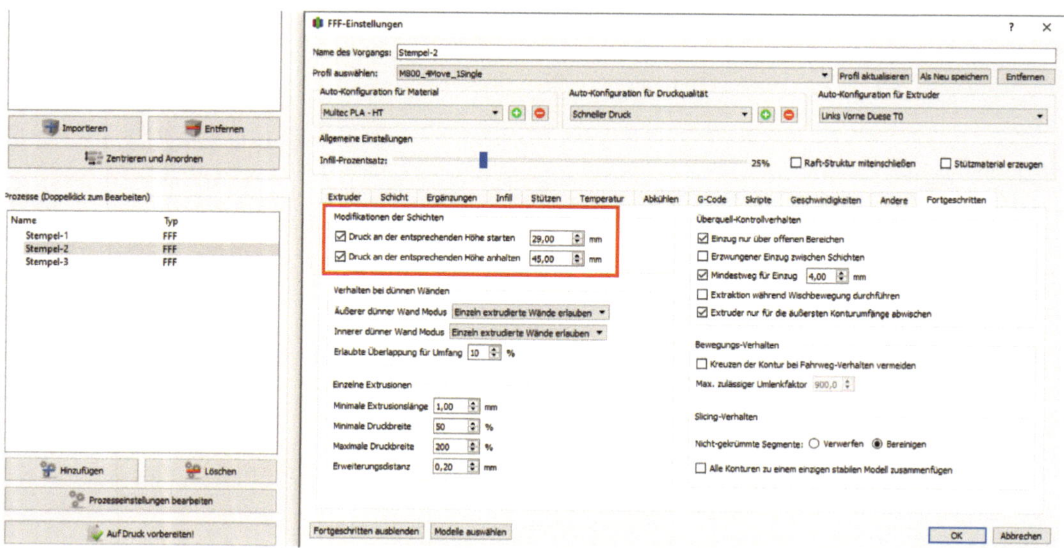

Bild 7.15 Prozess Stempel-2: Start- und Endpunkte des Teilprozesses in den Prozesseinstellungen

Die Start- und Endhöhe pro Teilprozess finden sich in den Prozess-Einstellungen der einzelnen Teilprozesse im Reiter **Fortgeschritten** unter **Einstellung Modifikation der Schichten**. Bild 7.15 zeigt die Start- und Endpunkte des mittleren Prozesses „Stempel-2" entsprechend den vorher eingestellten Aufteilungspunkten.

Diese Einstellungen können dort auch nachträglich verändert werden. Es muss jedoch unbedingt darauf geachtet werden, dass keine Bereiche von mehreren Prozessen abgedeckt werden und dass keine Lücken ohne zugeordneten Druckprozess entstehen. In Kapitel 8 sind die beiden Prozessparameter näher beschrieben.

Nun können für jeden Teilprozess individuelle Einstellungen gewählt werden mit unterschiedlichen Füllgraden, Druckgeschwindigkeiten und allen gewünschten Parametern. In Abschnitt 9.3 wird anhand der Tiefziehform die Anpassung der Teilprozesse näher erklärt. In der Druckvorschau werden ebenfalls die Teilprozesse angezeigt, wenn unter Farbgebung die Einstellung **Aktueller Prozess** gewählt wird:

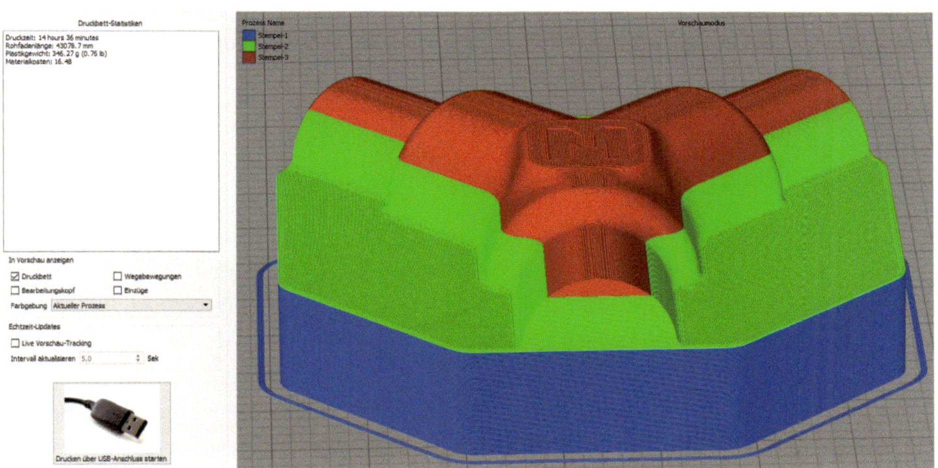

Bild 7.16 Druckteil mit Prozessteilung in der Druckvorschau (Farbgebung: Aktueller Prozess)

Ein Beispiel für mehrfache Prozessteilung in einem Modell zeigt Bild 7.17. Bei diesem Vierfarbdruck wurde die Farbaufteilung durch Einsatz des Prozessteilungs-Assistenten erzeugt.

Bild 7.17 Prozessteilungs-Assistent für Vierfarbdruck mit verschiedenen Farbbereichen

7.7 Firmware-Konfiguration

In dieser Funktion geht es darum, die Kommunikation mit der Druckersteuerung so einzustellen, dass Simplify3D die Sprache spricht, die der jeweilige 3D-Drucker versteht. Es geht vor allem um G-Code-Befehle, die nicht für alle Geräte gleich sein müssen, da es hier leider noch keine internationale Normung gibt. Die gesamten Eingaben können durch eine FRM-Datei vom Gerätehersteller eingelesen werden, die im ersten Reiter über die Schaltfläche **Importieren** ins Programm geladen und dann im Feld **Profil auswählen** aktiviert werden können. Es würde den Rahmen des Buchs sprengen, alle möglichen Eingaben hier zu erläutern.

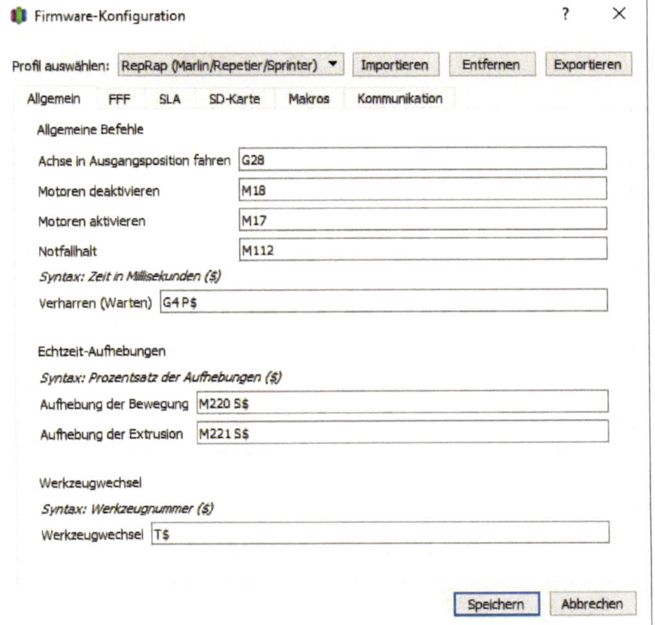

7.8 Stützstrukturen anpassen

Stützstrukturen sind elementar für gute Druckergebnisse. Dieser Abschnitt beschreibt nur den Assistenten, der die Stützgeometrie in Größe und konkreter Position definiert. Die einzelnen Druckparameter wie Füllgrad etc. werden in Abschnitt 8.5 erklärt. In Kapitel 9 wird die praktische Anwendung beschrieben.

Das Stützstruktur-Modul kann über drei Möglichkeiten aufgerufen werden:

- **Menüleiste:** unter **Werkzeuge → Stützstrukturen anpassen**
- **Rechte Werkzeugleiste:** Schaltfläche
- **Shortcut: Ctrl + U**

Simplify3D bietet zwei sich ergänzende Möglichkeiten für das Anpassen der Stützstrukturen:

- Automatische Anordnung von Stützen durch Eingabe von Überhangwinkel und Stützengröße
- Manuelles Setzen und Löschen von Stützen

Das Bedienfeld für das Modul ist in Bild 7.18 dargestellt.

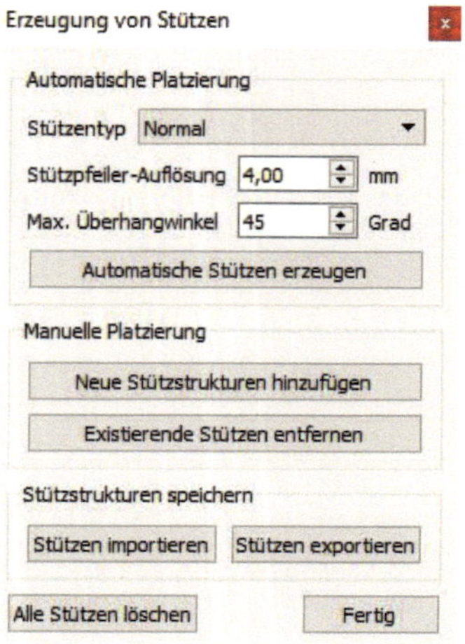

Bild 7.18
Modul zur Erzeugung von Stützstrukturen

7.8.1 Automatische Platzierung von Stützstrukturen

Durch das automatische Platzieren kann in Sekundenschnelle die Integration von Stützmaterial in allen Bereichen erzeugt werden, in denen der Modell-Überhangswinkel den eingestellten maximalen Überhangswinkel überschreitet. Es können sowohl eines als auch mehrere ausgewählte Modelle bearbeitet werden. Gute Werte für den Überhangswinkel liegen bei 45 – 70° und werden am besten entweder vom Drucker- und Materialhersteller erfragt oder durch Überhangswinkel-Testdrucke ermittelt (in Abschnitt 9.8.3 wird die Kalibrierung anhand eines Testdrucks beschrieben). Die Stützengröße sollte an der Bauteilgeometrie orientiert sein. Wenn das Bauteil schmale Überhänge von nur 1 – 2 mm hat, dann müssen auch die Stützen in diesem Bereich gewählt werden. Ansonsten ist eine Einstellung von 4 – 8 mm eine gute Einstellung für großflächiges Stützmaterial.

Die Einstellungen **Automatische Platzierung** werden im oberen Teilbereich des Bedienfensters vorgenommen.

Die Eingabefelder im Einzelnen:

- **Stützentyp:** Hier stehen zwei Einstellungen zur Verfügung: **Normal** und **Nur von Druckplattform.** Während bei Normal alle Flächen Stützen erhalten, die den gewählten **Max. Überhangwinkel** überschreiten, werden bei **Nur von Druckplattform** die Stützen nur auf das Druckbett gesetzt und nicht bei Stützen, die auf dem Druckteil starten würden. Am Beispiel des Motorhalters sind in Bild 7.19 links die Stützen **Normal** gesetzt und rechts **Nur von Druck-**

plattform. Rechts stehen nur die Stützen, die am Drucktisch starten, alle anderen, die auf dem Druckteil selbst starten, werden nicht gesetzt. In der Praxis macht in den allermeisten Fällen nur **Normal** Sinn, denn wie am Beispiel ersichtlich, würde der obere Überhang des Motorhalters nicht gedruckt, die Lagen würden herunterfallen.

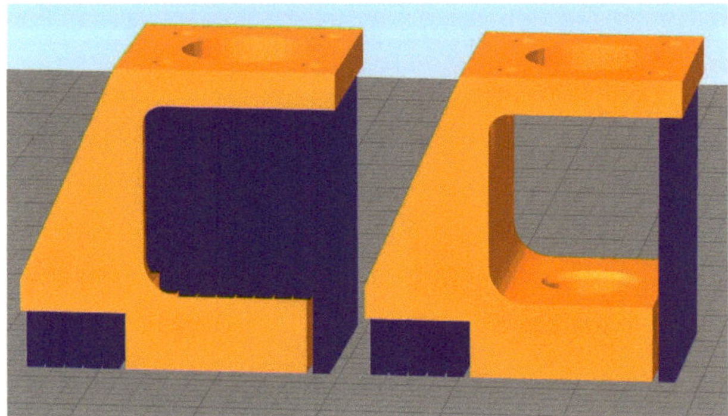

Bild 7.19 Stützen **Normal** oder **Nur von Druckplattform**

- **Stützpfeiler-Auflösung:** Diese Eingabe definiert die Kantenlänge der gesetzten Stützpfeiler. Mit der Eingabe von 4 mm werden die Stützen 4 × 4 mm groß gesetzt. Diese Eingabe sollte von der Feinheit der überhängenden Druckteilgeometrie abhängig gemacht werden. Beispielsweise werden mit der Auflösung 4 mm überhängende Details mit Abmessungen kleiner als 4 mm nicht gestützt.
- **Max. Überhangwinkel:** Das Eingabefeld gibt den Grenzwinkel an, ab welchem Stützstrukturen gesetzt werden. Die Hintergründe zum Überhangswinkel werden in Abschnitt 2.7.1 beschrieben.
- **Automatische Stützen erzeugen:** Mit Klick auf diese Schaltfläche werden bei dem oder den Modellen (Mehrfachauswahl möglich) die Stützen entsprechend den beiden darüberstehenden Eingaben gesetzt und im Grafikfeld dargestellt.

7.8.2 Manuelle Platzierung von Stützen

In diesem Teilbereich des Stützen-Dialogs können manuelle Stützen beliebig am Druckteil platziert und vorhandene Pfeiler gelöscht werden. Wichtig zu wissen ist, dass die Pfeiler-(Stützen-)größe für die manuelle Positionierung durch den Parameter Stützpfeiler-Auflösung im oberen Bereich der automatischen Platzierung definiert wird.

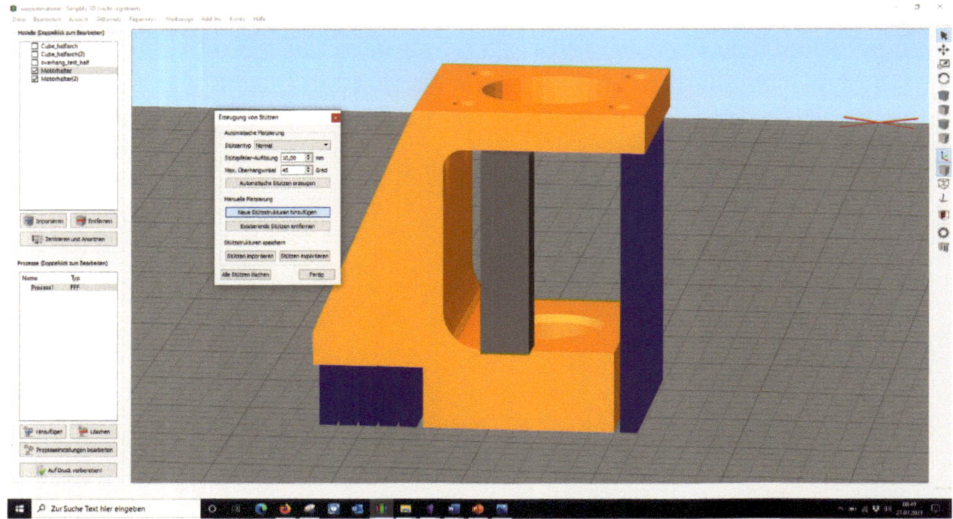

Bild 7.20 Manuelle Stütze (grau) am Maus-Cursor verschieben und durch Klick setzen

Neue Stützen hinzufügen: Die Stütze passt sich beim Ziehen mit der Maus der Bauteilgeometrie an und kann so auch nur unter zu stützende Bereiche gesetzt werden. Im Bild wurde bewusst eine recht große Stütze mit 10 mm eingefügt, um zu zeigen, dass sowohl kleinere als auch größere Stützen eingesetzt werden können als im automatischen Modus bereits gesetzt.

Achtung: Manuelle Stützen werden wieder gelöscht oder überschrieben, wenn nach dem manuellen Setzen wieder das automatische Positionieren durchgeführt wird. Hier ist es gut zu wissen, dass die Änderungen im Notfall mit **Ctrl + Z** auch über mehrere Schritte rückgängig gemacht werden können.

Existierende Stützen entfernen: Nach Klicken der Schaltfläche können beliebige Stützen aus der bereits erstellten Stützgeometrie gelöscht werden.

Stützpfeiler Auflösung und tatsächliche Ausführung im 3D-Druck

In der Druckvorschau der obigen Geometrie ist ersichtlich, dass die sogenannten Pfeiler nicht einzeln stehen, sondern in einem Block mit angrenzenden Stützen in dem Füllgrad, der im Prozess gewählt wurde (im Beispiel 30 %). Das ist auch wichtig, denn einzelne Pfeiler neigen zum Kippen, speziell, wenn sie klein dimensioniert wurden. Der 10 × 10 mm Pfeiler hingegen hat in diesem Beispiel eine ausreichende Basis.

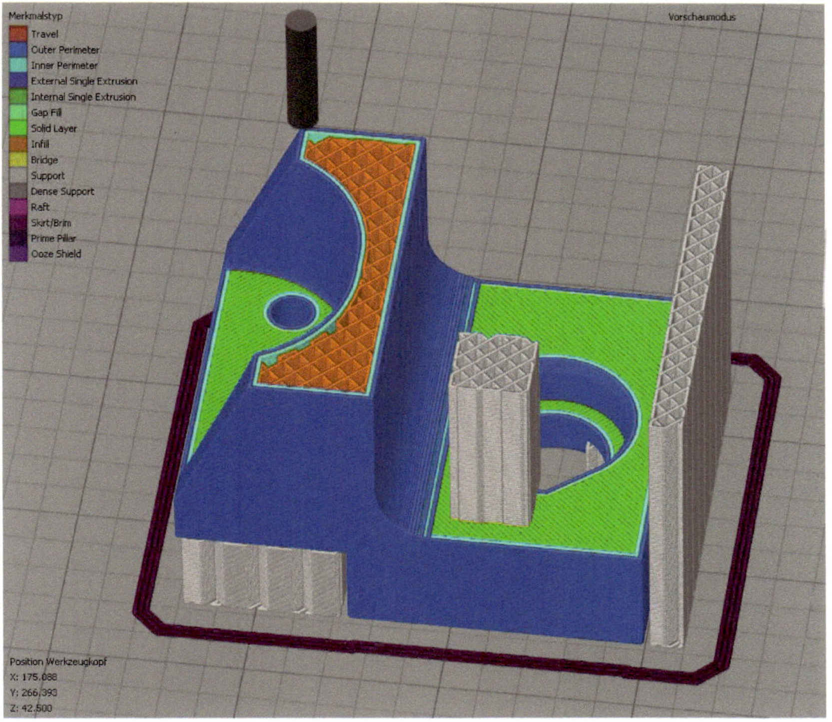

7.8.3 Stützstrukturen speichern

Eine bereits erstellte Stützengeometrie kann mit der Schaltfläche **Stützstrukturen speichern** exportiert und für späteren Einsatz wieder importiert werden. Leider hat die Funktion einen entscheidenden Haken: Die Stützstruktur speichert ihre aktuelle Position auf dem Drucktisch und wird wieder dorthin importiert. Sitzt die Bauteilgeometrie an einer neuen Position, werden die Stützen dennoch am alten Standort platziert, dies zeigt Bild 7.21.

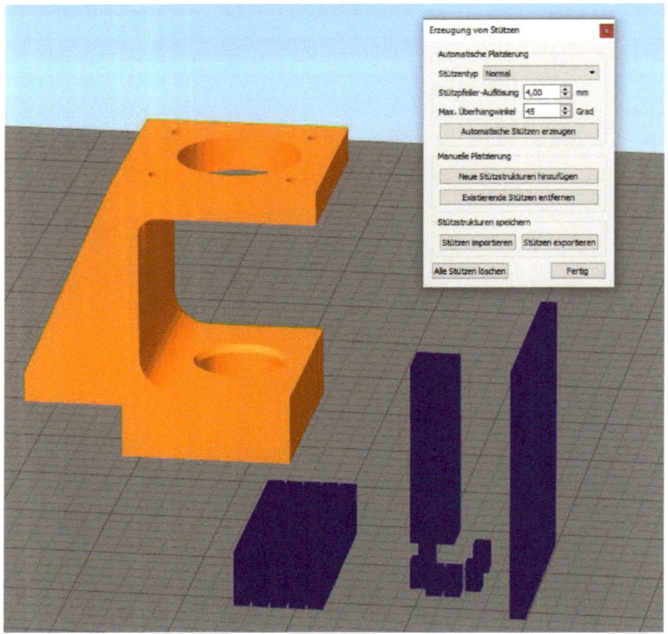

Bild 7.21 Import von Stützmaterial mit gespeicherter Position

Die Position von Stützstruktur zu Bauteil kann dann leider nicht mehr korrigiert werden. Die importierte Stützstruktur ist fest mit dem Bauteil verbunden, kann jedoch durch manuelles Setzen der Stützstruktur nachbearbeitet werden. Falls kein einzelnes Druckteil selektiert ist, fragt Simplify3D vor dem Import noch mit einem Dialog, welchem Bauteil die Stützstruktur zugeordnet werden soll:

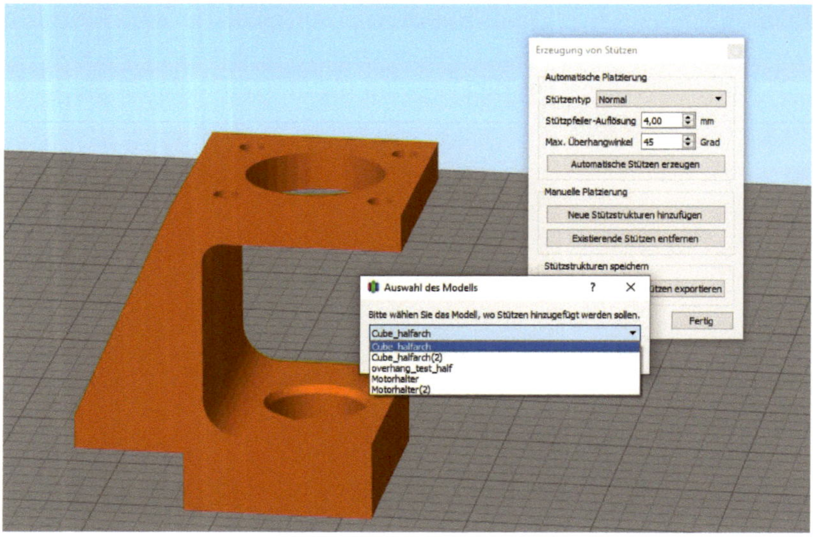

Im untersten Bereich des Stützen-Dialogs befinden sich noch zwei Schaltflächen:

- **Alle Stützen löschen**
  Mit dieser Aktion werden alle Stütz-Geometrien in dem oder den selektierten Bauteilen gelöscht. Es wird nicht unterschieden zwischen automatisch oder manuell erstellten Stützpfeilern.
- **Fertig**
  Diese Schaltfläche schließt das Fenster. Eine spätere Bearbeitung ist jederzeit möglich.

7.9 Add-Ins → Bild in 3D konvertieren

Das Add-In kann aus zweidimensionalen Fotos ein dreidimensionales Relief erzeugen. Diese Reliefs werden auch als Lithophane bezeichnet, sie werden meist als durchleuchtete Bilder oder Lampen verwendet. Das Prinzip nutzt die stärkere Lichtdurchlässigkeit von hellem Kunststoff bei dünnen Druckbereichen und die geringere Durchstrahlung durch dicke Druckbereiche. Das heißt, je dunkler ein Foto-Pixel ist, umso dicker wird es im dreidimensionalen Druckteil dargestellt.

Foto

3D-Druck hinterleuchtet

3D-Druck unbeleuchtet

In der Übungsdatei *image-3d.factory* befinden sich alle der folgenden Modelle. Für die Erzeugung eines 3D-Modells aus einem Foto bietet Simplify3D folgenden Dialog an:

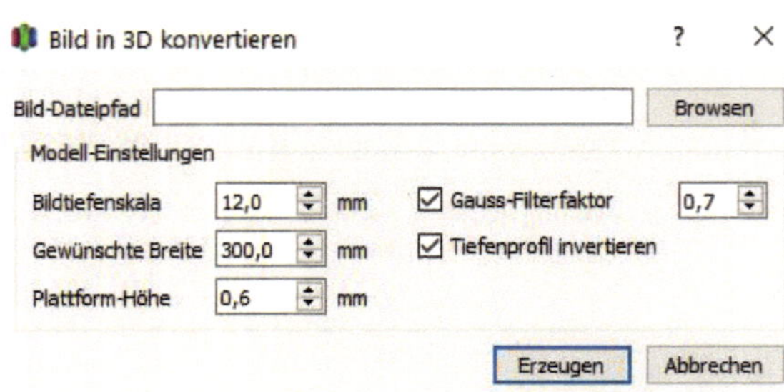

Die Eingaben im Einzelnen:

- **Bild-Dateipfad:** Hier werden der Pfad und die Datei des zu konvertierenden Bildes ausgewählt. Nicht immer werden jpg-Formate übersetzt, bmp und png funktionieren zuverlässiger.
- **Bildtiefenskala:** Diese Eingabe in mm definiert die Dicke des Druckteils (die dunkelsten Pixel des Bildes werden 12 mm dick erzeugt).
- **Gewünschte Breite:** gewünschte Breite des 3D-Modells. Die Bildhöhe ergibt sich aus dem Bildformat.
- **Plattformhöhe:** Die Dicke des Rahmens und der hellsten Pixel des Bildes.
- **Gauss-Filterfaktor:** Der Gauss-Filterfaktor verändert den Kontrast. Er wird in der digitalen Bildverarbeitung verwendet, um Bilder zu glätten oder Weichzeichnung zu verwenden. Er wirkt sich bei der Umwandlung entsprechend aus (siehe Übungsdatei oder Bild unten).
- **Tiefenprofil invertieren:** Ist der Haken hier gesetzt, so werden dunkle Pixel dicker und helle Pixel dünner abgebildet. Wird der Haken deaktiviert, so werden die hellen Pixel dicker und die dunklen dünner erzeugt. Wird mit der Einstellung gedruckt, dann wird ein Negativ-Bild bei Hinterleuchtung dargestellt.
- **Erzeugen:** Das 3D-Modell wird erzeugt, ansonsten kann über **Abbrechen** der Dialog abgebrochen werden.

Um den Gauss-Faktor näher zu erklären, sind hier im Folgenden ebenso wie in der Übungsdatei vier unterschiedlich erzeugte Modelle des Beispielfotos abgebildet.

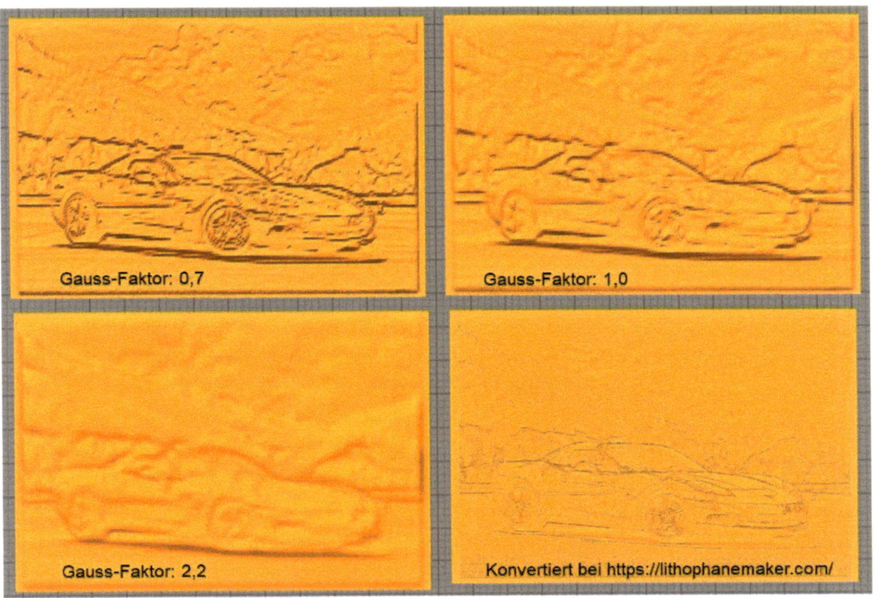

Deutlich erkennbar: Je kleiner der Gauss-Faktor, umso konturierter, kontrastreicher erscheint das 3D-Modell. Je größer er gewählt wird, umso mehr wird es geglättet. Das vierte Modell wurde über das Internetportal *https://lithophanemaker.com/* erzeugt. Häufig werden dort deutlich bessere Ergebnisse erzeugt. Auch obige Druckteile der Corvette wurden über den genannten kostenlosen Dienstleister erzeugt.

8 Druckparameter im Detail

Dieses Kapitel beschreibt alle in den Prozesseinstellungen enthaltenen Einstellungen und Parameter in der Reihenfolge, wie sie in der fortgeschrittenen Ansicht aufgeführt sind. Die Einstellungen werden in diesem Kapitel so genannt, wie sie in der deutschen Übersetzung von Simplify3D stehen. Zusätzlich wird zu jeder Einstellung die englische Bezeichnung dahinter gestellt. Dies soll sowohl dem Leser nutzen, der lieber in der englischen Version arbeitet, als auch die Recherche auf der Hersteller-Homepage, dem dazugehörigen Forum oder in weiteren englischsprachigen Quellen ermöglichen. Jede Einstellung wird in ihrer Grundfunktion beschrieben und wie sie ggf. andere Einstellungen beeinflusst. Zusätzlich bringen viele Einstellungen Verhalten und Möglichkeiten mit, die nicht sofort ins Auge springen, aber sehr nützlich sein können. Um dem Leser eine optimale Nutzung von Simplify3D zu ermöglichen, werden sie ebenfalls beleuchtet. So dient dieses Kapitel auch sehr gut als Nachschlagewerk. Da Kapitel 2 die Basis für den technologischen Hintergrund bietet, bauen die Erklärungen im Kapitel darauf auf und werden gegebenenfalls vertieft.

Im Folgenden wird die Druckvorschau häufig verwendet, um die verschiedenen Einstellungen und deren Auswirkung auf das Druckergebnis zu beschreiben. Es wird empfohlen, unmittelbar nach dem Ändern einer Einstellung die Auswirkungen genau in der Druckvorschau zu untersuchen. Damit kann oftmals bewertet werden, ob die Änderung für das Druckteil Verbesserungen erzielt.

Tipp: Zu Beginn sollte so nah wie möglich am Standardprofil des 3D-Druckerherstellers gedruckt werden und es sollten möglichst nur ein bis zwei Einstellungen verändert werden. Die gegenseitige Beeinflussung von Parametern ist nicht zu unterschätzen, und so führen zu viele Änderungen häufig zu einer Verschlechterung.

Einige Parameter sind geräteabhängig und vom Hersteller in dessen Profilen optimiert. Daher können für viele Einstellungen keine allgemeingültigen Empfehlungen gegeben werden, wenn sie geräteabhängig sind. Das Ampelsystem in Abschnitt 6.2.2 weist auf gerätespezifische Einstellungen hin, die nicht oder nur nach

Rücksprache mit dem Gerätehersteller geändert werden sollten, denn hier drohen Schäden am 3D-Drucker und Ausschuss in den Druckteilen. Daher sind die Angaben und Beispiele im Folgenden immer mit den Standardprofilen und Empfehlungen des Geräteherstellers abzugleichen.

■ 8.1 Extruder/Extruder

In diesem Reiter werden alle Einstellungen zu den vorhandenen Extrudern getroffen. **Extruder** wurde hier unglücklicherweise teilweise mit **Werkzeugkopf** übersetzt. Bei Single-Druckern ist hier nur ein Extruder aufgeführt, bei 3D-Druckern mit mehreren Extrudern sind es entsprechend mehr. Nur wenn ein Extruder hier vorhanden ist, kann er für einen Druck genutzt werden. Dagegen ist es kein Problem, wenn ein zusätzlicher Extruder eingestellt ist, der nicht verwendet wird.

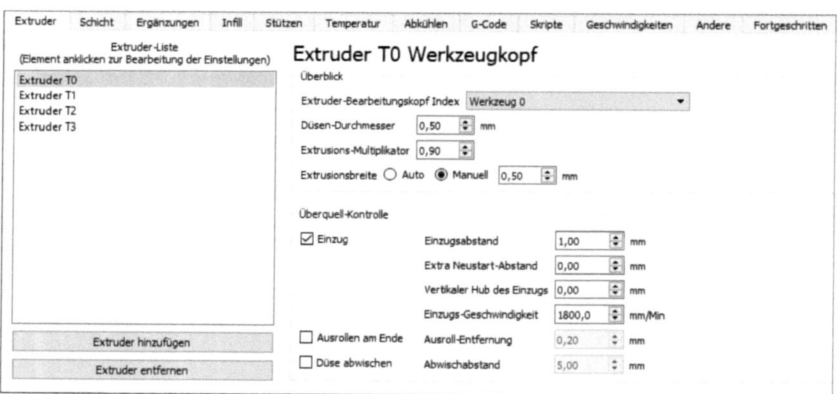

Bild 8.1 Reiter Extruder

Der Reiter Extruder (Bild 8.1) ist folgendermaßen aufgeteilt:

- Abschnitt links – **Extruder-Liste**: Liste der eingetragenen Extruder.
- Abschnitt rechts – **Überblick** und **Überquell-Kontrolle**: Die Einstellungen sind zugeordnet zum jeweils links ausgewählten Extruder.

Jeder Extruder verfügt über eigene Einstellungen, da beispielsweise unterschiedliche **Düsen-Durchmesser** oder Materialien auf den Extrudern eingesetzt werden können.

Wichtig: Zuerst muss der zu ändernde Extruder in der Liste angeklickt und damit grau hinterlegt werden, damit die rechtsstehenden Einstellungen auch für diesen geändert werden können. Ansonsten werden die Einstellungen für den falschen Extruder geändert.

8.1.1 Extruder-Liste/Extruder List

In der Liste finden sich alle für den 3D-Drucker eingestellten Extruder. Es können Extruder hinzugefügt (**Extruder hinzufügen**) oder gelöscht (**Extruder entfernen**) werden. Wichtig beim Ändern in diesem Bereich ist, dass der einem Extruder zugeordnete, eindeutige **Extruder-Index** korrekt gesetzt wird (siehe Abschnitt 8.1.2). Des Weiteren muss bedacht werden, dass alle hier aufgeführten Extruder auch in den Reitern **Temperatur**, **Skripte** und **Andere** entsprechend zugefügt oder gelöscht werden müssen.

8.1.2 Überblick-Extruder/Overview

Hier werden die Grundeinstellungen für den gewünschten, aktuell in der **Extruder-Liste** gewählten und grau hinterlegten Extruder getroffen.

Extruder-Bearbeitungskopf Index/Extruder Toolhead Index

Jeder Extruder benötigt einen eindeutigen Index, mit dem er hier und bei weiteren Prozesseinstellungen, in den Skripten und im Geräte-Bedienfeld (Host) referenziert wird. Der Index wird vom Aufbau des 3D-Druckers und den vom 3D-Druckerhersteller definierten Einstellungen bestimmt. Diese sollten nicht geändert werden, da sie elementar für den Druckablauf sind. Sie können zum Scheitern des Druckes führen und eventuell auch dem Gerät schaden.

Düsen-Durchmesser/Nozzle Diameter

Hier wird der Durchmesser des Düsenauslasses in Millimeter eingestellt, der im ausgewählten Extruder verbaut ist. Die **Extrusionsbreite** und **Schichthöhe** sind abhängig vom Düsendurchmesser. Zwei Verhältnisse sind hier unbedingt zu beachten:

- Die größtmögliche **Schichthöhe** beträgt 80 % des Düsendurchmessers.
- Die **Extrusionsbreite** sollte mindestens so groß sein wie der Düsendurchmesser und maximal 180 % des Düsendurchmessers betragen. Mehr dazu in Abschnitt 2.3.

Aus den Bedingungen wird klar, dass mit kleineren Düsendurchmessern feinere und schmalere Bahnen gedruckt werden können. Damit können filigrane Details besser abgebildet werden. Mit größeren Düsendurchmessern können hingegen höhere Schichthöhen und breitere Bahnen gedruckt werden. Das macht den Druck deutlich schneller und erhöht auch die Festigkeit aufgrund des höheren Wärmeeintrags und des größeren Volumens.

Extrusions-Multiplikator/Extrusion Multiplier

Der Extrusions-Multiplikator stellt einen Korrekturfaktor für den Volumenstrom dar. Belässt man ihn auf 1, so berechnet Simplify3D die zugeführte Filamentlänge pro Wegstrecke mit dem Faktor eins auf das aufzutragende Volumen um. Da jedoch Filamente Dichteunterschiede und Vorschübe Schlupf aufweisen können, wird mit diesem Faktor im Bedarfsfall korrigiert. Er muss einmal pro Material und 3D-Drucker kalibriert werden und sollte dann nicht mehr geändert werden.

Diese Einstellung beeinflusst auch direkt die Maßhaltigkeit der Druckteile. Ist er zu hoch, ist die aufgetragene Bahn zu breit, und das Druckteil hat zu große Außenabmessungen. Eingestellt werden kann dieser Faktor am besten anhand von einwandig gedruckten Geometrien. Mehr dazu in Abschnitt 9.8.2.

Verschiedene Einstellungen für den Extrusions-Multiplikator verhalten sich folgendermaßen:

- **1,0:** Mit einem Wert von 1,0 für den Extrusions-Multiplikator wird der Volumenstrom ohne Korrekturfaktor berechnet. Liegen keine Erfahrungswerte für den Extrusions-Multiplikator vor, sollten erste Testdrucke mit einem Wert von 1,0 durchgeführt werden. Änderungen von wenigen Prozent haben größere Auswirkungen.
- **> 1:** Die Flussrate wird erhöht, damit wird mehr Material extrudiert. Dies ist dann notwendig, wenn die tatsächlich gedruckte Extrusionsbreite kleiner ist als der Sollwert. Das wird sichtbar durch nicht gut geschlossene Schichten und zeigt sich auch in zu kleinen Außenabmessungen des Teils. Da verstopfte Düsen, zu niedrige Drucktemperaturen oder ein nicht einwandfrei fördernder Vorschub das gleiche Fehlerbild zeigen können, sollte dies immer vorher geprüft werden.
- **< 1:** Die Flussrate wird verringert, es wird weniger Material extrudiert. Werden Bahnen breiter als die **Extrusionsbreite** gedruckt oder sorgen für einen Materialüberschuss bei gedruckten Flächen, sollte der Extrusions-Multiplikator verringert werden.

Extrusionsbreite/Extrusion Width

Mit der Extrusionsbreite kann die Zielbreite der Bahnen in Millimeter eingestellt werden. Es steht die Auswahl zwischen **Auto** und **Manuell** zur Verfügung.

- **Auto:** Die Extrusionsbreite wird automatisch auf das 1,2-fache des **Düsendurchmessers** eingestellt.
- **Manuell:** Die Breite der Bahn wird manuell festgelegt, wobei die mögliche Breite folgenden Limitierungen unterliegt.
  - **Minimum:** Die Extrusionsbreite sollte nicht geringer als der **Düsendurchmesser** eingestellt werden.
  - Das **1,0- bis 1,8-fache des Düsen-Durchmessers** sind sinnvolle Werte für die Extrusionsbreite.
  - **Maximum:** Oberhalb der 1,8-fachen Düsengröße beginnt die Druckqualität stark nachzulassen, dies ist nicht empfehlenswert.

Einfluss der Extrusionsbreite auf das Druckergebnis:

- Je größer die Extrusionsbreite gewählt wird, umso weniger Bahnen werden gebraucht, um eine Fläche zu füllen oder eine gewünschte Wandstärke zu erreichen. Die Druckdauer verkürzt sich damit bei gleichbleibenden **Geschwindigkeiten**.
- Ebenfalls vergrößert sich das Verhältnis zwischen Höhe und Breite der Bahn. Mit breiteren Bahnen kann eine höhere Festigkeit für das Druckteil erreicht werden.
- Wichtig ist allerdings, dass filigrane Details, die kleiner sind als die eingestellte Extrusionsbreite, nicht gedruckt werden. Hier muss das Minimum gewählt oder ggf. eine kleinere Düse eingesetzt werden.
- Mit größerer Extrusionsbreite steigt der Volumenstrom bei gleichbleibender Druckgeschwindigkeit an. Hier kann unter Umständen die Grenze der Fördermöglichkeit des Extruders überschritten werden.

8.1.3 Überquell-Kontrolle/Ooze Control

Die Einstellungen hier betreffen den Filament-Einzug (Retract-Verhalten) der jeweiligen Düse, dies ist der Filament-Rückzug und Wieder-Vorschub zur Verhinderung von Nachtropfen (im englischen Oozing genannt) der aktiven Düse. Das Oozing ist eine grundlegende Problematik im FFF-Druck und wurde in Kapitel 2 einleitend erklärt. Weitere Einstellungen zur Verbesserung dieser Thematik befinden sich unter Abschnitt 8.12.4.

Die Einstellungen des Abschnitts Überquell-Kontrolle gelten für den Extruder, der aktuell im Einsatz ist. Sie gelten nicht für den Wechsel zwischen zwei Extrudern beim Mehrfachdruck, dort gelten die Einstellungen unter **Einzug bei Werkzeugwechsel** (Abschnitt 8.11.4).

Einzug/Retraction

Der gängigste Begriff hierfür ist der Retract. Korrekt wäre Filament-Rückzug als deutscher Begriff, Simplify3D nennt ihn den **Einzug**. Dieser und die zugehörigen Einstellungen können aktiviert und deaktiviert werden. Ist diese Option deaktiviert, findet kein Einzug statt, und die untergeordneten Einstellungen werden inaktiv.

Einzugsabstand/Retraction Distance

Länge in Millimetern, die das Filament am Ende einer Bahn vom Extruder zurückgezogen wird.

Der Wert ist abhängig von Kunststoff, eingestellter **Temperatur**, **Düsen-Durchmesser**, Extruder-Konfiguration und Länge bzw. Dauer der Freifahrten. Der optimale Wert kann mit speziellen, für diesen Zweck erstellten Kalibriermodellen ermittelt werden (siehe Abschnitt 9.8). Der Einzug sollte möglichst nicht so groß sein, dass das Filament zu weit in den Kaltbereich der Düse gezogen wird, denn dort kann es beim Abkühlen zu großen Widerständen beim Wiedereinschieben führen. Dadurch dauert es dann lang, bis wieder gut aufgeschmolzenes Material an der Düse ansteht. Zusätzlich wird das Filament am Filamentvorschub mehr belastet, da eine größere Länge des Filaments den Vorschub bei **Einzug** und erneutem Einschub passiert und mehr Druck auf das erkaltete Material notwendig wird. Nutzt sich das Filament während der **Einzüge** im Vorschub zu stark ab, kann es dazu kommen, dass ein Vorschieben des Filaments nicht mehr möglich ist. Vor allem bei Druckeilen mit sehr vielen **Einzügen** besteht dieses Risiko.

Ein höherer Wert ist sinnvoll bei:

- eher leicht fließende Materialien, bzw. Druck mit höheren Temperaturen
- langen Freifahrten (es sollen keine Materialtropfen am Druckteil hängen bleiben)
- größeren Düsendurchmessern (bei diesen strömt Material schneller aus)
- Druck von elastischen Materialien (durch die hohe Elastizität ist der **Einzug** nicht so wirkungsvoll)

Extra Neustart-Abstand/Extra Restart Distance

Wird nach einem **Einzug** das Filament in der Düse wieder vorgeschoben, kann die Vorschublänge mit dem Extra Neustart-Abstand verändert werden. Damit wird mehr oder weniger Filament vorgeschoben, als beim **Einzug** vorher zurückgezogen wurde. Der angegebene Wert in Millimetern kann positiv oder negativ sein.

- **0:** Der Neustart-Abstand wird nicht verändert. Das Filament wird um die gleiche Länge vorgeschoben, wie es für den **Einzug** zurückgezogen wurde. Diese Einstellung kann in den meisten Fällen gut verwendet werden. Der Extra Neustart-Abstand sollte nur angepasst werden, wenn akuter Anlass besteht und ein guter Wert anhand eines Testdrucks ermittelt wurde.

- **>0:** Das Filament wird um den Betrag des Extra Neustart-Abstandes weiter vorgeschoben. So kann auf der Freifahrt verlorenes Material kompensiert und ein verzögertes Starten der Bahn verhindert werden. Wird der Wert zu hoch eingestellt, kann sich eine Verdickung am Start der Bahn bilden.
- **<0:** Startet eine Bahn mit zu viel extrudiertem Material (es bilden sich Verdickungen am Start der Bahn), kann das mit einem negativen Extra Neustart-Abstand verbessert werden. Es besteht jedoch die Gefahr, dass eine Bahn wegen fehlendem Material löchrig oder verzögert startet.

Der Extra Neustart-Abstand findet bei jedem Einzug statt. Jedoch sind die Einzüge nicht gleichmäßig über ein Druckteil verteilt. Je nach Geometrie können an Stellen des Druckteils viele Einzüge und an anderen Stellen wenig Einzüge vorkommen. Dies führt dann dazu, dass der Extra Neustart-Abstand ebenso unregelmäßig angewendet wird. Hierdurch können sich beispielsweise an Stellen mit vielen Einzügen viele Extravorschübe aufsummieren und zum Druck von zu viel Material führen.

Vertikaler Hub des Einzugs/Retraction Vertical Lift

Wenn der Druckkopf bei Freifahrten über das Druckteil fährt, bewegt sich die Düse bündig über die zuvor auf dieser Schicht gedruckten Bahnen. Der vertikale Hub des Einzugs bewirkt, dass bei jedem Einzug der Druckkopf für die folgende Freifahrt um die eingestellte Höhe angehoben und am Zielpunkt wieder abgesenkt wird. Dies wird eingesetzt, wenn die Gefahr des Hängenbleibens der Düse am Druckteil besteht (schwach ausgelegte Achsen im Gerät, Überfüllung der Schichten, Kippgefahr bei hohen schlanken Druckteilen).

Tipp: Wenn Lagenversatz, ein Umfallen oder Abbrechen bei Teilen mit vielen einzelnen Druckbereichen (häufig auch turmartige Teile) auftreten, dann kann der vertikale Hub des Einzugs bei jedem **Einzug** hilfreich sein. ■

Einzugs-Geschwindigkeit/Retraction Speed

Die Geschwindigkeit, mit der das Filament bei **Einzug** und Wieder-Vorschub vom Filamentvorschub bewegt werden soll.

Hier ist zwar eine möglichst hohe Geschwindigkeit erwünscht, da die Einzugs-Geschwindigkeit zusammen mit dem **Einzugsabstand** die Zeit bestimmt, die für die **Einzüge** benötigt wird und für einen besseren Unterdruck in der Schmelzkammer sorgt. Dennoch besteht bei zu hohen Geschwindigkeiten die Gefahr, dass die Filamentvorschubkraft nicht ausreicht. Die Folge ist ein Schrittverlust am Vorschub oder dass das Vorschubrad im Filamentvorschub durchdreht und ins Filament fräst. Sinnvolle Werte hierfür sind am besten aus den Standardprofilen des Geräteherstellers zu entnehmen und dort auch nicht zu verändern.

Ausrollen am Ende/Coast at End

Mit der Funktion **Ausrollen am Ende** kann die Extrusion von Material kurz vor dem Ende einer Bahn gestoppt werden. Die letzte Strecke Bahn wird ohne aktive Extrusion bzw. Filamentvorschub gefahren.

Abhängig von der Extruder-Konfiguration und dem verwendeten Material kann es am Ende von Bahnen zu Verdickungen kommen. Durch ein Ausrollen am Ende wird vor dem Erreichen des Endes einer Bahn der Druck aus der Düse genommen. So wird dem unter Druck stehenden Material Zeit gegeben, aus der Düse zu strömen und die Bahn zu Ende zu bringen, ohne eine Verdickung zu bilden. Der reguläre **Einzug** wird bei Erreichen des Endes der Bahn ausgeführt. Ist die Option aktiviert und eine **Ausroll-Entfernung** eingestellt, sieht man in der Vorschau, dass die Bahnen früher enden. Hier kann das tatsächliche Verhalten von Extruder und Material nicht dargestellt werden, das Verhalten wird erst im gedruckten Teil sichtbar.

Ausroll-Entfernung/Coasting Distance

Ob und mit welcher Länge eine Verwendung von **Ausrollen am Ende** Sinn ergibt, hängt von 3D-Drucker, Material und Extruder ab und sollte in Testdrucken ermittelt werden. Die Funktion kann für Verbesserung sorgen, wenn sich am Ende der Bahnen Verdickungen bilden. Dies zeigt sich häufig in einer deutlicher sichtbaren Z-Naht (Abschnitt 2.6.6). Die Angabe hier gibt an, wie viele Millimeter vor Erreichen des Endes einer Bahn die Extrusion gestoppt werden soll.

Das **Ausrollen am Ende** wird bei jedem **Einzug** durchgeführt. Gibt es in einem Druckteil Stellen, an denen viele Einzüge in kurzer Zeit stattfinden, kann es zu Löchern im Druckteil kommen, da sich hier der unterlassene Vorschub an Material aufsummiert. In einer solchen Situation kann die Funktion **Düse abwischen** alternativ zu oder zusammen mit geringerem **Ausrollen am Ende** eingesetzt werden. Gute Einstellungen sollten hier anhand von Testdrucken ermittelt werden.

Düse abwischen/Wipe Nozzle

Um die Düse am Ende einer Bahn abzuwischen, fährt der Druckkopf den Anfang der Bahn um die Länge des **Abwischabstandes** noch einmal ab.

Hierdurch wird

- die Düse von möglichem Material befreit, das außen an der Düse klebt,
- die Sichtbarkeit des Ansatzes, also des Starts und Endes der **Konturhülle** verringert, indem das Ende der Bahn etwas in den Start hineingezogen wird,

- das Bilden von Verdickungen am Ende einer Bahn reduziert, da sich die Düse beim Einziehen des Filaments weiterbewegt und damit das dabei austretende Material besser verteilt.

Anhand der Einstellungen **Extraktion während der Wischbewegung durchführen** und **Extruder nur für die äußeren Konturumfänge abwischen** (Reiter Fortgeschritten) kann das Abwischverhalten weiter eingestellt werden. In der Vorschau kann man bei eingeblendeten **Wegbewegungen** sehen, dass am Ende einer Bahn eine zusätzliche Freifahrt über den Start der Bahn hinaus stattfindet, bevor der Druckkopf zum Start der nächsten Bahn weiterfährt.

Abwischabstand/Wipe Distance

Hier wird die Länge eingestellt, über die das **Düse abwischen** stattfinden soll. Hier sind wenige Millimeter ausreichend, also ca. 2 bis 5 mm.

Fortgeschrittene Verwendung dieser Einstellung: Bei aktivierter Einstellung **Extraktion während der Wischbewegung durchführen** sollte der Abwischabstand anhand folgender Formel berechnet werden:

$$\textit{Abwischabstand} = \textit{Einzugsabstand} \times \frac{\textit{Standarddruckgeschwindigkeit} \times \textit{geringere Geschwindigkeit für Konturen}}{\textit{Einzugsgeschwindigkeit}}$$

Der Grund hierfür ist, dass die Wischbewegung die gleiche Zeit benötigen soll wie das Einziehen des Filaments. Benötigt die Wischbewegung länger als der **Einzug** des Filaments, so wird die Wischbewegung fortgeführt, nachdem das Filament eingezogen wurde. Dauert die Wischbewegung kürzer als der **Einzug** des Filaments, so wird nach Abschließen der Wischbewegung die verbleibende Länge des Filaments zurückgezogen. Beides ist zwar nicht schlimm, kann aber im optimalen Fall durch Verwendung der Formel verhindert werden.

8.2 Schicht/Layer

Die Einstellungen unter dem Reiter Schicht befassen sich mit den **Merkmalen**, die die äußeren Wände des Druckteils bilden. Sie haben großen Einfluss auf die Festigkeit und das Erscheinungsbild des Druckteils.

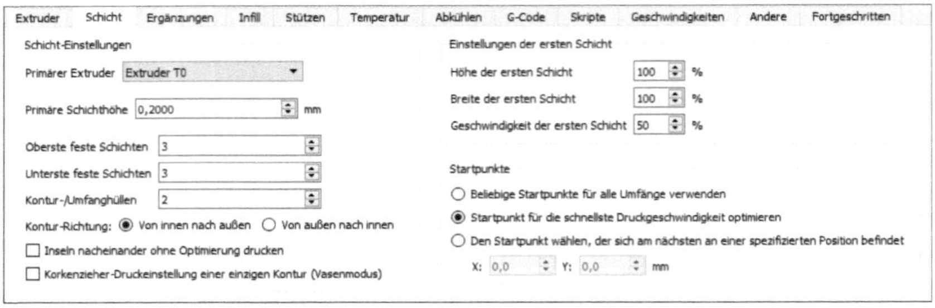

Bild 8.2 Reiter Schicht

8.2.1 Schicht-Einstellungen/Layer Settings

In diesem Abschnitt werden wichtige Einstellungen wie Schichthöhe und Wanddicke des Druckteils eingestellt.

Primärer Extruder/Primary Extruder

Hier wird ausgewählt, mit welchem Extruder die **Konturhüllen**, **oberste** und **unterste feste Schichten** gedruckt werden sollen. Zur Auswahl finden sich hier alle Extruder, die unter **Extruder-Liste** eingestellt sind.

- **Druck mit einem Extruder:** Verfügt ein 3D-Drucker über mehrere Extruder, es soll für einen Druck jedoch nur einer verwendet werden, wird dieser hier eingestellt. In der Regel muss dies jedoch nicht extra eingestellt werden, wenn das verwendete Profil über eine **Auto-Konfiguration für Extruder** verfügt. Die Vorauswahl dort konfiguriert entsprechend den primären Extruder.
- **Druck mit mehreren Extrudern:** Wird ein Druckteil mit mehreren **Extrudern** gedruckt, wird hier der Extruder eingestellt, der für die **Konturhüllen** und **festen Schichten** in diesem Prozess verwendet werden soll.

Primäre Schichthöhe/Primary Layer Height

Dieser Wert gibt die Schichthöhe an, die für das Druckteil verwendet werden soll.

Die Schichthöhe beeinflusst, wie stark die Schichtstruktur beim fertigen Bauteil sichtbar wird. Kleinere Schichthöhen sorgen für eine glattere Oberfläche. Die für ein Druckteil benötigte Anzahl der Schichten ergibt sich aus der Gesamthöhe des Druckteils geteilt durch die Schichthöhe. Wird die Schichthöhe kleiner gewählt, erhöht sich die Anzahl der Schichten entsprechend. Dabei bleibt die Druckzeit pro Schicht jedoch unverändert, und somit erhöht sich die Druckzeit deutlich (siehe Abschnitt 9.3).

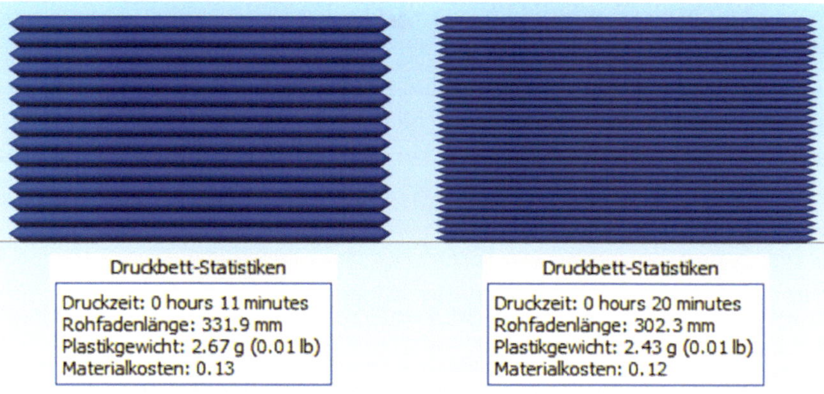

Bild 8.3 Unterschiedliche Schichthöhen – Auswirkung auf die Druckdauer

Die Einstellungen der beiden Druckteile in Bild 8.3 unterscheiden sich nur in der Schichthöhe. Für das rechte Druckteil wurde die Schichthöhe im Vergleich zum linken Druckteil halbiert.

- Die maximale Schichthöhe wird durch den Düsendurchmesser bestimmt (obere Grenze der Schichthöhe):

  Schichthöhe ≤ 0,8 × Düsendurchmesser Formel 8.1

- Die kleinste mögliche Schichthöhe wird hauptsächlich von der Sinnhaftigkeit der Druckdauer bestimmt. Je kleiner die Schichthöhe, desto länger dauert der Druck. Meist ist es nicht mehr zielführend, Schichthöhen unter 0,1 bis 0,05 mm zu drucken.

Achtung: Wenn die Bauteilhöhe kein ganzzahliges Vielfaches der Schichthöhe ist, so ignoriert Simplify3D diese restliche Höhe. Das Druckteil wird dann entsprechend niedriger ausfallen. Somit sollte im Optimalfall die Schichthöhe so gewählt werden, dass das Druckteil ohne Rest gedruckt werden kann. Hierbei muss beachtet werden, dass die erste Schicht entsprechend der eingestellten **Höhe der ersten Schicht** von der Höhe der anderen Schichten abweicht. ▪

Hat ein Druckteil reliefartige, flache Steigungen, dann wird das Treppenmuster der Schichtbauweise bei großen Schichthöhen sehr deutlich. Hier sind kleinere Schichthöhen vorteilhaft, die gegebenenfalls wie im Beispiel Tiefziehform auch auf bestimmte Bereiche begrenzt werden können. Hier kann auch gut die Prozessteilung genutzt werden, um die Schichthöhe nur für den betroffenen Teil des Druckteils zu reduzieren. Mehr dazu im Praxisbeispiel in Abschnitt 9.3.

Oberste feste Schichten/Top Solid Layers – Unterste feste Schichten/ Bottom Solid Layers

Die beiden Parameter haben das gleiche Verhalten. **Oberste feste Schichten** beziehen sich auf die Anzahl der vollgefüllten Schichten, die das Druckteil nach oben abschließen. Und **Unterste feste Schichten** betrifft die Anzahl der unten abschließenden voll gefüllten Schichten. Diese bilden die obere und untere Wandstärke und sind ausschlaggebend für die Festigkeit.

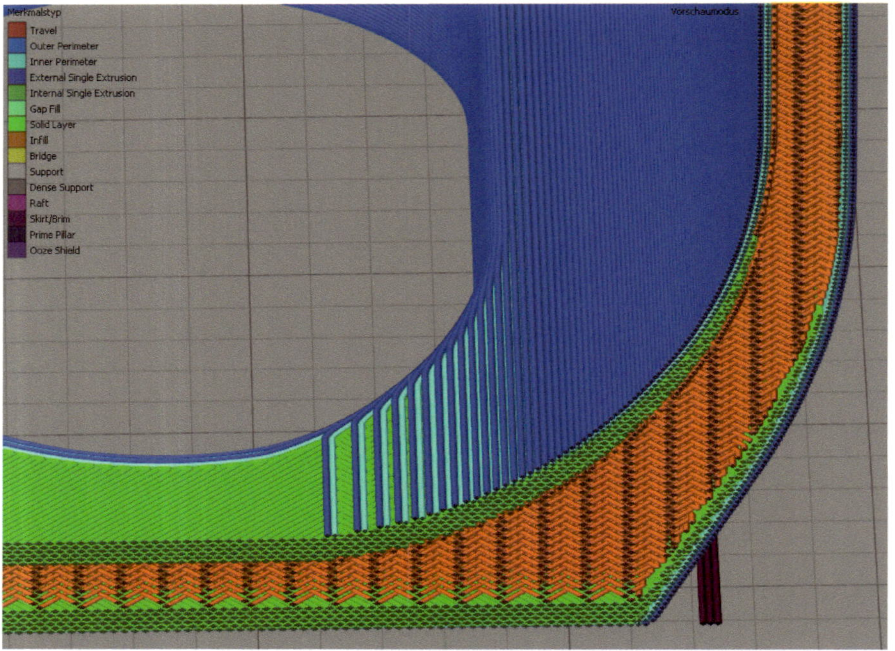

Bild 8.4 Oberste und unterste feste Schichten (grün)

Die obersten und untersten festen Schichten werden in der Druckvorschau in Grün dargestellt. Wie in Bild 8.4 dargestellt, befinden sich diese festen Schichten nicht nur in horizontal abschließenden Flächen, sondern auch in Krümmungen und Schrägen (bis zu einem Winkel von ca. 70°). Damit sollen auch dort die Wandstärken sichergestellt werden. Zusätzlich wird so erreicht, dass im Fall der obersten festen Schichten eine gute Auflagefläche für die darüber liegenden Konturhüllen vorhanden ist. Bei den untersten festen Schichten wird eine gute Basis für den darüber liegenden Infill geschaffen. In Bild 8.5 ist eine dieser Schichten von oben dargestellt. Es ist ersichtlich, dass links eine gewisse Breite der Gesamtfläche mit obersten festen Schichten voll gefüllt ist. Rechts ist ein Bereich voll gefüllter Schichten sichtbar, der durch die untersten festen Schichten gebildet wird.

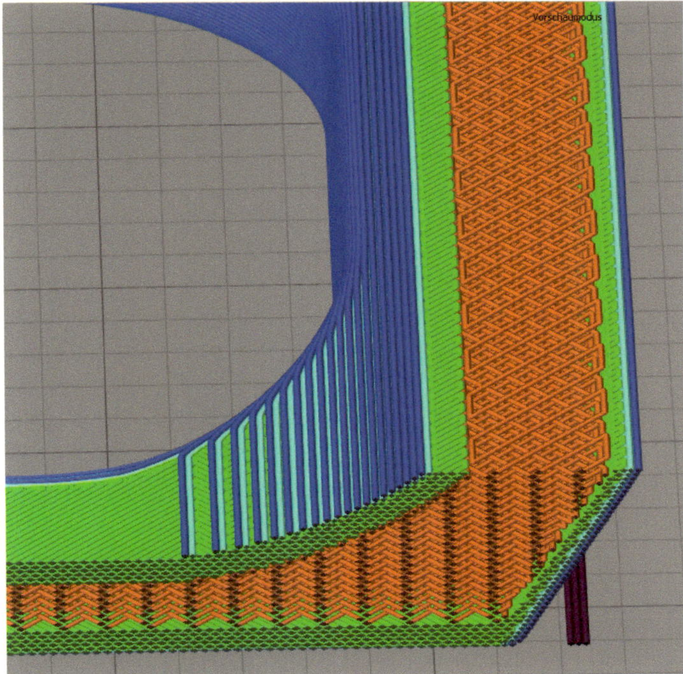

Bild 8.5 Feste Schichten in Krümmungen

Die Anzahl der obersten und untersten festen Schichten wird durch folgende Faktoren definiert:

- Die gewünschte Wandstärke der oberen und unteren Flächen (Anzahl der obersten/untersten festen Schichten * Schichthöhe).
- Die Druckdauer: Da die festen Schichten verglichen mit **Infill** mehr Druckzeit benötigen, erhöht sich damit die Druckzeit des Druckteils. Vergrößert wird die Druckdauer dann zusätzlich in den Fällen, in denen oberste und unterste Schichten mit geringerer Geschwindigkeit gedruckt werden als die Standardgeschwindigkeit (Abschnitt 8.10.1).

Bei den **obersten festen Schichten** kommt ein wichtiger Punkt hinzu:

- Da die erste der obersten festen Schichten auf dem Infill zu liegen kommt, muss bei geringem Infill berücksichtigt werden, dass diese in den Infill „einbricht“. Das heißt, die Bahnen dieser ersten obersten festen Schicht können durchhängen, wenn sie zu wenig Auflage auf dem Infill finden. Das gleicht sich über die folgenden Schichten aus, die Anzahl sollte aber in diesen Fällen immer >3 Schichten betragen.

Bei den untersten festen Schichten sind folgende Besonderheiten zu beachten:

- Die erste Schicht auf das Druckbett wird häufig mit einer anderen Höhe gedruckt (Abschnitt 8.2.2).
- Wird Stützstruktur verwendet, so liegen diese untersten festen Schichten auf Stützstruktur und sollten ebenfalls mit eher mehr festen Schichten gedruckt werden, um eine gute Festigkeit zu erreichen.

Kontur-/Umfanghüllen/Outline/Perimeter Shells

Die Konturhüllen, auch Perimeter genannt, bilden die seitlichen Wände des Druckteils. Indem sie auf jeder einzelnen Schicht der Außenkontur des Druckteils folgen, wird die Geometrie des Druckteils realisiert. Konturhüllen bilden nicht nur die vertikalen seitlichen Wände, sie bilden ebenfalls Steigungen und Überhänge. Erst wenn die Geometrie stark in die Vertikale geht, kommen zu den Konturhüllen die **obersten** und **untersten festen Schichten** dazu.

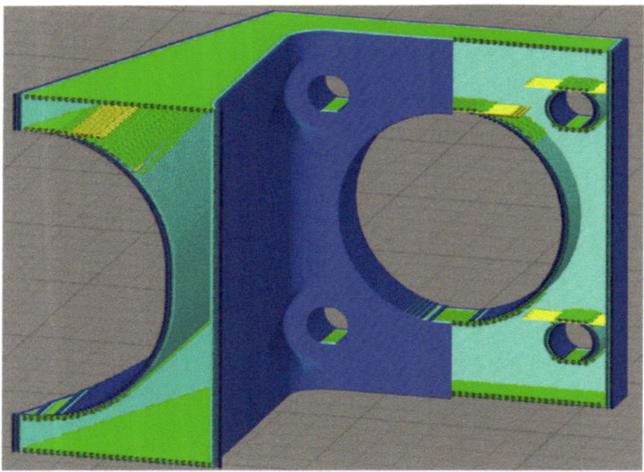

Bild 8.6 Druckteil mit Konturhüllen in Blau und Türkis

In der Druckvorschau (Bild 8.6) werden die Konturhüllen in Blau und Türkis dargestellt. Im Bild ist zu sehen, wie die Konturhüllen nicht nur vertikale Wände, sondern ebenfalls Steigungen und Überhänge bilden. Große Teile der Bohrungen werden beispielsweise von Konturhüllen gebildet.

Die Einstellung **Kontur-/Umfanghüllen** legt die Anzahl der Konturhüllen fest.

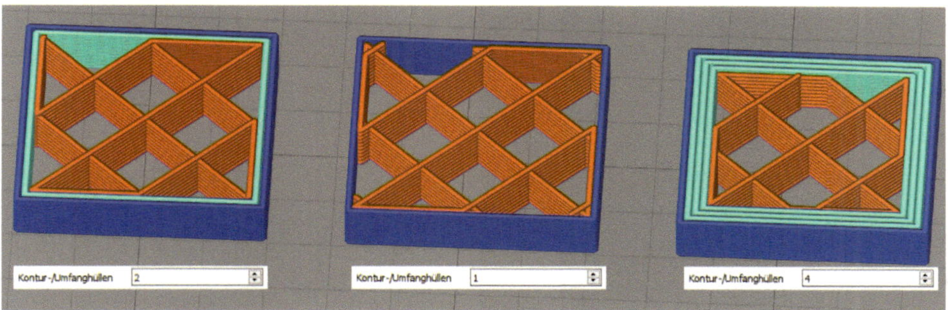

Bild 8.7 Unterschiedliche Anzahl von Konturhüllen

Das Bild 8.7 zeigt Druckteile mit unterschiedlicher Anzahl an Kontur-/Umfanghüllen. In der Druckvorschau wird die äußere Konturhülle in Blau dargestellt und alle weiteren innenliegenden in Türkis. Der **Infill** wird entsprechend der Anzahl der Konturhüllen angepasst.

Die Konturhüllen bilden immer einen Umfang, Anfang und Ende treffen sich. Häufig machen die Konturhüllen den größten Teil der Oberfläche eines Druckteils aus. Folgende Eigenschaften sind stark mit den Konturhüllen verbunden und können genutzt werden, um mithilfe der Konturhüllen die Oberflächengüte und Festigkeit des Druckteils zu beeinflussen:

- **Festigkeit:** Anhand der Anzahl der Konturhüllen kann die Festigkeit des Druckteils eingestellt werden. Die Wandstärke der Konturhüllen ergibt sich aus der Anzahl multipliziert mit der **Extrusionsbreite** (Abschnitt 8.1.2).
- **Primäre Schichthöhe:** Die Höhe der einzelnen Bahnen der Konturhüllen ist die der **Primären Schichthöhe**. Kleinere Schichthöhen verringern die Sichtbarkeit der einzelnen Schichten und verringern den Schichtcharakter des Druckteils. Dies führt zu einem glatteren Erscheinungsbild der Konturhüllen, jedoch ebenfalls zu einer längeren Druckzeit.
- **Material:** Das für das Druckteil verwendete Material beeinflusst nicht nur die Festigkeit des Druckteils, sondern ebenfalls die Oberflächengüte, besonders bei den Konturhüllen. Bei matteren Materialien sind die einzelnen Schichten der Konturhüllen weniger gut zu sehen wie bei stark glänzenden. Fasergefüllte Materialien überdecken durch ihre Rauheit die Sichtbarkeit der einzelnen Schichten besonders gut.
- **Druckgeschwindigkeit:** Je langsamer Bahnen gedruckt werden, desto sauberer ist die Extrusion und damit deren Erscheinungsbild. Anhand der **Geringeren Geschwindigkeit für Konturen** (Abschnitt 8.10.1) können die Konturhüllen mit einer langsameren Geschwindigkeit im Vergleich zu den anderen Merkmalen des Druckteils, gedruckt werden. Eine geringere Geschwindigkeit

kann ebenfalls zu einer besseren Maßhaltigkeit des Druckteils im Bereich der Konturhüllen führen.

Die Anzahl der Konturhüllen kann unterschiedliche Effekte auf das Druckteil haben.

- **0 Konturhüllen:** Es ist möglich, ein Druckteil ohne Konturhüllen zu drucken. Der **Infill** bildet dann statt der Konturhüllen die entsprechenden Außenflächen.
- **1 Konturhülle:** Abhängig von der Extrusionsbreite bildet auch eine Konturhülle in manchen Fällen ausreichend Festigkeit. Häufig wird die Oberfläche mit mehr als einer Konturhülle regelmäßiger. Wird nur eine Konturhülle gedruckt, können kleine Unregelmäßigkeiten in der Extrusion zu Lücken oder Löchern in der Oberfläche führen.
- **2 Konturhüllen:** Gute Standardeinstellung, solange mit den Konturhüllen nicht zusätzliche Festigkeit erreicht werden soll.
- **>2 Konturhüllen:** Eine höhere Anzahl sorgt für eine bessere Festigkeit der Außenflächen. Ebenfalls kann eine erhöhte Anzahl der Konturhüllen benötigt werden, um dem **Verhalten bei dünnen Wänden** (Abschnitt 8.12.2) die Möglichkeit zu geben, diese durch **innere dünne Wände** zu ersetzen.

Tipp flüssigkeitsdichte Druckteile: Für die Anforderung Dichtigkeit von Druckteilen sollten möglichst große **Extrusionsbreiten**, möglichst viele **Konturhüllen** und möglichst große **Schichthöhen** gewählt werden. Langsames Drucken für gute Lagenverschweißung verstärkt den Effekt.

Kontur-Richtung/Outline Direction

Bei den **Konturhüllen** wird zwischen der inneren und äußeren Konturhülle unterschieden, diese werden in der Druckvorschau auch farblich unterschieden. Mit dieser Einstellung kann festgelegt werden, ob die innere oder die äußere Konturhülle zuerst gedruckt wird.

- **Von innen nach außen:** Die Konturhüllen werden beginnend mit der innersten nach außen gedruckt. Hieraus ergeben sich zwei positive Effekte:
  - Es wird erst die innere und anschließend die sichtbare äußere Konturhülle gedruckt. Durch das Anliegen der äußeren Konturhülle an der inneren Konturhülle können sich diese gleich beim Druck verbinden. So erfährt die äußere Konturhülle eine Stützwirkung. Dies verbessert die Qualität der Oberfläche und hilft besonders beim Druck von Überhängen, da es ein Abfallen der äußeren Konturhülle unwahrscheinlicher macht.

- Nach Freifahrten oder Druckpausen ist die Düse beim Druckstart an den Konturhüllen möglicherweise nicht perfekt gefüllt. Werden für einen Druck keine **Ergänzungen** (Abschnitt 8.3.3) wie beispielsweise die **Grundierungs-Stütze** verwendet, so ist die Konturhülle das erste Merkmal, das nach einem Schicht- oder **Werkzeugwechsel** gedruckt wird. Werden nun zuerst die inneren Konturhüllen gedruckt, kann sich der Materialfluss stabilisieren und sich eine saubere Extrusion einstellen, bevor die äußere, sichtbare Konturhülle gedruckt wird.
- **Von außen nach innen:** Die Konturhüllen werden, beginnend mit der äußersten, nach innen gedruckt. Für diese Einstellung besteht immer die Gefahr einer starken Z-Naht, ungleichmäßiger Füllung beim Druckstart der neuen Schicht, sie kann daher nicht empfohlen werden.

Inseln nacheinander ohne Optimierung drucken/ Print islands sequentially without optimization

Der Begriff Inseln beschreibt Bereiche auf einer Schicht, die einzeln gedruckt werden müssen. Diese Bereiche können nur über Freifahrten erreicht werden.

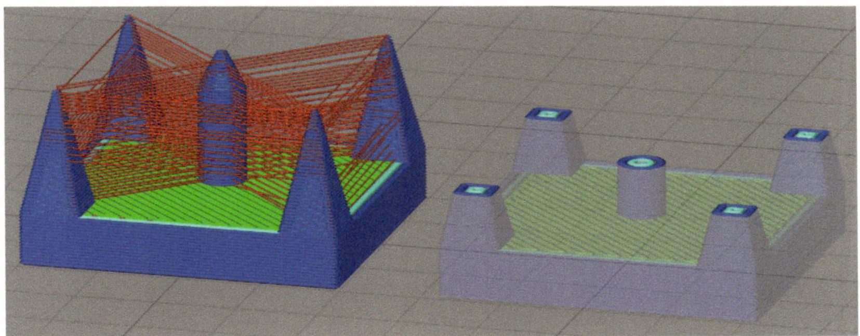

Bild 8.8 Inseln sind kleine Bereiche in einem Druckteil, die einzeln vom Druckkopf angefahren werden müssen. Es entstehen Freifahrten (rot) zwischen den Inseln.

Um die Druckzeit möglichst kurz zu halten, wird eine Optimierung eingesetzt. Diese Optimierung kann durch Setzen des Hakens deaktiviert werden.

- **Inseln mit Optimierung drucken** (Haken nicht gesetzt): Es werden alle Inseln einer Schicht nacheinander gedruckt, danach folgt die nächste Schicht. Bei aktiver Optimierung werden die Bahnen der neuen Schicht wieder auf die gleiche Insel gedruckt. Der Vorteil ist, dass die Freifahrt zurück zur ersten Insel gespart wird. Allerdings bedeutet das, dass die Bahnen der vorigen Schicht dieser Insel nicht viel Zeit zum Abkühlen haben. Dies kann bei kleinen Inseln starke Auswirkungen auf die Druckqualität haben.

- **Inseln nacheinander ohne Optimierung drucken** (Haken gesetzt): Die Optimierung wird ausgeschaltet. Jetzt werden die Inseln immer in gleicher Reihenfolge nacheinander gedruckt, und jede Insel bekommt die maximale Zeit abzukühlen. Diese Einstellung ist besonders empfohlen für den Druck von kleinen Druckteilen mit Inseln.

Vor allem für größere Druckteile kann die Optimierung allgemein aktiviert sein, da einzelne Schichten eine längere Druckzeit benötigen und so sicher für die Abkühlung der Bereiche gesorgt ist. Damit wird die Druckdauer kleiner gehalten.

Korkenzieher-Druckeinstellung einer einzigen Kontur (Vasenmodus)/ Single outline corkscrew printing mode (vase mode)

Mit dieser Funktion wird ein einwandiges Bauteil nicht mehr Schicht für Schicht, sondern in einer kontinuierlich ansteigenden Konturhülle gedruckt. Damit ist keine Z-Naht sichtbar. Allerdings ist es nur möglich, eine einzige **Konturhülle** ohne Infill zu drucken. So entsteht aus dem Vollkörpermodell ein Hohlkörper.

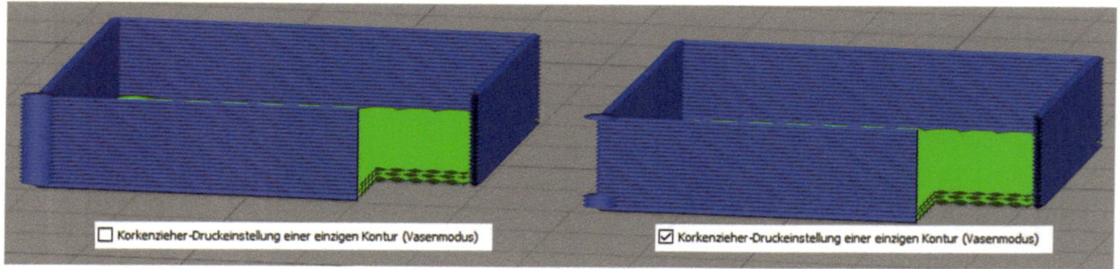

Bild 8.9 Druckteil im Vasenmodus (rechts)

Bild 8.9 zeigt das Verhalten für ein Druckteil mit aktiviertem Vasenmodus:

- links – Der Vasenmodus ist deaktiviert. Jede Schicht wird normal gedruckt, indem die Konturhülle nach einem Umfang endet und der Höhensprung stattfindet. Das Ende der Bahnen wird durch den Indikator für Einzüge dargestellt (vorne links).
- rechts – Der Vasenmodus ist aktiviert. Es sind drei **Unterste feste Schichten** eingestellt. Da der Vasenmodus nur für eine einzelne Konturhülle funktioniert, ist für diese Schichten der Vasenmodus noch nicht aktiv. Der Vasenmodus ist erst ab den folgenden Schichten verfügbar, wenn nur noch eine Konturhülle gedruckt wird. Dementsprechend ist für die ersten drei Schichten der Indikator für Einzüge sichtbar, da hier der Vasenmodus noch nicht aktiv ist. Ab der vierten Schicht wird im Vasenmodus gedruckt und eine kontinuierliche Bahn abgelegt. Oben am Druckteil ist noch ein letzter **Einzug** sichtbar, dort endet die Bahn des Vasenmodus.

Bei Verwendung des Vasenmodus muss darauf geachtet werden, dass das Modell einen Druck in diesem Modus zulässt. Die gesamte Außenhülle des Modells muss ohne Absetzen druckbar sein. Das sollte in der Druckvorschau von Simplify3D vor dem Druck überprüft werden, da Simplify3D keinen weiteren Hinweis dazu gibt. Dieser Modus eignet sich besonders für den Druck von einfachen Geometrien von Anschauungsobjekten wie beispielsweise Vasen. Schon bei etwas komplexeren Geometrien ist ein Druck in diesem Modus nicht mehr möglich und findet darum nur limitiert Anwendung.

Wird der Vasenmodus aktiviert, gelten folgende Einschränkungen für die Prozesseinstellungen:

- Es ist nur eine **Konturhülle** möglich.
- Es ist kein **Infill** möglich.
- **Oberste** und **unterste feste Schichten** werden zwar normal gedruckt. Der Vasenmodus ist jedoch auf diesen Schichten nicht aktiv. Für **oberste feste Schichten** ist möglicherweise nicht genug Unterstützung vorhanden, da kein **Infill** möglich ist.
- Es ist keine **Stützstruktur** möglich.
- Es sind keine **Ergänzungen** möglich. Eine **Schürze/Rand** kann dann verwendet werden, wenn diese sich nur auf die erste Schicht beschränkt.
- Ist eine Schicht nicht durch eine einzelne, durchgängige **Konturhülle** druckbar, wird der Vasenmodus für diese Schichten deaktiviert.

8.2.2 Einstellung der ersten Schicht/First Layer Settings

Der ersten Schicht kommt eine besondere Bedeutung zu, da sie für die Haftung des Druckteils auf dem Druckbett verantwortlich ist. Darum besitzt Simplify3D spezielle Einstellungen, um die Haftung der ersten Schicht zu optimieren.

Höhe der ersten Schicht/First Layer Height

Die Schichthöhe der ersten Schicht relativ zur **Primären Schichthöhe** in Prozentangabe.

Durch eine höhere Schichthöhe bei der ersten Schicht können Unregelmäßigkeiten im Druckbett ausgeglichen werden. Diese Unregelmäßigkeiten können von einem schiefen oder ungleichmäßigen Druckbett oder größeren Unregelmäßigkeiten in der Druckbettoberfläche kommen. Sonst kann es bei sehr kleinen Schichthöhen dazu kommen, dass die erste Schicht an Stellen nicht ausreichend haftet.

Beispiel zur Einstellung: Soll beispielsweise ein Druckteil mit einer **primären Schichthöhe** von 0,1 mm gedruckt werden, kann 200 % für die Höhe der ersten Schicht eingestellt werden. Diese wird dann mit 0,2 mm gedruckt. Das verbessert eine gleichmäßige Haftung.

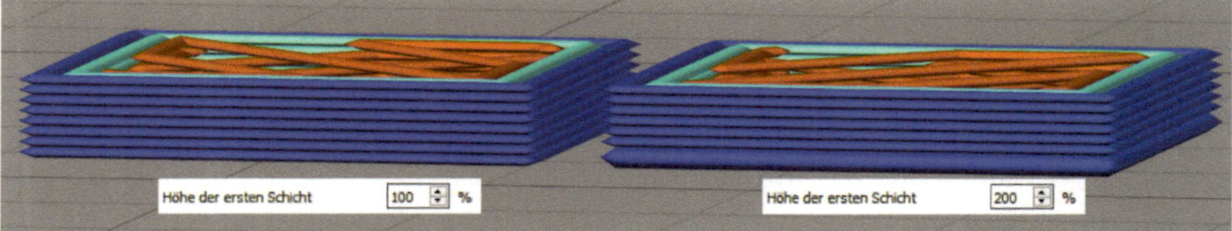

Bild 8.10 Unterschiedliche Höhen für die erste Schicht

Für das Druckteil rechts (Bild 8.10) wurde die Höhe der ersten Schicht verdoppelt. In der Druckvorschau ist diese Änderung sichtbar.

Breite der ersten Schicht/First Layer Width

Diese Einstellung beeinflusst die Breite der Bahnen für die erste Schicht relativ zur **Extrusionsbreite** in Prozent. Es bieten sich folgende Möglichkeiten:

- **Verbesserung der Haftung:** Breitere Bahnen erhöhen die Kontaktfläche zum Druckbett und verbessern damit besonders bei Verwendung kleiner Düsendurchmesser die Haftung.
- **Bessere Optik durch bessere Füllung mit breiteren Bahnen**
- **Verringerung der Druckdauer der ersten Schicht:** Wird die erste Schicht langsamer gedruckt, um eine gute Haftung auf dem Druckbett zu ermöglichen, wird für die erste Schicht eine längere Zeit benötigt. Indem die einzelnen Bahnen breiter gedruckt werden, wird eine geringere Anzahl benötigt, um die erste Schicht zu füllen. Hiermit kann etwas von der für bessere Haftung investierten Zeit gut gemacht werden.

Beim Einstellen der Breite der ersten Schicht muss wie bei der **Extrusionsbreite** darauf geachtet werden, welchen Materialfluss der Extruder bereitstellen kann und welche **Extrusionsbreite** mit der verbauten Düse möglich ist. Ebenfalls führt eine größere Bahnbreite dazu, dass Konturen im Druckteil etwas abgerundet und damit nicht mehr so detailliert dargestellt werden können.

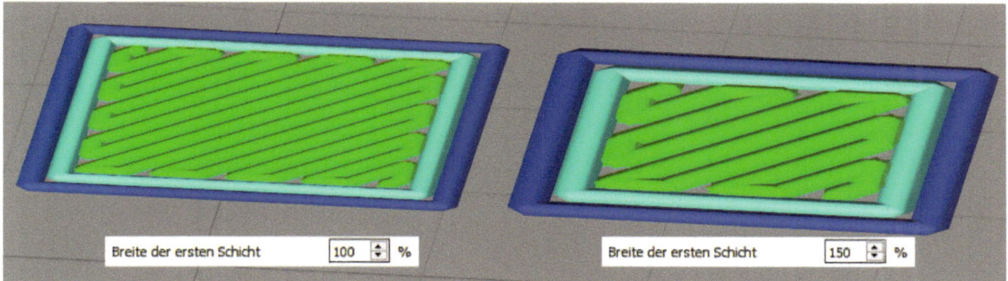

Bild 8.11 Unterschiedliche Breiten für die erste Schicht

Bild 8.11 zeigt zwei Einstellungen der Druckvorschau. Die erhöhte Breite der ersten Schicht ist sichtbar (rechts).

Geschwindigkeit der ersten Schicht/First Layer Speed

Je langsamer die erste Schicht auf das Druckbett gedruckt wird, desto besser ist die Haftung. Die resultierende Druckgeschwindigkeit für die Bahnen der ersten Schicht ergibt sich jeweils aus der Multiplikation des Prozentsatzes dieser Einstellung mit den Einstellungen des Reiters Geschwindigkeit (Abschnitt 8.10): der **Geringeren Geschwindigkeit für Konturen** für die **Konturhüllen** bzw. der **Geringeren Geschwindigkeit für stabiles Infill** für die **obersten** und **untersten festen Schichten**.

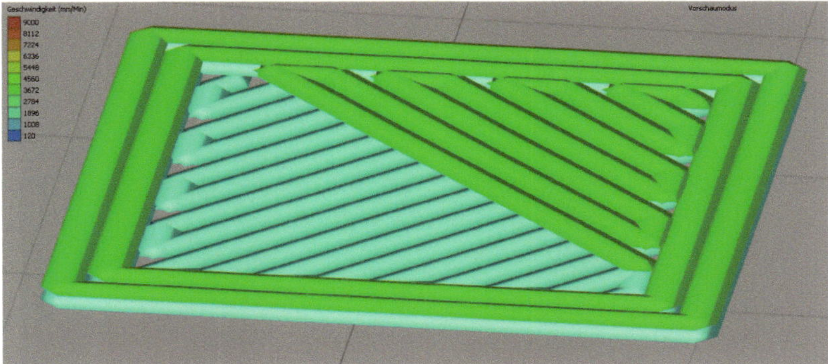

Bild 8.12 Geschwindigkeit der ersten Schicht

Beispiel in Bild 8.12 mit einer Geschwindigkeit der ersten Schicht von 50 %. Die Farbgebung **Bewegungsgeschwindigkeit** der Druckvorschau zeigt, dass die erste Schicht mit einer langsameren Geschwindigkeit gedruckt wird als die folgenden.

8.2.3 Startpunkte/Start Points

Ein Druckteil besteht aus vielen einzelnen Bahnen, die alle einen Start und ein Ende haben, diese bilden an der Außenwand die sogenannte Z-Naht (Abschnitt 2.6.6). Die Einstellungen im Abschnitt **Überquell-Kontrolle** sorgen für möglichst optimale Start- und Endpunkte der Bahnen und sollen damit das Bilden einer sichtbaren Z-Naht verhindern. Dennoch kann das, gerade bei größeren Düsendurchmessern, nicht immer genügen, wodurch die Startpunkte mehr oder weniger stark im Druckteil sichtbar bleiben.

In der Druckvorschau lässt sich erkennen, wie und wo die Startpunkte platziert werden. Meistens findet am Start- bzw. Endpunkt einer Bahn ein **Einzug** statt. Ist in der Vorschau **Einzüge anzeigen** eingeschaltet, werden die Indikatoren für den **Einzug** durch Verdickungen an den Startpunkten dargestellt. Achtung: Es gibt Einstellungen, die zum Zweck der Optimierung bestimmte **Einzüge** weglassen (**Fortgeschritten → Überquell-Kontrollverhalten**). Dann werden die **Einzüge** auch nicht als Verdickungen in der Druckvorschau angezeigt. Eine dieser Einstellungen ist beispielsweise der **Mindestweg für Einzug**.

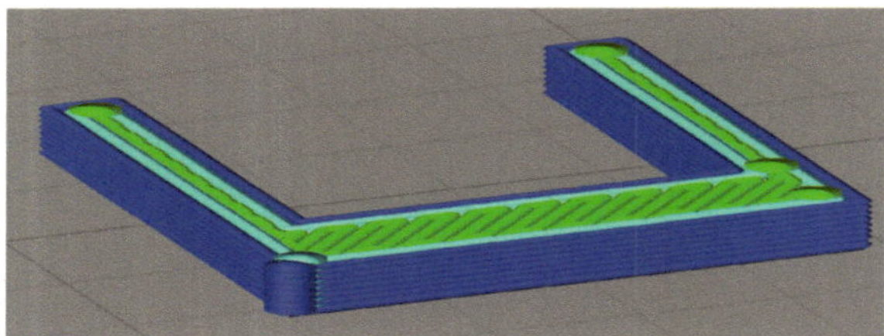

Bild 8.13 Startpunkte können anhand der Verdickungen der Einzüge erkannt werden.

Die Einstellungen dieses Abschnitts bieten verschiedene Möglichkeiten zur Platzierung der Startpunkte. Druckdauer, optische Qualität oder Maßhaltigkeit in wichtigen Bereichen des Druckteils kann Grund für eine bestimmte Platzierung der Startpunkte sein:

- **Optische Qualität:** Die Startpunkte können durch den Ansatz oder durch kleine Verdickungen im Druckergebnis sichtbar werden.
- **Druckdauer:** Je nachdem, wo die Startpunkte gesetzt werden, werden längere oder zusätzliche Freifahrten nötig. Dieser Einfluss ist nicht zu unterschätzen.
- **Maßhaltigkeit:** Im Bereich der Startpunkte kann die Maßhaltigkeit des Druckteils stärker von der Vorgabe des Modells abweichen. Verdickungen am Ansatz der Bahn und gestörter Materialfluss können die Ursache sein.

Startpunkte können nur dort entstehen, wo das Modell eine vertikale Kante hat, die ebenfalls eine Änderung der Richtung der Bahn bewirkt. Die Facettenkanten des Modells können mit der Schaltfläche **Seite** (Abschnitt 3.5) eingeblendet werden.

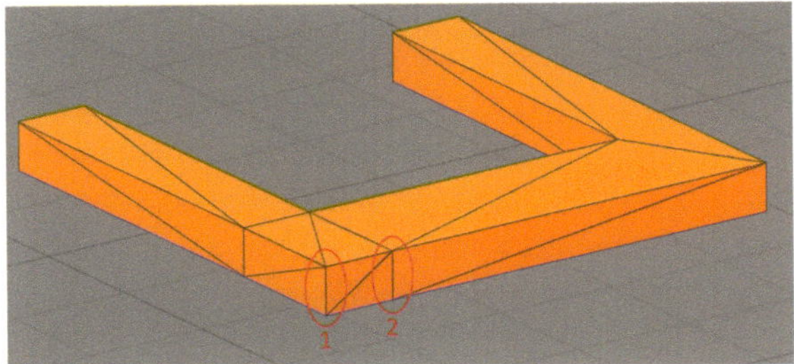

Bild 8.14 Mögliche Positionen für Startpunkte

Die Seiten des Modells (Bild 8.14) werden durch graue Linien angezeigt. Nur an der Außenwand an vertikalen Seiten können Startpunkte entstehen.

- 1 – Vertikale Seite mit Richtungsänderung. Hier kann ein Startpunkt entstehen.
- 2 – Vertikale Seite, jedoch ohne Richtungsänderung. Hier kann kein Startpunkt entstehen.

Beliebige Startpunkte für alle Umfänge verwenden/ Use random start points for all perimeters

Die Startpunkte werden zufällig über das Druckteil verteilt. Damit entstehen keine deutliche „Naht" und keine Ansammlung von Startpunkten. Es sind über das Druckteil verteilt viele kleine Ansätze zu sehen, diese fallen optisch häufig nicht so sehr auf wie eine durchgehende Z-Naht mit immer gleichen Startpunkten.

Startpunkt für schnellste Druckgeschwindigkeit optimieren/ Optimize start points for fastest printing speed

Startpunkte werden so platziert, dass der Druckkopf bei Schichtwechsel nur eine minimale Distanz fahren muss. Das spart einen gewissen Teil Druckzeit ein. Ebenfalls werden längere Freifahrten vermieden, die potenziell zu Fadenbildung führen könnten. Somit ist diese Einstellung sehr nützlich bei Druckteilen oder Materialien, bei denen es zu verstärkter Fadenbildung kommt.

Den Startpunkt wählen, der sich am nächsten an einer spezifizierten Position befindet/Choose start point closest to specific location

Die Startpunkte werden möglichst nah an einer definierten Position platziert. So können die Startpunkte an einer Position platziert werden, an der sie für das Aussehen oder die Funktion des Druckteils am wenigsten stören. Die Position wird als

X- und Y-Koordinaten in Absolut-Koordinaten relativ zum Maschinenursprung angegeben. Wird das Modell nach Angabe dieser Koordinaten auf dem Drucktisch verschoben, ändert sich die Position der Startpunkte relativ zum Druckteil. Es gibt leider keine Möglichkeit, die für den Startpunkt eingestellten Koordinaten grafisch anzeigen zu lassen. Jedoch kann anhand der Rasterlinien auf dem Drucktisch eine Position abgeschätzt und in den Prozesseinstellungen eingetragen werden. Anschließend wird das Druckteil so platziert, dass die Stelle des Druckteils, an der sich die Startpunkte befinden sollen, auf der in den Prozesseinstellungen eingetragenen Position liegt. Da Startpunkte nur dort entstehen können, wo das Druckteil vertikale Kanten hat, sucht Simplify3D die naheliegendste Position im Druckteil, um den Startpunkt zu platzieren.

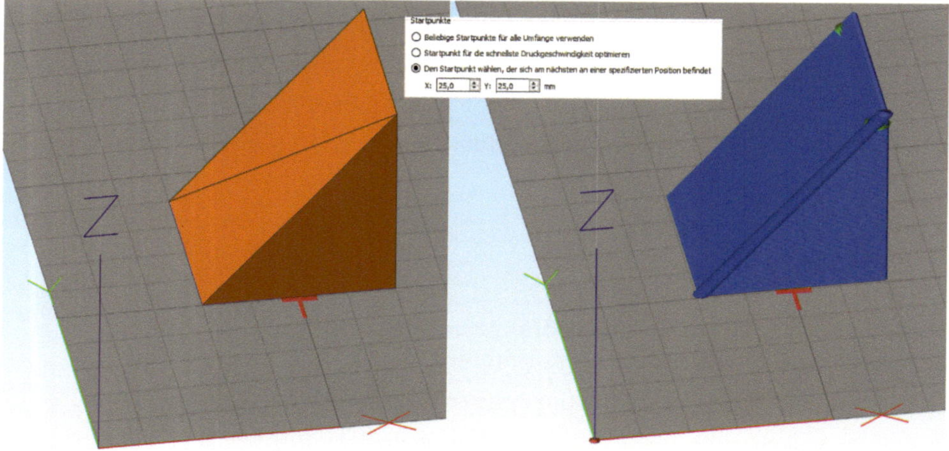

Bild 8.15 Genauen Startpunkt wählen

Beispiel Bild 8.15: Der Startpunkt wird an die Koordinate X = 25 mm, Y = 25 mm (abgezählt an den Rasterlinien) vorgegeben (verdeutlicht durch rotes Kreuz). Der Startpunkt ist damit weit von einer Seite im Modell entfernt. Für jede Schicht sucht Simplify3D die nächstgelegene Seite, hier die schräg ansteigende Kante, um den Startpunkt (erkenntlich durch den Indikator für **Einzüge**) zu platzieren.

8.3 Ergänzungen/Additions

Unter dem Reiter Ergänzungen können die Hilfselemente wie in Abschnitt 2.7 beschrieben aktiviert werden.

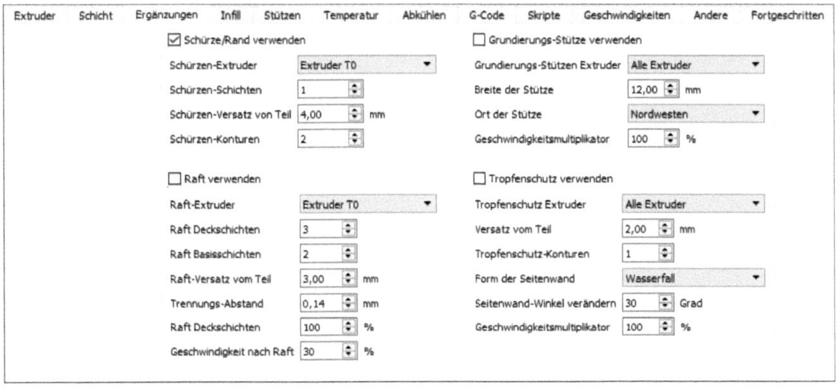

Bild 8.16 Reiter Ergänzungen

8.3.1 Schürze/Rand/Skirt/Brim

Die Schürze (Skirt) und der Rand (Brim) sind Bahnen, die parallel zur Außenkontur des Druckteils verlaufen und zwei Aufgaben erfüllen: bessere Düsenfüllung vor dem Start des eigentlichen Druckteils (Schürze und Rand) und bessere Haftung für Druckteile (Rand). Der einzige Unterschied der beiden ist, dass der Rand direkt am Bauteil anliegt, da er die Bauteilhaftung sicherstellen soll, wohingegen die Schürze mit etwas Abstand zum Teil nur für die gute Düsenfüllung vor dem Druck des Bauteils sorgen muss. Schürze und Rand werden immer vor dem Druckteil gedruckt.

Bild 8.17 zeigt den Einsatz von Schürze und Rand:

- **Schürze:** (links im Bild, violett)
  Mit etwas Abstand vom Teil werden nur in der ersten Schicht 2-4 Bahnen um das Druckteil gelegt. Sowohl Abstand als auch Anzahl der Bahnen ist einstellbar. So kann sich der Materialfluss während des Drucks dieser Schürze stabilisieren, und für den Start des Teils ist die Düse gut gefüllt.
- **Rand:** (rechts im Bild)
  Der Rand ist eine alternative Konfiguration der Schürze, wird jedoch ohne oder mit sehr geringem Abstand zum Druckteil gedruckt. Damit wird eine stärkere Haftung des Druckteils auf dem Druckbett erreicht. Im Gegensatz zum **Raft** (Abschnitt 8.3.2) benötigt er deutlich weniger Material und ist nach dem Druck

sehr leicht zu entfernen. Der Rand sollte immer eingesetzt werden, wenn die Haftung des Druckteils auf dem Druckbett verbessert werden soll. Der Rand kann über mehrere Schichten gedruckt werden, um ihn stabiler zu gestalten. Meist reicht jedoch die erste Schicht.

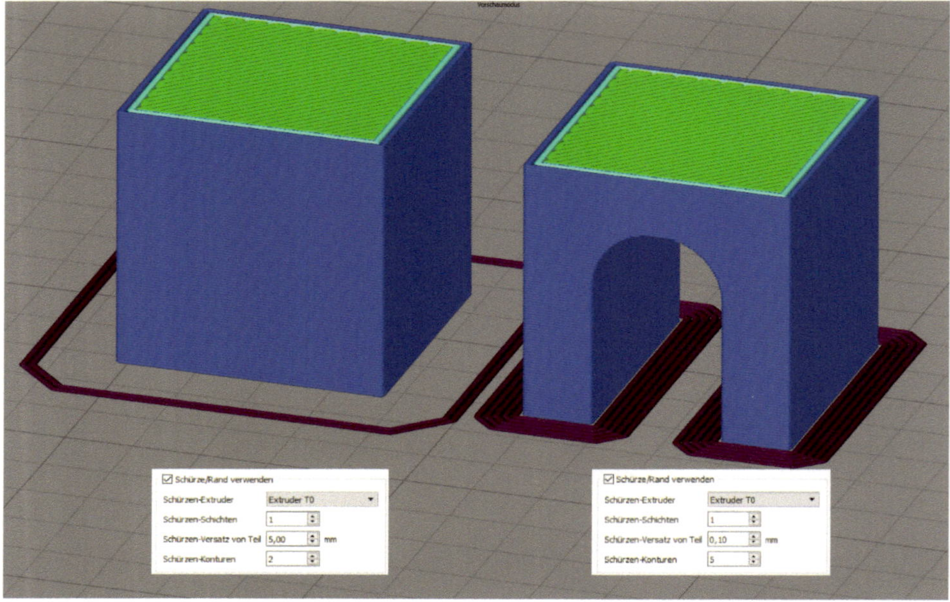

Bild 8.17 Druckteile mit Schürze (Skirt) und Rand (Brim)

Da diese beiden Ergänzungen als Erstes gedruckt werden, ist es hilfreich, diese beim Druckstart zu beobachten, da hier einige Druckeinstellungen geprüft werden können:

- Korrekt eingestellte Höhe der Düsenspitze über dem Drucktisch. Mit Erfahrung lässt sich bereits bei diesem Start sehen, ob die Düsenhöhe passt und ob diese ersten Bahnen gut haften. Sollte die Höhe nicht korrekt eingestellt sein, kann das während des Drucks von Schürze oder Rand erkannt und behoben werden. Manche 3D-Druckermodelle lassen es zu, während des Drucks die Düsenhöhe anzupassen. Alternativ muss der Druck abgebrochen, die Höhe korrigiert und neu gestartet werden.
- Haftung der Bahnen auf dem Druckbett. Für eine gute Haftung der Bahnen ist neben der korrekten Höhe der Düsenspitze auch eine korrekte Vorbereitung der Druckoberfläche notwendig. Sollten die Bahnen von Schürze oder Rand nicht haften, werden auch die Bahnen des Druckteils nicht haften.

- Sauberer und stabiler Materialfluss für alle verwendeten Extruder. Sowohl beim Single-Druck als auch beim Druck mit mehreren Extrudern lässt sich hier ersehen, ob alle Düsen nach einer kurzen Anlaufzeit gleichmäßig fördern.
- Die Schürze bzw. der Rand umrundet die ganze Außenkontur des Druckteils. So wird geprüft, ob das Druckteil nicht über den Rand vom Druckbett hinaus platziert wurde.

Schürzen-Extruder/Skirt Extruder

In diesem Feld wird ausgewählt, welcher Extruder die **Schürze** bzw. den **Rand** drucken soll. Es kann entweder nur ein Extruder ausgewählt werden oder alle im Profil eingestellten. Dort ist hinterlegt, ob und welche Extruder für den Druck vorgesehen sind. So kann ein 4-fach-Druckkopf mit nur zwei Extrudern drucken, dann werden nur für diese beiden die Ergänzungen gedruckt. Beim Mehrfachdruck sollte immer die Option **Alle Extruder** eingestellt werden.

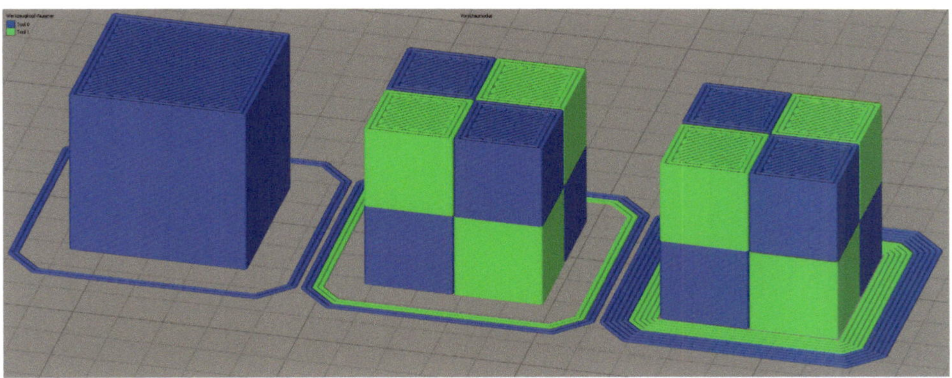

Bild 8.18 Schürze/Rand im Druck mit mehreren Extrudern

Bild 8.18 zeigt die Druckvorschau in der Farbgebung **Aktiver Bearbeitungskopf** mit unterschiedlichen Konfigurationen für den Schürzen-Extruder:

- links - Schürze beim Druck mit einem Extruder.
- mittig - Beim Druck einer Schürze mit mehreren Extrudern sollte die Schürze mit allen Extrudern gedruckt werden, um alle Extruder für den Druck vorzubereiten.
- rechts - Beim Druck eines Rand mit mehreren Extrudern kann der Rand mit allen Extrudern gedruckt werden. So werden auch hier alle Extruder für den Druck vorbereitet.

Schürzen-Schichten/Skirt Layers

- **Schürze:** Die Funktionen der Schürze werden nur auf der ersten Schicht benötigt, also ist hier eine Schicht ausreichend.
- **Rand:** Der Rand erhöht die Kontaktfläche des Druckteils mit dem Bett. Um diese Funktion zu erfüllen, ist in den meisten Fällen eine Schicht ausreichend. Zusätzliche Schichten können hinzugefügt werden, wenn die Festigkeit oder Steifigkeit des Rand verbessert werden soll.

Schürzen-Versatz von Teil/Skirt Offset from Part

Mit dieser Einstellung wird konfiguriert, ob eine **Schürze** oder ein **Rand** gedruckt wird.

- **Schürze:** Eine Schürze soll sich nicht mit dem Druckteil verbinden, es wird ein entsprechender Abstand gewählt. Wird ein Teil mit sehr unregelmäßiger Außenkontur oder mehrere Teile in einem Druckvorgang gedruckt, kann durch einen erhöhten Schürzen-Versatz von Teil ein zu genaues Folgen der Außenkonturen reduziert werden (Bild 8.19).
- **Rand:** Der Rand muss während des Drucks mit dem Druckteil verbunden sein. Es wird kein bzw. nur ein sehr geringer Abstand von ca. 0,1 bis 0,3 mm eingestellt. Der Abstand erleichtert die Entfernung des Rand nach dem Druck.

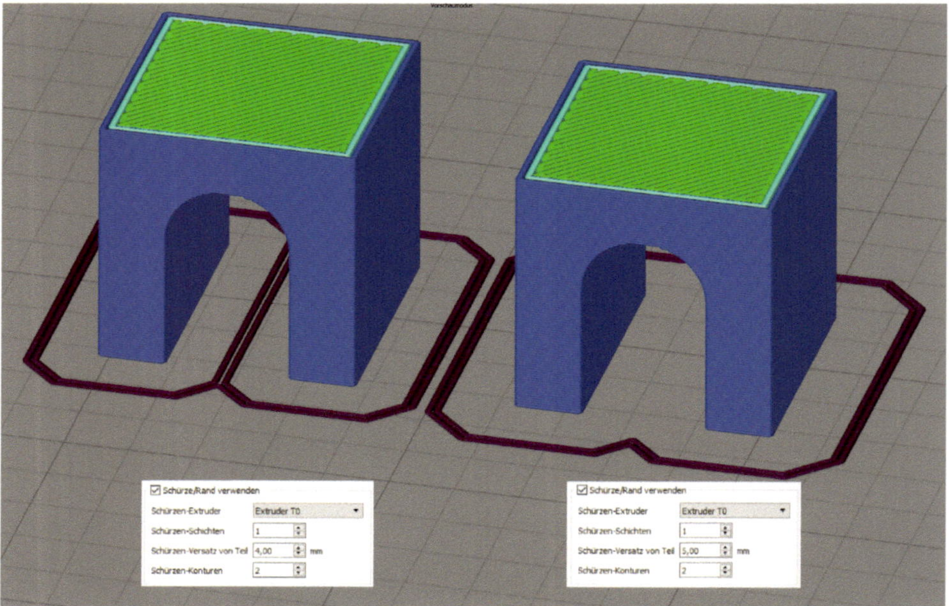

Bild 8.19 Unterschiedliche Werte für Schürzen-Versatz von Teil

Schürzen-Konturen/Skirt Outlines

Anzahl der Bahnen der Schürze bzw. des Rand um das Druckteil.

- **Schürze:** Um Extruder und Düse für den Druck vorzubereiten, ist nur eine Bahn von wenigen Zentimetern notwendig. Abhängig von der Größe des Druckteils genügen so ein bis drei Schürzen-Konturen (Bild 8.17 links).
- **Rand:** Je mehr Schürzen-Konturen gedruckt werden, desto größer wird die Fläche des Rand. Die Anzahl kann also je nach zusätzlich benötigter Haftung gewählt werden (Bild 8.17 rechts).

8.3.2 Raft/Raft

Das Raft ist eine Ergänzung, die typischerweise bei Materialien eingesetzt wird, die starken Wärmeverzug haben oder auf schlecht haftenden Druckbetten wie zum Beispiel auf Glas. Durch die großflächige, brettartige Struktur wird ebenfalls eine Verbesserung der Haftung auf dem Druckbett, vor allem bei Teilen mit geringer Kontaktfläche erreicht. Da das Raft mehrere, teilweise sehr dicke Schichten umfasst, wird viel Druckzeit und Material für den Druck benötigt. Des Weiteren ist das Entfernen des Rafts nach dem Druck häufig zeitaufwendig und selten ganz spurlos möglich. Ein Raft sollte nur dann eingesetzt werden, wenn es unbedingt notwendig ist. Der Einsatz von einem **Rand** zur Verbesserung der Haftung eventuell mit zusätzlichen Haftvermittlern (Tapes, Sprays oder Gels) sollte möglichst vorgezogen werden.

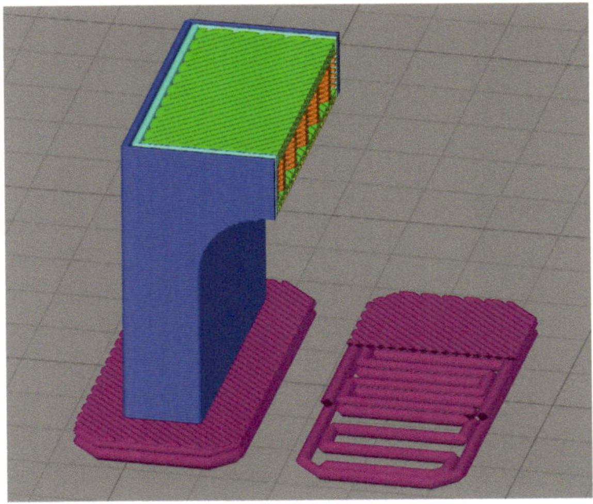

Bild 8.20
Einsatz und Aufbau des Rafts

Das Raft ist aus mehreren Teilen aufgebaut. Diese sind in Bild 8.20 im Querschnitt zu sehen.

Raft-Extruder/Raft Extruder

Das **Raft** kann nur von einem Extruder gedruckt werden, der hier ausgewählt wird. Sollen weitere Extruder vor dem Druckteil etwas Material extrudieren, um für das Druckteil vorbereitet zu sein, kann zusätzlich eine **Schürze** verwendet werden.

Raft-Deckschichten/Raft Top Layers

Die Raft-Deckschichten sind die Schichten, auf die das Druckteil gedruckt wird. Sie bilden eine Zwischenschicht zwischen den dicken Bahnen des Rafts und dem Druckteil. Wenn die untere Fläche des Druckteils möglichst glatt sein soll, können hier mehrere Schichten eingestellt werden, um eine glatte, nicht durchhängende Oberfläche für das Raft zu erhalten. Da es jedoch gleichzeitig eine gute Lösung vom Druckteil erlauben soll, ist eine Balance hier schwer einzustellen.

Raft-Basisschichten/Raft Base Layers

Die Basisschichten des Rafts bestehen aus besonders dicken Bahnen, die langsam auf das Druckbett gedruckt werden. Das stellt eine gute Haftung sicher. Die Zahl der Schichten kann für schnellere Druckzeit reduziert oder für bessere Haftung und Schutz vor Verzug erhöht werden.

Die **Einstellungen der ersten Schicht** wirken sich ebenfalls auf die erste der Basisschichten aus.

Raft-Versatz vom Teil/Raft Offset from Part

Dieser Parameter stellt die Größe des Rafts bzw. den Überstand des Rafts über das Druckteil hinaus ein. Ein größerer Versatz verbessert die Haftung des Rafts auf dem Drucktisch, erhöht jedoch Druckzeit und Materialverbrauch. Ein gewisser Überstand kann beim Ablösen des Rafts vom Druckteil helfen, da man diesen leichter greifen kann.

Trennungs-Abstand/Separation distance

Das Raft soll nach dem Druck vom Druckteil entfernt werden können. Dazu muss dafür gesorgt werden, dass die Haftung zwischen Druckteil und Raft schwächer ist. Um das zu erreichen, wird ein kleiner Abstand zwischen der letzten Schicht des Rafts und der ersten Schicht des Druckteils eingestellt.

Verschiedene Materialien verhalten sich dahingehend unterschiedlich. So hängt der benötigte Abstand vom Druckmaterial ab. Ein zu großer Abstand kann dazu führen, dass das Druckteil nicht gut auf dem Raft haftet, während ein zu kleiner Abstand das Ablösen des Rafts erschwert.

Raft-Deckschichten (Raft Infill Prozentsatz)/Raft Top Infill

Dies ist der Füllgrad für die **Raft-Deckschichten**. Eine volle Füllung führt zu einer vollflächigen Unterstützung des Druckteils. Das ermöglicht einen optimalen Druck der Unterfläche des Druckteils. Das macht jedoch das Ablösen schwieriger und führt zu längerer Druckzeit.

Geschwindigkeit nach Raft/Above Raft Speed

Diese Geschwindigkeit gilt für die erste Schicht des Druckteils auf dem Raft. Eine langsamere Geschwindigkeit sorgt dafür, dass das Druckteil für die Druckdauer ausreichend auf dem Raft haftet.

8.3.3 Grundierungs-Stütze/Prime Pillar

Die Grundierungs-Stütze ist ein zusätzlicher Turm, der neben ein oder mehrere Druckteile gedruckt werden kann. Die Bahnen der Grundierungs-Stütze werden bei Schicht- oder **Werkzeugwechsel** immer zuerst und damit vor den Bahnen des Druckteils gedruckt. Damit wird die Grundierungs-Stütze genutzt, um vor jeder Schicht fehlendes oder zu heißes Filament in der Düse zu ersetzen und den Materialfluss zu stabilisieren.

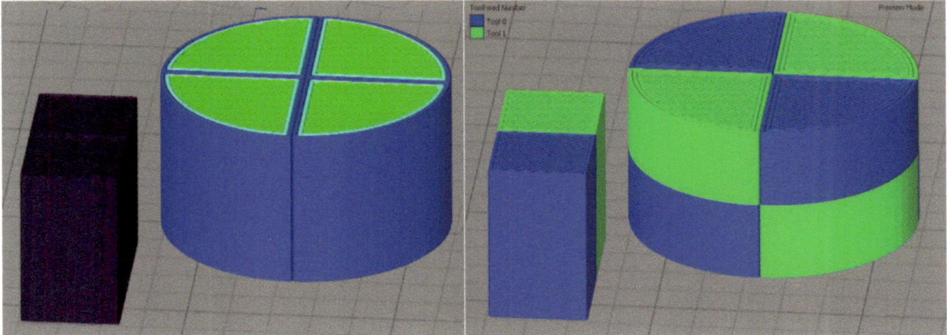

Bild 8.21 Grundierungs-Stütze

Bild 8.21 zeigt eine Grundierungs-Stütze in der Druckvorschau in verschiedener Farbgebung:

- links – Farbgebung **Merkmalstyp**, die Grundierungs-Stütze wird in dunklem Violett dargestellt.
- rechts – Farbgebung **Aktiver Bearbeitungskopf**, jeder Extruder druckt einen Teil der Grundierungs-Stütze. Die Bahnen der Grundierungs-Stütze werden

nach dem Werkzeugwechsel als Erstes gedruckt, um den Extruder für die folgenden Bahnen des Druckteils vorzubereiten.

Der Einsatz der Grundierungs-Stütze ist zweischneidig: Zwar hilft sie, die Düsen vor dem Druckteil gut zu füllen, jedoch neigen diese Türme sehr häufig zum Umfallen oder Kippen und führen damit zu Ausschuss. Aus Erfahrung sollten sie nicht höher als 5 - 10 cm gedruckt werden, da mit jedem Zentimeter Höhe die Gefahr steigt. Durch die ungefüllten Düsen beim Druck der Grundierungs-Stütze sind deren Bahnen oft fehlerhaft und unregelmäßig. Das beeinträchtigt die Stabilität der Grundierungs-Stütze selbst. Aus diesen Gründen muss die Grundierung-Stütze in ausreichender Größe gedruckt werden, um für die Dauer des Drucks fest auf dem Druckbett zu haften. Bei vielen Druckteilen im Mehrfachdruck ist ein **Tropfenschutz** (Abschnitt 8.3.4) hilfreicher für die Düsenfüllung und weniger anfällig.

Grundierungs-Stütze Extruder/Prime Pillar Extruder

Die **Grundierungs-Stütze** kann entweder nur von einem der unter **Extruder → Extruder-Liste** eingestellten Extruder oder von allen Extrudern gedruckt werden. Meist sollten alle Extruder gewählt werden. Ausnahmen sind nur schwierige Materialien oder sehr geringe Druckflächen eines Kunststoffs, bei dem sich die Düse nie gut füllen würde.

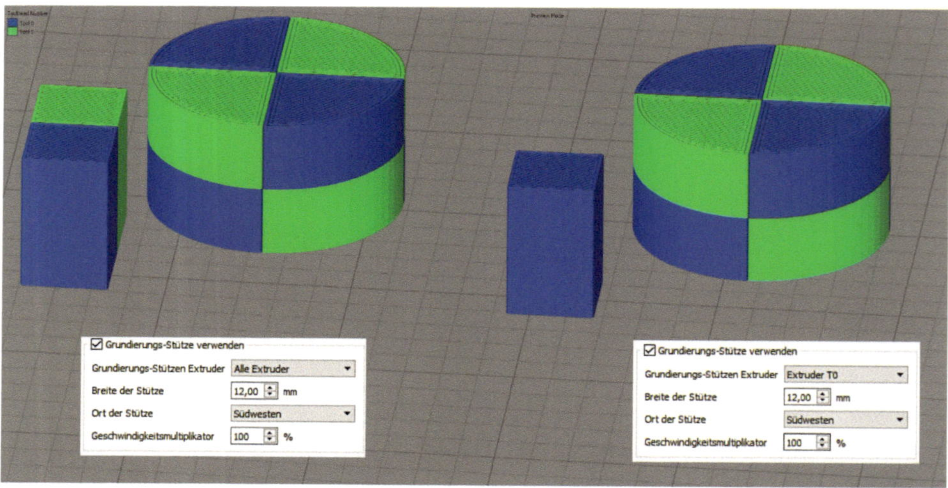

Bild 8.22 Unterschiedlich eingestellte Extruder für die Grundierungs-Stütze

Breite der Stütze/Pillar Width

Mit der Größe der **Grundierungs-Stütze** kann bestimmt werden, wie viel Material ein Extruder bei **Werkzeug**- bzw. Schichtwechsel in der Grundierungs-Stütze extrudieren soll. Für die reine Düsenfüllung reichen meist Werte zwischen

10 – 20 mm, für gute Haftung können deutlich größere Grundflächen nötig sein. Mit der Vergrößerung der Breite der Stütze steigt der Materialverbrauch quadratisch an.

Ort der Stütze/Pillar Width

Mit dieser Einstellung kann gewählt werden, auf welcher Seite des Druckteils die Grundierungs-Stütze gedruckt werden soll. Bei Einsatz der Grundierungs-Stütze kann es zur Bildung von Fäden/Oozing/Stringing zwischen Grundierungs-Stütze und Druckteil kommen oder der Ansatz der Bahnen im Druckteil wird stärker sichtbar. Gibt es in einem Druckteil Sichtseiten oder Rückseiten, so kann die Position der Grundierungs-Stütze dem angepasst werden.

Geschwindigkeitsmultiplikator (Grundierungs-Stütze)/Speed Multiplier

Die Geschwindigkeit, mit der die Grundierungs-Stütze gedruckt wird, wird hier relativ zur **Standard-Druckgeschwindigkeit** angepasst.

- Erhöhen der Geschwindigkeit: Um die für die Grundierungs-Stütze benötigte Druckzeit zu reduzieren, kann der Geschwindigkeitsmultiplikator erhöht werden. Dabei darf die maximale Druckgeschwindigkeit des 3D-Druckers nicht überschritten werden. Ebenfalls muss die Druckqualität der Grundierungs-Stütze weiterhin ausreichen, um die Funktion noch zu erfüllen. Die Kippgefahr kann dadurch erhöht werden.
- **Verringern der Druckgeschwindigkeit:** Werden in einem Druck verschiedene Materialien verwendet, deren maximale Druckgeschwindigkeiten sich unterscheiden, kann mit dem Geschwindigkeitsmultiplikator sichergestellt werden, dass die Grundierungs-Stütze mit einer Geschwindigkeit gedruckt wird, die für alle Materialien geeignet ist.

8.3.4 Tropfenschutz/Ooze Shield

Die Funktion des Tropfenschutzes wurde in Abschnitt 2.7.6 erklärt. Er dient sowohl der Düsenfüllung beim Mehrfachdruck als auch als Abstreifwand für die Reduktion von Oozing. Der Tropfenschutz wird immer als erstes Element vor den Bahnen des Druckteils gedruckt. Er dient daher gleichzeitig der ausreichenden Düsenfüllung vor dem Druck und kann so eine Grundierungs-Stütze ersetzen. Er verläuft ähnlich wie die Schürze in einem gewünschten Abstand um das Druckteil herum, wird jedoch über die volle Höhe des Druckteils hochgezogen. Wie bei der Grundierungs-Stütze auch bildet sich nicht selten zwischen Tropfenschutz und Druckteil ein Nachtropfen/Oozing in Form von Spannfäden.

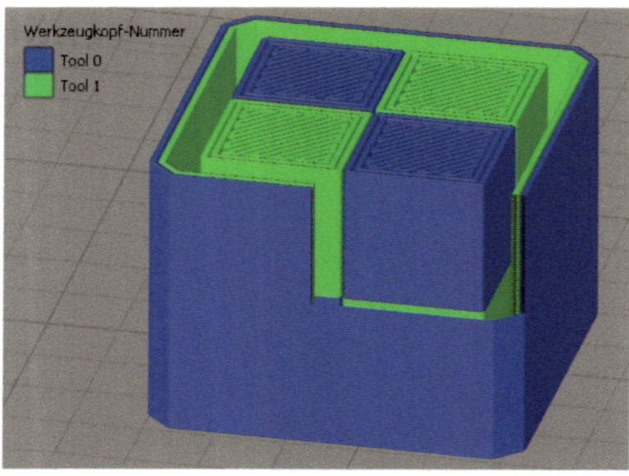

Bild 8.23
Tropfenschutz für Mehrfachdruck

Tropfenschutz Extruder/Ooze Shield Extruder

Für den **Tropfenschutz** ist die Auswahl nur mit einem Extruder oder mit allen am Druck beteiligten Extrudern möglich. Wenn der Tropfenschutz zusätzlich die Funktion der korrekten Düsenfüllung vor Druckstart übernehmen soll, dann sollte er mit allen Extrudern gedruckt werden.

Versatz vom Teil/Offset from Part

Der Abstand zwischen Tropfenschutz und Druckteil. Der Abstand sollte kleiner sein als der Düsenabstand der Düsen zueinander, da die nicht druckende Düse sonst gar nicht über die Wand fährt, sie befindet sich dann immer innerhalb. Ein kleinerer Abstand reduziert die Größe des Tropfenschutzes und damit Materialverbrauch und Druckdauer. Ebenfalls verringert es die Zeit, in der sich neue Tropfen bilden können, bevor das Druckteil erreicht wird.

Tropfenschutz-Konturen/Ooze Shield Outlines

Diese Einstellung gibt die Anzahl der Umrandungen pro Extruder an. Das Minimum von einer Bahn ist dann ungünstig, wenn keine **Grundierungs-Stütze** zusätzlich verwendet wird. Denn dann ist der Start wegen der nicht gefüllten Düsen meist löchrig und der Tropfenschutz kann hier einbrechen oder umkippen. Daher sollten dann zwei Konturen gewählt werden. Gleiches gilt für kleine Bahnbreiten, auch dann sollten eher zwei Konturen gewählt werden, damit der Tropfenschutz insgesamt stabil genug ist, um die Abstreiffunktion zu übernehmen.

Form der Seitenwand/Sidewall Shape

Der **Tropfenschutz** kann in drei Formen gedruckt werden (Bild 8.24):

- **Vertikal:** Der Tropfenschutz verläuft senkrecht nach oben. Der Abstand wird in diesem Fall zur größten X-Y-Abmessung parallel gewählt. Das Bild zeigt, dass der Abstand zum Teil daher sehr stark variiert und die Abstreiffunktion in den Bereichen größter Abstände vom Druckteil vermutlich nicht durchgehend gewährleistet ist.

- **Wasserfall:** Diese Auswahl folgt von oben nach unten der Form, die ein ablaufender Wasserfall bilden würde. Der Tropfenschutz bildet oben den gewählten Abstand vom Teil und geht mit Vergrößerungen parallel mit. Bei allen darunterliegenden kleineren Strukturen folgt er nicht mehr nach innen, sondern fällt senkrecht ab.
- **Konturiert:** Der Tropfenschutz folgt der Form des Druckteils und passt dabei den Durchmesser entsprechend an. Hierdurch wird der Abstand zwischen Tropfenschutz und Druckteil möglichst gleichmäßig gehalten.

Dass die Form bei Wasserfall und konturiert nicht ganz korrekt der Kontur folgt, liegt am folgenden Parameter **Seitenwandwinkel**.

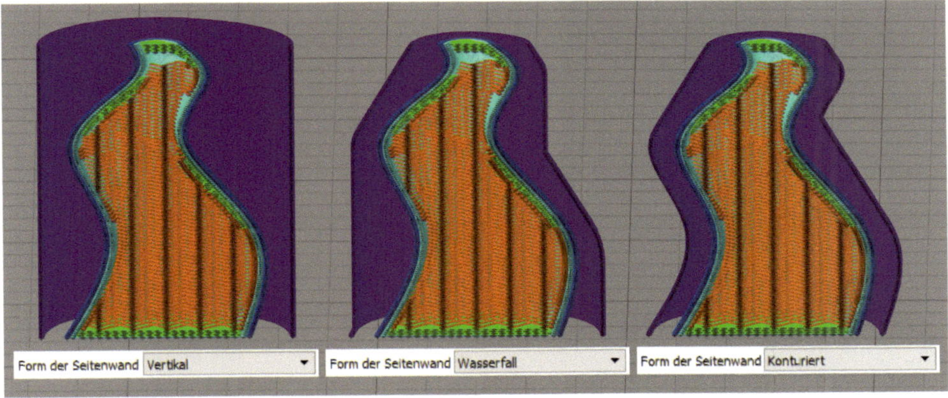

Bild 8.24 Unterschiedliche Formen für den Tropfenschutz

Die beiden Einstellungen Konturiert und Wasserfall sind nur eingeschränkt nutzbar, denn sie funktionieren nicht bei Teilen, die komplexere Formen und vor allem mehr als eine Erhebung haben. Als Beispiel in Bild 8.25 ein Sattelhalter mit Pferdekopfskulptur: Der Tropfenschutz (rot) im Bereich zwischen dem Halter und dem Pferdekopf bricht genauso ein wie der Bereich zwischen Pferdeohren und Nase. In solchen Fällen kann nur der vertikale Tropfenschutz eingesetzt werden. Ein weiterer Fehler ist im Bereich der Einstellung konturiert enthalten: **Stützstruktur** wird dort nicht als Druckteil erkannt, und so verschneiden sich **Stützstruktur** und Tropfenschutz, was ebenfalls zu Druckfehlern führt (Bild 8.26).

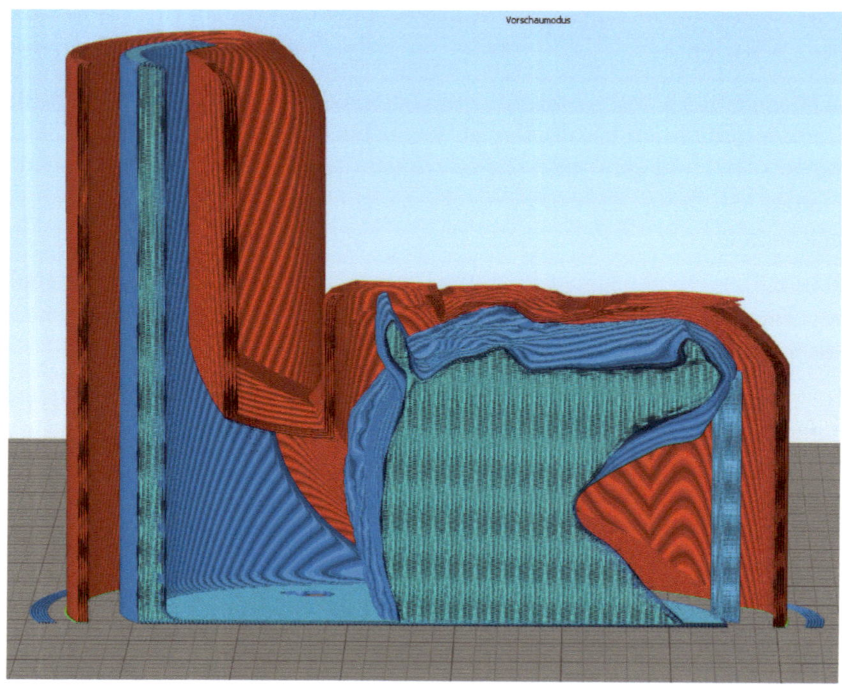

Bild 8.25 Fehler beim Wasserfall-Tropfenschutz – so nicht druckbar!

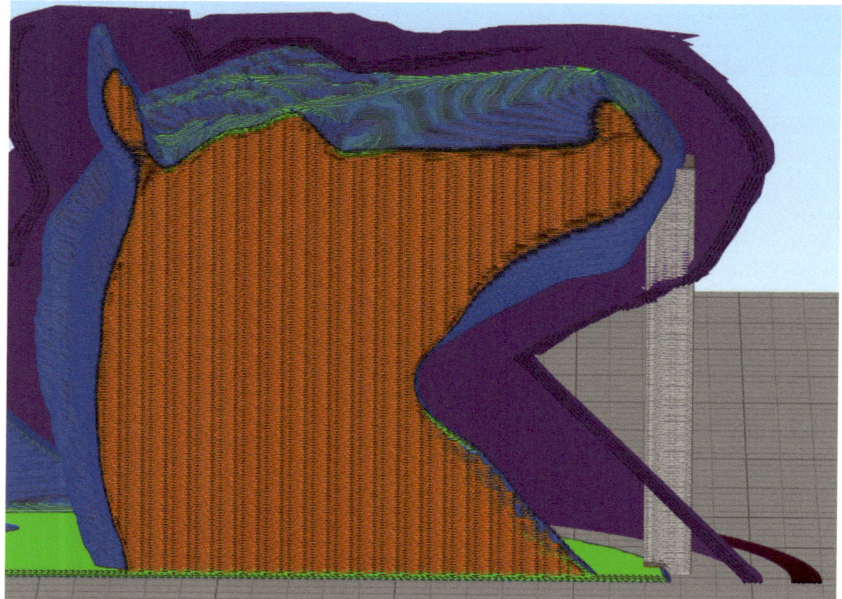

Bild 8.26 Fehler Überschneidung Stützstruktur mit Tropfenschutz

Diese Problematiken zeigen: Der beste Tropfenschutz ist der nicht benötigte Tropfenschutz. Gleiches gilt für die Grundierungs-Stütze.

Seitenwand-Winkel verändern/Sidewall Angle Change

Der Tropfenschutz darf keinen zu großen Überhangswinkel aufweisen, da sonst wie allgemein in der Technologie **Stützstruktur** nötig wäre. Dieser Winkel stellt die maximale Steigung der Wände des Tropfschutzes mit den Formen **Wasserfall** und **Konturiert** ein. Mit 0° verläuft der Tropfenschutz in beiden Fällen senkrecht, Winkel zwischen 30° und 45° stellen sinnvolle Werte dar.

Geschwindigkeitsmultiplikator/Speed Multiplier

Abweichung der Geschwindigkeit für die Bahnen des Tropfenschutzes relativ zur Standard-Geschwindigkeit (Abschnitt 8.10.1). Die Geschwindigkeit muss einen sauberen Druck des Tropfschutzes ermöglichen. 70 – 100 % ist im Allgemeinen eine gute Einstellung.

8.4 Infill/Infill

Es gibt verschiedene Einstellungsmöglichkeiten, um Dichte und Form des Infills genau auf die Anforderungen des Druckteils einzustellen. Der Infill erfüllt zwei wichtige Funktionen:

- Der Infill sorgt für Festigkeit im Innern des Druckteils. Hierbei spielen Dichte, Muster und Material eine wesentliche Rolle.
- Während des Drucks dient der Infill als Auflagefläche für die **obersten festen Schichten**. Auch wenn ein Druckteil keinen Infill für die Festigkeit benötigt, wird dieser häufig für die Stützwirkung der obersten Schichten benötigt.

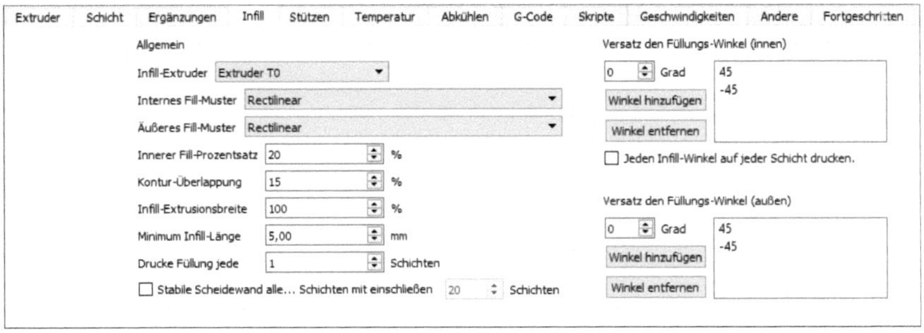

Bild 8.27 Reiter Infill

8.4.1 Allgemein (Infill)/General

Dieser Abschnitt betrifft hauptsächlich die Einstellungen des Infills. Zusätzlich wirken sich die Parameter **Äußeres Fill-Muster** und **Kontur-Überlappung** auf die obersten und untersten festen Schichten aus.

Infill-Extruder/Infill Extruder

Hier wird ausgewählt, mit welchem Extruder der **Infill** gedruckt werden soll. Zur Auswahl finden sich hier alle Extruder, die im Profil eingestellt sind. Diese Einstellung ermöglicht es, die Füllung eines Druckteils mit einem anderen Extruder zu drucken als die **Konturhüllen**. Eine sehr interessante Anwendung ist der Druck des Infills mit einer großen, schnell druckenden Düse mit gleichzeitigem Druck der Konturhüllen mit feiner Düse für beste Oberfläche.

Bild 8.28
Bei diesem Druckteil wurde der Infill (weiß) mit einem größeren Düsendurchmesser gedruckt.

Internes Fill-Muster/Internal Fill Pattern

Für den Infill stehen verschiedene Muster zur Auswahl. Wichtig ist für alle Füllmuster, dass die Funktion **Jeden Infill-Winkel auf jeder Schicht drucken** (Abschnitt 8.4.2) mit berücksichtig wird. Das heißt, ein Muster kann pro Schicht entweder nur eine Winkelrichtung drucken, die folgende Schicht druckt dann den nächsten Winkel. Oder beide Winkel werden in den Schichten gedruckt. Hier sind zwar für verschiedene Füllmuster Voreinstellungen hinterlegt, die im Folgenden auch so beschrieben sind, aber diese können über die genannte Funktion geändert werden. Der zweite wichtige Punkt ist, dass der **Infill-Prozentsatz** der Füllmuster immer ein Volumenanteil am Gesamtvolumen ist. Wird also auf jeder Schicht jeder Winkel des Füllmusters gedruckt, so ist dessen Gitterabstand bei rechtwinkligen Mustern doppelt so groß.

Bild 8.29 zeigt alle Füllmuster mit einem Füllgrad von 25 %. Hier ist deutlich erkennbar, dass bei Mustern, bei denen alle Winkel pro Schicht gedruckt werden, die Leerräume entsprechend größer sind.

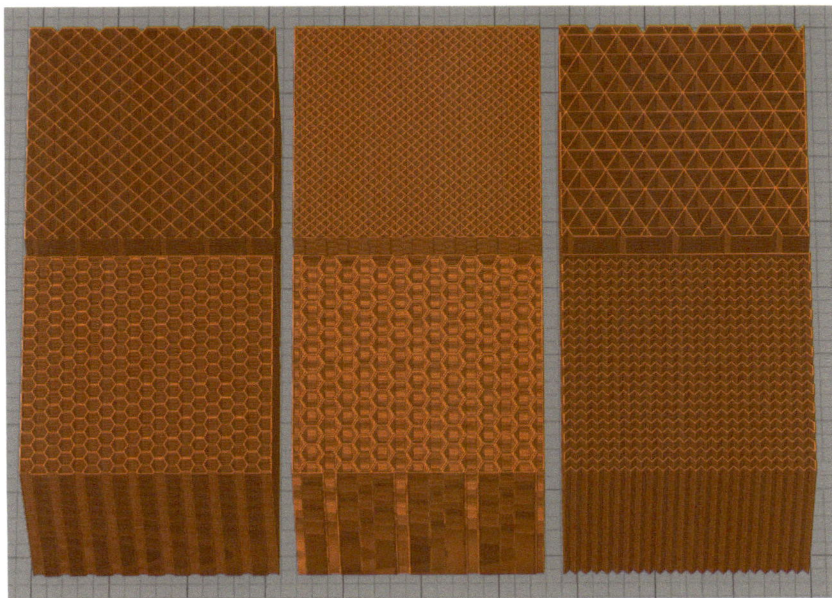

Bild 8.29 Füllmustervergleich 25 % Infill

- **Rectilinear:** Hier wird mit geraden Linien gefüllt, immer eine Richtung der unter **Versatz Füllungswinkel innen** (Abschnitt 8.4.2) eingegebenen Winkel pro Schicht. Dadurch benötigt dieses Füllmuster eine geringe Druckzeit, bietet aber dennoch einen gewissen Grad an Festigkeit.

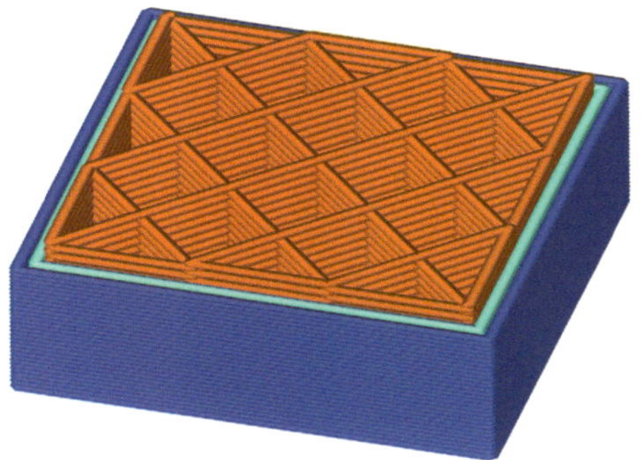

Bild 8.30
Internes Fill-Muster: Rectilinear – ein Winkel pro Schicht

- **Grid:** Es wird ein rechtwinkliges Gitter gedruckt. Hier werden beide Winkel des Gitters in jeder Schicht gedruckt. Das bietet eine erhöhte Festigkeit. Dabei wird der Abstand zwischen den einzelnen Bahnen des Infills größer, da sich ein größerer Anteil des Materials in den Bahnen befindet.

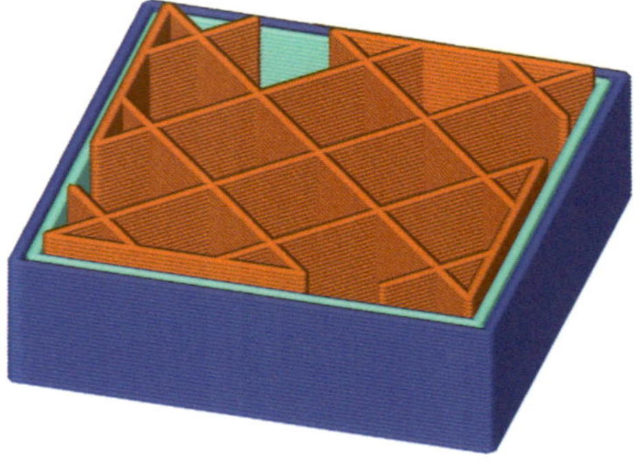

Bild 8.31
Internes Fill-Muster: Grid - Das Füllmuster wird in zwei Winkeln in jeder Schicht gedruckt.

- **Triangular:** Es wird ein dreieckiges Gitter gedruckt. Hier werden alle drei Winkel pro Schicht gedruckt. Das bietet eine erhöhte Festigkeit. Dabei wird der Abstand zwischen den einzelnen Bahnen des Infills größer, da sich ein größerer Anteil des Materials in den Bahnen befindet.

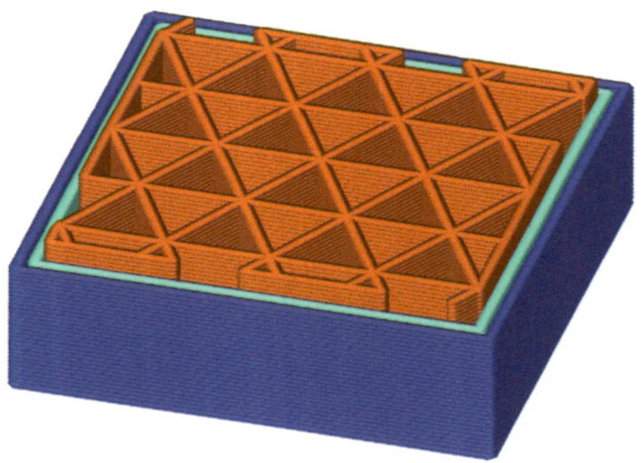

Bild 8.32
Internes Fill-Muster: Triangular - Das Füllmuster wird in drei Winkeln in jeder Schicht gedruckt.

- **Wiggle:** Dieses zackige Füllmuster kann beispielsweise bei einem Druckteil aus flexiblem Material zur Erreichung einer unterschiedlichen Flexibilität in verschiedenen Dimensionen erreicht werden.

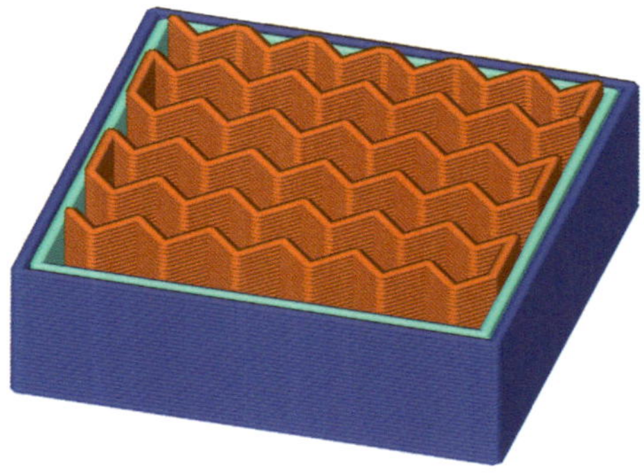

Bild 8.33
Internes Fill-Muster: Wiggle - Die Füllstruktur verläuft nur in eine vom Winkel abhängige Richtung.

- **Fast Honeycomb:** Bei dem schnellen Honigwabenmuster wird in jeder zweiten Schicht nur die Hälfte des Wabenmusters gedruckt.

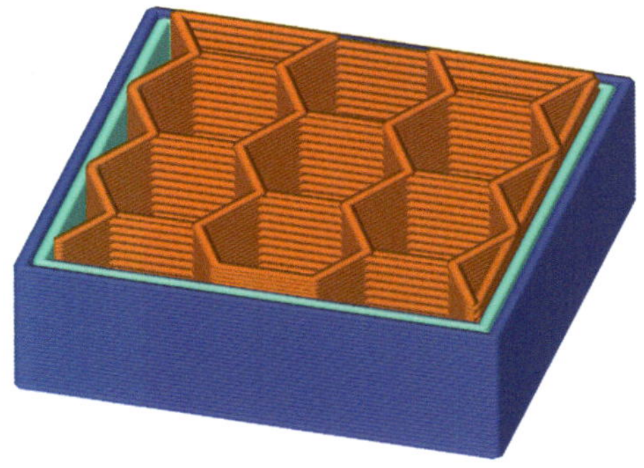

Bild 8.34
Internes Fill-Muster: Fast Honeycomb – Das Wabenmuster wird in jeder zweiten Schicht wechselnd gedruckt.

- **Full Honeycomb:** Hier gilt das Gleiche wie bei **Fast Honeycomb** mit dem Unterschied, dass das Honigwabenmuster auf jeder Schicht voll gedruckt wird. Die Richtung wechselt auf drei Schichten durch.

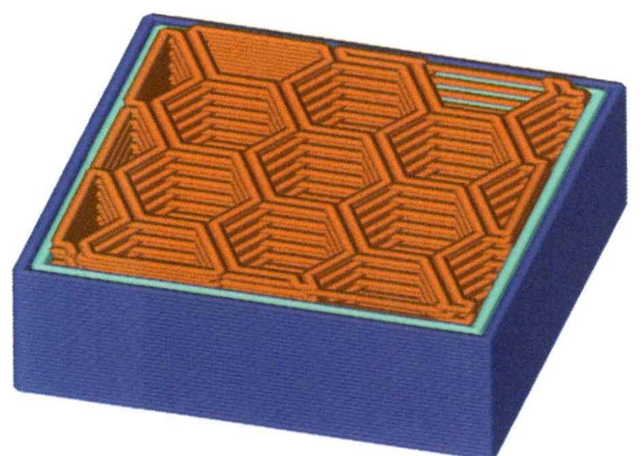

Bild 8.35
Internes Fill-Muster: Full Honeycomb – Das Wabenmuster wird auf allen Schichten voll gedruckt.

Äußeres Fill-Muster/External Fill Pattern

Für das äußere Füllmuster sind zwei Muster verfügbar. Diese Muster bestimmen die Sichtfläche der obersten festen Schichten und untersten festen Schichten.

- **Rectilinear:** Die Schichten werden abwechselnd mit einstellbaren Winkeln gedruckt. Für die hier eingesetzten Winkel ist die Einstellung **Versatz Füllungswinkel außen** maßgeblich (Abschnitt 8.4.3).
- **Concentric:** Die Schichten werden von der Konturhülle an nach innen spiralförmig geschlossen. Da die folgenden Schichten gleich aufeinander gedruckt werden, findet keine Gitterbildung wie bei dem **rectilinearen** Füllmuster statt. Die Tragkraft und Dichtigkeit sind dadurch geringer.

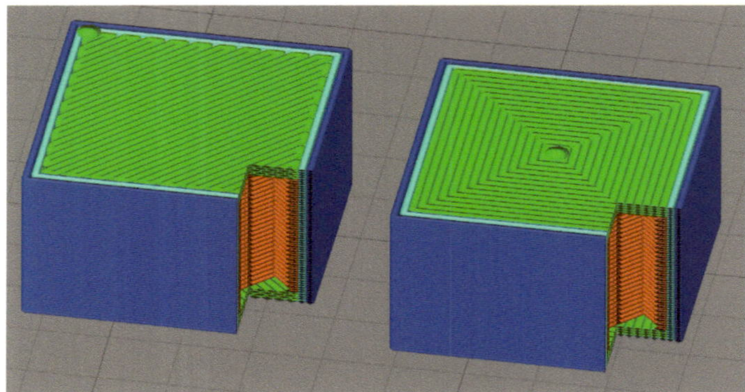

Bild 8.36 Äußeres Fill-Muster

Für das äußere Fill-Muster kann rectilinear oder concentric gewählt werden (Bild 8.36):

- links – Rectilinear, die Bahnen sind im Beispiel für jede Schicht um jeweils 90° gedreht.
- rechts – Concentric, die Bahnen werden der Außenkontur folgend nach innen gedruckt. Dabei liegen die Bahnen jeder Schicht gleich und bilden eine schwächere Struktur.

Innerer Fill-Prozentsatz/Interior Fill Percentage

Diese Einstellung legt den Füllgrad in Form von Volumenprozent fest. Die Einstellung ist auch im Bereich der Basiseinstellungen (oberer Bereich des Prozessfensters) anhand des Sliders **Infill-Prozentsatz** möglich.

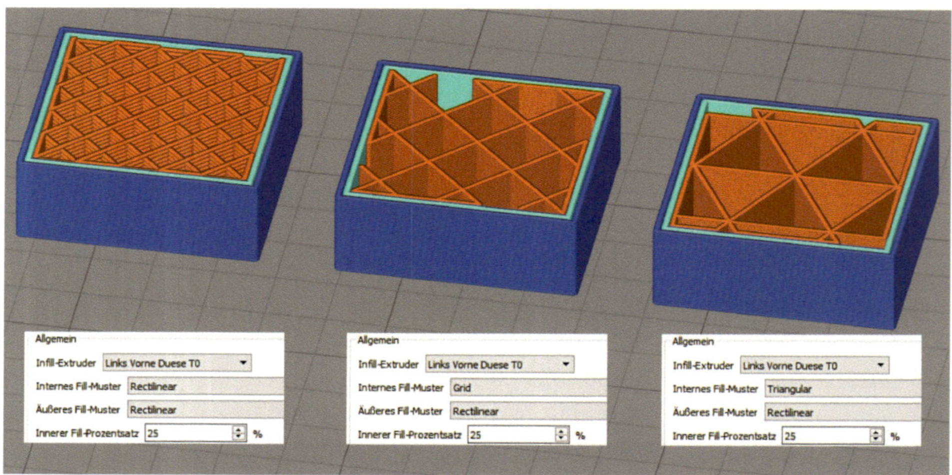

Bild 8.37 Innerer Fill-Prozentsatz von 25 % bei unterschiedlichen Füllmustern

Alle Modelle in Bild 8.37 haben den gleichen Internen Fill-Prozentsatz von 25 %. Der Abstand der Bahnen ändert sich mit unterschiedlichen Mustern:

- links – Rectilinear, Bahnen des Füllmusters werden pro Schicht nur in jeweils einem Winkel gedruckt.
- mittig – Grid, Bahnen werden pro Schicht in zwei Winkeln gedruckt. Der Abstand verdoppelt sich.
- rechts – Triangular, Bahnen werden pro Sicht in drei Winkeln gedruckt. Es entsteht ein noch größerer Abstand.

Der Interne Fill-Prozentsatz hat großen Einfluss auf folgende Punkte:

- **Druckdauer und Materialeinsatz:** Ein höherer Interner Fill-Prozentsatz erhöht die Druckdauer und den Materialeinsatz.
- **Festigkeit:** Hier kann zusammen mit dem **Inneren Fill-Muster** die Festigkeit im Bereich des Infills eingestellt werden. Ein höherer Interner Fill-Prozentsatz sorgt für höhere Festigkeit. Werden flexible Materialien eingesetzt, hat die Menge an Füllmaterial großen Einfluss auf die Flexibilität des Druckteils nach dem Druck.
- **Stützfunktion des Infills:** Der Prozentsatz muss ausreichend groß sein, um die obersten Schichten zu tragen.

Kontur-Überlappung/Outline Overlap

Dieser Parameter definiert, um wieviel Prozent der Infill und die obersten und untersten festen Schichten mit den Konturhüllen überlappen. Durch diese Überlappung wird sichergestellt, dass beide Elemente gut miteinander verbunden sind. Zu kleine Werte führen zu fehlender Verbindung, zu hohe Werte führen zu Überfüllung in diesen Bereichen. Es werden typischerweise Werte zwischen 15 % bis 20 % eingesetzt.

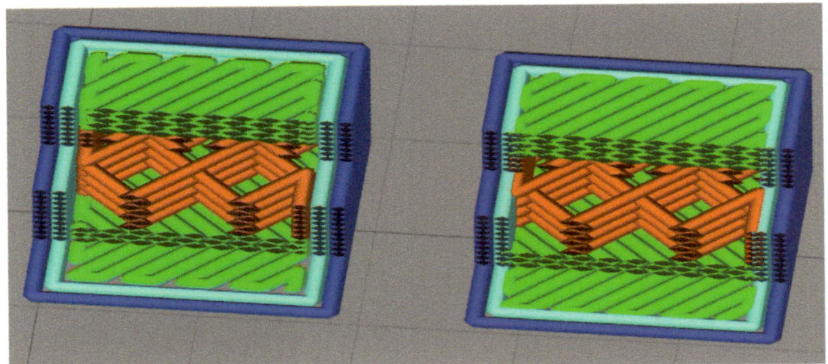

Bild 8.38 Unterschiedliche Einstellungen für die Kontur-Überlappung

Die Kontur-Überlappung in (Bild 8.38) zeigt zwei Beispiele:

- links - Bei einer Kontur-Überlappung von 0% überlagern sich die Bahnen nicht.
- rechts - Ist eine Kontur-Überlappung eingestellt, werden die Bahnen überlagert gedruckt, was durch Überfüllung in diesen Bereichen Probleme verursachen kann.

Infill-Extrusionsbreite/Infill Extrusion Width

Die Bahnbreite kann für den Infill als Prozentsatz der **Extrusionsbreite** eingestellt werden. Diese Einstellung betrifft nicht die obersten und untersten festen Schichten.

- **>100%:** Die Bahnen des **Infills** werden breiter, es werden weniger Bahnen benötigt, um eine Schicht zu füllen. Dabei muss sichergestellt werden, dass der Extruder die höhere Flussrate leisten kann. Die Abstände zwischen den Bahnen des Infills werden bei gleichbleibendem **Inneren Fill-Prozentsatz** größer, da sich ein größerer Anteil des Infill-Materials in den breiteren Bahnen findet.
- **<100%:** Die Bahnen des Infills werden schmaler, und es werden mehr Bahnen gedruckt. Da die Festigkeit von Druckteilen jedoch von eher breiten Bahnen profitiert, ist diese Einstellung nicht wirklich sinnvoll.

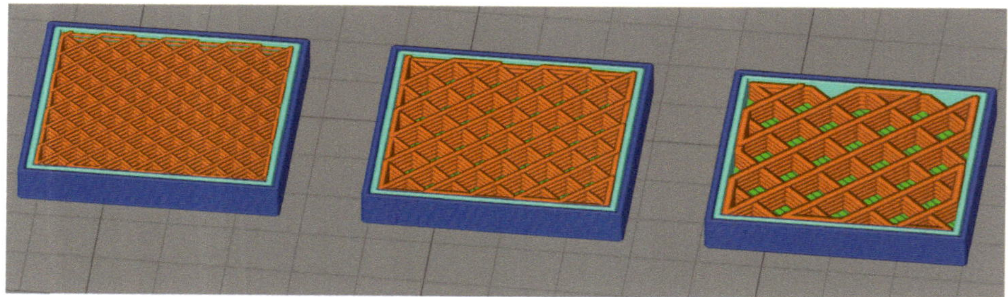

Bild 8.39 Unterschiedliche Einstellungen für die Infill-Extrusionsbreite

In Bild 8.39 sind verschiedene Einstellungen für die Infill-Extrusionsbreite bei gleichen Einstellungen für **Internes Fill-Muster** und **Innerer Fill-Prozentsatz** zu sehen:

- links - 70% Infill-Extrusionsbreite, die Bahnen sind schmaler, und es werden mehr Bahnen gedruckt, da sich weniger Material in den einzelnen Bahnen befindet.
- mittig - 100% Infill-Extrusionsbreite, die Bahnen des Infills haben die unter **Extruder → Extrusionsbreite** eingestellte Breite.

- rechts – 130 % Infill-Extrusionsbreite, die Bahnen sind breiter, es werden weniger Bahnen gedruckt.

Minimum Infill-Länge/Minimum Infill Length

Bei dünnwandigen oder filigranen Druckteilen ist teilweise sehr wenig Raum für Infill. Dann entstehen teilweise sehr kurze Bahnen des Infills. Diese kurzen Bahnen mit Freifahrten und ggf. Einzügen dazwischen machen häufig keinen Sinn, es kommt kein guter Materialfluss zustande. Zur Festigkeit tragen diese kurzen Infill-Strecken auch wenig bei. Daher kann mit der **Minimum Infill-Länge** festgelegt werden, ab welcher Länge der Infill überhaupt gedruckt wird. Hierdurch werden die unnötigen Freifahrten und **Einzüge** verringert und Druckzeit gespart.

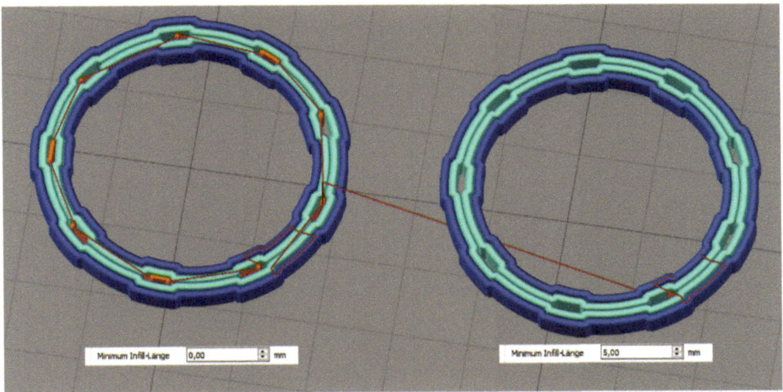

Bild 8.40 Infill kürzer als die Minimum Infill-Länge: Es wird kein Infill gedruckt.

Bild 8.40 zeigt zwei Varianten:

- links – Für die kurzen Bahnen des Infills muss der Druckkopf viele Freifahrten zurücklegen. Infill, der aus kurzen, vereinzelten Bahnen besteht, ist nicht effektiv.
- rechts – Die Minimum Infill-Länge verhindert den Druck von kurzen Bahnen des Infills. Es werden viele Freifahrten und Einzüge gespart.

Drucke Füllung jede x Schichten/Combine Infill Every x Layers

Diese Funktion ermöglicht es, den Infill in größerer Schichthöhe zu drucken als die Konturen. Bild 8.41 zeigt den Vergleich zwischen Einstellung 1 und 2:

- links – Einstellung 1 – Die Füllung wird in jeder Schicht gedruckt.
- rechts – Einstellung 2 – Der Infill wird mit doppelter Schichthöhe und somit über zwei Schichten gedruckt, während die Konturen in normaler Schichthöhe gedruckt werden und eine feine Oberfläche bilden. Damit haben die Bahnen der Füllung die doppelte Höhe, und es wird Druckzeit gespart.

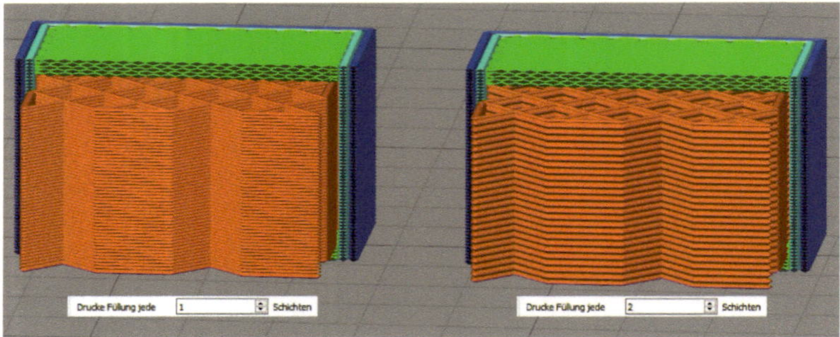

Bild 8.41 Füllung über mehrere Schichten kombinieren

Wichtig ist hier, dass diese vielfache Schichthöhe nicht höher werden darf als die maximal zulässige Schichthöhe der eingesetzten Düse (80 % des Düsendurchmessers). Der Volumenstrom wird durch diese Einstellung ebenfalls vervielfacht. Dieser darf den vom Extruder leistbaren Volumenstrom nicht überschreiten, da sonst Unterextrusion droht.

Beispiel: Wird mit einer 0,5-mm-Düse gedruckt, beträgt die maximale Schichthöhe 0,4 mm (Formel 8.1). Ist eine **Primäre Schichthöhe** auf 0,2 mm eingestellt, so können maximal zwei Schichten kombiniert werden.

Stabile Scheidewand alle...Schichten mit einschließen/ Include solid Diaphragm every...layers

Diese Einstellung erzeugt im Infill eine geschlossene Schicht nach der jeweils angegebenen Anzahl an Schichten. Die geschlossenen Schichten benötigen eine längere Druckzeit verglichen mit dem normalen Füllmuster.

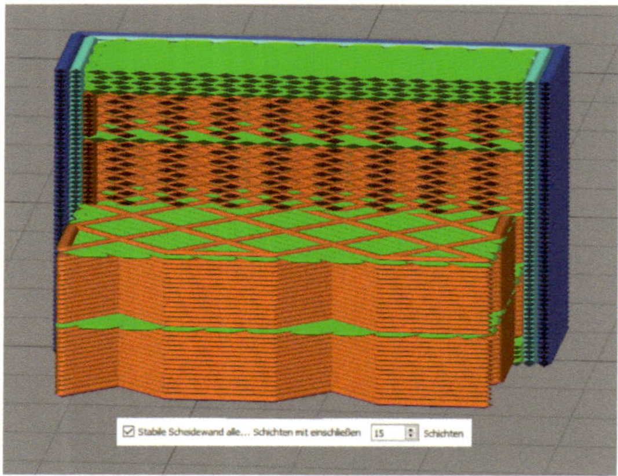

Bild 8.42 Stabile Scheidewand

8.4.2 Versatz Füllungs-Winkel (innen)/ Internal Fill Angle Offsets

Hier kann eingestellt werden, in welche Richtung die Bahnen des **Internen Fill-Musters** gedruckt werden. Die Richtung wird in Grad angegeben, die Ausrichtung von 0° liegt parallel zur X-Achse. Werden mehrere Winkel angegeben, werden Bahnen des Internen Fill-Musters aufeinanderfolgend mit diesen Winkeln gedruckt. Die verschiedenen Internen Fill-Muster haben eine unterschiedliche Anzahl an Winkeln. Nachdem ein Muster ausgewählt wird, stellen sich die benötigten Winkel automatisch ein, das kann jedoch meist nach Wunsch geändert werden.

Eingestellte Winkel können hinzugefügt und entfernt und durch Doppelklick auf einen Winkel bearbeitet werden:

- Das Interne Fill-Muster kann gedreht werden, indem alle Winkel um den gleichen Betrag vergrößert oder verringert werden.
- Zusätzliche Winkel können hinzugefügt werden, um ein Muster zu verändern.

Eine Anpassung des Füllungs-Winkels kann zur Optimierung von Infill genutzt werden. Häufig gibt es Situationen, in denen die Bahnen des Infills nicht optimal im Innern des Druckteils liegen. Beispielsweise bilden sich viele kurze, einzelne Bahnen anstatt längere mit weniger Absätzen, wie es für den Druckprozess besser geeignet wäre. Eine Festigkeitsoptimierung kann ebenfalls durch Berücksichtigung der Hauptkraftrichtungen in diesen Einstellungen erfolgen.

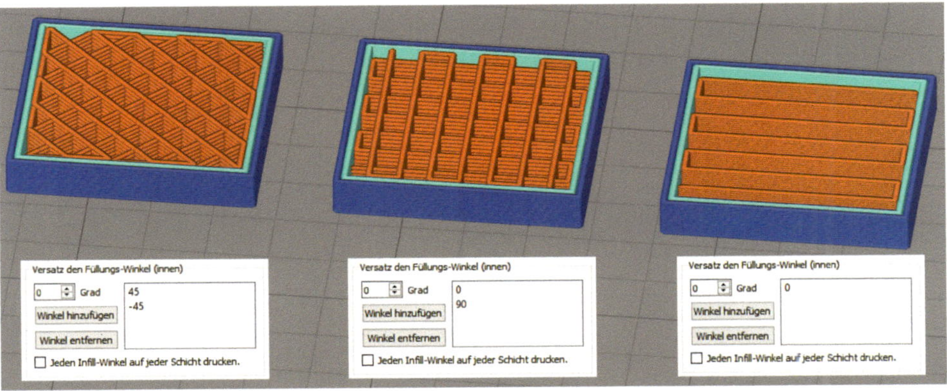

Bild 8.43 Verschiedene Winkel für Versatz des Füllungs-Winkels (innen)

Jeden Infill-Winkel auf jeder Schicht drucken/ Print every fill angle on each layer

Wird nicht jeder Infill-Winkel auf jeder Schicht gedruckt, verteilen sich die Winkel auf mehrere Schichten und wiederholen sich nach dem Durchlaufen aller angegebenen Winkel. Hier liegen die Bahnen nur an den Kreuzpunkten gut aufeinander. Wie in Abschnitt 8.4.1 erklärt, wird dafür der Abstand zwischen den Bahnen kleiner. Es wird also bei gleichem **Inneren Fill-Prozentsatz** eine bessere Stützwirkung für die obersten festen Schichten erreicht. Dagegen werden beim Aktivieren der Funktion zwar die Abstände zwischen den Bahnen größer, dennoch steigt die Festigkeit in diesem Fall durch die bessere Schichtverschweißung deutlich.

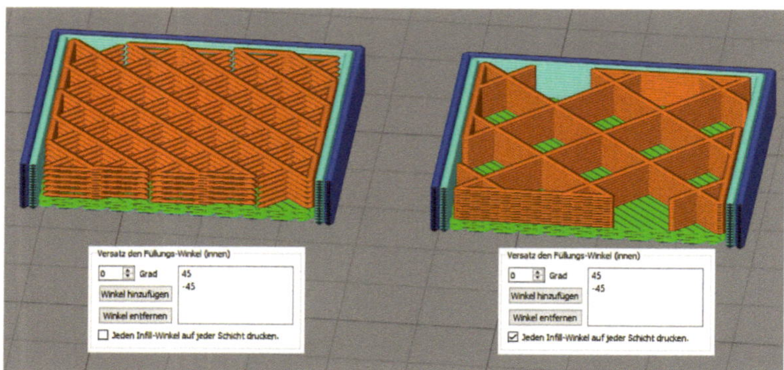

Bild 8.44 Jeden Infill-Winkel auf jeder Schicht drucken

Der Haken für diese Einstellung wird bei Auswahl eines internen Fill-Musters automatisch angepasst, kann jedoch anschließend wie in Bild 8.44 geändert werden:

- links – Wird das Füllmuster Rectilinear ausgewählt, ist die Option **Jeden Infill-Winkel auf jeder Schicht drucken** nicht aktiviert. Es wird pro Schicht nur einer der eingestellten Winkel gedruckt.
- rechts – Wird für das Füllmuster Rectilinear die Option aktiviert, so wird jeder Winkel auf jeder Schicht gedruckt. In diesem Beispiel entspricht damit das Füllmuster Rectilinear dem Füllmuster Grid. Ebenfalls hat sich der horizontale Abstand zwischen den Bahnen erhöht, das Material wird entsprechend umverteilt.

8.4.3 Versatz Füllungs-Winkel (außen)/ External Infill Angle Offsets

Hier wird der Winkel für das **äußere Fill-Muster**, damit also die obersten und untersten festen Schichten festgelegt. Diese Einstellung ist nur für das Muster **Rectilinear** möglich. Hier werden üblicherweise zwei um 90° zueinander gedrehte Winkel eingesetzt, sodass sich die Bahnen überkreuzen. Das ist für die meisten Druckteile vorteilhaft, da sich schneller eine dichte, geschlossene Fläche bilden kann. Durch Anpassen der Winkel können die Ausrichtungen frei gewählt oder zusätzliche Winkel eingestellt werden.

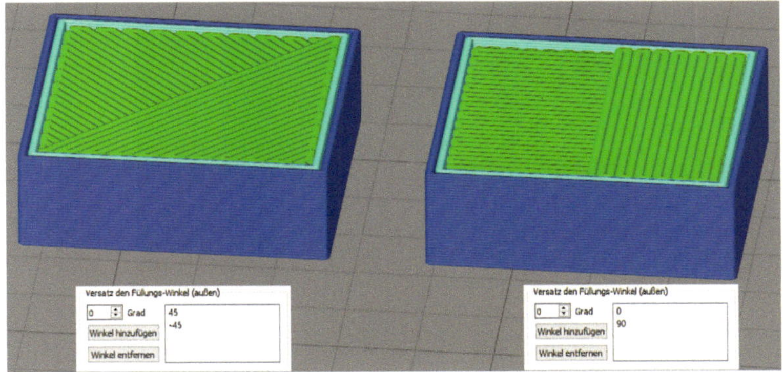

Bild 8.45 Unterschiedliche Einstellungen für den Winkel der Füllung

In Bild 8.45 sind verschiedene Winkel für Versatz den Füllungs-Winkel (außen) zu sehen.

■ 8.5 Stützen/Support

In Kapitel 2 wurde die Basis für den Einsatz von **Stützstruktur** beschrieben. Je weniger Stützstruktur benötigt wird, umso besser ist es für die Druckdauer, den Materialeinsatz und die Nacharbeit. Daher bietet Simplify3D mehrere gute Optionen und Einstellungen zur Optimierung. Den größten Einfluss zur Reduktion von Stützmaterial bietet die technologieoptimierte Konstruktion. Zwei wichtige Punkte können den Einsatz von Stützstrukturen reduzieren, wenn sie bereits im Konstruktionsprozess beachtet werden:

- **Überhangswinkel**, die ohne Stützstruktur gedruckt werden können (Kapitel 9 und Abschnitt 8.5.3)
- **Brücken (in Simplify3D Übergänge genannt)**, da hier kurze Strecken ohne Stützstruktur überbrückt werden können.

Um festzulegen, an welchen Stellen Stützstruktur gedruckt werden soll, stehen zwei Möglichkeiten zur Verfügung. **Automatische Platzierung** hier in diesem Reiter oder das Erstellen mit dem Assistenten für die Stützstruktur (siehe Abschnitt 7.8), mit dem ein deutlich größerer Einfluss auf die Stützstruktur genommen werden kann.

Simplify3D bietet mit der **Dichten Stützstruktur** eine zusätzliche Zwischenschicht zwischen locker gedruckter normaler Stützstruktur und Druckteil (Abschnitt 2.7.1/Bild 2.20).

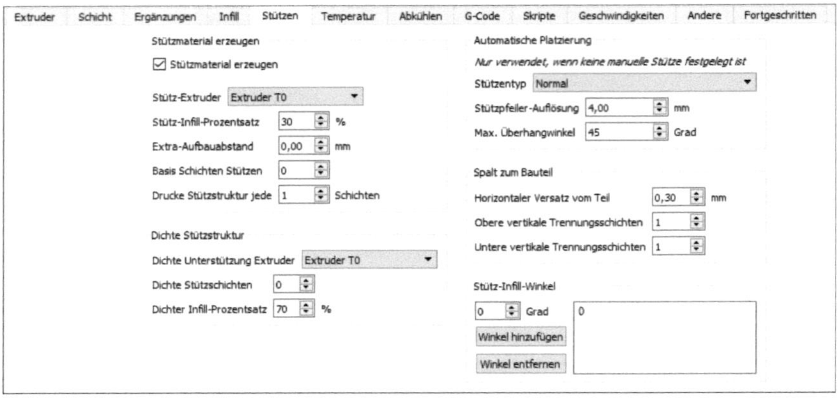

Bild 8.46 Reiter Stützen

8.5.1 Stützmaterial erzeugen/Support Material Generation

Stützmaterial erzeugen/Generate Support Material

Die Erzeugung von Stützstruktur wird hier aktiviert oder deaktiviert. Wenn für ein Druckteil bereits manuelle Stützstruktur erstellt wurde und die Einstellung Stützmaterial erzeugen dennoch deaktiviert wird, wird keine Stützstruktur gedruckt. In diesem Fall unterstützt das Programm bei der Druckdateierzeugung mit einer Fehlermeldung.

Stütz-Extruder/Support Extruder

Hier wird ausgewählt, mit welchem Extruder die Stützstruktur gedruckt werden soll. Zur Auswahl finden sich hier alle Extruder, die unter **Extruder-Liste** (Reiter Extruder) eingestellt sind.

Stütz-Infill-Prozentsatz/Support Infill Percentage

Der Stütz-Infill-Prozentsatz definiert die Dichte (ähnlich dem Füllgrad) in Prozent. Die Dichte sollte hoch genug eingestellt werden, dass eine ausreichende Stützwirkung erreicht wird, und gleichzeitig so gering wie möglich, um Druckzeit und Materialverbrauch in Grenzen zu halten.

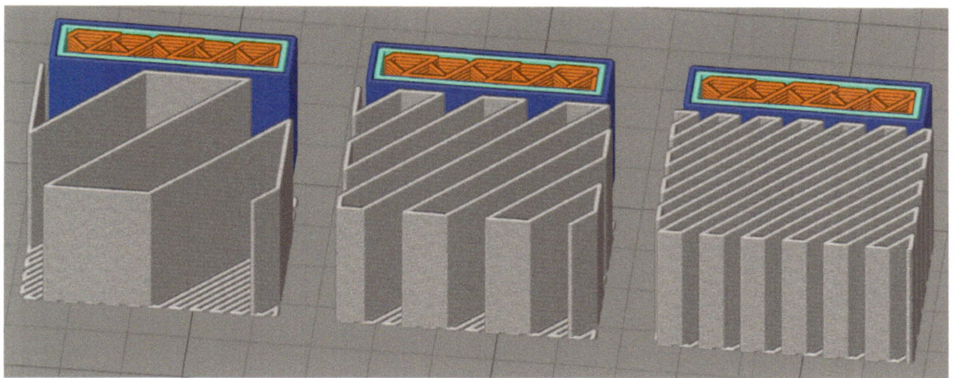

Bild 8.47 Druckteile mit verschiedenen Werten für den Stütz-Infill-Prozentsatz

In Bild 8.47 sind drei verschiedene Prozentsätze abgebildet:

- 10 % links: geringe Stützwirkung, eventuell hängen die Bahnen der ersten aufliegenden Schicht des Druckteils zwischen der Stützstruktur etwas durch.
- 25 % mittig: eine gute Stützwirkung
- 50 % rechts: mehr Stützstruktur als benötigt sorgt für längere Druckzeit und höheren Materialverbrauch.

Extra-Aufbauabstand/Extra Inflation Distance

Die Stützstruktur kann durch diese Einstellung mit einem zusätzlichen Abstand über die Außenkontur des Modells hinaus erzeugt werden. Sie vergrößert sich damit nach außen. Der Extra-Aufbauabstand vergrößert die Stützstruktur über die Kontur des Druckteils hinaus (Bild 8.48):

- links - Extra-Aufbauabstand 0 mm: Hier wird kein Extra-Aufbauabstand gedruckt, das Stützmaterial ist genauso groß wie die im Grafikfenster angezeigten Stützpfeiler. In Abschnitt 9.2 werden dieser Fehler und die Behebung des Problems am Praxisbeispiel Deckel gezeigt.
- mittig - Extra-Aufbauabstand 1 mm: Die Stützstruktur steht unter der Kontur des Druckteils 1 mm heraus.
- rechts - Extra-Aufbauabstand 1 mm mit dem Einsatz der **Dichten Stützstruktur**: Die Stützstruktur und die dichte Stützstruktur ragen über die Kontur des Druckteiles 1 mm hinaus.

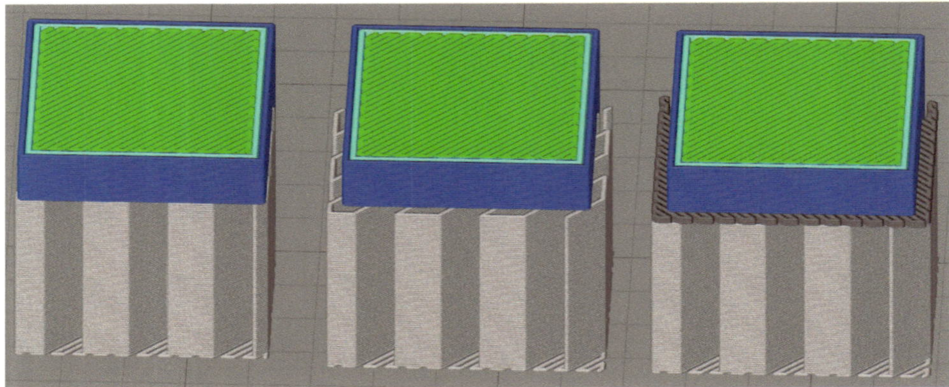

Bild 8.48 Einsatz des Extra-Aufbauabstandes

Achtung: Gelegentlich passt die Stützpfeilergröße nicht wirklich gut in Überhänge, nicht alle Konturen werden abgestützt. Auch dann ist dieser Extra-Aufbauabstand einzusetzen. Dieser Fall wird im Praxisbeispiel Deckel in Kapitel 9 erklärt.

Basis Schichten Stützen/Support Base Layers

Diese Einstellung sorgt dafür, dass die erste(n) Schichte(n) der Stützstruktur voll gefüllt gedruckt werden. Damit wird die Haftung und Auflagefläche der Stützstruktur erhöht. Eine Basis Schicht ist in der Regel ausreichend.

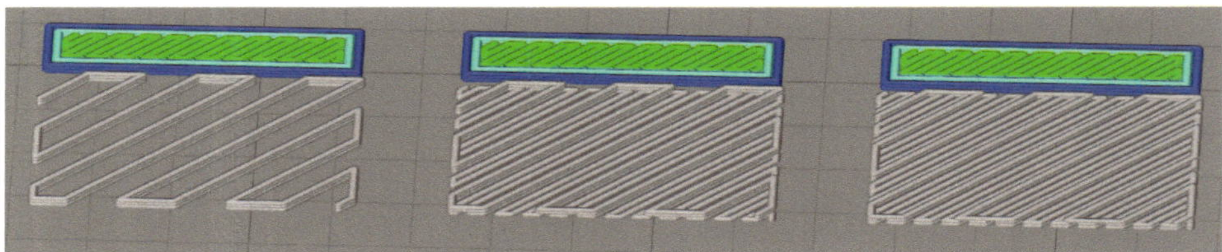

Bild 8.49 Verschiedene Einstellungen für Basis Schichten Stützen.

Die Einstellung Basis Schichten Stützen sorgt für vollgefüllte Schichten der Stützstruktur auf dem Druckbett (Bild 8.49):

- links – 0 Schichten: Es wird keine Basisschicht gedruckt. Es besteht nur wenig Kontaktfläche zwischen Stützstruktur und Druckbett.
- mittig – 1 Schicht: Die Basisschicht sorgt für eine große Kontaktfläche zwischen Stützstruktur und Druckbett. Folgende Bahnen der Stützstruktur verbinden sich gut mit der Basisschicht.

- rechts – 2 Schichten: Beliebig viele Schichten sind möglich, wobei eine Basisschicht meist ausreichend ist.

Drucke Stützstruktur jede x Schichten/Combine Support Every x layers

Die Stützstruktur wird in einer größeren Schichthöhe gedruckt als das Druckteil, und zwar immer ein ganzzahliges Vielfaches der **Druckteilschichthöhe**. Dieser Faktor wird hier eingestellt. Dieses Vorgehen ist analog zum Infill (Abschnitt 8.4.1). Es kann also mit mehrfacher Schichthöhe zur **Primären Schichthöhe** gedruckt werden. Diese Einstellung führt in gekrümmten Flächen zu mehr Treppenbildung der Stützstruktur und Bauteilauflage. Des Weiteren können Stützschichten in Bereichen fehlen, in denen die Druckteilschichten nicht dem eingestellten Vielfachen der Stützstruktur entsprechen. Diese vielfache Schichthöhe der Stützstruktur darf nicht größer als die maximal zulässige Schichthöhe der eingesetzten Düse werden (Abschnitt 2.9). Gleichzeitig muss beachtet werden, dass der vom Extruder erreichbare Volumenstrom nicht überschritten wird, da sonst Unterextrusion und mangelnde Festigkeit droht.

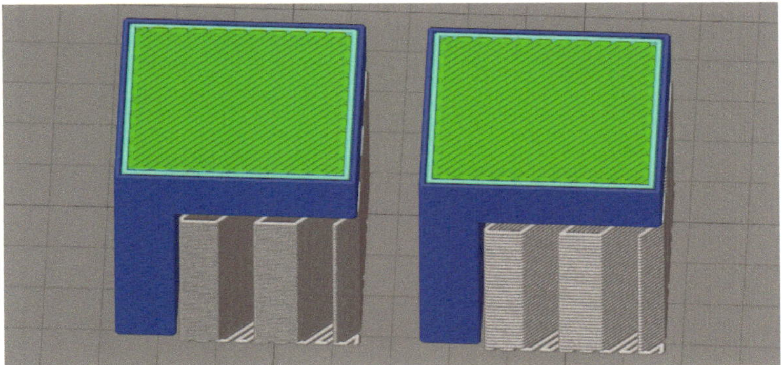

Bild 8.50 Stützstruktur mit deutlich höherer Schichthöhe als das Druckteil

In Bild 8.50 ist zu sehen:

- links – Stützstruktur wird in jeder Schicht gedruckt. Die Schichthöhen sind gleich.
- rechts – Stützstruktur wird alle zwei Schichten gedruckt. Damit haben die Bahnen der Stützstruktur die doppelte Höhe und es wird Druckzeit gespart, die Bahnen sind jedoch gröber.

Schichten der dichten Stützstruktur werden ebenfalls kombiniert. Das kann zu fehlenden Schichten führen. Das Verhalten sollte in der Vorschau genau geprüft und ggf. angepasst werden.

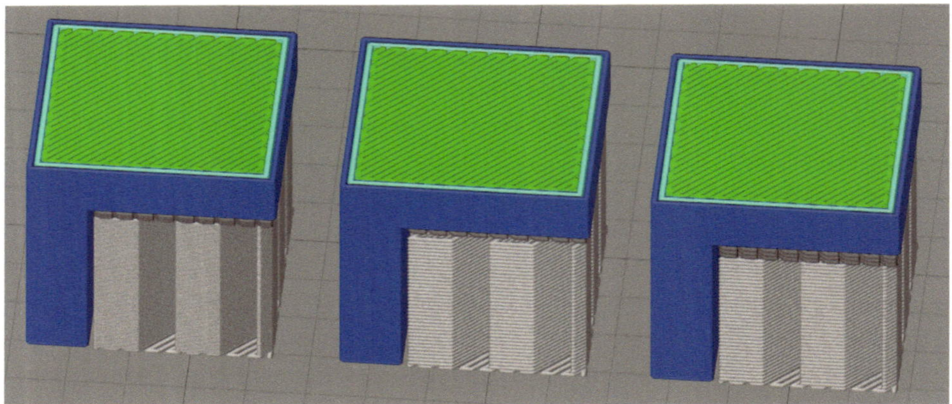

Bild 8.51 Stützen über mehre Schichten kombinieren mit dichter Stützstruktur

Werden Schichten der Stützstruktur kombiniert und gleichzeitig dichte Stützstruktur eingesetzt, sollten die dichten Stützschichten verdoppelt werden.

- links – Stützstruktur und dichte Stützstruktur wird in jeder Schicht gedruckt. Es werden drei Schichten dichte Stützstruktur gedruckt.
- mittig – Stützstruktur wird alle zwei Schichten gedruckt. Für die dichte Stützstruktur sind 3 Schichten festgelegt, es wird jedoch nur eine Schicht gedruckt und es gibt eine Schicht, auf der gar keine Stützstruktur gedruckt wird.
- rechts – wurde die Anzahl Schichten auf 6 erhöht, so werden 3 Schichten dichte Stützstruktur gedruckt.

Vorsicht: Obwohl diese Funktion Zeit sparen kann, sollte sie gut überlegt sein. Denn hier können Schichten fehlen und die Treppenbildung der **Stützstruktur** erhöht sich. Die zu stützende Höhe sollte diesem Vielfachen der Stützschichten entsprechen, sonst drohen Lücken.

8.5.2 Dichte Stützstruktur/Dense Support

Die dichte Stützstruktur wird als eine Art festere Stützschicht zwischen das Druckteil und die normale Stützstruktur gedruckt. Sie wird im Dualdruck genutzt, um die Dichte der Stützstruktur angrenzend zum Druckteil sehr dicht bis voll gefüllt zu drucken. Damit sind beste Oberflächen auch im Bereich der gestützten Flächen erreichbar. Des Weiteren kann ein großer Teil der Stützstruktur relativ locker gedruckt werden und damit Material und Druckzeit eingespart werden.

Einsatz im Dual-Druck (Bild 8.52):

Beim Druck von Stützstruktur aus löslichen oder leicht entfernbaren Stützmaterialien kann die dichte Stützstruktur mit einem **dichten Infill-Prozentsatz** von 70 bis 100 % gedruckt werden. Diese vollflächige Stützstruktur bildet die bestmöglichste Stützwirkung und damit gute Druckteiloberflächen aus.

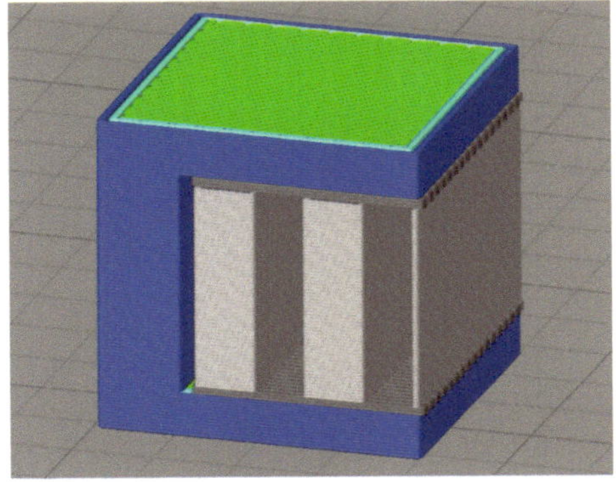

Bild 8.52
Dichte Stützstruktur beim Mehrfachdruck

Einsatz im Single-Druck:

Die Einstellungen sind beim Single-Druck gelegentlich auch hilfreich, wie in Bild 8.53 dargestellt. Allerdings sollte hier gut abgewogen werden, ob die erreichte Druckdauereinsparung den Nachteil der eventuell schlecht aufeinander haftenden normalen und dichten Stützstrukturen ausgleicht.

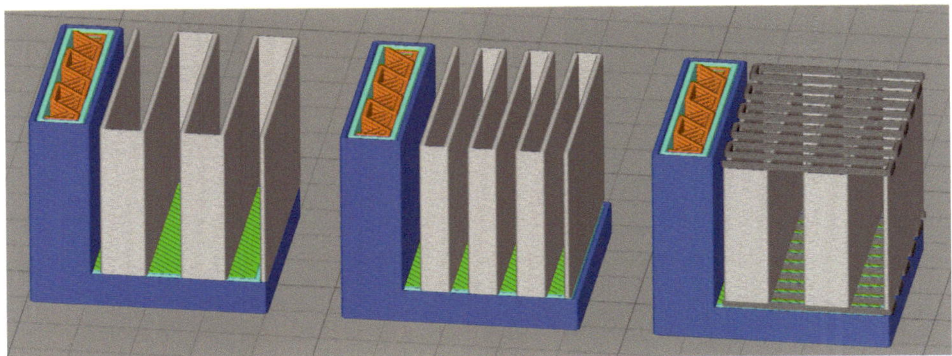

Bild 8.53 Einsatz dichter Stützstruktur im Single-Druck

Die Einstellung Basis Schichten Stützen sorgt für vollgefüllte Schichten der Stützstruktur auf dem Druckbett (Bild 8.49):

- links – die Stützstruktur (helles grau) hat nur eine geringe Dichte. Es wird nur wenig Material und Druckzeit benötigt, jedoch wird nur eine niedrige Stützwirkung erreicht. Die gestützten Bahnen können durchhängen.
- mittig – die Stützstruktur (helles grau) hat eine erhöhte Dichte. Die gestützten Bahnen werden besser gestützt, jedoch wird mehr Material und Druckzeit benötigt.
- rechts – für die Stützstruktur (helles grau) wird mit geringer Dichte gedruckt. Die dichte Stützstruktur (grau) wird eingesetzt um die Dichte der Stützstruktur unmittelbar vor dem Druck der gestützten Bahnen des Druckteils zu erhöhen. Es wird eine gute Stützwirkung erreicht und gleichzeitig Material und Druckzeit eingespart.

Dichte Unterstützung Extruder/Dense Support Extruder

Die Auswahl des Extruders, der die dichte Stützstruktur drucken soll, findet in diesem Feld statt. Damit besteht beim Mehrfachdruck die Möglichkeit, die dichte Stützstruktur mit einem anderen Extruder und damit einem anderen Material zu drucken als die normale Stützstruktur (Bild 8.54, Mitte).

Die normale Stützstruktur kann dann mit dem Material des Druckteils oder einem dritten Material gedruckt werden. Dies spart Kosten und eventuell Druckdauer, wenn das Stützmaterial hochpreisig ist oder nur deutlich langsamer gedruckt werden kann.

Hierbei muss allerdings darauf geachtet werden, dass die verschiedenen Materialien ausreichend aufeinander haften. Diese Möglichkeit klingt interessant, bietet aber in der Praxis einige Hürden im Bereich des Übergangs von Stützstruktur zu dichter Stützstruktur. Wenn nicht extrem auf die Kosten optimiert werden muss, sollte der Druck der gesamten Stützstruktur aus dem Stützmaterial ausgeführt werden.

Im Internetportal *www.3d-druck-knowhow.de* wird anhand eines Tutorials diese Möglichkeit mit den möglichen Problemen beschrieben.

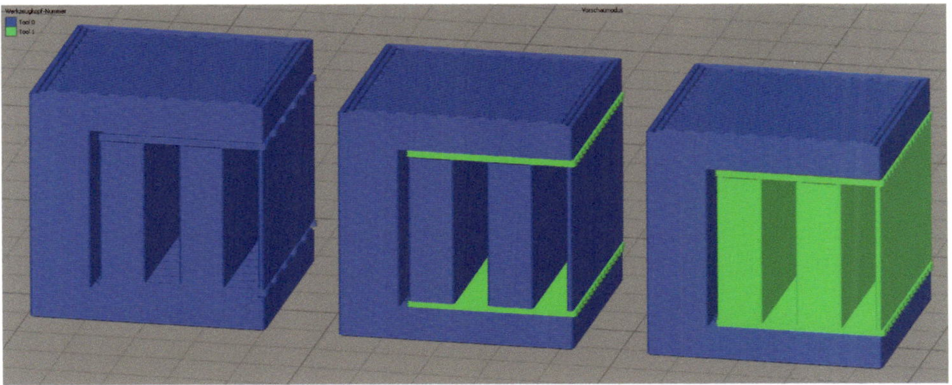

Bild 8.54 Auswahl des Extruders für die dichte Stützstruktur

Bild 8.54 zeigt die Möglichkeiten der Extruderzuweisung zur Stützstruktur in der Druckvorschau (Farbgebung **Aktiver Bearbeitungskopf**):

- links: Single-Druck: Stützstruktur und dichte Stützstruktur aus dem gleichen Material wie das Druckteil.
- mittig: die dichte Stützstruktur wird mit einem dedizierten Stützmaterial gedruckt und ist dem Extruder mit Index 1 (grün) zugewiesen. Die normale Stützstruktur wird mit dem Material des Druckteils gedruckt und ist Extruder 0 (blau) zugewiesen.
- rechts: die Stützstruktur und die dichte Stützstruktur werden aus dediziertem Stützmaterial gedruckt und sind beide Extruder 1 (grün) zugewiesen.

Dichte Stützschichten/Dense Support Layers

Eingabefeld für die Anzahl Schichten der dichten Stützstruktur, die erzeugt werden sollen. Soll keine dichte Stützstruktur gedruckt werden, wird die Zahl auf null eingestellt. Ansonsten sollte eine Mindestanzahl von drei – bei kleinen Schichthöhen eher mehr – Schichten gedruckt werden, um eine gute Stützwirkung zu erzielen. Je geringer der **Infill-Prozentsatz** der normalen Stützstruktur, umso höher sollte die Anzahl gewählt werden, um eine gut geschlossene Stützschicht am Teil angrenzend zu bewirken.

Dichter Infill-Prozentsatz/Dense Infill Percentage

Der dichte Infill-Prozentsatz wird wie oben beschrieben abhängig von der Art des verwendeten Stützmaterials eingestellt.

- **Single-Druck:** Die dichte Stützstruktur kann hier genutzt werden, um die Dichte der Stützstruktur angrenzend an das Druckteil zu erhöhen. Die dichte Stützstruktur darf nur mit geringem bis mittlerem Füllgrad gedruckt werden, da dies zu einem erschwerten Ablösen des Stützmaterials führt. Der maximale Prozentsatz, bei der das Stützmaterial noch gut ablösbar ist, hängt stark vom verwendeten Material ab.
- **Dualdruck:** Stützstruktur aus einem separaten, löslichen oder leicht entfernbaren Stützmaterial. Der dichte Infill-Prozentsatz wird auf 100 % eingestellt, damit wird die beste vollflächige Stützung erreicht.

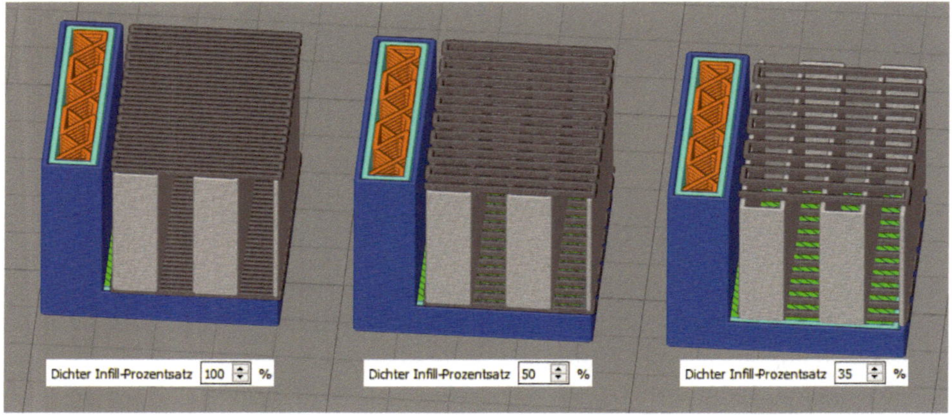

Bild 8.55 Verschiedene Einstellungen für den dichten Infill-Prozentsatz

8.5.3 Automatische Platzierung/Automatic Placement

Die folgenden Einstellungen werden nur dann verwendet, wenn **Stützmaterial erzeugen** aktiviert ist und keine manuelle Stützstruktur (Abschnitt 7.8) platziert wurde. Das Programm erzeugt dann die Stützstruktur aus den beiden Parametern Überhangswinkel und Stützpfeiler-Auflösung analog zum Stützstruktur-Assistenten (siehe Abschnitt 7.8.1).

Stützentyp/Support Type

- **Normal:** Stützen werden sowohl auf dem Druckbett als auch auf dem Druckteil stehend generiert, siehe Bild 7.13.
- **Nur von Druckplattform:** Nur Stützen, die auf dem Druckbett aufstehen, werden generiert.

Stützpfeiler-Auflösung/Support Pillar Resolution

Die Seitenlänge der einzelnen Stützpfeiler, aus denen die gesamte Stützstruktur aufgebaut ist. Beim Slicen werden alle Stützpfeiler zu einem Volumen kombiniert und die Bahnen für die Stützstruktur innerhalb des Volumens generiert. Unterschiedliche Größen für die Stützpfeiler bieten unterschiedliche Vorteile:

- **Kleinere Stützpfeiler-Auflösung:** Je kleiner die einzelnen Pfeiler, desto genauer können Rundungen und kleinere Bereiche gestützt werden.
- **Größere Stützpfeiler-Auflösung:** eher geeignet für großflächige Stützflächen.

Nur bei sehr einfachen Stützflächen ist diese automatische Stützenfunktion sinnvoll. Ansonsten empfiehlt sich immer der Assistent zur Stützstrukturerzeugung (Abschnitt 7.8). Dort ist direkt in der Geometrie individuelle Anpassung möglich, sie bietet gleichzeitig eine bessere Übersicht bereits beim Erstellen der **Stützstruktur**. Die automatische Platzierung ist immer erst in der Druckvorschau ersichtlich. ▪

Max. Überhangwinkel/Max Overhang Angle

Der Überhangwinkel, ab dem eine Stützstruktur erzeugt werden soll. Um Material und Druckzeit zu sparen, sollte der größtmögliche Winkel eingestellt werden. Die Stützstruktur sollte frühestens ab einer Steigung beginnen, ab der einzelne Bahnen zu fallen beginnen, und spätestens ab einer Steigung, ab der der Druckprozess durch mangelnde Unterstützung der Bahnen gefährdet wird. Um herauszufinden, ab welchem Überhangwinkel Stützstruktur gedruckt werden soll, kann die unter Abschnitt 9.8.3 beschriebene Kalibrierung durchgeführt werden.

8.5.4 Spalt zum Bauteil/Separation From Part

Die Stützstruktur muss nach dem Druck gut entfernt werden können. Das wird erreicht, indem zwischen Druckteil und Stützstruktur ein gewisser Abstand gehalten wird. Wird die Stützstruktur im Mehrfachdruck aus einem gesonderten Material gedruckt, das durch Auflösen oder eine geringe, materialbedingte Haftung mit dem Druckteil entfernt werden kann, ist nur ein geringer Abstand notwendig. Die Angaben hier dienen sowohl für die normale als auch für die dichte Stützstruktur.

Horizontaler Versatz vom Teil/Horizontal Offset From Part

Dieser Parameter beschreibt den Abstand in horizontaler Richtung zwischen Druckteil und Stützstrukturen. Ein Anhaltswert für diesen Spalt ist etwa 70 – 80 % der Extrusionsbreite. Beim Dualdruck kann der Abstand etwas geringer gewählt werden, da hier das Risiko des Verschweißens von Stützstruktur und Bauteil weniger groß ist. Gegebenenfalls sollten Testdrucke für die gewünschten Druckszenarien durchgeführt werden.

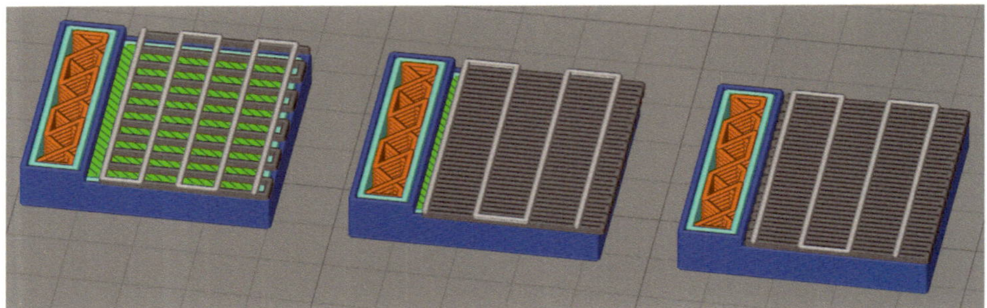

Bild 8.56 Einsatz des horizontalen Versatzes der Stützstruktur

In Bild 8.56 werden unterschiedliche Einstellungen für den Horizontalen Versatz des Teils gezeigt.

- links: größerer Versatz bei Stützstruktur aus dem Druckmaterial. Dies verhindert ein Verschmelzen der Stützstruktur mit dem Druckteil.
- mittig: geringer Versatz. Durch die Verwendung von leicht entfernbarem Stützmaterial im Dualdruck kann der Abstand kleiner gehalten werden.
- rechts: kein Versatz zwischen Druckteil und Stützstruktur. Die Stützstruktur lässt sich möglicherweise nur schwer lösen und hinterlässt Spuren auf dem Druckteil.

In Bild 8.57 gelb dargestellt ist die Schicht des Übergangs, also die erste Schicht des Bauteils, die auf der Stützstruktur zu liegen kommt. Deutlich ist auch hier ersichtlich, dass der kleine horizontale Spalt gut überbrückt wird. In gekrümmten Flächen kann das etwas schwieriger werden, daher gilt für den Abstand insgesamt: so groß wie nötig, so klein wie möglich.

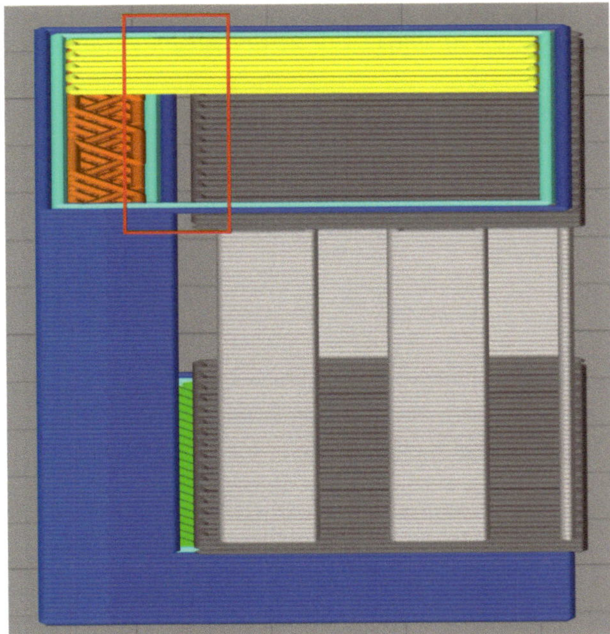

Bild 8.57 Horizontaler Versatz zwischen Stützstruktur und Druckteil bei Übergängen

Obere vertikale Trennungsschichten/Upper Vertical Separation Layers Untere vertikale Trennungsschichten/Lower Vertical Separation Layers

Die hier einstellbare Anzahl von Trennungsschichten definiert, wie viele Schichten des Stützmaterials direkt zwischen Druckteil und Stützen **nicht** gedruckt werden. Durch dieses Auslassen von Stützschichten und den daraus folgenden Spalt soll das Verschweißen von Druckteil und Stützstruktur reduziert werden. Diese Einstellung ist nur für den Single-Druck relevant, im Dualdruck wird hier immer die Anzahl 0 gewählt, damit korrekt, ohne Lücken und formschlüssig gestützt wird. Dies gilt sowohl für die unteren als für die oberen vertikalen Trennungsschichten.

Im Single-Druck wird zwischen Stützstruktur und Druckteil in der Regel eine Schicht (bei kleinen Schichthöhen eventuell auch mehr) ausgelassen (Bild 8.58, links). So werden die Bahnen von Stützstruktur und Druckteil beim Druck nicht mit dem üblichen Druck aufeinandergepresst. Die Haftung der Bahnen ist geringer, und dies ermöglicht das leichtere Ablösen der Stützstruktur nach dem Druck. Durch Auslassen einer Schicht fehlt der folgenden Schicht jedoch die notwendige Unterstützung. Die Bahnen der folgenden Sicht werden also etwas abfallen und durch die fehlende Unterstützung nicht korrekt in die Breite gedrückt. Das hat für diesen Bereich des Druckteils entsprechende Auswirkungen auf die visuelle Qualität und Maßhaltigkeit.

Rechts im Bild ist hingegen die Stützstruktur im Dualdruck ohne fehlende Schichten und mit dichter Stützstruktur dargestellt: Hier erfolgt die deutlich bessere Auflage für das Druckteil auf der Stützstruktur. Maßhaltigkeit, Festigkeit und Oberfläche sind in diesem Bereich deutlich besser.

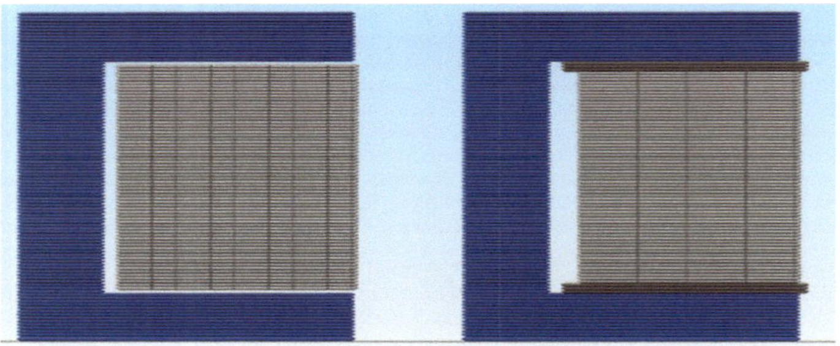

Bild 8.58 Druckteil mit Stützstruktur in der Seitenansicht

8.5.5 Stütz-Infill-Winkel/Support Infill Angles

Die Stütz-Infill-Winkel geben vor, in welche Richtungen die Bahnen für die Stützstruktur gedruckt werden sollen. Dabei können genau wie beim Infill die Richtung und die Anzahl der Winkel eingestellt werden. Die Stütz-Infill-Winkel können in folgenden Konfigurationen verwendet werden:

- **Ein Stütz-Infill-Winkel:** Die Stützstruktur ist eine unidirektionale Struktur (keine Gitterstruktur, sondern schlangenlinienförmige Bahnen – siehe Bild 8.59, links). Die Bahnen liegen jeweils vollflächig aufeinander auf. Das Ergebnis ist eine stabile Stützstruktur mit folgenden Eigenschaften:
  - Häufig ist ein höherer **Stütz-Infill-Prozentsatz** notwendig.
  - Lässt sich leichter entfernen, da die Stützstruktur durch die größere Stabilität oft als Ganzes aus dem Druckteil gebrochen werden kann.
- **Zwei Stütz-Infill-Winkel:** Die Winkel werden jeweils auf einzelnen Schichten gedruckt und berühren sich nur an den Kreuzungspunkten. Die einzelnen Bahnen der Stützstruktur haften etwas schlechter aufeinander, was sich hauptsächlich beim Entfernen des Stützmaterials bemerkbar macht. Da Stützbahnen aber in zwei Richtungen verlaufen, wird eine bessere Stützwirkung erreicht. Diese Variante bietet eine geringere Gefahr umkippender Stützstrukturen.
  - Stützbahnen verlaufen in zwei Richtungen und sorgen für höhere Stützwirkung der Stützstruktur.
  - Durch die höhere Effektivität kann ein geringerer Stütz-Infill-Prozentsatz verwendet und Material gespart werden.

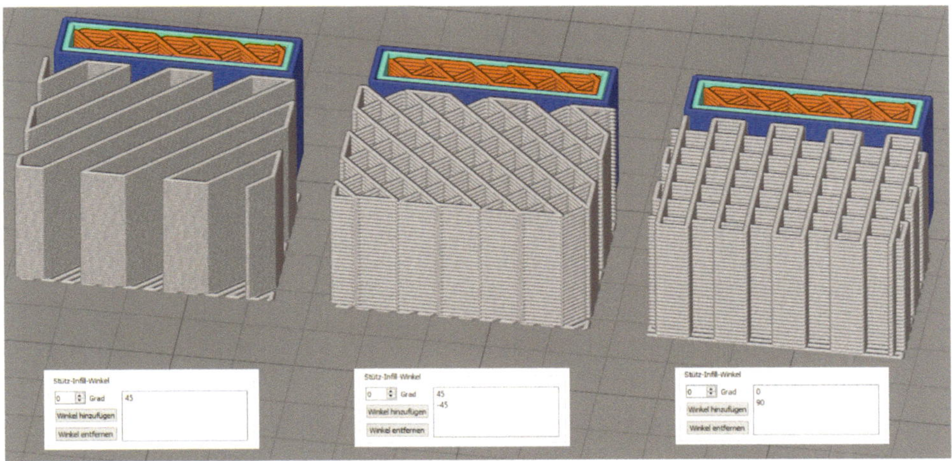

Bild 8.59 Verschiedene Konfigurationen der Stützstruktur

Die Stützstruktur kann auf unterschiedliche Arten realisiert werden (Bild 8.59):

- links: ein Stütz-Infill-Winkel. Die Stützstruktur bildet schlangenlinienförmige Wände.
- mittig: zwei Stütz-Infill-Winkel. Die Stützstruktur bildet ein Gittermuster. Die Bahnen liegen nur an den Kreuzungspunkten aufeinander auf.
- rechts: zwei Stütz-Infill-Winkel mit anderer Ausrichtung.

Die Richtung der Bahnen der Stützstruktur sollte immer so ausgerichtet werden, dass die Stützstruktur möglichst effektiv wirken kann.

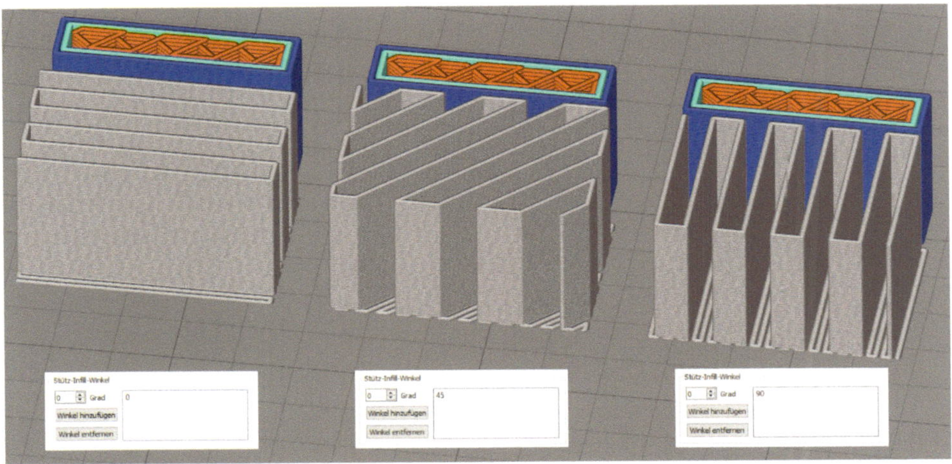

Bild 8.60 Verschiedene Winkel der Bahnen der Stützstruktur

Druckteilauflage auf den Stützstrukturen: Bei gestützten Flächen im Druckteil sind auch die Einstellungen zu den **Übergängen**/Bridging (Abschnitt 8.11.1) wichtig, da dort die Eigenschaften der untersten Schicht des Druckteils definiert werden, die direkt auf der Stützstruktur aufliegen.

■ 8.6 Temperatur/Temperature

In diesem Reiter werden die Temperaturen für die Extruder und das beheizte Druckbett eingestellt. Für jeden Extruder, der verwendet werden soll, muss ein **Temperatur-Controller** eingestellt sein. Der Temperatur-Controller sorgt dafür, dass die Düse beim Druckstart auf die Drucktemperatur aufgeheizt wird, und ermöglicht Temperaturänderungen während des Drucks. Wird ein beheiztes Druckbett verwendet, muss für das Druckbett ebenfalls ein Temperatur-Controller eingestellt sein.

8.6.1 Temperatur-Controller Liste/ Temperature Controller List

In dieser Liste finden sich alle für den 3D-Drucker eingestellten Temperatur-Controller. Mit einem Klick auf einen Eintrag hier können die zugehörigen Einstellungen auf der rechten Seite des Fensters bearbeitet werden.

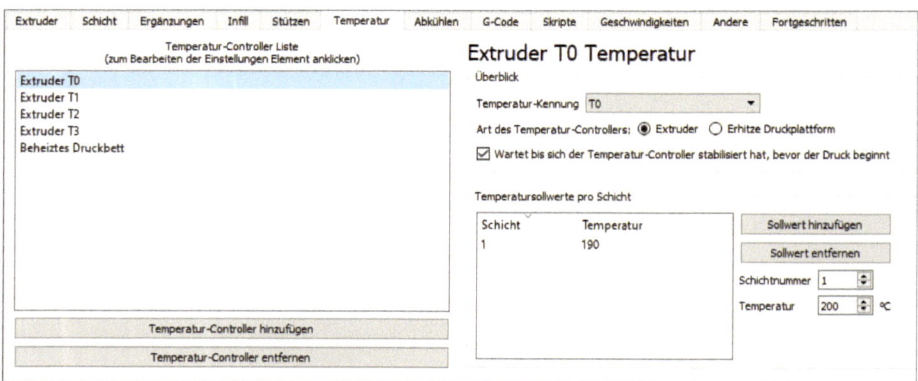

Bild 8.61 Reiter Temperatur

Der Reiter Temperatur (Bild 8.61) ist in zwei Abschnitte eingeteilt:

- Abschnitt links – Temperatur-Controller Liste: Liste der eingetragenen Temperatur-Controller für den jeweiligen Extruder
- Abschnitt rechts – Überblick und Temperatursollwerte **zum aktuell markierten Extruder** pro Schicht

Mit der Schaltfläche **Temperatur-Controller hinzufügen** kann ein weiterer Temperatur-Controller hinzugefügt werden. Bei der Benennung des Temperatur-Controllers sollte der **Extruder Index** mit eingetragen werden, um den eingestellten Extruder korrekt zuzuordnen. Die Übereinstimmung mit dem Reiter Extruder muss immer gegeben sein. Die Herstellerprofile sollten hier unbedingt unverändert genutzt werden.

8.6.2 Überblick Temperatur/Overview Temperature

In diesem Abschnitt werden die konkreten Einstellungen für den jeweils links ausgewählten Temperatur-Controller getroffen.

Temperatur-Kennung/Temperature Identifier

Ein Temperatur-Controller wird einem Extruder zugewiesen, indem für die Temperatur-Kennung der **Extruder-Bearbeitungskopf Index** des Extruders angegeben wird. Achtung: Die Benennung des Temperatur-Controllers ist nur für die Übersicht des Anwenders. Simplify3D identifiziert Extruder und Heizbett immer anhand des **Extruder-Bearbeitungskopf Index**.

Die Temperatur-Kennung wird bei der Druckdateierzeugung verwendet, um Befehle für das Aufheizen der Düse zu generieren. Wird die Temperatur-Kennung falsch oder gar nicht angegeben, wird die Düse des Extruders nicht aufgeheizt, der Druck scheitert.

Art des Temperatur-Controllers/Temperature Controller Type

Gibt an, ob es sich bei dem Temperatur-Controller um einen Extruder oder ein beheiztes Druckbett handelt.

Die **Temperatur-Kennung** für Extruder und beheiztes Druckbett sind unabhängig. Es kann also einen Temperatur-Controller mit Temperatur-Kennung T0 für einen Extruder und einen Temperatur-Controller mit Temperatur-Kennung T0 für ein beheiztes Druckbett geben.

Wartet bis sich der Temperatur-Controller stabilisiert hat, bevor der Druck beginnt/Wait for temperature controller to stabilize before beginning build

Ist der Haken gesetzt, wird beim Druckstart gewartet, bis diese Temperatur auch erreicht wurde, bevor der Druck gestartet wird. Ist der Haken nicht gesetzt oder bei Änderungen der Temperatur im Laufe des Drucks wird die Zieltemperatur nur gesetzt, findet keine Überwachung statt, ob diese auch wirklich erreicht wurde. Die Empfehlung lautet immer, das Häkchen hier zu aktivieren.

Temperatursollwerte pro Schicht/Per-Layer Temperature Setpoints

Soll während eines Druckes eine Temperatur verändert werden, kann in diese Tabelle ein Sollwert und die dazugehörige Schicht eingetragen werden. Ein Sollwert gibt eine Temperatur an, die zum Beginn der angegebenen Schicht gesetzt werden soll. Für jeden Duck muss mindestens ein Sollwert ab Schicht 1 angegeben sein. Ein Sollwert gilt so lange, bis ein weiterer Sollwert eine andere Temperatur vorgibt oder das Ende des Drucks erreicht ist.

8.7 Abkühlen/Cooling

Dieser Reiter steuert das Verhalten zur Druckkühlung. Die gedruckten Bahnen sollen formstabil dort erstarren, wo sie vom Druckkopf abgelegt werden. Zusätzlich müssen die darunter liegenden Bahnen ausreichend abgekühlt sein, um eine feste Unterstützung für folgende Bahnen zu bieten. Grundsätzlich ist zu hohe Kühlung eher festigkeitsmindernd, denn je kühler die vorigen Schichten sind, umso weniger Verschweißung zwischen den Lagen findet statt.

Im Reiter Abkühlen lässt sich das Verhalten des Lüfters steuern. Dabei gibt es drei unterschiedliche Strategien:

- **Dauerhafte Kühlung:** Für viele Materialien ist eine dauerhafte Kühlung geeignet und von Vorteil. Der Kühllüfter wird auf dauerhafter einstellbarer Stärke betrieben. Bei sehr kleinen Druckteilen ist es möglich, dass die Kühlwirkung des Lüfters nicht ausreicht. Dann kann zusätzlich die Einstellung **Geschwindigkeits-Aufhebungen** verwendet werden.
- **Keine Kühlung:** Die Festigkeit einiger Materialien (Beispiel faserverstärktes Polyamid) leidet unter Kühlung, da die Lagenverschweißung hierdurch stark heruntergesetzt wird.
- **Bedingte Kühlung:** Bei Drucken, die keine oder nur wenig Kühlung benötigen, kann es dennoch vorkommen, dass Bereiche nicht ausreichend Zeit haben abzukühlen, bevor die nächste Schicht darauf gedruckt wird. Für solche Berei-

che kann die Lüftergeschwindigkeit angehoben werden, um eine gezielte Kühlung zu erreichen.

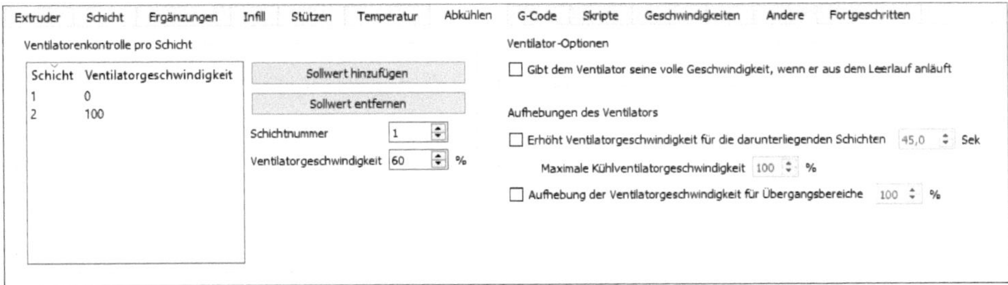

Bild 8.62 Reiter Abkühlen

8.7.1 Ventilatorkontrolle pro Schicht/Per-Layer Fan Controls

Mit dieser Tabelle können Lüftergeschwindigkeiten in Prozent pro Schicht vorgegeben werden. Ist für eine Schicht eine Geschwindigkeit eingestellt, wird zu Beginn dieser Schicht die angegebene Lüftergeschwindigkeit gesetzt.

- **Dauerhafte Kühlung:** Soll dauerhaft gekühlt werden, muss nur einmal zu Beginn des Drucks die gewünschte Lüftergeschwindigkeit gesetzt werden. Über die Stärke der Druckkühlung lassen sich keine allgemeingültigen Aussagen treffen, zu stark sind die Unterschiede in den Geräten. Für die erste Schicht ist Kühlung immer kontraproduktiv, die Haftung wird reduziert, es empfiehlt sich immer erst der Start ab der zweiten Schicht.
- **Keine Kühlung:** Wird keine Kühlung benötigt, wird der Lüfter nicht aktiviert, indem eine Geschwindigkeit von 0 % ab der ersten Schicht vorgegeben wird.
- **Änderung der Kühlung in bestimmten Schichten:** Wird für ein Druckteil eine erhöhte oder reduzierte Kühlung in bestimmten Schichten oder Bereichen benötigt, können hier Sollwerte mit zugehörigen Schichtnummern angegeben werden. Die Werte können über die Schaltflächen **Sollwert hinzufügen** oder **Sollwert entfernen** gesetzt oder entfernt werden.

Tipp: Die erste Schicht sollte grundsätzlich ohne Kühlung gedruckt werden. Denn hier wird die Haftung des Druckteils auf dem Drucktisch geschwächt. Häufig werden erste Schichten sogar mit höheren Drucktemperaturen gedruckt, um die Haftung zu erhöhen.

8.7.2 Ventilator-Optionen/Fan Options

Gib dem Ventilator seine volle Geschwindigkeit, wenn er aus dem Leerlauf anläuft/Blip fan to full power when increasing from idle

Manche Lüfter benötigen eine Mindestgeschwindigkeit, um aus dem Stillstand anzulaufen. Anschließend können sie jedoch auf eine geringere Geschwindigkeit heruntergeregelt werden. Wird diese Einstellung aktiviert, wird bei Anlauf nach Stillstand der Lüfter kurz mit 100% Geschwindigkeit betrieben und dann auf die Zielgeschwindigkeit reduziert. Hier sollten die Angaben des Geräteherstellers belassen werden.

8.7.3 Aufhebungen des Ventilators/Fan Overrides

Mit den Einstellungen dieses Abschnitts wird die Lüftergeschwindigkeit speziell bei kleinen Flächen über die unter **Ventilatorkontrolle pro Schicht** vorgegebenen Werte angehoben. Ausschlaggebend dafür ist die Druckdauer der einzelnen Schichten.

Erhöht Ventilatorgeschwindigkeit für die darunterliegenden Schichten/ Increase fan speed for layers below

Wenn die Lüftergeschwindigkeit angehoben werden soll bei Schichten mit sehr geringer Druckdauer und damit wenig Zeit zur Abkühlung bleibt, dann wird hier die Zeitschwelle (Druckdauer pro Schicht) angegeben, unter der die Lüftergeschwindigkeit angehoben werden soll. Die Anhebung findet graduell bis zum unter **Maximale Kühlventilatorgeschwindigkeit** eingestellten Prozentsatz statt.

Maximale Kühlventilatorgeschwindigkeit/Maximum cooling fan speed

Maximale Geschwindigkeit, auf die der Kühllüfter angehoben werden darf, sobald die vorige Einstellung überschritten wurde.

Aufhebung der Ventilatorgeschwindigkeit für Übergangsbereiche/ Bridging fan speed override

Brücken (**Übergänge**) sollen möglichst schnell erstarren, dies hilft gegen zu starkes Durchhängen der Bahnen. Wird der Kühllüfter nicht ohnehin schon auf voller Geschwindigkeit betrieben, kann hier die Lüftergeschwindigkeit für die Brücken/ Übergänge erhöht werden.

8.8 G-Code

Die Einstellungen dieses Reiters sind individuelle Geräte- und Steuerungseinstellungen. Sie werden vom Gerätehersteller bei Erstellung des FFF-Profils entsprechend der Hardware und Firmware hinterlegt oder mit Firmware-Dateien eingelesen (*.frm). Änderungen in diesem Bereich dürfen nur in Absprache mit dem Hersteller vorgenommen werden.

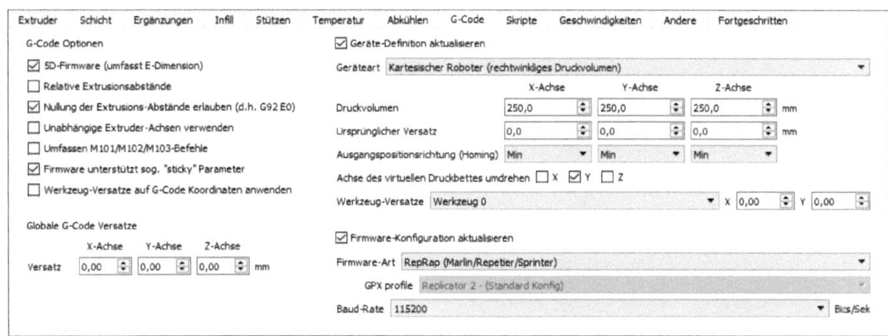

Bild 8.63 Reiter G-Code

8.9 Skripte/Scripts

In diesem Reiter besteht die Möglichkeit, dem G-Code zusätzliche Sequenzen (Skripte) für bestimmte Bereiche einzufügen. Das sind die Start- oder Endsequenzen, **Werkzeugwechsel**, Schichtwechsel und **Einzügen**. Häufig werden die Skripte für Maschinen mit besonderen Funktionen eingesetzt (Reinigungsalgorithmus, Werkzeugwechselfunktionen, Reinigungsstation anfahren etc.). Diese Sequenzen sind meist sehr gerätespezifisch und benötigen tiefergehende G-Code-Kenntnisse und zusätzliche Kenntnis der vom Hersteller zur Verfügung gestellten Befehlslisten. Falsch erstellte Skripte können sowohl zu Maschinenschäden als auch zu Funktionsfehlern führen. Die Skripte werden ebenfalls durch die Herstellerprofile voreingestellt und haben sehr häufig gerätespezifische Befehle, die nicht verallgemeinert werden können.

Grundsätzlich können in den Skripten alle vom Maschinenhersteller verfügbaren G- und M-Befehle verwendet werden. Zusätzlich sind sogenannte Platzhalter möglich, die in Simplify3D gesetzte Variablen übernehmen. Diese Platzhalter sind von eckigen Klammern umgeben. Beispielsweise wird der Platzhalter *[extruder0_temperature]* durch die Temperatur ersetzt, die für den **Temperatur-Controller** mit der Temperatur-Kennung T0 festgelegt wurde. Mehr Informationen und alle möglichen Platzhalter können der offiziellen Simplify3D-Dokumentation entnommen werden.

Bild 8.64 Reiter Skripte

8.9.1 Start-Script/Starting Script

Das Start-Script wird an den Anfang des G-Codes gesetzt. Im Anschluss an das Start-Script wird der Druck des Druckteils ausgeführt.

Die Aufgabe des Start-Scripts ist es, den 3D-Drucker auf den Druck vorzubereiten. Schritte, die zur Vorbereitung ausgeführt werden können, sind beispielsweise:

- Home All ausführen: alle Achsen in die Referenzpunkte fahren
- Düsen und Druckbett auf die Zieltemperaturen aufheizen
- Düse reinigen oder Material extrudieren, um eine gute Düsenfüllung für den problemlosen Start des Drucks zu ermöglichen
- Automatische Drucktischvermessung

8.9.2 Ebenen-Wechsel Script/Layer Change Script

Das Ebenen-Wechsel Script wird bei jedem Schichtwechsel ausgeführt. Das heißt, wenn der Druck einer Schicht abgeschlossen ist und die Z-Achse für die folgende Schicht verfahren wird.

8.9.3 Retraction (Einfahren)-Script/Retraction Script

Dieses Skript wird bei jedem Einzug eingefügt. Denkbar sind hier Funktionen für Düsenverschluss oder zusätzliche Düsenreinigung oder Ähnliches.

8.9.4 Werkzeugwechsel-Script/Tool Change Script

Findet ein Werkzeugwechsel (Wechsel von einem Extruder zu einem anderen) statt, wird dieses Skript ausgeführt. Es findet nur bei Mehrfachdruckköpfen Anwendung. Um den aktiven Extruder zu wechseln, sind teilweise mehrere Schritte notwendig. Diese Schritte sind von Hardware und Möglichkeiten des 3D-Druckers abhängig. Aufgabe des Werkzeugwechsel-Skripts kann sein:

- Befehle, die den Werkzeugwechsel auslösen
- Abkühlen und Aufheizen von Düsen
- Reinigungsfahrten für die Düsen vor dem nächsten Einsatz

8.9.5 Ende-Script/Ending Script

Nachdem der Druck des Druckteils beendet wurde, wird das Ende-Skript ausgeführt. Dort wird dafür gesorgt, dass der 3D-Drucker in einen sicheren Zustand versetzt wird und alle Heizungen und sonstige Maschinenelemente abgeschaltet werden.

- Den Druckkopf in die Parkposition bringen
- Alle Heizelemente abschalten
- Zusätzliche Elemente wie Lüfter zur Druckteilkühlung abschalten
- Motoren des 3D-Druckers abschalten
- Gerät ganz herunterfahren und abschalten

8.9.6 Nachbearbeitung/Post Processing

Wie die Einstellungen des Tabs **G-Code** werden diese Einstellungen von den Profilen des Herstellers für das 3D-Druckermodell gesetzt und sollten nicht verändert werden. Hier kann ein eigener Postprozessor vom Gerätehersteller hinterlegt sein.

8.10 Geschwindigkeiten/Speeds

Die Geschwindigkeiten in diesem Reiter befassen sich mit der Bewegungsgeschwindigkeit des Druckvorgangs. Die Druckgeschwindigkeit und die Freifahrtgeschwindigkeit haben insgesamt den größten Einfluss auf die Druckdauer bei ansonsten gleichbleibenden Einstellungen. Um die Druckdauer insgesamt zu reduzieren, gibt es zusätzliche Möglichkeiten, die in Kapitel 9 beschrieben werden. Die möglichen Geschwindigkeiten sind begrenzt durch:

- **Volumenstrom:** Der maximale Volumenstrom, den der Extruder des 3D-Druckers bereitstellen kann, ist durch Aufschmelzrate (Leistung) und den Filamentvorschub begrenzt. Beschaffenheit und Größe der Düse spielen ebenfalls eine Rolle. Wird die Grenze des möglichen Volumenstroms erreicht oder überschritten, entstehen Unterextrusion, löchrige Bahnen oder Druckabbruch.
- **Gewünschte Druckqualität:** In Abhängigkeit von der 3D-Druckerhardware und dem Extruder ist die Druckgeschwindigkeit häufig limitiert, da es bei erhöhten Geschwindigkeiten zu Einbußen der Oberflächenqualität kommt. So sind das Ghosting, das durch Maschinenschwingungen entsteht, und überstehende Ecken, die aus schlechter Kalibrierung der Beschleunigungen resultieren, häufig beobachtete unschöne Nebeneffekte (Erklärungen und Abhilfe dazu finden sich im Internetportal *www.3d-druck-knowhow.de*).
- **Maximale Verfahrgeschwindigkeit der Achsen:** Diese ist abhängig vom Gerät und spielt vor allem bei den Freifahrten eine große Rolle für die Druckdauer.

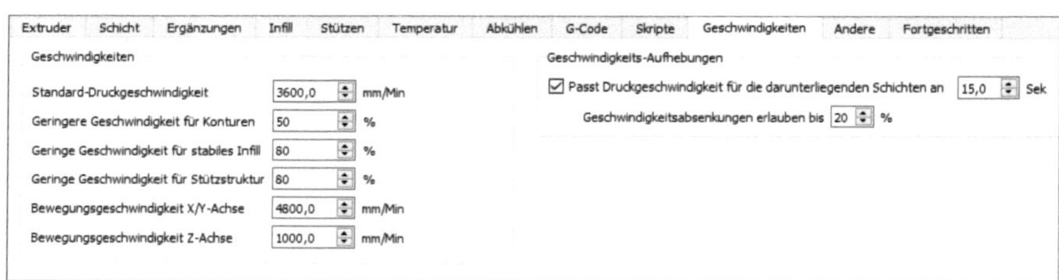

Bild 8.65 Reiter Geschwindigkeiten

8.10.1 Geschwindigkeiten/Speeds

Um den Druckprozess zu optimieren, können verschiedene Merkmale des Druckteils mit unterschiedlichen Geschwindigkeiten gedruckt werden. So kann für Merkmale, deren Qualität wichtig ist, eine geringere Geschwindigkeit vorgegeben werden, während andere Merkmale mit schnelleren Geschwindigkeiten gedruckt werden, um die Druckdauer zu verkürzen. Nicht alle Geschwindigkeitseinstellungen der verschiedenen Merkmale finden sich in diesem Abschnitt. Die Einstellungen zur Geschwindigkeit von **Übergängen**, **Raft**, **Grundierungs-Stütze, Geschwindigkeit der ersten Schicht** und **Tropfschutz** befinden sich in deren Einstellungsbereich.

Standard-Druckgeschwindigkeit/Default Printing Speed

Dies ist die grundsätzliche Geschwindigkeitsvorgabe. Alle anderen Geschwindigkeitseinstellungen werden als prozentualer Wert der hier angegebenen Geschwindigkeit eingestellt. Das ist nicht immer von Vorteil, denn mit jeder Änderung der Standardgeschwindigkeit ändern sich alle anderen Geschwindigkeiten prozentual mit. Das sollte nicht übersehen werden. Wenn zum Beispiel das Stützmaterial eine Geschwindigkeitslimitierung hat, dann muss der Prozentsatz dort entsprechend mit geändert werden. In den Optionen von Simplify3D kann eingestellt werden, ob die Geschwindigkeit hier in mm/Minute oder mm/Sekunde angegeben wird.

Geringere Geschwindigkeit für Konturen/Outline Underspeed

Prozentuale Angabe der Geschwindigkeit für den Druck der Konturhüllen und äußeren dünnen Wände, prozentual bezogen auf die **Standard-Druckgeschwindigkeit**. Wissenswert ist, dass diese Geschwindigkeit nur für die äußere Konturhülle auf den angegebenen Prozentwert verringert wird. Die inneren Konturhüllen werden mit dem Mittelwert zwischen Standard- und Konturgeschwindigkeit gedruckt.

Geringere Geschwindigkeit für stabiles Infill/Sold Infill Underspeed

Prozentual heruntergerechnete Geschwindigkeit für die obersten und untersten festen Schichten. Dadurch, dass diese Schichten die horizontalen sichtbaren Oberflächen des Druckteils bilden, profitieren sie häufig ebenso wie die Konturhüllen von geringerer Druckgeschwindigkeit. So wird deren optische Qualität verbessert und sichergestellt, dass eine gut geschlossene Fläche entsteht.

Geringere Geschwindigkeit für Stützstruktur/Support Structure Underspeed

Prozentual heruntergerechnete Geschwindigkeit für die Stützstruktur und die dichte Stützstruktur.

Von der Stützstruktur wird zwar keine besondere Oberflächenqualität erwartet. Dennoch muss sie mit genügend Festigkeit und ohne Lücken gedruckt werden. Eine langsamere Geschwindigkeit für die Stützstruktur ist in folgenden Situationen sinnvoll:

- Die Stützstruktur besteht nur aus einzelnen, verhältnismäßig dünnen Pfeilern oder Wänden. Je kürzer die einzelnen Bahnen der Stützstruktur sind, desto wichtiger ist es, dass diese gut und daher langsamer gedruckt werden.
- Beim Dualdruck werden gelegentlich Stützmaterialien eingesetzt, die eher langsamer gedruckt werden müssen. Hier sollte entsprechend auf die vom Hersteller vorgegebene Geschwindigkeit geachtet werden.

Bewegungsgeschwindigkeit X/Y-Achse/X/Y Axis Movement Speed

Die Bewegungsgeschwindigkeit der X/Y-Achse wird für Freifahrten angewendet. Hier kann meistens die maximal mögliche Geschwindigkeitsangabe des Herstellers verwendet werden. Nur in Fällen, in denen ein Hängenbleiben der Düse droht (Druckteil kippt oder fällt um oder es treten Wegverluste bei schwachen Achsantrieben auf), kann sie reduziert werden. Alternativ kann hier zusätzlich die Einstellung **Vertikaler Hub des Einzugs** eingesetzt werden (Abschnitt 8.1.3).

Bewegungsgeschwindigkeit Z-Achse/Z Axis Movement Speed

Die Bewegungsgeschwindigkeit der Z-Achse gilt wie die der X/Y-Achse für Freifahrten. Die Z-Achse verfährt im Druckvorgang nur die kleinen Wege der Schichthöhen und besitzt meist durch einen Spindelantrieb geringere Geschwindigkeiten. Hier sollte die Vorgabe des Herstellerprofils belassen werden.

8.10.2 Geschwindigkeits-Aufhebungen/Speed Overrides

Diese Einstellung dient zusätzlich der ausreichenden Druckkühlung bei kleinen Schichtflächen. Sie bietet eine weitere Möglichkeit, den Bahnen der vorigen Schicht Zeit zu geben, um ausreichend abzukühlen, bevor die neuen Bahnen darüber gedruckt werden. Dies wird erreicht, indem die **Geschwindigkeit** für alle Bahnen einer Schicht reduziert wird, wenn diese Schicht kürzer als die eingestellte Zeitschwelle druckt.

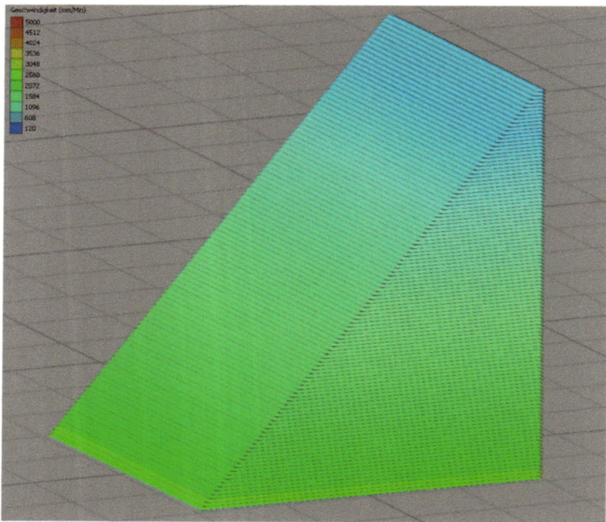

Bild 8.66 Druckteil in der Druckvorschau mit Farbgebung **Bewegungsgeschwindigkeit**

Bei dem Druckteil in Bild 8.66 wird die pro Schicht benötigte Druckzeit stetig weniger und sinkt unter die eingestellte Zeitschwelle. Ab diesem Zeitpunkt wird durch ein stetiges Absenken der Geschwindigkeit die Druckzeit pro Schicht konstant gehalten. In der Druckvorschau mit der Farbgebung **Bewegungsgeschwindigkeit** erscheint dieses Absinken der Geschwindigkeit durch den Farbverlauf von grün für schnelle Geschwindigkeiten, in Richtung blau für langsame Geschwindigkeiten.

Passt Druckgeschwindigkeit für die darunterliegenden Schichten an/ Adjust printing speed for layers below

Dies ist die Zeitschwelle für die Dauer einer Schicht, unter der begonnen wird, die Geschwindigkeit abzusenken. Der Haken aktiviert bzw. deaktiviert die Geschwindigkeitsanpassung.

Geschwindigkeitsabsenkungen erlauben bis/Allow speed reductions down to

Die Geschwindigkeit darf höchstens bis zu diesem Wert abgesenkt werden.

■ 8.11 Andere/Other

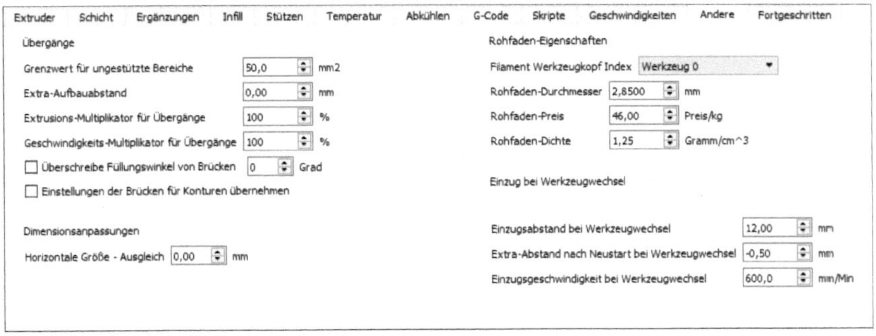

Bild 8.67 Reiter Andere

8.11.1 Übergänge/Bridging

Simplify3D erkennt automatisch Bereiche wie Brücken/Übergänge. Diese werden in der Druckvorschau gelb dargestellt (Bild 8.68). Wichtig ist hier zu wissen, dass diese Einstellungen sowohl für Überhänge mit als auch ohne Stützstruktur gelten. Sie können also so eingestellt werden, dass sie freitragend optimiert werden oder dass sie als erste Schicht auf dem Stützmaterial optimal geschlossen sind. Unterschieden werden kann hier leider nicht, ob für freitragende Brücken optimiert werden soll oder für die Auflage auf Stützstrukturen.

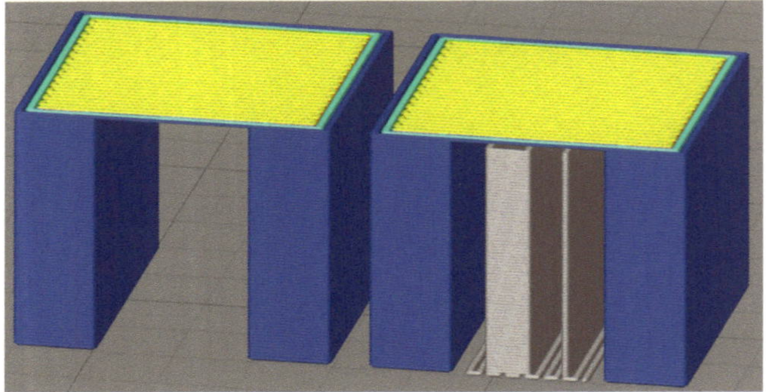

Bild 8.68 Als Übergang erkannte Bereiche sind in Gelb markiert.

Ist eine unterste feste Schicht nicht durch Infill oder Konturhüllen unterstützt, wird dieser Bereich in Abhängigkeit von der Einstellung Grenzwert für ungestützte Bereiche als Übergang erkannt. Nur die unterste der untersten festen Schichten gilt als Übergang. So gibt es in dem linken Modell in Bild 8.69 keinen als Übergang erkannten Bereich, denn der Überhang wird ausschließlich durch Konturhüllen realisiert. Bei den folgenden Beispielen finden sich als Übergang gelb gekennzeichnete Bereiche.

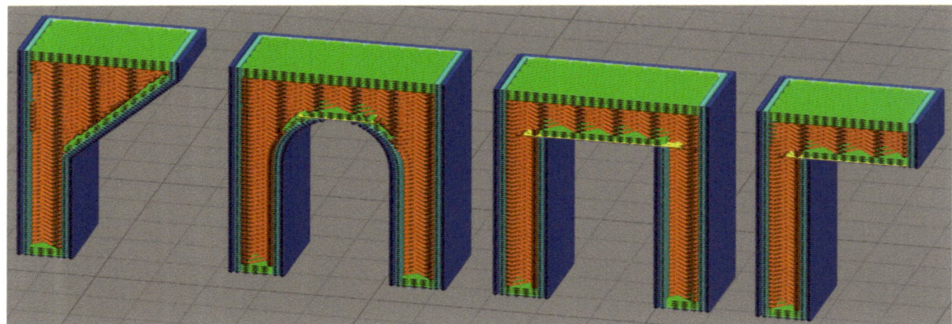

Bild 8.69 Übergänge: gelb markierte unterste feste Schichten

Da es sich bei Übergängen um nicht unterstützte Bereiche handelt, können diese bei der Erstellung eines G-Codes besonders behandelt werden. Es gibt verschiedene Möglichkeiten, Übergänge ohne oder mit wenig Stützstruktur einzusetzen. Übergänge können abhängig von ihrer Länge und Auflagefläche ohne Unterstützung durch Stützstruktur gedruckt werden.

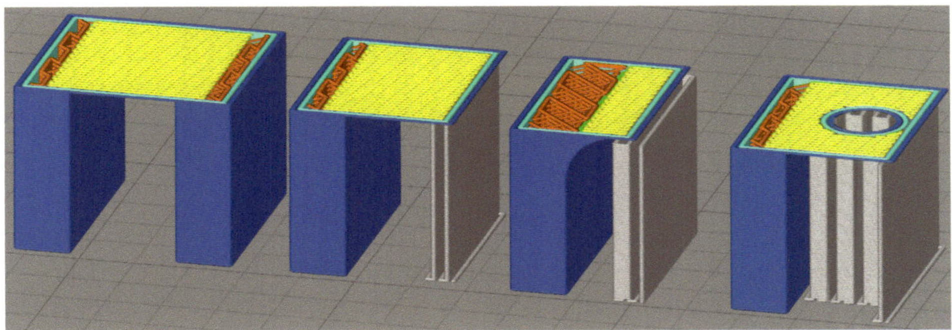

Bild 8.70 Beispiel für Brücken

Nur das linke Druckteil in Bild 8.70 bietet eine Auflagefläche für beide Seiten des Übergangs. Bei den anderen gezeigten Druckteilen ist eine zusätzliche Stützstruktur notwendig, um für eine beidseitige Auflagefläche zu sorgen. Das Druckteil rechts hat zusätzlich eine Bohrung und benötigt daher eine zusätzliche Stützstruktur. Abhängig von Prozesseinstellungen, 3D-Druckerkonfiguration und Material können bei einer Brücke die Bahnen mehr oder weniger nach unten durchhängen. Um das Druckverhalten zu verbessern und möglichst große Abstände ohne Stützstruktur überspannen zu können, stehen besondere Prozesseinstellungen zur Verfügung. Sollten die Bahnen der Übergänge zu stark oder ganz abfallen, drohen Festigkeitseinbußen oder Druckfehler.

Bei sehr langen Brücken können teilweise gestützte Übergänge für eine Reduktion von Druckdauer und Materialeinsatz sorgen: Hier wird die größtmögliche Länge von Übergängen mit wenig Stützmaterial ausgenutzt (Bild 8.71). Bei einzelnen Stützpeilern sollte immer beachtet werden, dass Kippgefahr droht.

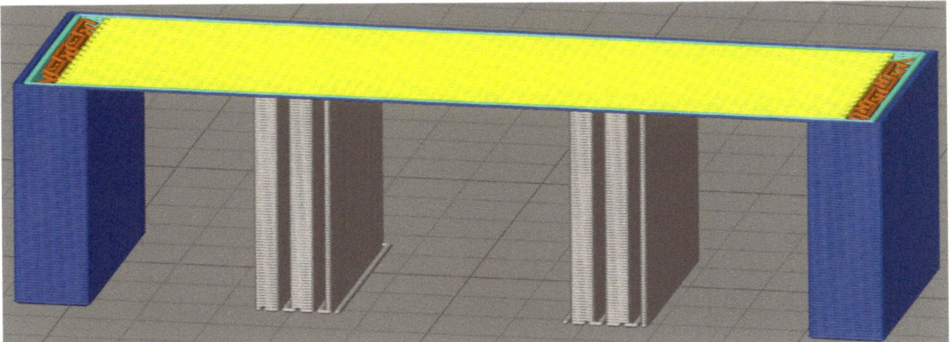

Bild 8.71 Vereinzelte Stützpfeiler verringert das Durchhängen der Bahnen bei großen Übergängen

Beim Drucken von Übergängen spielt die Druckteilkühlung eine Rolle. So kann durch aktive Kühlung das Durchhängen der frei gespannten Bahnen der Übergänge reduziert werden. Eine entsprechende Einstellung findet sich unter **Abkühlen → Aufhebung der Ventilatorgeschwindigkeit für Übergangsbereiche**.

Die Länge und Prozessoptimierung von Übergängen hängen sowohl vom Material als auch von den Düsen, der Kühlung und dem 3D-Drucker ab. Es sind keine allgemeingültigen Empfehlungen zu geben. Grundsätzlich sollte in Bereichen gewünschter hoher Festigkeit besser auf gute Stützstrukturen als auf lang gespannte ungestützte Bereiche gesetzt werden.

Grenzwert für ungestützte Bereiche/Unsupported area threshold

Nur Werte über dem hier eingegebenen Wert werden als Übergänge erkannt und vom Programm entsprechend der folgenden Einstellungen behandelt. In der Regel schadet es nicht, wenn **Unterste feste Schichten** als **Übergang** erkannt werden, und es kann generell ein niedriger Wert als Grenzwert eingestellt werden.

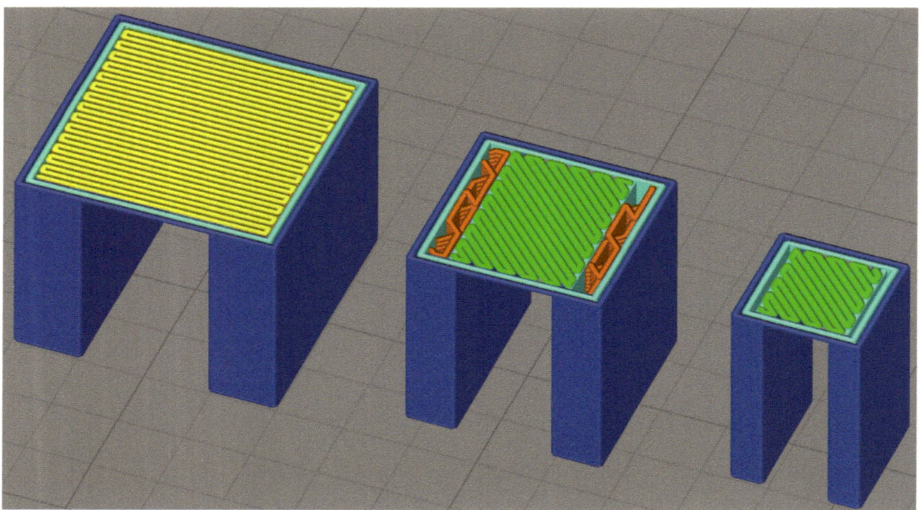

Bild 8.72 Grenzwert für ungestützte Bereiche

In Bild 8.72 ist nur beim linken der drei Druckteile die Länge des Übergangs größer als der eingestellte Grenzwert. Daher werden vom Programm nur dort in der Druckvorschau die freitragenden Schichten gelb dargestellt.

Extra-Aufbauabstand (Übergänge)/Extra inflation distance

Dieser Wert gibt an, um welche Distanz die gelbe Brückenschicht über die reine Brücke selbst in das angrenzende Teil vergrößert wird. Damit werden die Bahnen der Übergänge länger und führen zu längeren, fester auf beiden Seiten des ungestützten Bereichs verankerten Bahnen.

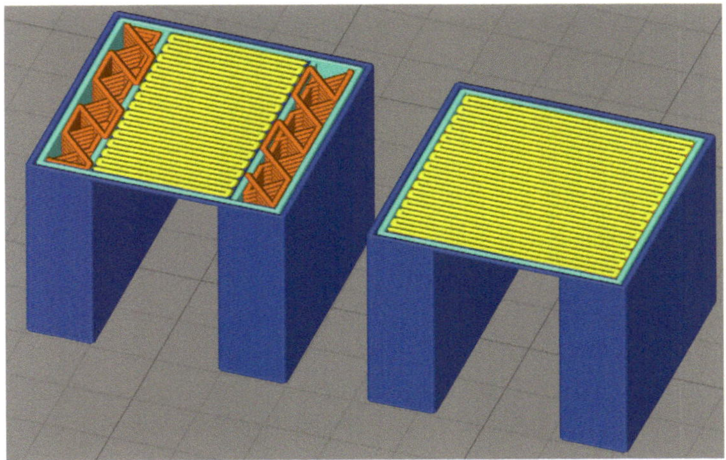

Bild 8.73 Der Extra-Aufbauabstand sorgt beim rechten Teil für eine gute Verankerung des Übergangs.

Das linke Druckteil in Bild 8.73 besitzt einen Extra-Aufbauabstand von 0 mm. Die Bahnen des Übergangs enden auf der äußeren Konturhülle der darunter liegenden Schicht. Die Tragfähigkeit und die gute Druckbarkeit sind deutlich geringer als beim rechten Teil mit den langen Brückenbahnen.

Extrusions-Multiplikator für Übergänge/Bridging extrusion multiplier

Der Extrusions-Multiplikator für Übergänge modifiziert die extrudierte Menge an Material für die Bahnen der Übergänge und wird nur für diese Bereiche angewendet.

Je nach Einsatz unterscheiden sich die Ziele der Druckparameter:

- **Einsatz bei Übergängen ohne Stützstruktur:** Bei ungestützten Übergängen sollen die Bahnen möglichst wenig durchhängen. Ein geringerer Extrusions-Multiplikator für Übergänge reduziert die Menge an extrudiertem Material. Weniger Gewichtskraft reduziert hier das Durchhängen. Allerdings steigt auch die Gefahr, dass die Bahn abreißt.
- **Einsatz bei Übergängen mit Stützstruktur:** In diesem Fall wird der Extrusions-Multiplikator unter Umständen eher erhöht, um dafür zu sorgen, dass diese erste Schicht auf der Stützstruktur besser geschlossen ist.

Geschwindigkeits-Multiplikator für Übergänge/Bridging speed multiplier

Anpassung der Geschwindigkeit für die Bahnen der Übergänge. Diese Einstellung bewirkt eine prozentuale Änderung Standard-Druckgeschwindigkeit.

- **Einsatz bei Übergängen ohne Stützstruktur:** Eine schnellere Druckgeschwindigkeit gibt dem Material weniger Zeit abzufallen.
- **Einsatz bei Übergängen mit Stützstruktur:** Langsamere Geschwindigkeiten verbessern häufig die Haftung der Übergänge auf der Stützstruktur, was gleichzeitig zu gut geschlossenen Flächen führt.

Überschreibe Füllungswinkel von Brücken/Use fixed bridging infill angle

Elementar wichtig für die Übergänge ist die Richtung der Lagen von Stützpunkt zu Stützpunkt. Ist diese Funktion deaktiviert, so versucht Simplify3D automatisch, die korrekte Richtung zu erkennen. Durch Aktivierung der Funktion kann der Anwender Einfluss auf den Winkel und damit die Richtung der Übergangsbahnen nehmen. Im Beispiel in Bild 8.74 links laufen die Bahnen der Übergänge nicht zwischen den zwei Auflageflächen, sie würden herunterfallen. Durch Anpassung des Füllungswinkels wurde die Richtung optimiert (rechts).

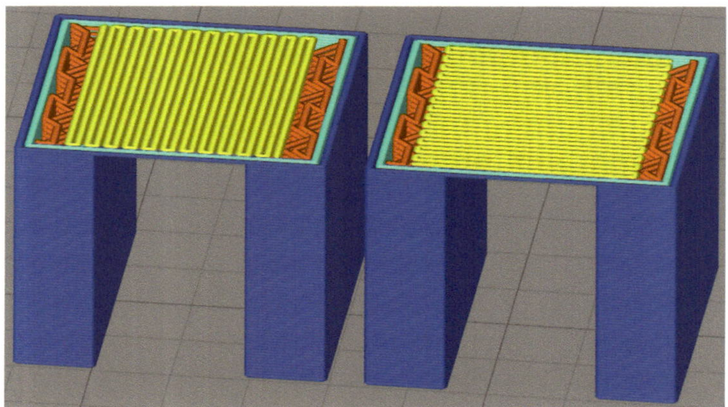

Bild 8.74 Änderung des Füllungswinkels (links ungeeigneter Winkel – rechts optimaler Winkel)

Da die Einstellung für das gesamte Druckteil gilt, können sich dort möglicherweise verschiedene Brückenwinkel befinden, und so ist der Einfluss etwas limitiert. Befinden sich die Brücken in unterschiedlichen Schichten, kann eine Prozessteilung helfen, ansonsten bleibt nur Stützmaterial in diesen Bereichen.

Einstellungen der Brücken für Konturen übernehmen/ Apply bridging settings to perimeters

Die Konturhüllen um die Bahnen der Übergänge haben die gleichen Anforderungen: Sie sollen diesen Bereich gut überspannen oder auf der Stützstruktur gut haften. Mit Einstellungen der Brücken für Konturen übernehmen werden die Einstellungen für Übergänge auch auf die Konturhüllen übertragen.

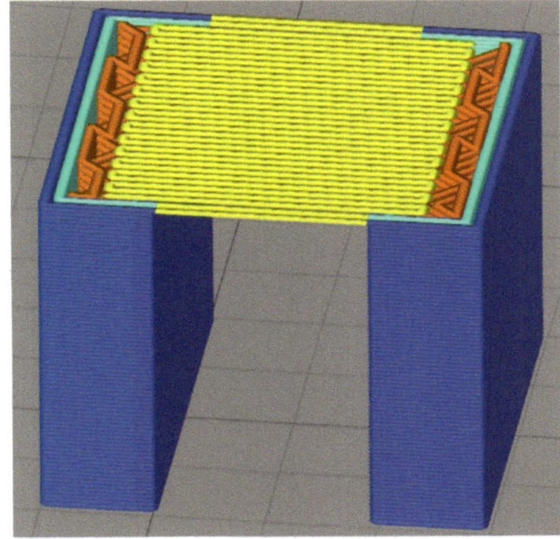

Bild 8.75
Konturen ebenfalls mit den Einstellungen der Überhänge parametriert

8.11.2 Dimensionsanpassungen/Dimensional Adjustments

In einigen Fällen ist es hilfreich, die Dimensionen eines Druckteils in der XY-Ebene zu verändern. So können hier Über- und Untermaße erzeugt werden. Beispiele hierfür sind: ungenaue 3D-Drucker mit Umkehrspiel, gewünschtes Übermaß für eine Nacharbeit, stark schrumpfendes Material, das Bauteil soll in ein anderes eingepasst werden und benötigt daher Untermaß oder ähnliche Gründe.

Hier sind die X, Y-Dimensionen von der Z-Dimension zu unterscheiden. Für die Z-Dimension lässt sich eine hohe Genauigkeit erreichen, da während des Druckens einer Bahn diese von der Düsenspitze auf die richtige Höhe gedrückt wird. Es überträgt sich die relativ hohe Genauigkeit der Z-Achse des 3D-Druckers auf das Druckteil (vorausgesetzt, die Höhe des Druckteils ist genau durch die **primäre Schichthöhe** teilbar).

Die X, Y-Dimension eines Druckteils ergibt sich aus der Position der äußeren Konturhülle und deren Breite. Beim Druck werden die Bahnen unter der Düsenspitze in die Breite gedrückt. Dabei müssen Volumenstrom und Druckgeschwindigkeit aufeinander abgestimmt sein, um die Zielbreite der Bahn zu erreichen. Fällt die Bahn etwas schmaler oder breiter aus, beeinflusst dies die X, Y-Dimensionen des

Druckteils. Auch wird die äußere Konturhülle etwas weiter nach außen gedrückt, sollte die innere Konturhülle eine zu hohe Breite haben.

Um diesen Effekten entgegenzuwirken, gibt es die Dimensionsanpassung. Der Wert kann in positive oder negative Richtung verändert werden. Durch die Dimensionsanpassung wird das Druckteil nicht in X, Y-Richtung skaliert: Die Außenkonturen werden bei negativen Werten zum Inneren des Teils, und bei positiven Werten werden sie nach außen verschoben. Auch sind beispielsweise die Wände einer Bohrung Außenkonturen.

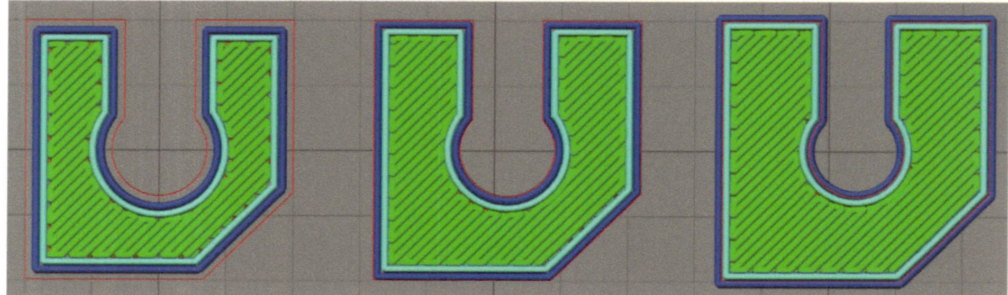

Bild 8.76 Dimensionsanpassung (links < 0, mittig = 0, rechts < 0). Die Ist-Kontur des Modells ist in Rot dargestellt.

Beispiel zur Einstellung: Nach dem Druck kann ein Druckteil auf die erzielten Dimensionen überprüft werden. Das Druckteil ist in X- und Y-Richtung jeweils um 0,1 mm größer als die Vorgabe des Modells. Bei einem erneuten Druck des Teils wird die Dimensionsanpassung auf -0,05 mm eingestellt. Es werden die **Konturhüllen** jeweils um 0,05 mm weiter innen gedruckt und kompensieren damit die Abweichung.

Achtung: Bei einem Druckteil, das aus mehreren Modellen besteht, sollte diese Einstellung mit Vorsicht verwendet werden. Da die individuellen Modelle durch die Dimensionsanpassung angepasst werden, kann so Abstand oder Überlappung zwischen den einzelnen Modellen des Druckteils entstehen.

Es ist möglich, dass ein Druckteil unterschiedlich große Abweichungen innerhalb des Teils hat. Da die Dimensionsanpassung alle Dimensionen gleich stark anpasst, ist mit dieser Einstellung eine individuelle Kompensation der Abweichungen nicht möglich. Diese Abweichungen können beseitigt werden, indem die Ursache der Abweichung behoben wird oder die Dimensionen durch Bearbeitung des Modells kompensiert werden.

8.11.3 Rohfaden-Eigenschaften/Filament Properties

Filament Werkzeugkopf Index/Filament Toolhead Index

Die Einstellungen im Abschnitt Rohfaden-Eigenschaften werden für jeden Extruder einzeln eingestellt. Um Einstellungen für einen Extruder zu ändern, wird der gewünschte Extruder anhand des unter **Extruder > Extruder-Bearbeitungskopf Index** zugewiesenen Index ausgewählt.

Rohfaden-Durchmesser/Filament diameter

Simplify3D benötigt den Durchmesser des zugeführten Filaments, um den Volumenstrom und die Vorschubrate des Filaments zu berechnen.

Der Durchmesser des Filaments findet sich in der Regel auf der Spule des Filaments oder im beiliegenden Datenblatt. Alternativ kann der Durchmesser des Filaments mit Mikrometer oder Messschieber gemessen werden.

Rohfaden-Preis/Filament Price

Hier kann der Materialpreis pro Kilogramm angegeben werden. Diese Information wird für die Angabe der Materialkosten in der Druckvorschau benötigt. Die Angabe ist währungsunabhängig, eine Währung wird nicht angezeigt (Bild 8.77).

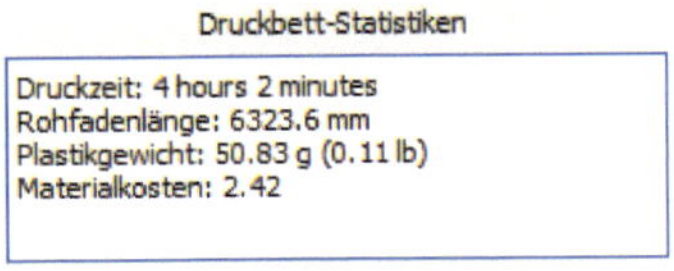

Druckbett-Statistiken

Druckzeit: 4 hours 2 minutes
Rohfadenlänge: 6323.6 mm
Plastikgewicht: 50.83 g (0.11 lb)
Materialkosten: 2.42

Bild 8.77 Anzeige der Druckstatistik in der Druckvorschau: Materialkosten

Rohfaden-Dichte/Filament density

Die Dichte des zugeführten Materials wird von Simplify3D für die Berechnung des Gewichts und der Materialkosten für ein Druckteil benötigt. Diese Informationen werden in der Druckvorschau angezeigt (Bild 8.77). Die Dichte kann dem Datenblatt des Materials entnommen werden.

8.11.4 Einzug bei Werkzeugwechsel/Tool Change Retraction

Ein Werkzeugwechsel findet nur beim Drucken mit mehr als einem Extruder statt. Die folgenden Einstellungen müssen also für 3D-Drucker bzw. Drucke mit nur einem Extruder nicht beachtet werden. Der **Einzug** bei Werkzeugwechsel wird dann ausgeführt, wenn ein Extruder alle Bahnen einer Schicht gedruckt hat und der nächste Extruder das Drucken übernimmt. Der Einzug des Filaments soll das Nachtropfen aus der aktuell pausierenden Düse verhindern bzw. verringern. Hierzu wird das Filament weiter als bei einem regulären Einzug am Ende einer Bahn zurückgezogen.

Einzugsabstand bei Werkzeugwechsel/Tool change retraction distance

Das Filament wird zurückgezogen, um ein Ausfließen von Filament während der Inaktivität des Extruders zu verhindern bzw. zu verringern. Der Einzugsabstand hängt von der Länge des Heißbereichs der Düse und der Bauweise ab.

Extra-Abstand nach Neustart bei Werkzeugwechsel/ Tool change extra restart distance

Nach einem Werkzeugwechsel beginnt der angewählte Extruder nach gewisser Inaktivität wieder zu drucken. Um nach dem Wechsel eine saubere Bahn zu drucken, muss die Düse wieder gut mit Material gefüllt sein. Sollte während der Inaktivität Material aus der Düse geflossen sein, fehlt dieses nun, und die Düse ist nicht ausreichend mit Material gefüllt. Diese Differenz kann durch den Extra-Abstand kompensiert werden. Bei einem positiven Wert wird zusätzliches Material zugeführt. Für gute Düsenfüllung beim Werkzeugwechsel können zusätzlich die **Ergänzungen Grundierungs-Stütze** oder **Tropfenschutz** genutzt werden.

Einzugsgeschwindigkeit bei Werkzeugwechsel/ Tool change retraction speed

Die Geschwindigkeit, mit der das Filament bei Werkzeugwechsel eingezogen und nach Wiederanwahl des Extruders vorgeschoben wird. Eine möglichst schnelle Geschwindigkeit sorgt für einen guten Unterdruck in der Düse und zieht das geschmolzene Material mit hoch. Jedoch sollte die Geschwindigkeit nicht zu hoch sein, um einen sicheren Einzug und Wiedervorschub zu ermöglichen. Da das Filament, verglichen mit dem normalen Einzug, weiter in die Düse eingezogen wird, kann es zu einem erhöhten Widerstand kommen. In diesem Fall kann eine geringere Einzugsgeschwindigkeit verwendet werden.

■ 8.12 Fortgeschritten/Advanced

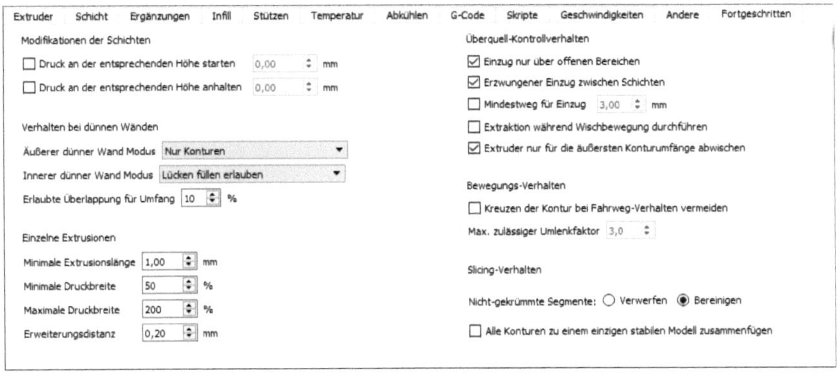

Bild 8.78 Reiter Fortgeschritten

8.12.1 Modifikationen der Schichten/Layer Modifications

Wie in Abschnitt 7.6 beschrieben, kann mit dem **Prozessteilungs-Assistenten** ein Druckteil in unterschiedlichen Höhen unterschiedlichen Prozessen zugeordnet werden. Die Einstellungen in diesem Abschnitt dienen der Limitierung des Prozesses auf einen Teil des Modells. Diese Trennung funktioniert nur in Z-Richtung. Da nun die einzelnen Bereiche von eigenen Prozessen kontrolliert werden, können für diese Bereiche die Prozesseinstellungen gezielt individuell angepasst werden.

- **Druck an der entsprechenden Höhe starten:** Bei nicht gesetztem Haken gilt der Prozess ab dem Drucktisch aufwärts. Ist eine Höhe eingestellt, werden die Schichten ab dieser Höhe mit den Einstellungen dieses Prozesses generiert. Bei Verwendung dieser Einstellung sind typischerweise ein oder mehrere Prozesse unterhalb dieses Prozesses definiert, sodass dieser Prozess aufliegen kann.
- **Druck an der entsprechenden Höhe anhalten:** Bei nicht gesetztem Haken gilt dieser Prozess bis zum oberen Ende des Modells. Ist eine Höhe angegeben, werden nur Schichten bis zu dieser Höhe generiert. Ein weiterer Prozess kann die Prozesseinstellungen für die übrigen Schichten definieren.

8.12.2 Verhalten bei dünnen Wänden/Thin Wall Behavior

In der FFF-Drucktechnologie entstehen die Druckteile durch den Druck vieler einzelner Bahnen. Was passiert jedoch, wenn durch ein Modell eine Geometrie vorgegeben wird, die kleiner ist als eine einzelne Bahn oder nur im Bereich weniger

Bahnen liegt? In einer solchen Situation müssen die Einstellungen besonders sorgfältig getroffen werden. Die Einstellungen in diesem Abschnitt stellen Möglichkeiten zur Verfügung, mit Geometrien im Bereich weniger Bahnbreiten umzugehen.

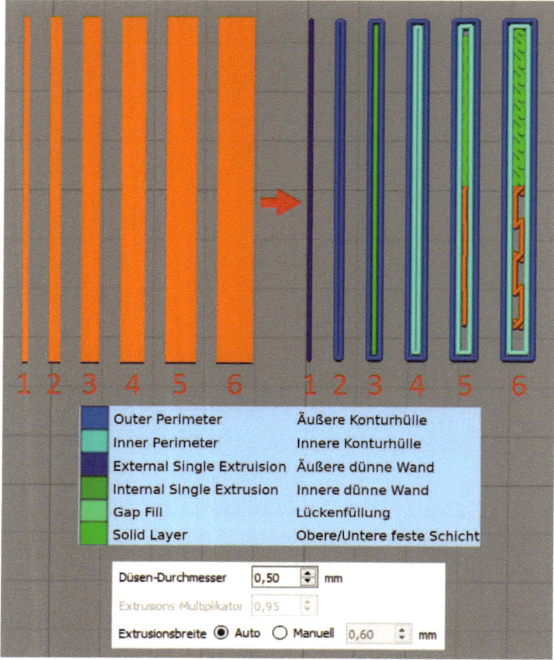

Bild 8.79 Verhalten bei dünnen Wänden (verschiedene Ansichten wurden kombiniert, um den Zusammenhang darzustellen)

Das Beispiel zeigt Modelle unterschiedlicher Wandstärken sowie die Druckvorschau der berechneten Bahnen. Im Beispiel wird ein **Düsen-Durchmesser** von 0,5 mm verwendet, die **Extrusionsbreite** ist auf **Auto** und damit auf 0,6 mm eingestellt.

Für die unterschiedlichen Wandstärken ist ein sehr unterschiedliches Verhalten zu sehen, und es werden verschiedene Merkmale genutzt, um die vorgegebene Geometrie möglichst optimal drucken zu können.

- **Wandstärke 0,6 mm, 1-fache Extrusionsbreite:** Diese Wandstärke entspricht genau der Extrusionsbreite. Das Resultat ist, dass nur eine einzelne Bahn gedruckt werden kann, um diese Geometrie abzubilden. Diese Bahn ist in dunklem Blau dargestellt, entsprechend dem Merkmal **Äußere dünne Wand**.
- **Wandstärke 1,2 mm, 2-fache Extrusionsbreite:** Die Wandstärke entspricht dem Zweifachen der Extrusionsbreite, es passen zwei Bahnen nebeneinander. Hier kann normal eine äußere Konturhülle gedruckt werden. Es ist jedoch kein Platz für weitere innere Konturhüllen.

- **Wandstärke 1,8 mm, 3-fache Extrusionsbreite:** Es bleibt ein Abstand zwischen den zwei Bahnen der äußeren Konturhülle. Der Spalt wird durch eine einzelne Bahn gefüllt. Diese Bahn ist als **Innere dünne Wand** in dunklem Grün markiert.
- **Wandstärke 2,4 mm, 4-fache Extrusionsbreite:** Zwischen der äußeren Konturhülle ist ausreichend Platz für zwei weitere Bahnen, und dieser wird von einer inneren Konturhülle ausgefüllt.
- **Wandstärke 3 mm, 5-fache Extrusionsbreite:** Da nur zwei **Konturhüllen** eingestellt sind, wird der Bereich zwischen den Konturhüllen hier mit Infill bzw. **Obersten** und **Untersten festen Schichten** gefüllt. Bedingt durch den geringen Abstand kann das ausgewählte rectilineare äußere Fill-Muster sowie der Infill im Inneren nur rudimentär ausgebildet werden.
- **Wandstärke 3,6 mm:** Diese Wandstärke liegt nun nicht mehr im Bereich der dünnen Wände und muss im Hinblick auf das Verhalten bei dünnen Wänden nicht besonders behandelt werden.

Diese Beispiele zeigen gut, dass es wichtig ist, das Verhalten von dünnen Wänden und filigranen Geometrien fein zu justieren. Oft findet man dünne Wandstärken in runden oder gekrümmten Geometrien. Hier kann sich die Wandstärke auch stetig ändern. Das macht den Umgang mit den dünnen Wänden komplizierter und reduziert den effektiven Einfluss der Einstellungen. Die unterschiedlichen, im vorigen Beispiel gezeigten Verhalten gehen ineinander über. Hilfreich für das Verständnis dieser einzeln extrudierten Bahnen ist Abschnitt 2.6.5 und dort speziell Bild 2.12.

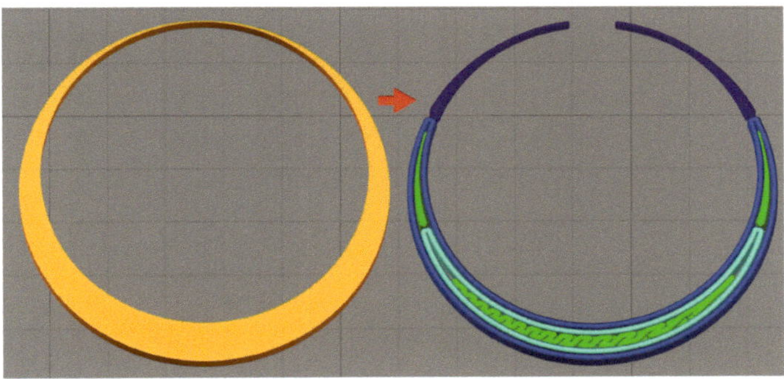

Bild 8.80 Verhalten bei dünnen Wänden

Das Modell hat eine sich stetig ändernde Wandstärke:

- Im unteren Bereich ist die Wandstärke breit genug, sodass die Konturhüllen und dazwischen Infill bzw. oberste und unterste feste Schichten generiert werden können.

- Die zwei Konturhüllen laufen weiter aufeinander zu, bis der Abstand nicht mehr ausreicht für Infill bzw. oberste und unterste feste Schichten. Die Folge ist ein ungefüllter Spalt.
- Die Wandstärke reicht nur noch für die äußere Konturhülle. Die innere Konturhülle wird zu einer **Inneren dünnen Wand**. Der Modus **Innere dünne Wand** erzeugt eine breitenvariable Bahn, die sich der Breite der Lücke kontinuierlich anpasst.
- Die Wandstärke genügt nicht mehr, dass die zwei Bahnen der äußeren Konturhülle nebeneinander passen. Damit wird die äußere Konturhülle zur **äußeren dünnen Wand**. Auch dieser Modus ist breitenvariabel und kann sich kontinuierlich der Breite der Bahn anpassen, um die Wandstärke möglichst gut abzubilden. Es entsteht ein äußerlich gut sichtbarer und nicht sehr stabiler Ansatz zwischen äußerer Konturhülle und äußerer dünner Wand.
- Die Wandstärke fällt schließlich unter die Breite, die mit dem Modus **Äußere dünne Wand** erzielt werden kann. Hier gilt wie bei allen Elementen: Ist die Wandstärke im Modell zu gering, werden keine Bahnen generiert, diese Details werden nicht mehr gedruckt. Die Grenze wird durch **Extrusionsbreite** und **Äußerer** und **Innerer dünner Wand Modus** eingestellt.

Es ist immer besser, in einem Modell konstante und ausreichend große statt variierende Wandstärken zu drucken. Dies sollte bei der Erstellung des Modells berücksichtigt werden, denn das spart viel Arbeit beim Einstellen der Parameter und erzielt generell ein besseres, gleichmäßigeres Druckergebnis. Ist die Geometrie des Modells nicht änderbar, dann muss das Druckverhalten der dünnen Wände über diese Prozesseinstellungen optimiert werden. Dabei gelten folgende Ziele:

- Die bestmögliche Festigkeit und Oberflächenqualität wird erreicht, wenn mindestens zwei Konturhüllen, das heißt vier Bahnen, gedruckt werden können (Bild 8.79, Beispiel 4). Ist dies nicht möglich, sollte das Ziel sein, wenigstens zwei Bahnen, also die äußere Konturhülle konstant zu drucken (Bild 8.79, Beispiel 2). Dafür gibt es zwei Möglichkeiten:
    - Anpassen der Wandstärke bei der Erstellung des Modells auf ein Vielfaches der Extrusionsbreite. Diese Variante ist grundsätzlich die bessere Wahl, wenn dies möglich ist.
    - Anpassen der Extrusionsbreite, sodass der Druck von vier bzw. zwei Bahnen möglich wird. Hier ist der Spielraum limitierter, da die Einschränkungen bezüglich der Extrusionsbreite in Abhängigkeit vom Düsendurchmesser beachtet werden müssen.
- Auf den Einsatz von äußeren dünnen Wänden sollte möglichst verzichtet werden (Bild 8.79, Beispiel 1). Da es sich bei den äußeren dünnen Wänden um ausschließlich eine Bahn handelt, wird hier nur minimale Festigkeit erzielt.

Zusätzlich müssen diese Bahnen oft an normale Konturhüllen anschließen, und es entsteht ein unschöner Ansatz mit sehr geringer Festigkeit.

- Wenn es dennoch nötig ist, können Innere dünne Wände eingesetzt werden (Bild 8.79, Beispiel 3). Innere dünne Wände füllen im Allgemeinen gut die Lücken zwischen den äußeren Konturhüllen und sorgen für eine Erhöhung der Festigkeit. Die Übergänge von zwei Konturhüllen auf eine Konturhülle mit dazwischen liegender innerer dünner Wand (Bild 8.80) ist auf der Außenfläche des Druckteils als störender Übergang sichtbar.

Äußerer dünner Wand Modus/External Thin Wall Type

Der Äußere dünne Wand Modus betrifft die Außenwände des Druckteils. Er gibt vor, wie die äußeren Konturen gedruckt werden sollen. Es besteht folgende Auswahl:

- **Einzeln extrudierte Wände erlauben:** Es ist erlaubt, im Bereich von dünnen Wänden die äußeren Konturen als einzeln extrudierte Wände zu drucken. Dabei wird die Extrusionsbreite so angepasst, dass eine einzelne Bahn mit variabler Breite entsteht.
- **Nur Konturen:** Einzeln extrudierte Wände sind nicht erlaubt. Alle äußeren Konturen müssen als normale Konturhüllen gedruckt werden. Ist die Wandstärke kleiner als die zweifache Extrusionsbreite, wird diese dünne Wand ignoriert und nicht gedruckt (Bild 8.81 rechts – für die beiden dünnen Stege werden bei der Auswahl **Nur Konturen** keine Bahnen generiert).

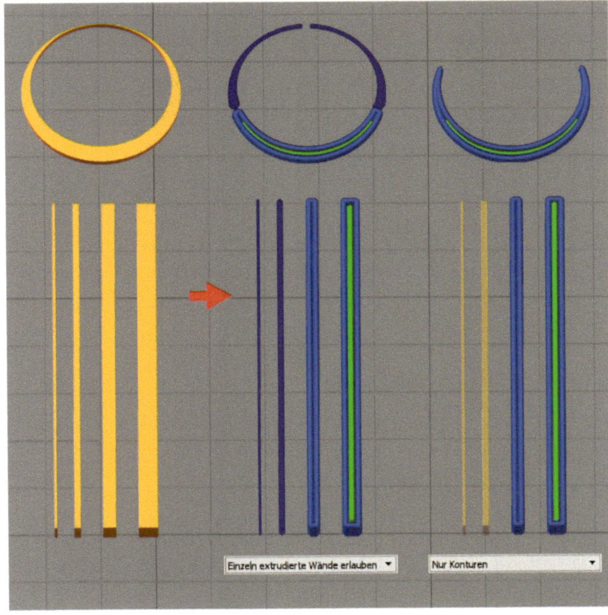

Bild 8.81
Äußerer dünner Wand Modus

Für die meisten Druckteile sollte der Äußere dünne Wand Modus auf **Nur Konturen** eingestellt sein. Es sollten erst die anderen Möglichkeiten zum Drucken von dünnen Wänden ausgeschöpft werden. Der Grund hierfür ist, dass die einzeln extrudierten Bahnen nur geringe Festigkeit bieten und oft nicht so gut an die anderen Strukturen des Druckteils anschließen wie normale Konturhüllen.

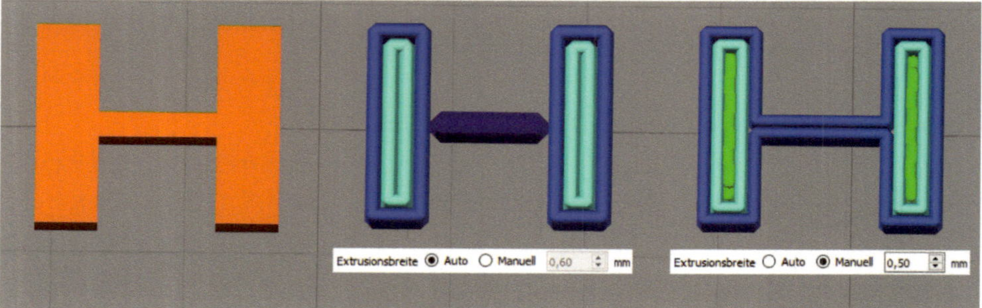

Bild 8.82 Äußere einzeln extrudierte Bahnen verhindern

Bild 8.82 zeigt eine Möglichkeit, um das Drucken von äußeren einzeln extrudierten Bahnen zu verhindern. Bei diesem Beispieldruckteil hat die Zwischenwand eine Breite von 1 mm.

- Ist eine **Extrusionsbreite** von 0,6 mm eingestellt, kann die Zwischenwand nicht als äußere Konturhülle gedruckt werden und wird damit zu einer einzeln extrudierten Bahn. Es kommt zu einer Unterbrechung zwischen der Zwischenwand und dem Druckteil. Diese Verbindung weist wenig Festigkeit auf.
- Wird die **Extrusionsbreite** auf 0,5 mm reduziert, kann die Zwischenwand als äußere Konturhülle gedruckt werden. Diese Konturhülle folgt dem ganzen Umfang des Druckteils und sorgt damit für eine bessere Festigkeit und Druckqualität.

Da es sich beim Druck von dünnen Wänden zwangsweise um sehr kleine Strukturen handelt, wird hier das Druckergebnis nicht so gut ausfallen, wie es die Druckvorschau zeigt.

Innerer dünner Wand Modus/Internal Thin Wall Type

Der Innere dünne Wand Modus gibt vor, wie die inneren Konturen im Fall von dünnen Wänden gedruckt werden sollen.

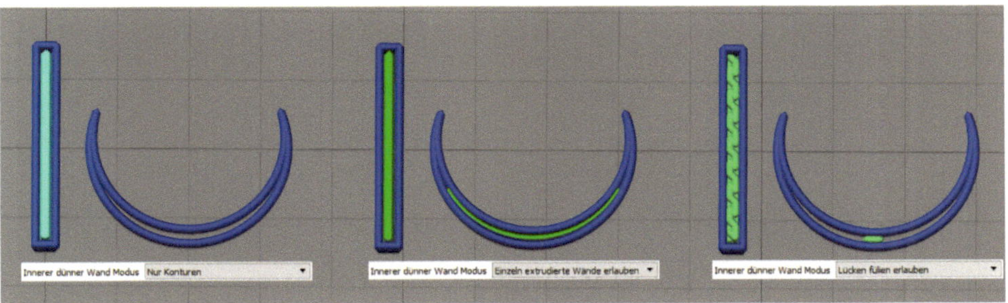

Bild 8.83 Verschiedene Einstellungen für den Inneren dünne Wand Modus

Es gibt drei Möglichkeiten zur Auswahl (Bild 8.83):

- **Nur Konturen**: Innere Konturhüllen dürfen nicht als einzeln extrudierte Bahnen gedruckt werden. Dies führt dazu, dass die Lücke zwischen den äußeren Konturhüllen nicht geschlossen wird, da kein Platz für die inneren Konturhüllen ist. Ebenfalls kann es in Grenzbereichen dazu kommen, dass sich die äußeren Konturhüllen mit entsprechender Auswirkung auf die Maßhaltigkeit etwas überlagern.
- **Einzeln extrudierte Wände erlauben:** Innere Konturhüllen können durch einzeln extrudierte Bahnen ersetzt werden, wenn für die inneren Konturhüllen nicht ausreichend Platz ist. Dies ist für die meisten Druckteile die bevorzugte Einstellung. Gerade in Bereichen mit variabler Wandstärke wird hier die Breite der Bahn dem Spalt entsprechend angepasst. Kann durch Einstellen der Extrusionsbreite oder entsprechende Konstruktion erreicht werden, dass regulär zwei Konturhüllen gedruckt werden können, sollte dies dennoch vorgezogen werden.
- **Lücken füllen erlauben:** Der Spalt wird durch eine Art Infill gefüllt. Diese Infill-Bahn besitzt die Extrusionsbreite. Dabei wird der Spalt meist nicht komplett gefüllt. Besonders bei variabler Wandstärke wird das deutlich. Diese Einstellung stammt aus einer Version von Simplify3D, in der es die Auswahlmöglichkeit **einzeln extrudierte Wände erlauben** noch nicht gab. Daher wird diese Einstellung heute eher nicht mehr eingesetzt.

Erlaubte Überlappung für Umfang/Allowed perimeter overlap

Wird die Wandstärke zu dünn, werden statt der regulären Konturhüllen einzeln extrudierte Bahnen gedruckt. Mit dieser Einstellung wird der Grad an Überlappung vorgegeben, ab dem auf die einzeln extrudierten Bahnen gewechselt werden soll. Die Erlaubte Überlappung für Umfang gilt sowohl für die äußeren als auch die inneren einzeln extrudierten Wände.

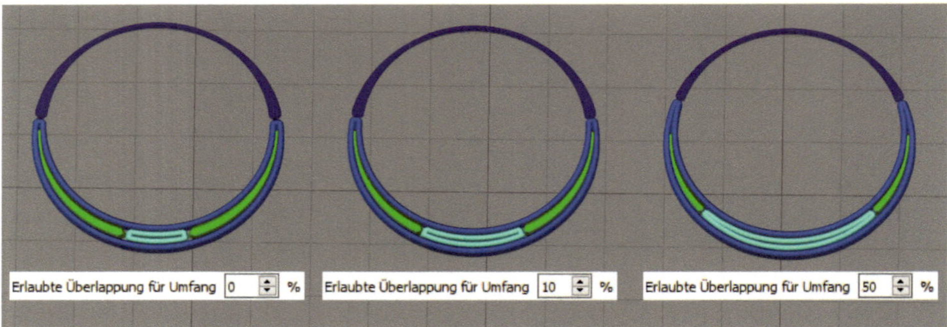

Bild 8.84 Verschiedene Einstellungen für die Erlaubte Überlappung für Umfang

Bild 8.84 zeigt unterschiedliche Werte für die Erlaubte Überlappung für Umfang:

- **0 %:** Die **einzeln extrudierten Bahnen** starten, sobald zwei Bahnen der Konturhülle nicht mehr nebeneinander passen, also die Wandstärke schmaler als die zweifache Extrusionsbreite wird.
- **10 %:** Es ist nur ein kleiner Unterschied sichtbar, da die **Konturhüllen** sich jetzt bis zu 10 % überlagern dürfen, bevor **einzeln extrudierte Bahnen** verwendet werden. Typischerweise ist ein Wert zwischen 0 und 10 % eingestellt.
- **50 %:** Der Effekt ist deutlich sichtbar, die **einzeln extrudierten Bahnen** starten um einiges später. Hohe Werte für die Erlaubte Überlappung für Umfang sind nicht zu empfehlen, da eine Überlappung der Konturhüllen zu Überfüllung und zu Schwankungen in der Maßhaltigkeit führt.

8.12.3 Einzelne Extrusionen/Single Extrusions

Minimale Extrusionslänge/Minimum Extrusion Length

Teilweise kann es zu sehr kurzen einzeln extrudierten Bahnen kommen, die wenig zur Struktur und Festigkeit des Druckteils beitragen, dabei aber viel Druckzeit für Freifahrten benötigen. Auf diese kurzen einzeln extrudierten Bahnen kann in der Regel verzichtet werden.

Die minimale Extrusionslänge sorgt dafür, dass einzeln extrudierte Bahnen erst ab einer gewissen Länge gedruckt werden. Ein Wert im Bereich weniger Millimeter ist hier für die meisten Druckteile sinnvoll.

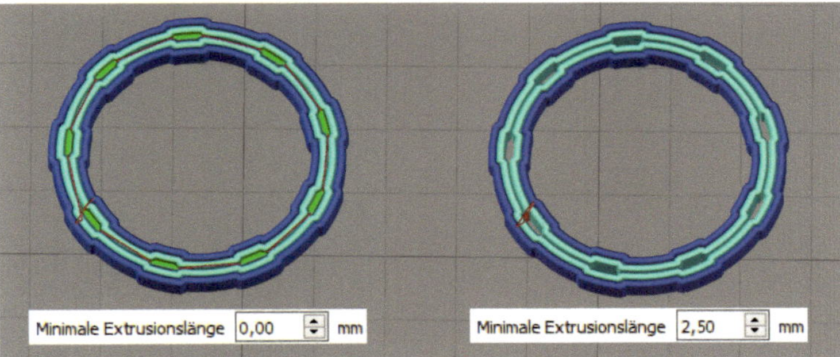

Bild 8.85 Beispiel zur minimalen Extrusionslänge für einzeln extrudierte Bahnen

Minimale Druckbreite/Minimum Printing Width

Bei **einzeln extrudierten Wänden** werden Bahnen mit Breiten gedruckt, die außerhalb des optimalen Bereichs des 1- bis 1,3-fachen des Düsendurchmessers liegen. Hierbei kann das Ergebnis abhängig von Düsendurchmesser und Geometrie sehr unterschiedlich ausfallen. Mit der Minimalen und Maximalen Druckbreite kann die Bahnbreite auf einen Bereich limitiert werden, in dem akzeptable Ergebnisse erzielt werden.

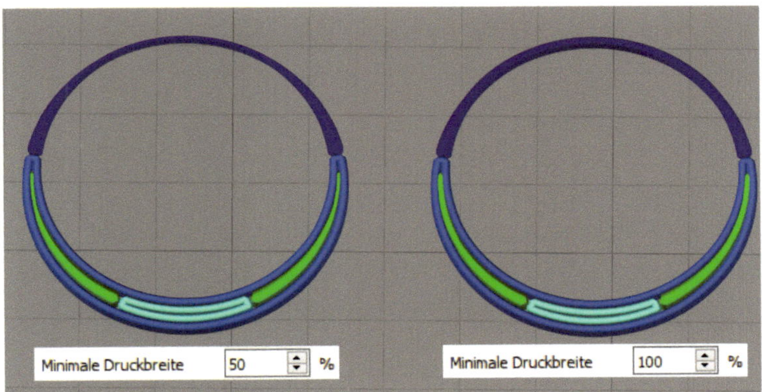

Bild 8.86 Unterschiedliche Einstellungen für die Minimale Druckbreite bei einzeln extrudierten Bahnen

Bild 8.86 zeigt unterschiedliche Werte für die Minimale Druckbreite. Die Bahnbreite für die einzeln extrudierten Bahnen wird durch die Minimale Druckbreite limitiert. Dies führt dazu, dass alle Wandstärken des Teils, die unterhalb der Minimalen Druckbreite liegen, dennoch mit der Minimalen Druckbreite gedruckt werden. Das ist bei dem rechten Druckteil deutlicher sichtbar. Ebenfalls lässt sich beim rechten Druckteil erkennen, dass die beiden Inneren einzeln extrudierten

Bahnen zur schmaleren Wandstärke hin etwas mit den äußeren Konturhüllen überlappen.

Maximale Druckbreite/Maximum Printing Width

Hier gilt Ähnliches wie für die **Minimale Druckbreite**. Es wird die maximale Breite der einzeln extrudierten Bahnen begrenzt.

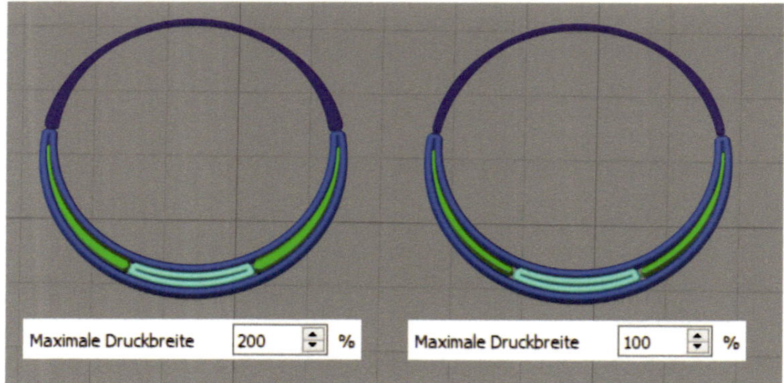

Bild 8.87 Unterschiedliche Einstellungen für die Maximale Druckbreite bei einzeln extrudierten Bahnen

Bild 8.87 zeigt unterschiedliche Werte für die Maximale Druckbreite.

- **links:** 200 %: Dies entspricht zwei einzelnen Bahnen. Größere Werte machen keinen Sinn, da ab der doppelten Breite zwei reguläre Konturhüllen Platz finden.
- **rechts:** 100 %: Wird die Maximale Druckbreite auf einen geringeren Wert als die doppelte Extrusionsbreite limitiert, sind die einzeln extrudierten Bahnen in ihrer Wirksamkeit eingeschränkt. Im rechten Beispiel ist der Übergang zwischen der äußeren einzeln extrudierten Bahn und den äußeren Konturhüllen sprunghaft, da die maximale Druckbreite deutlich kleiner als zwei Bahnen ist. Auch die inneren einzeln extrudierten Bahnen können zur breiteren Wandstärke hin den Spalt nicht optimal füllen.

Erweiterungsdistanz/Endpoint Extention Distance

Die Erweiterungsdistanz verlängert die Enden der einzeln extrudierten Bahnen. Vor allem bei den äußeren einzeln extrudierten Bahnen ist es wichtig, dass sie sich gut mit den anderen Strukturen des Druckteils verbinden.

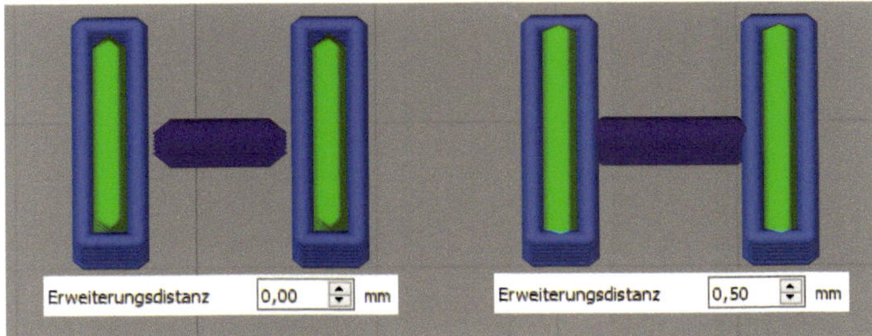

Bild 8.88 Verschiedene Einstellungen für die Erweiterungsdistanz

8.12.4 Überquell-Kontrolle/Ooze Control Behavior

Mit den Einstellungen der **Schicht → Überquell-Kontrolle** wird festgelegt, wann Retracts/**Einzüge** und **Abwischen** erfolgen sollen.

Einzug nur über offenen Bereichen/Only retract when crossing open spaces

Wenn das Ende einer Bahn erreicht wird, wird in der Regel das Material durch einen **Einzug** in die Düse zurückgezogen, um den Materialfluss zu unterbrechen. Wird statt eines Einzugs nur der Materialvorschub gestoppt, also nicht mehr aktiv Material gefördert, wird zwar etwas Material nachtropfen. Solange sich diese Tropfen und Fäden jedoch nur im Innern des Druckteils befinden, stören sie nicht. Daher kann eigentlich immer die Einstellung getroffen werden, dass ein Einzug durchgeführt wird, wenn Freifahrten über die Außenkontur des Druckteils hinausgehen. Ist der Haken gesetzt, wird nur dann ein Einzug durchgeführt, wenn nach dem Abschluss einer Bahn die folgende Freifahrt die Düse über die Außenkontur des Druckteils bringt. Für Bewegungen außerhalb der Außenkontur des Druckteils werden weiterhin Einzüge durchgeführt, im Inneren werden sie unterdrückt.

Erzwungener Einzug zwischen Schichten/Force retraction between layers

Wenn die Einstellung **Einzug nur über offenen Bereichen** aktiviert ist, wird kein Einzug beim Schichtwechsel durchgeführt. Wird der Haken für diese Einstellung gesetzt, so wird für die Wegbewegung nach dem Ende der letzten Schicht und vor dem Start der ersten Bahn der folgenden Schicht ein Einzug erzwungen. Diese Einstellung ist nur relevant, wenn **Einzug nur über offenen Bereichen** aktiviert ist, da ansonsten sowieso bei jeder Freifahrt ein Einzug stattfindet. Wird nach jeder Bahn ein Einzug gemacht, muss ein Einzug bei Schichtwechsel nicht erzwungen werden.

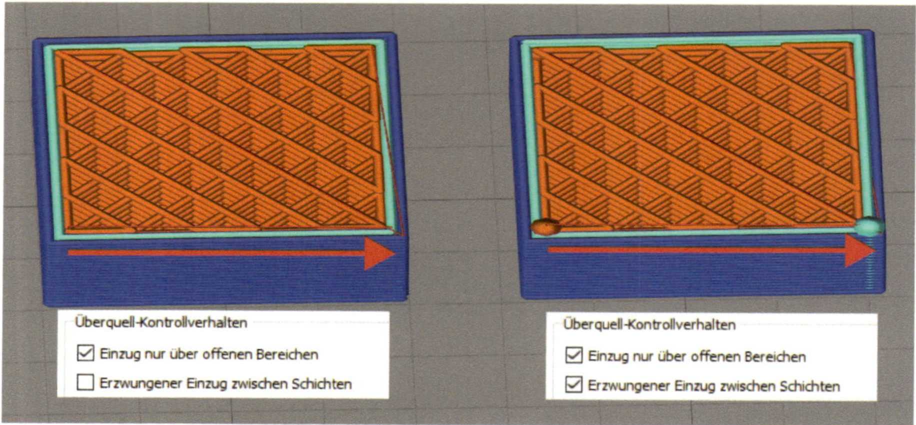

Bild 8.89 Erzwungener Einzug zwischen Schichten

- Links in Bild 8.89 – **Erzwungener Einzug zwischen Schichten** ist deaktiviert. Da die Einstellung **Einzug nur über offenen Bereichen** aktiviert ist, wird kein Einzug vor der Freifahrt zum Beginn der nächsten Schicht gemacht.
- Rechts in Bild 8.89 – **Erzwungener Einzug zwischen Schichten** ist aktiviert. Hierdurch wird für die Freifahrt zum Beginn der nächsten Schicht ein Einzug erzwungen. Der Einzug und Wiedervorschub kann anhand der Einzugsmarker erkannt werden.

Da diese Funktion eher schlechte Oberflächen im Bereich der Z-Naht erzeugt, ist sie nicht besonders empfehlenswert.

Mindestweg für Einzug/Minimum travel for retraction

Simplify3D berechnet die Reihenfolge und Platzierung der Bahnen so, dass möglichst kurze Freifahrten notwendig sind. Normalerweise erfolgt vor jeder Freifahrt ein Einzug. Bei sehr kurzen Freifahrten von nur wenigen Millimetern kann auf Einzüge meist verzichtet werden.

Dieser **Mindestweg für Einzug** erlaubt Einzüge erst ab einer gewissen Länge der Freifahrt. Ist die auf das Ende einer Bahn folgende Freifahrt kürzer als der hier eingestellte Wert, wird kein Einzug durchgeführt. Durch das Einsparen dieser Einzüge tritt in der Regel kein Qualitätsverlust auf, es kann jedoch Druckzeit gespart werden. Es gibt allerdings Situationen, in denen die Einstellung zu Fadenbildung/Stringing führen kann. Tritt eine Freifahrt auf, die über die Außenkontur des Druckteils führt, jedoch unter dem Mindestweg für Einzug liegt, dann können sich, bedingt durch den fehlenden Einzug, dort Fäden und Ablagerungen bilden.

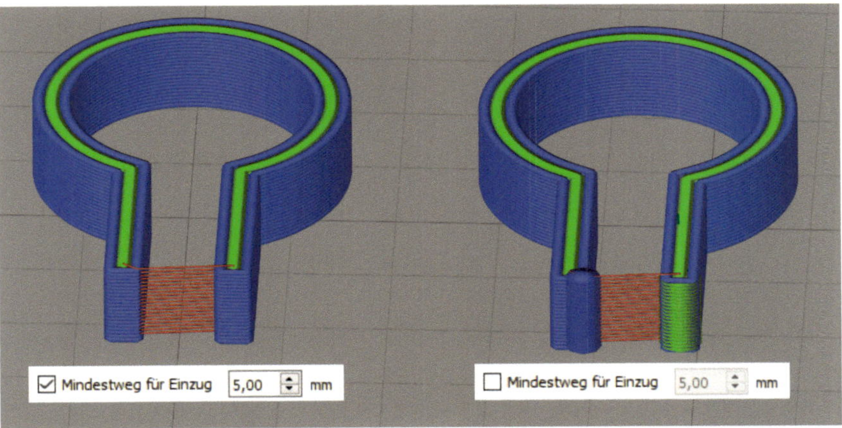

Bild 8.90 Mindestweg für Einzug

Das Druckteil in Bild 8.90 benötigt eine Freifahrt, die über die Außenkontur des Druckteils führt. Diese beträgt knapp 5 mm.

- links – Ein **Mindestweg für Einzug** von 5 mm ist eingestellt. Für die Freifahrt wird kein Einzug durchgeführt (erkennbar durch die fehlenden Einzugsmarker). Es kann zu Fadenbildung und Ablagerungen kommen.
- rechts – Der **Mindestweg für Einzug** ist deaktiviert oder gering genug, dass für die Freifahrt ein Einzug erfolgt.

Wenn der **Mindestweg für Einzug** verwendet wird, sollte dieses Verhalten bedacht und das Druckteil ggf. in der Druckvorschau geprüft werden.

Extraktion während Wischbewegung durchführen/ Perform retraction during wipe movement

Ist die Funktion **Düse abwischen** aktiviert, wird zusätzlich zum Einzug eine Wischbewegung durchgeführt. Dies sorgt für einen kurzen Stopp des Druckkopfes am Ende der Bahn, während der Einzug erfolgt. Ist diese Funktion aktiviert, so werden die Wischbewegung und der Einzug gleichzeitig durchgeführt. Der Extruder führt die Bahn ohne einen Stopp für den Einzug weiter. Die Folge ist eine kleine Zeitersparnis bei der Druckzeit. Ebenfalls wird verhindert, dass sich durch den Stopp eine kleine Verdickung am Einzugspunkt bilden kann. Um eine optimale Wischbewegung durchzuführen, sollte diese Einstellung aktiviert sein, und die Vorgaben zur Einstellung **Abwischabstand** sollten beachtet werden.

Extruder nur für die äußersten Konturumfänge abwischen/ Only wipe extruder for outer-most perimeters

Anhand dieser Einstellung kann die Wischbewegung nur auf die äußere Konturhülle limitiert werden. Da diese die auf der Oberfläche des Druckteils sichtbaren Bahnen sind, ist in den meisten Fällen nur hier eine Wischbewegung nötig.

8.12.5 Bewegungs-Verhalten/Movement Behavior

Fährt der Druckkopf über die Außenkontur des Druckteils hinaus, kann es trotz des Einzugs zu Fadenbildung oder Tropfen kommen, die dann an der gegenüberliegenden Außenkontur hängenbleiben. Meist verliert der Einzug bei längeren Verfahrwegen an Wirksamkeit, und die Düse beginnt zu tropfen.

Kreuzen der Kontur bei Fahrweg-Fernhalten vermeiden/ Avoid crossing outline for travel movements

Die Funktion **Kreuzen der Kontur bei Fahrweg-Fernhalten vermeiden** bietet die Möglichkeit, dass in solchen Fällen ein alternativer Weg gefunden wird. Hier bleibt die Düse möglichst lang über dem Druckteil. Bei der Freifahrt wird die Düse entlang der Außenkontur des Druckteils bewegt, überfährt diese aber nicht. Hierdurch entsteht zwar eine längere Freifahrt, dafür wird eine Faden- und Tropfenbildung reduziert oder ganz vermieden. Der hier einzugebende Faktor gibt an, um wieviel länger eine Freifahrt werden darf, bis Konturen doch überfahren werden. Das heißt, je größer er ist, umso mehr und länger führen Freifahrten nur über bedruckte Bereiche.

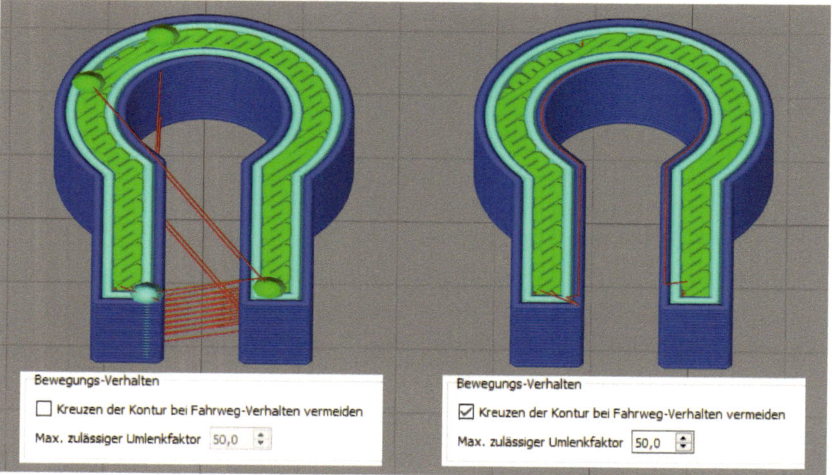

Bild 8.91 Bewegungs-Verhalten

In Bild 8.91 sind die unterschiedlichen Bewegungs-Verhalten zu sehen:

- links – Funktion deaktiviert: Bei verschiedenen Freifahrten wird die Außenkontur überfahren. Die Freifahrten führen geradlinig und ohne Umweg direkt zum nächsten Startpunkt.
- rechts – Das Kreuzen der Konturen wird vermieden. Die Freifahrt folgt der Außenkontur des Druckteils bis zum nächsten Druckpunkt.

Dennoch kann Material während der Bewegung aus der Düse austreten. Das Material kann sich gelegentlich auf der überfahrenen Außenkontur ablegen und unter Umständen sichtbare Unregelmäßigkeiten in der Oberfläche des Druckteils hinterlassen. Für eine der nächsten Versionen von Simplify3D wäre sehr wünschenswert, dass diese Freifahrten über dem Infill oder der inneren Konturhüllen verlaufen; dann wäre diese Funktion perfekt.

Ein Kreuzen der Außenkontur kann natürlich nur solange vermieden werden, solange das Ziel ohne ein Kreuzen der Außenkontur erreicht werden kann. Gibt es auf einer Schicht mehrere Inseln oder es werden mehrere einzelne Druckteile parallel gedruckt, findet eine möglichst kurze Freifahrt statt. Die Tendenz zur Fadenbildung hängt stark von 3D-Drucker, Düse und Material ab. Daher muss für jedes Modell einzeln bewertet werden, ob ein Einsatz dieser Funktion sinnvoll ist. Da die Freifahrt hier über eine längere Strecke erfolgt, wird eine längere Druckzeit benötigt.

Max. zulässiger Umlenkfaktor/Maximum allowed detour factor

Der Faktor zum **Kreuzen der Kontur vermeiden** wird als maximal zulässiger Umlenkfaktor festgelegt. Ein Kreuzen der Kontur wird nur so lange vermieden, wie die Länge dieses Weges nicht größer ist als die direkte Bewegung multipliziert mit dem Umlenkfaktor.

8.12.6 Slicing-Verhalten/Slicing Behavior

Wie in Abschnitt 4.3 und Abschnitt 4.4 beschrieben, kann es in Facettenmodellen Fehlstellen geben, die Druckfehler erzeugen. Die Einstellungen in diesem Abschnitt können zusätzlich zu Modellreparaturen helfen, mit diesen Fehlern umzugehen. Dabei wird nicht das Modell an sich verändert, sondern nur, wie Simplify3D das Modell interpretiert. Die Effektivität der beiden Funktionen ist leider begrenzt, und somit führt meist kein Weg daran vorbei, die Fehler konstruktiv außerhalb von Simplify3D zu beheben. Dennoch können die verschiedenen Einstellungen im Fehlerfall auf ihre Wirksamkeit geprüft werden.

Slicing-Verhalten

Nicht-gekrümmte Segmente: ○ Verwerfen ◉ Bereinigen

☐ Alle Konturen zu einem einzigen stabilen Modell zusammenfügen

Bild 8.92 Slicing-Verhalten

Nicht-gekrümmte Segmente/Non-manifold segments

Die Übersetzung „nicht gekrümmt" ist hier fehlerhaft, gemeint sind nicht geschlossene Segmente.

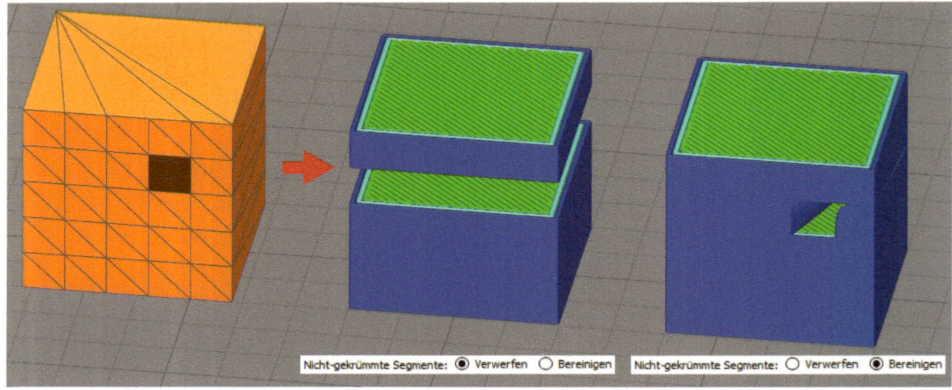

Bild 8.93 Verschiedene Einstellungen für nicht geschlossene Segmente

Simplify3D versucht, diese fehlenden Flächen in einem Modell zu schließen. Dabei gibt es zwei Möglichkeiten (Bild 8.93):

- **Verwerfen:** Schichten mit fehlenden Flächen werden verworfen, wenn sie nicht korrekt interpretiert werden können. Damit fehlt ein Teil des Druckteils. Das ist in der Regel nicht akzeptabel.
- **Bereinigen:** Es wird versucht, die fehlende Fläche zu schließen. Ist hier das Ergebnis nicht zufriedenstellend, muss das Modell vor Import in Simplify3D nochmals repariert werden.

Alle Konturen zu einem einzigen stabilen Modell zusammenführen/ Merge all outlines into a single solid Model

Modelle können so konstruiert sein, dass sie zwar als ein Modell in Simplify3D importiert werden, jedoch innerhalb dieses Modells aus mehreren einzelnen Körpern bestehen. Das erschwert die Interpretation von Simplify3D und kann zu nicht optimal generierten Bahnen führen. Ein Modell sollte im Optimalfall aus einem Körper bestehen, sodass die von Simplify3D generierten Bahnen den ganzen Umfang des Körpers umschließen können.

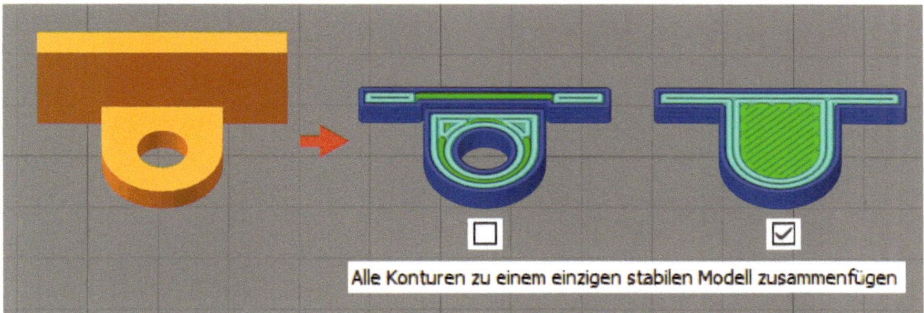

Bild 8.94 Alle Konturen zu einem einzigen stabilen Modell zusammenführen

Das Modell in Bild 8.94 besteht aus zwei einzelnen Körpern, die aneinander anliegen.

- **Konturen zusammenfügen** deaktiviert: Da es sich bei dem Modell um zwei einzelne Körper handelt, wird jeder Körper einzeln von den Konturhüllen eingeschlossen. Es entsteht nur eine schwache Verbindung.
- **Konturen zusammenfügen** aktiviert: Simplify3D versucht, die beiden Körper zu einem einzigen zusammenzufügen. Dies gelingt, die Konturhüllen verlaufen entlang des ganzen Umfangs des Druckteils. Jedoch wurde ebenfalls die Bohrung zusammengefügt und ist nicht mehr vorhanden.

Teilweise hilft diese Funktion, ein solches Problem zu beheben. Ist diese Lösung jedoch wie in diesem Beispiel nicht zufriedenstellend, gibt es eine weitere Möglichkeit:

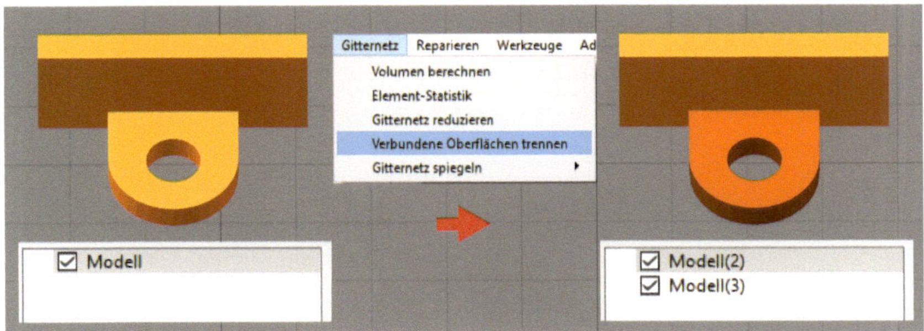

Bild 8.95 Verbundene Oberflächen eines Modells trennen

Es wird die Funktion **Gitternetz → Verbundene Oberflächen trennen** verwendet, um das Modell in die einzelnen Körper zu trennen. In diesem Beispiel sind es nun zwei Modelle. Die beiden Modelle werden dem gleichen Prozess zugewiesen. In diesem Prozess ist die Einstellung **Alle Konturen zu einem einzigen stabilen Modell zusammenfügen** deaktiviert.

Bild 8.96 Die verbundenen Oberflächen wurden getrennt, und anschließend wurde die Druckdatei für beide Modelle mit dem gleichen Prozess erzeugt.

Das Resultat (Bild 8.96) ist eine zusammengefügte Außenkontur für beide Körper, wobei die Bohrung beibehalten wurde. Dieses Verfahren sollte immer dann angewendet werden, wenn ein Modell mit mehreren Einzelkörpern gedruckt werden soll. Vorsicht ist jedoch geboten, wenn die Körper sich an den angrenzenden Flächen nicht berühren.

9 Die praktische Anwendung

9.1 Einleitung

In diesem Kapitel wird die praktische Anwendung der in den vorigen Kapiteln beschriebenen Funktionen und Einstellungen an verschiedenen Bauteilen mit unterschiedlichen Anforderungen erklärt. Damit werden die zuvor gezeigten einzelnen Teilbereiche mit konkreten Anwendungsfällen in den Zusammenhang gebracht und konkrete Lösungsansätze erläutert. Denn auch wenn ein großes Geometriespektrum mit Standardeinstellungen irgendwie druckbar ist, so profitieren in der Praxis über 90 % aller Druckteile deutlich von optimierten Einstellungen, optimal gesetzter Hilfsgeometrie wie Stützstrukturen, Grundierungs-Stützen oder Haftungsverbesserung. Auch die Druckdauer kann durch verschiedene Maßnahmen sehr gut reduziert werden.

Grundsätzlich ist es empfehlenswert, eher mit einfachen Geometrien zu starten und die Standardprofile des Geräteherstellers anfangs wenig oder nicht zu ändern. Viele Parameter haben Auswirkungen auf den Druckprozess, die ohne entsprechendes Hintergrundwissen nicht ersichtlich sind. Wenn eine Änderung der Schichthöhe zum Beispiel recht einfach erscheint, so muss dabei bedacht werden, dass eventuell die Druckgeschwindigkeiten dazu nicht mehr passen, der Volumenstrom zu groß wird für die Leistung der Düse, der Düsendurchmesser nicht mehr geeignet ist und so eventuell Ausschuss produziert wird. Die CAM-Software Simplify3D ist hier gut mit der Komplexität beim Fräsen vergleichbar. Gibt es dort das schnelle Abtragen von Material in Form von Schruppen und den Feinbearbeitung beim Schlichten, müssen spezielle Geometrien mit eigenen Funktionen und Einstellungen gefertigt werden. So kann in der Drucktechnologie je nach Zielsetzung ein Teil sehr schnell und fest gedruckt werden, dafür vielleicht nicht mit der feinsten Oberfläche. Dazu kommt im Fall des 3D-Drucks noch die freie Einstellbarkeit des Innenbereichs, der Wandstärken, der Stützstruktur und die Materialkombination.

Meist bewegen sich die Ansprüche an das Druckergebnis in dem Spannungsdreieck zwischen Festigkeit – Druckzeit (und damit Wirtschaftlichkeit) – Oberfläche. Bild 9.1 stellt dieses Spannungsdreieck dar, das speziell im industriellen Umfeld eine große Rolle spielt: Die technische Zielsetzung bei gleichzeitig guter Wirtschaftlichkeit ist elementar für den Einsatz als Fertigungsverfahren.

Bild 9.1 Spannungsdreieck Druckzeit – Festigkeit – Oberflächengüte

Diese Zusammenhänge zeigen, dass es schon vor dem Druck wichtig ist, sich über die Anforderungen an das Druckteil Gedanken zu machen. Für die folgenden Anwendungsbeispiele werden anfangs zunächst die Anforderungen an das Werkstück definiert. Basierend auf diesen Anforderungen und der Bauteilgeometrie werden anschließend passende Druckeinstellungen gewählt und erläutert. Trotz sorgfältiger Überlegungen bei der Auswahl passender Druckparameter ist es insbesondere bei großen Druckjobs empfehlenswert, zunächst nur ein Segment oder einen Ausschnitt mit der gewählten Parametrierung zu drucken.

9.1.1 Einflussfaktoren für die Festigkeit

Der größte Faktor der Festigkeit liegt zunächst in den Kunststofffestigkeiten. Durch die Technologie besitzt ein 3D-Druckteil mindestens in der Z-Richtung eher geringere Festigkeiten als Platten- oder Stangenmaterial oder Spritzgussteile aus demselben Material. Das liegt an den Verschweißungen, die sowohl zwischen den Bahnen innerhalb einer Schicht als auch zwischen den einzelnen Schichten vorhanden sind. Je besser diese sind, umso besser ist die Festigkeit. Die einzelnen Bahnen haben eine relativ gute Festigkeit, die vom Querschnitt abhängt. Aus dieser Eigenheit entsteht Anisotropie: Es bestehen deutliche Unterschiede in den Festigkeiten in den verschiedenen Koordinatenachsen. In der Z-Richtung, also in Richtung der Schichtung übereinander, befindet sich die größte Schwachstelle, da hier die Verschweißung der Schichten miteinander der limitierende Faktor ist. Druckteile der FFF-Technologie sind speziell bei dünnen Geometrien schon konstruktiv deutlich dicker auszulegen als Spritzgussteile.

Spritzgussgeometrien sind meist nicht sehr gut geeignet für die Fertigung in der FFF-Technologie. Im Spritzguss wird auf möglichst dünne Wände gesetzt, im FFF-3D-Druck dagegen kann die bessere Festigkeit voluminöser und dafür nur teilgefüllt erreicht werden.

Bei voluminösen Teilen kann die Festigkeit im Gegensatz zu dünnwandigen sehr gut gesteuert werden. Der Grund hierfür ist, dass bei dünnwandigen Teilen kein Infill mehr enthalten ist und die Konturhüllen bereits 100 % Füllgrad haben. Bei voluminösen Druckteilen wird die Festigkeit neben der festigkeitsoptimierten Innenstruktur durch die Einstellung der Dicke der Außenwände und der Materialwahl bestimmt.

Faktoren für gute Festigkeiten:

- größere Düsendurchmesser → große Extrusionsbreite → großer Wärmeeintrag → voluminöse Bahnen
- dickere umlaufende Wandstärken (mehr Konturhüllen einsetzen)
- Materialwahl
- dickere obere und untere Wandstärken (durch mehr oberste und unterste feste Schichten)
- Füllgrad gezielt einsetzen (grundsätzlich 100 % Füllgrad zu verwenden ist nicht die effektivste und manchmal kontraproduktive Einstellung)
- Infill-Konturüberlappung leicht erhöhen
- langsamer drucken (Wärmeeintrag beim Verschweißen erhöhen)
- Druckkühlung reduzieren oder abschalten (Verschweißung verschlechtert sich bei sofortiger Abkühlung deutlich)
- höhere Drucktemperaturen (Verschweißung verbessert)

9.1.2 Druckdaueroptimierung

Was zunächst einfach klingt und allein auf die Druckgeschwindigkeit abzielt, ist komplexer als gedacht. Zunächst ist die Verfahrgeschwindigkeit immer durch den verfügbaren Volumenstrom limitiert. Denn es kann immer nur so viel extrudiert und so schnell verfahren werden, wie es der maximale Volumenstrom zulässt. Daher kann die schnellste Maschine nicht schneller drucken, als es der in der Düse erzeugte Volumenstrom erlaubt. Zusätzlich erlauben höhere Drucktemperaturen und Hotends mit längeren Heißbereichen einen größeren Volumenstrom und damit schnellere Druckgeschwindigkeiten. Der Kunststoff ist ebenso elementar: Nicht jedes Material ist mit den gleichen Geschwindigkeiten druckbar. Speziell der

Anspruch auf sehr gute Oberflächen, sprich kleine Schichthöhen und kleine Düsenauslässe, geht stark zulasten der Druckdauer. Jedoch limitieren auch bei hohen Volumenströmen bestimmte Geometrien, erforderliche Stützstrukturen, Hilfsgeometrie und andere Merkmale die Druckgeschwindigkeit.

Faktoren für geringe Druckdauer:

- große Schichthöhe wählen (siehe Tabelle 9.2)
- Füllgrad, Anzahl Perimeter und unterste/oberste Schichten mit gleichzeitigem Augenmerk auf die Festigkeit am unteren Limit wählen
- größere Düsenauslässe, damit größere Extrusionsbreite
- Druckgeschwindigkeit am oberen Limit relativ zur gewünschten Oberflächengüte
- möglichst reduzierter Stützstrukturbedarf (bei technischen Bauteilen übersteigt der Volumenanteil von Stützenmaterial häufig das Bauteilvolumen)
- Startpunkt der Schichten für die schnellste Druckgeschwindigkeit optimieren (Reiter Schicht)
- Prozessteilung kann für manche Geometrien sehr hilfreich sein, siehe Beispiel Abschnitt 9.3

9.1.3 Oberflächenoptimierung

Die Oberfläche wird durch sehr viele Faktoren bestimmt, nicht zuletzt ist der 3D-Drucker ausschlaggebend. Dort sind es Schwingungen in der Maschinenbasis, wenig steife Achsen und Maschinengestelle oder ein schwacher oder ungenauer Filamentvorschub. Der Aufbau der Düse spielt eine große Rolle. Beispielsweise ist für die Oberfläche des Druckteils ein kürzerer Heißbereich der Düse und ein gutes Strömungsverhalten innerhalb der Düse hilfreich. Auch der Einfluss des Materials ist sehr groß, bei vielen Materialien führt bereits geringe Feuchtigkeitsaufnahme zu einer Verschlechterung der Oberfläche.

Von den Druckeinstellungen her ist vor allem die korrekte Kalibrierung des Extrusions-Multiplikators (gut geschlossene oberste Schichten), die Optimierung für reduziertes Nachtropfen und gute Platzierung von Stützmaterial. Leider baut auch Simplify3D gelegentlich unschöne Übergänge von Druckbereichen ein, die reproduzierbar an der immer gleichen Stelle im Druckteil auftauchen.

Faktoren für gute Oberflächenqualität:

- geringere Schichthöhen (seitliche Oberflächen schwächere Rillung)
- kleinere Düsen für die oberen und unteren Abschlussflächen (feineres Muster)
- geringere Druckgeschwindigkeiten

- möglichst wenig Stützmaterial und am besten im Dualdruck: Einsatz wasserlöslicher oder leicht entfernbarer Stützkunststoffe
- materialabhängig: manche Kunststoffe (z. B. fasergefüllte) lassen die Rillung optisch verschwinden
- Das Verhalten von dünnen Wänden ist je nach Geometrie ein weiterer Einflussfaktor auf die Oberfläche

9.1.4 Abhilfe gegen Nachtropfen/Oozing

Das Nachtropfverhalten hängt zum größten Teil vom verwendeten Kunststoff und der Dauer der Freifahrten ab. Je dünnflüssiger die Kunststoffschmelze ist, umso stärker ist die Tendenz des Tropfens. Das führt dazu, dass niedrigere Drucktemperaturen zwar das Nachtropfen reduzieren können, gleichzeitig kann damit die Druckteilfestigkeit stark abnehmen. Vom 3D-Drucker ist der größte Einfluss die Länge des Heißbereichs der Düse: je kürzer, umso weniger tropft die Düse nach. Dann ist natürlich die Freifahrtgeschwindigkeit ein Faktor: je schneller gefahren wird, umso weniger Zeit bleibt für das Nachtropfen.

Faktoren für minimiertes Oozing:

- Druckkopf mit einer Verschlussmechanik für die Düsen
- sehr stark von der Viskosität des Kunststoffs abhängig
- Feuchtigkeit im Filament → ggf. trocknen → ein häufig unterschätzter, sehr wichtiger Faktor
- gute, evtl. höhere Einstellwerte beim Retract (aber Achtung: zu hohe Retracts sind kontraproduktiv und können das Wiederansetzen des Drucks am Zielpunkt der Freifahrt stören oder ganz verhindern)
- schnelle Freifahrten (möglichst kurze Zeiten ohne Druckvorgang) und insgesamt möglichst kurze Wege (in Simplify3D: Bewegungsverhalten siehe Abschnitt 8.12.5)
- niedrigere Drucktemperaturen
- Tropfenschutz/Oozing-Shield im Mehrfachdruck

9.1.5 Reduktion von Schrumpfung/Warping

Die größten Einflussfaktoren für die Reduktion von Warping liegen beim Material, manche Materialien wie Polypropylen scheitern vor allem an der zu geringen Haftung auf dem Tisch, sie wölben sich daher vom Tisch weg. Andere wie ABS haben insgesamt eine größere Tendenz zur Schwindung.

Faktoren für beste Haftung:

- Material mit geringer Schrumpfung verwenden
- gut haftende Druckunterlage (Platte, Drucktischbezug, Tapes)
- gute Einstellung für die Drucktischheizung
- eventuell zusätzliche Haftvermittler (Sprays, Klebestifte etc.)
- je kleiner Infill und Wandstärken, umso geringer die Schrumpfungsneigung → größter Verursacher sind voluminöse und voll gefüllte Bauteile
- Druckparameter mit dem größten Einfluss: Einstellung der ersten Schicht (Abschnitt 8.2.2)
  - möglichst große Schichthöhe
  - eher langsame Druckgeschwindigkeit
  - eventuell auch größere Extrusionsbreite („Überfüllung“)
- Hilfsgeometrie
  - Rand (Brim) zur Vergrößerung der Auflagefläche (Abschnitt 8.3.1)
  - Raft bei Druck auf Glasplatten oder anderen schlechter haftenden Untergründen

9.1.6 Stützmaterial

Wie in Kapitel 2 beschrieben, sollte die Möglichkeit für Übergangswinkel und Brücken zur Reduktion von Stützmaterial möglichst genutzt werden. Um für die gewünschten Materialien, Schichthöhen und Druckgeschwindigkeiten jeweils gute Werte für Überhangswinkel und Brückenlängen zu ermitteln, empfehlen sich Kalibrierdrucke (Abschnitt 9.8). Wichtig ist hierbei, dass sich deren Ergebnisse nicht ohne Weiteres auf andere Materialien, Schichthöhen, Druckgeschwindigkeiten etc. übertragen lassen.

Kalibrierung von Überhangswinkeln und Brücken

Die ohne Unterstützung gut druckbaren Übergangswinkel können je nach Schichthöhe und Extrusionsbreite und Material bis über 60 – 70° gut funktionieren.

Tipps für möglichst große Überhangswinkel:

- Je größer die Extrusionsbreite, umso eher finden die darüber gelegten Konturhüllen Halt und fallen nicht herunter.
- Gute Druckkühlung sorgt mit dafür, dass die Überhangsperimeter schneller erstarren und somit eher nicht herunterfallen.

Am besten hilft jedoch immer ein Kalibrierdruck, wie in Abschnitt 9.8.3 beschrieben. Anhand dessen kann der maximale Überhangswinkel ermittelt werden – immer in Abhängigkeit vom Kunststoffmaterial, der Schichthöhe und der Extrusionsbreite sowie der Düsentemperatur und den Kühlungseinstellungen.

Single-Druck: Support aus dem Bauteilmaterial

Die einfachste Form, mit Stützstrukturen zu arbeiten, ist die Generierung von Support mit der gleichen Düse wie das Werkstück. Damit sind Bauteil und Stützstruktur aus dem gleichen Material. Mit einem Single-Druckkopf ist dies die einzige Möglichkeit. Der Nacharbeitsaufwand ist an den Übergängen von Stützpfeilern zum Druckteil häufig recht groß, die gestützten Oberflächen meist qualitativ minderwertig. Die Stützstrukturen müssen so parametriert werden, dass die Nachbearbeitung möglichst einfach gehalten wird. Beim Single-Druck wird deshalb auf möglichst wenig Berührungspunkte und -linien gesetzt. Deshalb wird der Support dort mit eher geringem Füllgrad erzeugt, und es werden ungefüllte Trennschichten zwischen Stützen und Druckteil eingefügt. Bild 9.2 zeigt eine Parametrierung hierfür. Je nach Modell können angepasste Parameter zu besseren Ergebnissen führen, Haupteinflussparameter sind der Stütz-Infill-Prozentsatz und der maximale Überhangswinkel. Wichtig ist, darauf zu achten, dass keine dichte Stützstrukturen gedruckt werden, da diese ansonsten kaum mehr vom Bauteil zu entfernen sind.

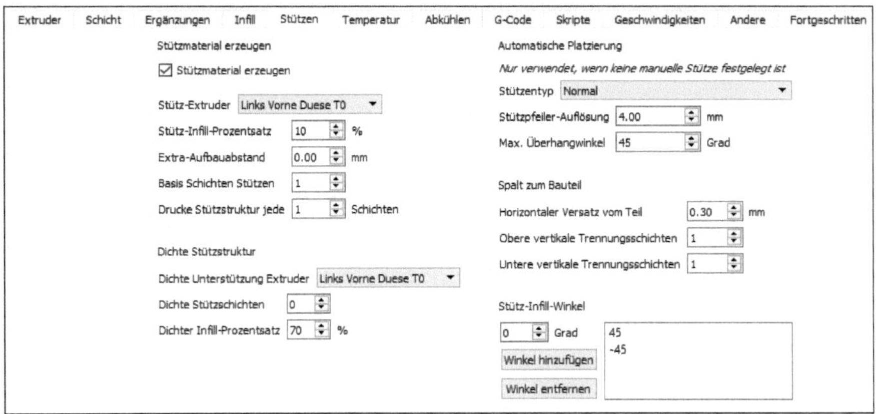

Bild 9.2 Stützen Parametrierung beim Single-Druck

Multimaterialdruck bei Stützstrukturen

Beim Mehrfachdruck zeigen sich die großen Vorteile in deutlich besseren Bauteil-Stützbereichen, weil vollflächige Stützschichten (dichte Stützstruktur) eingesetzt werden können, sowie im deutlich reduzierten Nacharbeitsaufwand. **Beim Mehrfachdruck kann vollflächig gestützt** werden. Die Stützstruktur lässt sich nach dem Druckvorgang einfach vom Bauteil entfernen. Im Vergleich zu Stützmaterial im Single-Druck ergeben sich Vorteile durch geringeren Nacharbeitsaufwand und bessere Oberflächenqualitäten an den gestützten Bauteilunterseiten. Bei der Parametrierung sollte darauf geachtet werden, dass mit dichten Stützstrukturen gearbeitet und auf horizontale Trennschichten verzichtet wird (Bild 9.3).

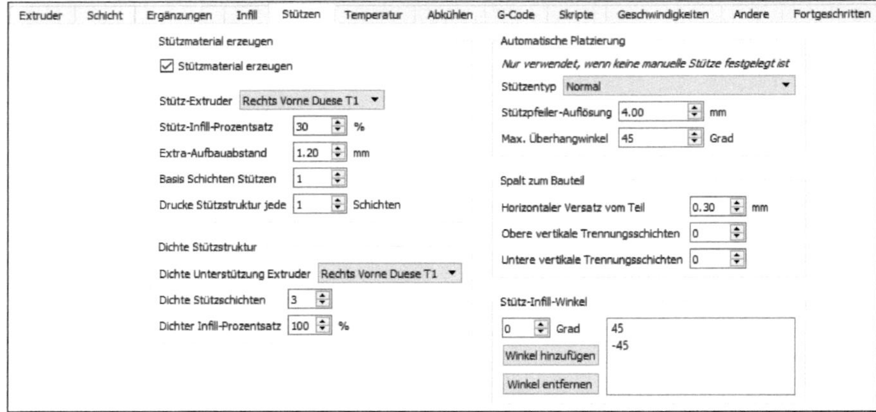

Bild 9.3 Reiter Stützen: Einstellungen für Mehrfachdruck

Bauteilspezifische Auswahl der „richtigen“ Support-Variante

Die folgende Tabelle zeigt die spezifischen Stärken und Schwächen unterschiedlicher Stützstrukturvarianten und kann bei der Auswahl helfen:

Kriterium	Single-Druck	Smart Support	PVA	HIPS
Kosten	+	+	–	–
Druckbarkeit	+	+	–	+
Druckgeschwindigkeit	+	o	–	+
Aufwand Materialhandling	+	+	–	+
Nacharbeitsaufwand	–	+	+	+
Eignung bei Hinterschneidungen	–	–	+	+
Oberflächenqualität	–	+	+	+
Lösemittel Kosten			+	–
Lösemittel			Wasser	Limonene

Die „richtige“ Wahl ist immer abhängig vom Bauteil. Folgende Richtlinien können helfen:

- Single-Druck:
  - Bauteile mit wenig gestützten Flächen, keine besonderen Oberflächenanforderungen an gestützte Bereiche

- kleine Stützflächen
- einfachste und schnellste Variante
- Smart-Support:
  - Bauteile mit großflächig gestützten Bereichen mit großer Kontaktfläche zwischen Support und Bauteil
  - hohe Oberflächenanforderungen an gestützte Bereiche
  - nicht geeignet, wenn die Auflage-/Grundfläche der Stützstrukturen sehr klein ist (Haftung)
  - immer abhängig vom Werkstückkunststoff – meist nicht für alle verwendbar
- PVA und HIPS
  - Bauteile mit gestützten Bereichen, bei denen die Entfernung von Smart Support aufgrund der Support-Geometrie aufwendig ist
  - Bauteile mit innenliegenden Kanälen oder Hohlräumen
  - nicht geeignet, wenn die Auflage-/Grundfläche der Stützstrukturen sehr gering ist (Haftung)

Simplify3D-Fehler

Simplify3D hat in der aktuellen Version 4.1.2 einen großen Fehler in speziellen Szenarien bei der Support-Berechnung. Das Stützmaterial wird dabei durch das Bauteil hindurch berechnet und gedruckt. Das passiert erstens bei eher breiten Stützpfeilern und bei dünnwandigen Bauteilen. Durch Verringerung der Stützpfeilerbreite wird dieser Fehler hier vermieden. Zweitens kann es bei großen Werten für den Extra-Aufbauabstand zum gleichen Effekt kommen: Das Supportmaterial wird auf die Außenseite gedruckt. In diesem Fall wird das Problem leider erst in der Druckvorschau sichtbar (Bild 9.4). Für Abhilfe sorgt in diesem Fall nur die Reduktion des Extra-Aufbauabstands.

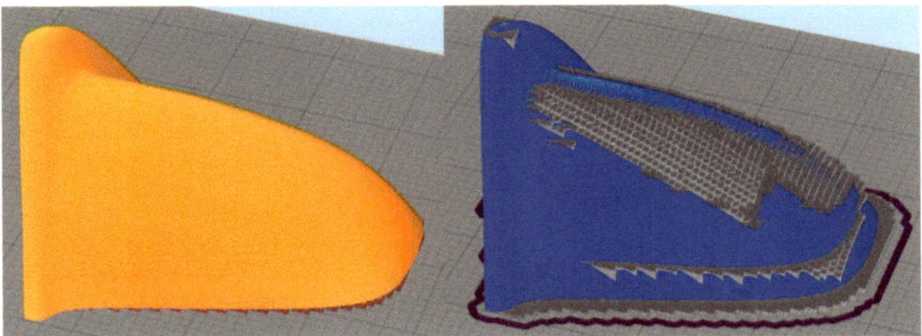

Bild 9.4 Bug in Simplify3D: Stützmaterial außerhalb des Stützbereichs

9.1.7 Materialauswahl

Der einzusetzende Kunststoff orientiert sich zunächst an der Zielsetzung des fertigen Bauteils. Gleichzeitig ist darauf zu achten, je nach Druckteil und Anforderung Materialien mit reduzierter Schrumpfung, geringer Oozing-Tendenz und möglichst hohen Druckgeschwindigkeiten auszuwählen.

Materialeinsatz, -trocknung und -lagerung

Der Faktor der Feuchtigkeitsaufnahme ist nicht zu unterschätzen. Bei einigen Kunststoffen reichen bereits wenige Stunden in der normalen Raumfeuchtigkeit aus, um das Druckergebnis deutlich zu verschlechtern. Das zeigt sich sowohl in Druckbarkeit als auch der Druckteiloberfläche und der Festigkeit. Diese Kunststoffe müssen deshalb in geschlossenen Behältern gelagert und bei Bedarf getrocknet werden.

Feuchtigkeit in Filamenten: Dieser Faktor ist nicht zu unterschätzen. „Feuchte" Filamente haben mehr Oozing und Stringing (Nachtropfen), und die Oberfläche ist fast immer schlechter. Die Festigkeit lässt nach (es werden Dampfblasen mit extrudiert und so kleinste Löcher gedruckt).

9.1.8 Einfluss der Konstruktion

Der Konstruktion kommt ein sehr hoher Stellenwert zu. Hier sollte, wenn möglich, schon bei der Entwicklung von Bauteilen auf möglichst gute Druckbarkeit geachtet werden. Diese Optimierung kann hier nur kurz angeschnitten werden.

Weiterführende Tutorials zu diesem Thema sind auf *www.3d-druck-knowhow.de* zu finden.

Technologiegerechte Konstruktionshinweise:

- Schrägen und Radien für Übergänge möglichst unter einem Überhangswinkel von ca. 55 - 60°
- gute Wandstärken für dünnwandige Konstruktionen → an Festigkeitsanspruch orientiert, aber immer größer 1 mm und nie unter der doppelten Extrusionsbreite
- Festigkeit an Leichtbaumöglichkeiten orientieren (besser mehr Volumen mit optimierter Gitterstruktur im Innern)

- keine zu filigranen Komponenten, keine spitzen Türme
- Bauteilorientierung im Druck nach Hauptkraftrichtung konstruieren
- keine Gewinde, stattdessen Gewindeeinsätze oder Muttern-Taschen (Bild 9.5)
- Gewinn in der Konstruktion durch innenliegende Geometrie: häufig können ganze Baugruppen aus der konventionellen Fertigung in einem Bauteil abgebildet werden.

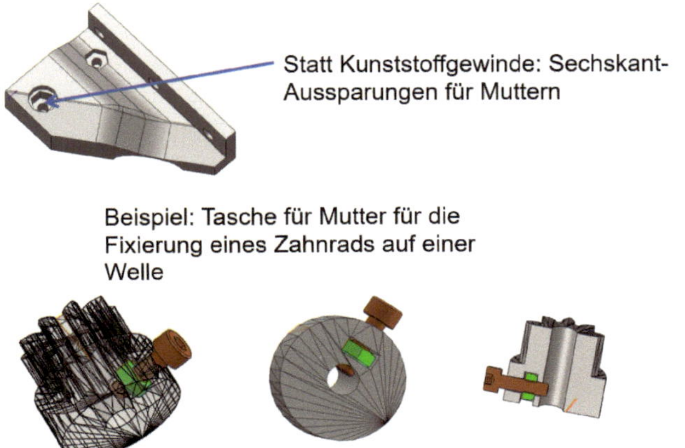

Bild 9.5 Konstruktive Integration von Muttern-Taschen in Bauteilen

9.1.9 Tipps zum Einstieg in die Technologie

Die beste Basis für den erfolgreichen Einsatz der Technologie von Anfang an ist gutes Fachwissen, gute Schulungen und das Sammeln von Erfahrungen an eher einfacheren Bauteilen.

Sehr gut beschreibt Gartner-Hype-Cycle den Ersteinsatz der Technologie: Das Tal der Enttäuschung ist umso tiefer, je höher die sofortigen Erwartungen sind und je geringer das Fachwissen und die Erfahrung aufgebaut wurden. Im Diagramm dargestellt in grau der Gartner-Hype-Zyklus und in grün eine effektivere Einstiegsweise, die bei Beachtung der folgenden Tipps im Endeffekt schneller zum besseren Ziel führt.

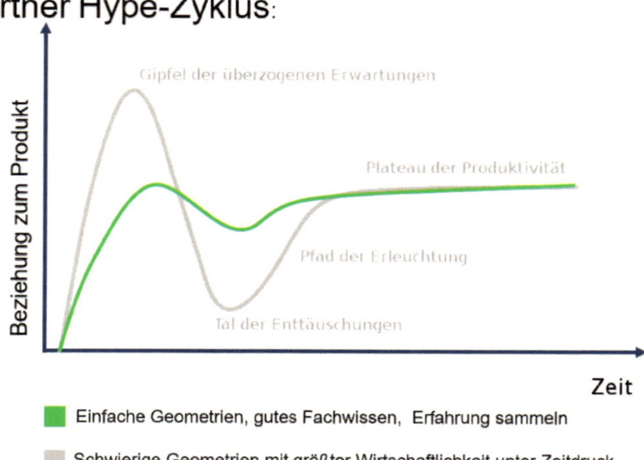

Tipps zum Einstieg in die Technologie:

- Start mit einfachen Bauteilen und Single-Druck und den unveränderten Profilen der Gerätehersteller
- Verwendung von gut druckbaren Kunststoffen (PLA/PLA-HT)
- Änderung beim Einstieg möglichst nur bei den Parametern die im Ampelsystem in Abschnitt 6.2.2 empfohlen werden. Immer nur ein bis zwei Parameter ändern, bevor tiefergehende Erfahrung vorhanden ist
- Berücksichtigung der gegenseitigen Beeinflussung von Parametern
- Beachtung von Schulungsunterlagen und begleitende Dokumentationen vom Gerätehersteller
- Produktions-/Zeitplanung: gegebenenfalls erforderliche Iterationen berücksichtigen
- große Bauteile: zuerst (schwierigsten) Ausschnitt drucken zur Ermittlung geeigneter Druckparameter
- kein neues Filament ohne vorkonfigurierte Profile des Herstellers verwenden, bis ausreichend Erfahrung zur Kalibrierung vorhanden ist (Abschnitt 9.8)
- Beim Druck von verschiedenen Modellen in einem Druckvorgang sollte zuvor sichergestellt werden, dass die Bauteile einzeln gedruckt gut kalibriert sind.
- Bedienfehler der Maschinen durch Befolgen der Bedienungsanleitung und Herstellerschulungen ausschließen

■ 9.2 Funktionsteil Deckel – Dualdruck mit Stützmaterial

Das Bauteil – Geometrie und Druckbarkeit

Die Datei *deckel.stl* befindet sich in der Übungsdatei *stuetzen-beispiel.factory*. Es handelt sich um eine großformatige Abdeckung mit den Abmessungen 340 mm × 110 mm × 320 mm. An diesem Beispiel werden sowohl Stützstrukturen (Single-Druck und Dual-Druck im Vergleich) als auch Druckdaueroptimierung erklärt.

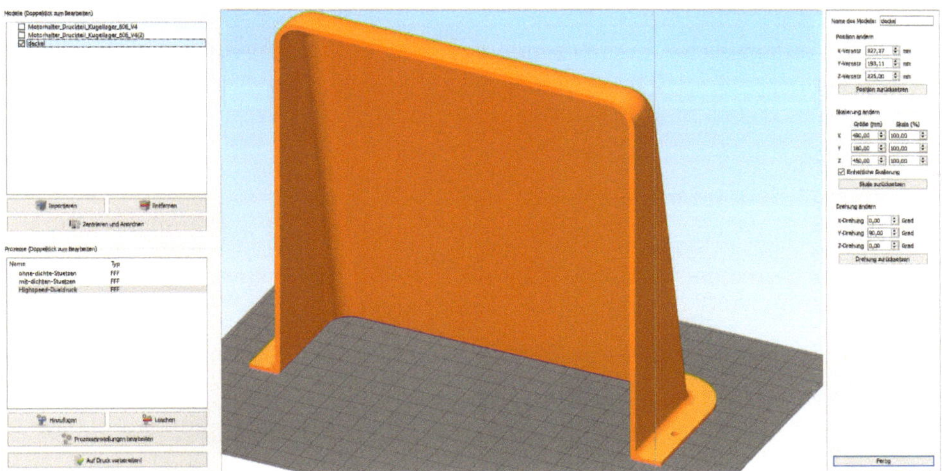

Zielsetzung: Festigkeit, Fertigungsdauer und Nacharbeit

Um die optimalen Einstellungen für alle Bauteile vor dem Druck zu analysieren, sollten folgende Fragen vor dem Druck bedacht werden, die an diesem Beispiel beantwortet werden:

- **Festigkeitsanforderungen und Materialeinsatz (am Einsatzfall des Druckteils eventuell zusätzlich: Temperatur, chemische Beständigkeit, Elastizität, Leitfähigkeit etc.)**

  → Gute Festigkeit, da es sich um ein Funktionsteil in einer Maschinenabdeckung handelt. Es wird PLA-HT eingesetzt wegen seiner großen Schlagzähigkeit, Temperaturbeständigkeit und guten Schleifbarkeit.

- **Oberflächenanspruch, Nacharbeitsaufwand und wichtige Sichtseiten**

  → Geringe Oberflächengüte, das Teil wird später lackiert, daher zweitrangig für die Druckeinstellungen. Dennoch sollte die Sichtseite (Wölbung außen) bereits im Druck berücksichtigt werden.

→ Geringe Nacharbeit - Entgraten der Stützstruktur schnell und einfach aufgrund der Wirtschaftlichkeit

- **Wirtschaftlichkeit – Druckdaueroptimierung – Stückzahlen**

  → **Optimierte Druckdauer**, da dieses Teil häufiger als Ersatzteil benötigt wird und *just in time* produziert werden soll.

Hilfsgeometrie Bedarf ermitteln

- **Stützstruktur notwendig?**

  → Der Deckel benötigt Stützmaterial.

- **Haftungsverbesserung in Form von Brim oder Raft notwendig?**

  → Die Auflagefläche des Deckels auf dem Druckbett ist breit und nach allen Seiten ausgedehnt, daher ist Kippen kein Problem. Die Schrumpfneigung des Materials Multec PLA-HT ist gering und die Haftung gut, daher kann hier ganz auf diese Hilfsgeometrie verzichtet werden.

- **Düsenfüllung immer gesichert?** (Mehrfachdruck)

  → Der Deckel druckt jedes Material in jeder Schicht relativ lang. Daher wird bei Druckern ohne Düsenverschluss oder Reinigungssystem ein Tropfenschutz und eventuell eine Grundierungs-Stütze benötigt.

- **Tropfenschutz bei Mehrfachdrucken notwendig/hilfreich?**

  → Ebenso wie für die Grundierungs-Stütze hängt beim Dualdruck die Notwendigkeit des Tropfenschutzes von der Bauart des Mehrfachdruckkopfs ab. In diesem Praxisbeispiel wird ein Druck mit dem 4-fach-Drucker Multirap von Multec gezeigt, der aufgrund des Düsenverschlusses keine Hilfsgeometrie benötigt. Anschließend wird das Vorgehen mit einem Gerät ohne diese Funktionalität und mit dem Einsatz der Hilfsgeometrie erklärt.

Fazit: Der Deckel ist sehr gut druckbar, benötigt allerdings einiges an Stützmaterial. Aufgrund der geringen Nacharbeit wird ein leicht wegbrechbares Stützmaterial eingesetzt, der Druck wird im Dual-Druck (mit zwei Düsen) ausgeführt. Die Orientierung auf dem Drucktisch wird so gewählt, dass die Außenfläche des Deckels keine Spuren des Stützmaterials aufweist und möglichst wenig Stützmaterial benötigt wird. ■

Düsengröße, Prozessauswahl und Auto-Konfiguration

Es wird ein Standardprofil eingesetzt, das für den Dual-Druck mit Stützmaterial vorgesehen ist. In der Übungsdatei ist hierfür ein fff-Profil enthalten, das vom Hersteller Multec für den Dualdruck vorkonfiguriert ist. Unter der Auto-Konfiguration wird die Kombination PLA-HT mit Smart Support gewählt. Aufgrund der großen Bauteilgeometrie ohne filigrane Details wird die Düsengröße 0,5 mm eingesetzt. Denkbar wäre hier auch eine größere Düse mit 0,8 mm Düsendurchmesser. Die

Druckqualität wird mit Schichthöhe 0,4 mm auf **schnell** eingestellt. Die Auto-Konfiguration für Extruder wird auf Dualdruck mit Druckmaterial auf Düse T0 und Stützmaterial auf Düse T1 eingestellt (Bild 9.6).

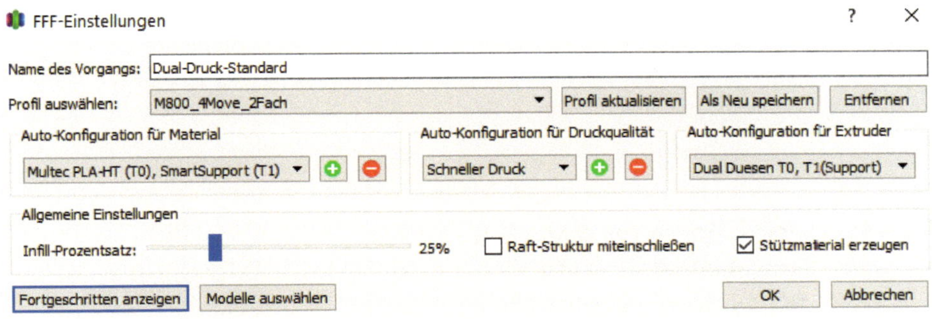

FFF-Einstellungen ? ×

Name des Vorgangs: Dual-Druck-Standard

Profil auswählen: M800_4Move_2Fach | Profil aktualisieren | Als Neu speichern | Entfernen

Auto-Konfiguration für Material: Multec PLA-HT (T0), SmartSupport (T1)

Auto-Konfiguration für Druckqualität: Schneller Druck

Auto-Konfiguration für Extruder: Dual Duesen T0, T1(Support)

Allgemeine Einstellungen

Infill-Prozentsatz: 25% | Raft-Struktur miteinschließen | ☑ Stützmaterial erzeugen

Fortgeschritten anzeigen | Modelle auswählen | OK | Abbrechen

Bild 9.6 Basiskonfiguration für den Deckel mit Dualdruck

Beste Orientierung – Druckrichtung

Die beste Orientierung hängt neben der Festigkeit von den Punkten gewünschte Sichtfläche und möglichst wenig Stützmaterial und damit Druckdauer ab. Bei manchen 3D-Druckern wird in jeder Ebene eine Reinigungsfahrt benötigt, hier kommt also pro Schicht eine gewisse Auszeit/Nebenzeit dazu. Hier kann es sich auch lohnen, Teile eher hinzulegen als aufzustellen. Die schwächeren Festigkeiten durch die Schichtung in Z-Richtung sind immer ein wichtiger Punkt für die Beurteilung von Druckteilen. Hier droht das Aufreißen zwischen den Schichten. Für den Deckel mit guter Wandstärke, guter Materialauswahl und kaum Anwendungskräften spielt dies keine Rolle. Am Beispiel des Deckels bieten sich auf den ersten Blick zwei Orientierungen an.

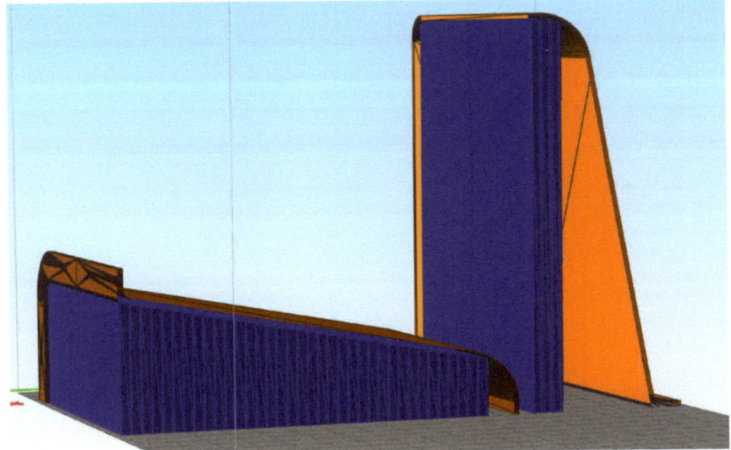

Bild 9.7 Deckel liegend (links) und stehend (rechts)

Der liegende Deckel benötigt deutlich mehr Stützmaterial und damit auch Druckdauer (hier beispielhaft berechnet anhand eines unveränderten, schnellen Dualdruckprofils mit Smart-Support):

	Deckel liegend	Deckel stehend
Druckdauer	56 Stunden	42 Stunden
Gesamtgewicht Teil + Stützen	1,9 kg	1,47 kg
Gewicht Stützstruktur	1,4 kg	0,86 kg
Druckdauer Stützstruktur	39 Stunden	24 Stunden

Diese Vergleichswerte zeigen eindrücklich, welch großen Stellenwert das Einsparen von Stützstrukturen für die Druckdauer und damit Wirtschaftlichkeit besitzt. In diesem Fall wird der Deckel stehend gedruckt. Im Abschnitt *Praxistipp: Der magische Überhangswinkel* am Ende dieses Praxisbeispiels wird als Alternative hierzu noch die volle Ausnutzung des Überhangswinkels aufgeführt.

Stützmaterial-Erzeugung und Einstellungen

Der Deckel hat keine Ansprüche an die Innenfläche, daher werden die Überhangswinkel mit 65° relativ groß gewählt, die Stützengröße mit 8 mm. Diese Einstellung im Assistenten für die automatische Stützenerstellung ergibt folgende Stützmaterialverteilung (in Bild 9.8 im Querschnitt dargestellt).

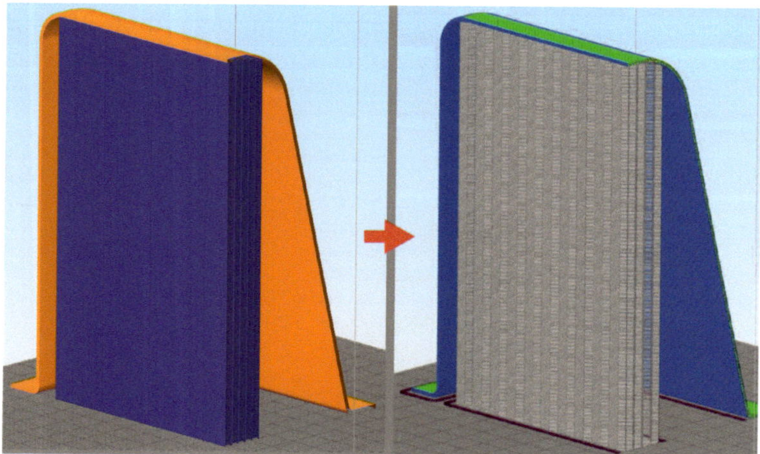

Bild 9.8 Die automatisch erzeugte Stützstruktur im Grafikfenster und in der Druckvorschau

Bug von Simplify3D im Stützmaterial prüfen!

Wie in Abschnitt 9.1.6 beschrieben, muss immer der Fehler von Simplify3D für gelegentliche Fehler der Stützen untersucht werden. Im Beispiel Deckel ist dieser Fehler reproduzierbar, wenn die **Stützpfeiler-Auflösung** auf 22 mm gesetzt wird.

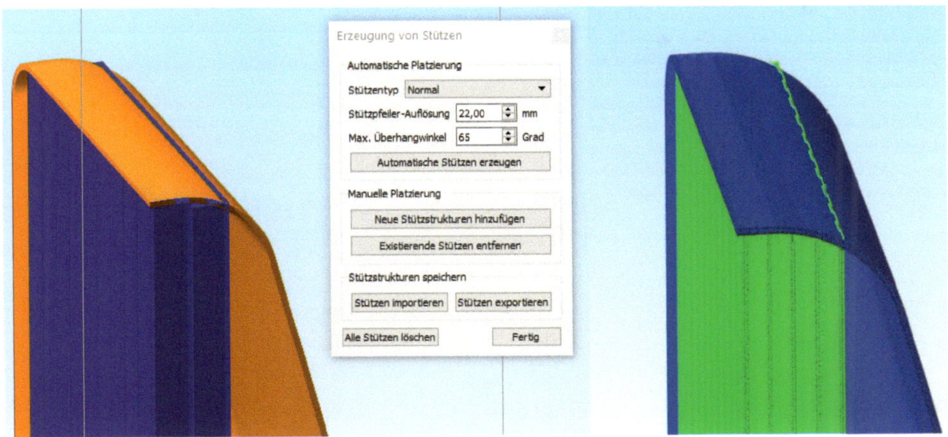

Bild 9.9 Simplify3D-Bug beim Stützmaterial

Bild 9.9 stellt dies durch einen das Druckteil durchragenden Pfeiler sowohl im Grafikfenster als auch in der Druckvorschau (rechts) dar. In diesem Fall behebt sich der Fehler - wie fast immer - durch kleinere Stützen mit 8 mm wie zuvor gewählt. Reicht dies nicht aus, so müssen die überstehenden Pfeiler manuell gelöscht und kleinere oder leicht aus dem Problembereich verschobene Stützen manuell eingefügt werden.

Dualdruck und Feintuning Stützmaterial

Der Prozess enthält die vom Hersteller vorkonfigurierten Standardparameter für das Stützmaterial:

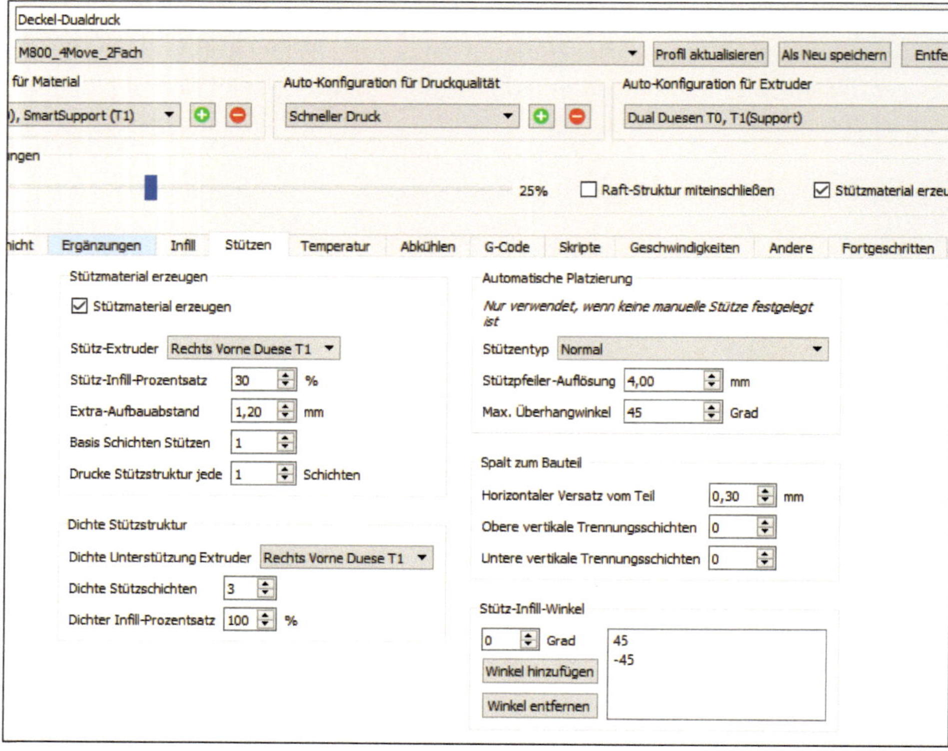

Im Detail des Stützmaterials zeigt sich in der Draufsicht in der Druckvorschau ein Problem: Das Stützmaterial deckt nicht ganz bis zur vorne abschließenden Kante des Druckteils ab (Bild 9.10).

Der äußere Perimeter ist deshalb nicht mehr gestützt und wird herunterfallen. Der hierfür zuständige Parameter ist der **Extra-Aufbauabstand**, dieser wird auf 3 mm erhöht. Damit ragt die Stützstruktur weit genug über die zu stützende Geometrie hinaus.

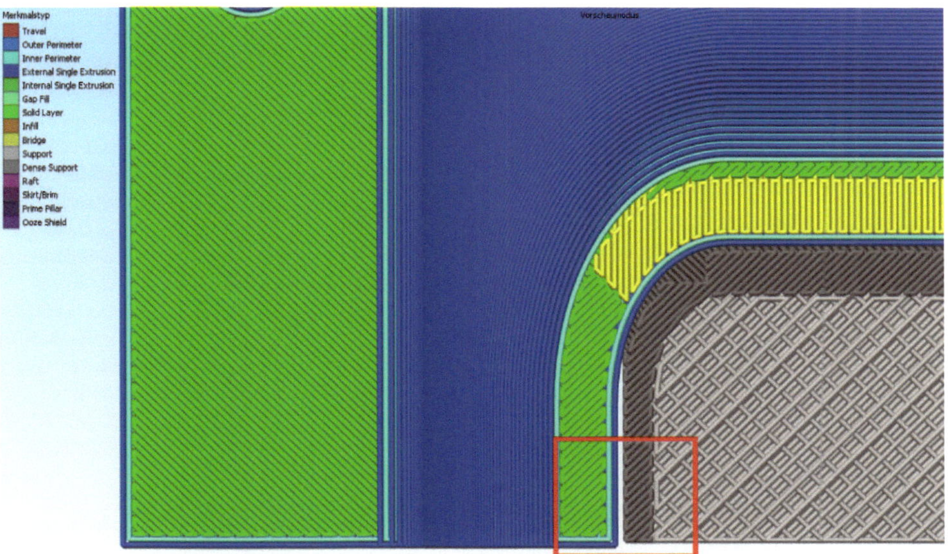

Bild 9.10 Stützstruktur im Deckel ragt nicht weit genug nach außen

Da dieses Druckteil über einen sehr massiven, breiten Support verfügt, kann der **Stütz-Infill-Prozentsatz** von 30 % auf 15 % reduziert werden. Es droht weder die Gefahr des Umfallens von einzelnen Stützen noch die zu geringe Haftung des Stützmaterials auf dem Drucktisch. Dafür wird die Anzahl der **dichten Stützschichten** auf 5 erhöht. Denn dadurch, dass die dichten Schichten nun nicht mehr auf einer engen Stützstruktur von 30 %, sondern auf 15 % mit größeren Lücken aufliegen, können die ersten ein bis zwei dichten Stützschichten etwas in die „löchrige" normale Stützstruktur einbrechen. Um das auszugleichen, reichen die 5 dichten Schichten aus. Zusätzlich zur Reduktion des Füllgrads wird der Stütz-Infill-Winkel von – 45° gelöscht. Das heißt, es wird nicht mehr ein rechtwinkliges Gitter, sondern nur noch lamellenartig gedruckt (Bild 9.11).

Bild 9.11
Stützstruktur unidirektional (nur 45° anstatt 45° und – 45° im Wechsel)

Mit diesen Änderungen reduziert sich die Druckdauer von 42 Stunden auf 32 Stunden und der Materialeinsatz von 1,4 auf 1,15 kg.

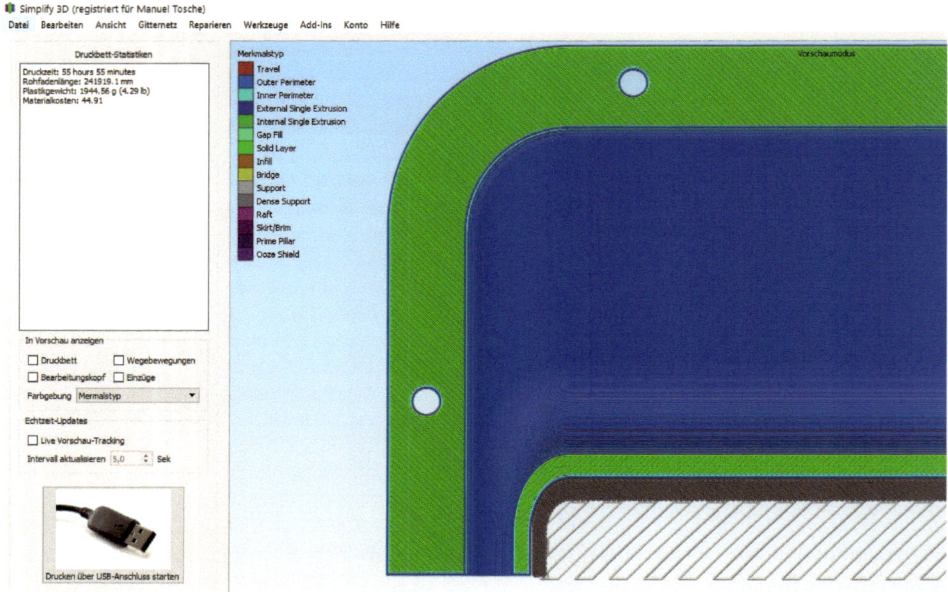

Dualdruck ohne Düsenverschluss → mit Tropfenschutz

Bei Dualdruckköpfen, die weder einen Düsenverschluss noch eine Automatik zum „Parken" der jeweils nicht druckenden Düsen verfügen, wird ein **Tropfenschutz** zum Abstreifen der tropfenden Düse (Abschnitt 2.7.6) verwendet - und eventuell eine zusätzliche Grundierungs-Stütze zur Düsenfüllung (Abschnitt 2.7.5) benötigt. Für den Deckel kann der Tropfenschutz sowohl für seinen eigentlichen Zweck eingesetzt werden, das Abstreifen der Tropfen von der nicht druckenden Düse, als auch zur Düsenfüllung. Die Düsenfüllung wird durch den relativ großen Fahrweg einmal um das gesamte Teil herum sichergestellt, empfohlen sind jedoch zwei **Tropfenschutz-Konturen** pro Extruder. Der Tropfenschutz wird in Form von Wasserfall eingestellt und sieht folgendermaßen aus.

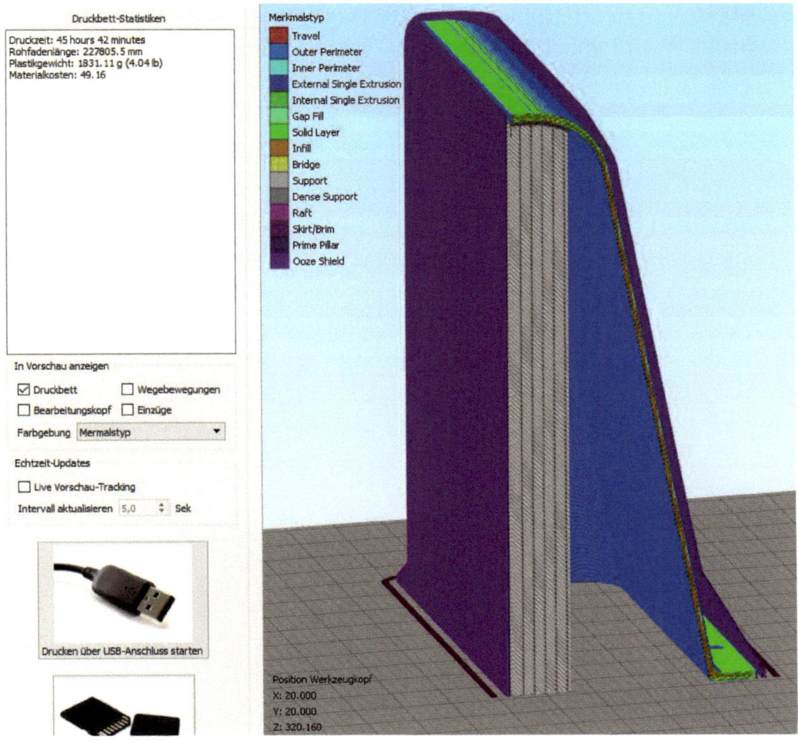

Bild 9.12 Tropfenschutz (lila) für Dualdruck des Deckels mit wasserlöslichem PVA-Stützmaterial

Die angezeigte Druckdauer ist nicht mit den vorigen Werten vergleichbar, da hier ein Profil des Herstellers Ultimaker eingesetzt wurde, das einen Tropfenschutz benötigt. Auch hier erhöht sich die Druckdauer für den Tropfenschutz um 26 % und der Materialeinsatz um 36 %.

Exkurs Grundierungs-Stütze für die Düsenfüllung

An diesem Beispiel kann eine Problematik der Düsenfüllung mittels **Grundierungs-Stütze** gut demonstriert werden. Die **Breite der Stütze** des Grundierungspfeilers wurde auf 20 mm festgelegt. Die weiteren Einstellungen bleiben beim Standard:

☑ Grundierungs-Stütze verwenden

Grundierungs-Stützen Extruder	Alle Extruder
Breite der Stütze	20,00 mm
Ort der Stütze	Südosten
Geschwindigkeitsmultiplikator	100 %

In der Druckvorschau wird die Grundierungs-Stütze entsprechend Bild 9.13 neben dem Bauteil eingefügt. Mit einer Füllung von 100 % des Pfeilers entsteht damit ein zusätzlicher Materialverbrauch von 340 Gramm und eine zusätzliche Druckdauer von rund 8,5 Stunden. Das ist jedoch nicht das eigentliche Problem, denn das größte Risiko der Grundierungs-Stützen ist das Umfallen während des Drucks. Dies erklärt sich durch den hohen Füllgrad von 100 % zusammen mit der Tatsache, dass die druckende Düse einige Zeit nicht gedruckt hat und daher sehr unregelmäßig druckt, bis die Düsenfüllung wiederhergestellt ist. Damit bilden sich nicht selten Überstände, an denen die Düse hängenbleibt und dabei die Grundierungs-Stütze umwirft. Damit ist der gesamte Druck Ausschuss, denn dort, wo vorher die Stütze stand, wird jetzt nur noch ins Leere gedruckt und diese Fäden werden ins Bauteil verteilt.

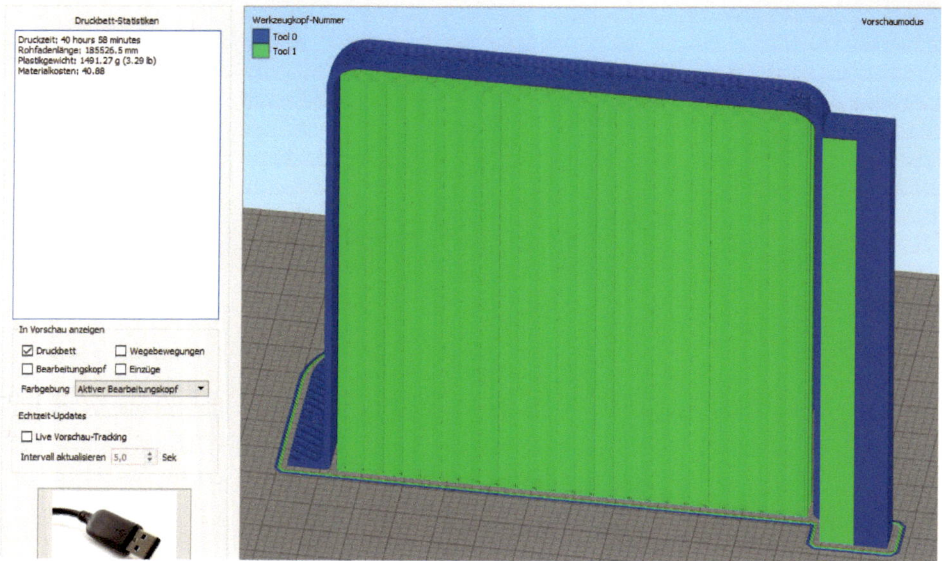

Bild 9.13 Grundierungs-Stütze für Dual-Druck mit Stützmaterial

Tipp: Grundierungs-Stützen für hohe, voluminöse Teile sind immer in Gefahr umzukippen. Hier ist für die Düsenfüllung ein umlaufender Tropfenschutz empfehlenswerter, wenngleich auch dieser eher dicker gewählt werden sollte, um auch hier ein Einbrechen zu verhindern. Am besten ist wie immer: möglichst auf beides zu verzichten.

Single-Druck als Alternative

Für den Single-Druck wird die Anzahl der **Dichten Stützstruktur** auf 0 Schichten eingestellt und der **Stütz-Infill-Prozentsatz** wieder auf 25 % erhöht und in beide Winkelrichtungen (45° und -45°) gedruckt.

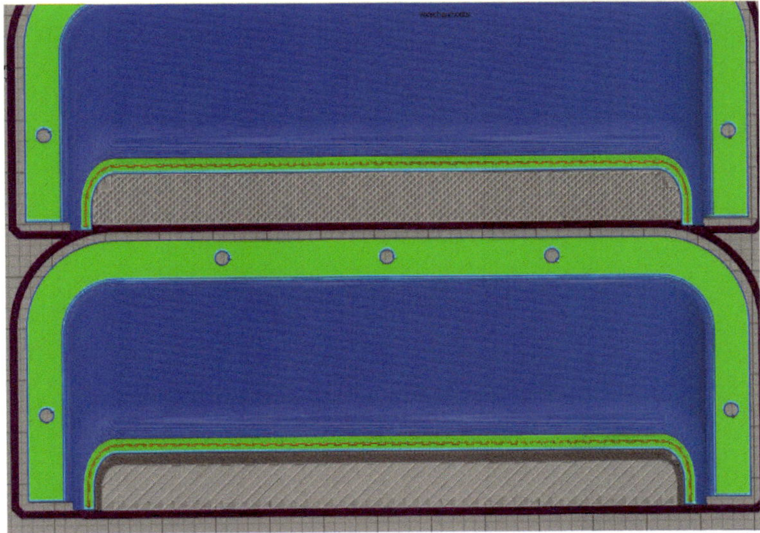

Bild 9.14 Single-Druck-Stützstruktur (oben) und Dualdruck (unten, mit dunkelgrauen dichten Stützschichten)

In diesem Beispiel erhöht sich die Druckdauer beim Single-Druck um 36 % gegenüber dem Dualdruck und der Materialeinsatz um 24,5 %. Dazu kommt noch die Nacharbeit des Entgratens und Versäuberns.

Verhalten von obersten und untersten festen Schichten

Dieses Modell zeigt im Bereich der oberen Abrundung, wie Simplify3D oberste und unterste feste Schichten in Schrägen und Radien einsetzt. In Abschnitt 8.2 sind diese Einstellungen erklärt.

In Schrägen und Krümmungen werden diese festen Schichten ab ca. einem Winkel von 30° ebenfalls eingefügt, sie bilden also auch dort 100 % gefüllte Bereiche (feste Schichten) aus (siehe Bild 9.15).

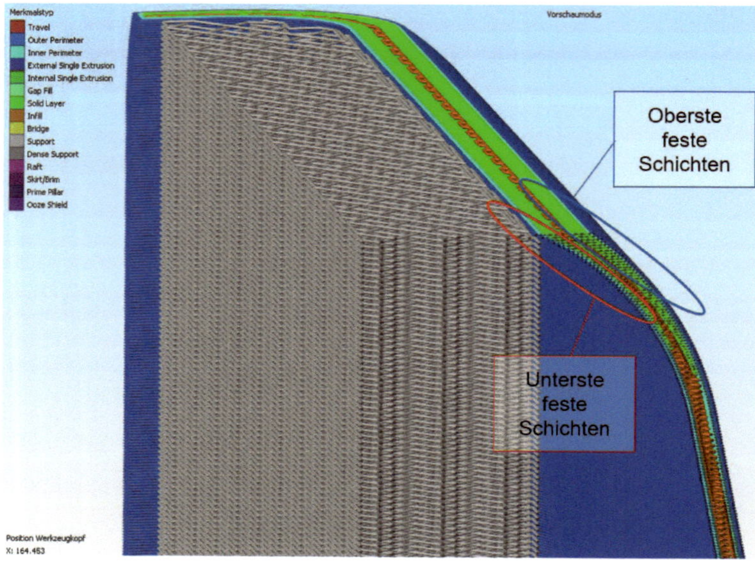

Bild 9.15 Oberste und unterste feste Schichten in Schrägen und Krümmungen

Wird die Anzahl der obersten und untersten Schichten auf 0 gesetzt, so befindet sich im Übergang nur Infill.

Tipp: Oberste feste Schichten sind sehr wichtig bei reliefartigen Teilen und flachen Krümmungen, da ansonsten die Konturhüllen keine gute Auflagefläche und damit geringe Festigkeit haben. Unterste feste Schichten sind sehr hilfreich bei ähnlichen flach steigenden Konturen in Überhängen. Grundsätzlich tragen sie auch zur Festigkeit bei.

Praxistipp: Der magische Überhangswinkel

Dieses Bauteil bietet eine Möglichkeit, fast ganz auf Stützmaterial zu verzichten. Der Überhangswinkel wird durch Drehung des Teils um 45° in der X-Achse voll ausgenutzt, der Stützmaterialbedarf ist minimiert. Die Druckdauer minimiert sich ebenfalls stark. Damit ist im Dualdruck der Anteil an Stützmaterial auf nur noch 240 Gramm halbiert und die Druckdauer von 32 auf 27 Stunden reduziert worden.

Wichtig ist in diesem Fall, die unteren Supportstrukturen mit guter Festigkeit so zu gestalten, dass die Auflagefläche und Fixierung des Deckels darauf sichergestellt sind.

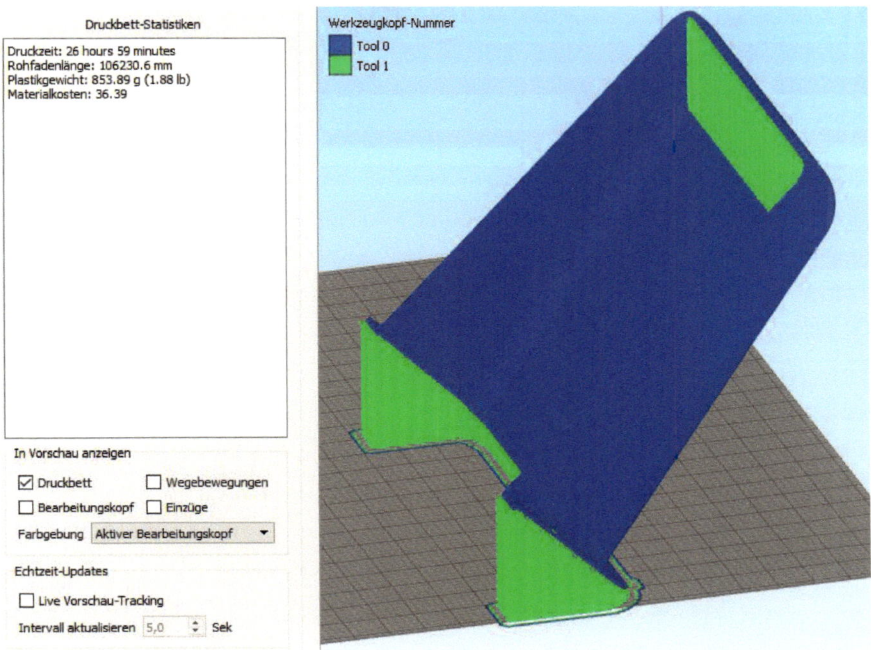

Bild 9.16 Schrägstellung des Bauteils auf 45° – minimierter Stützmaterialbedarf

Im Praxisbeispiel wird jedoch nach der zuvor festgelegten stehenden Orientierung gedruckt. Der Grund hierfür ist die Schicht unten am Flansch mit den Befestigungsbohrungen: Diese soll möglichst eben sein. Dies ist in der stehenden Orientierung sichergestellt, in der schrägen Orientierung dagegen wird diese Unterfläche treppenartig gestuft.

Fazit

Der Deckel wird stehend mit Dualdruck produziert. Als gelegentliches Einmalteil wird auf weitere Druckdaueroptimierung verzichtet. Bei Erhöhung der Stückzahlen kann die Druckdauer für bessere Wirtschaftlichkeit weiter reduziert werden.

Zusammengefasst sind in Tabelle 9.1 die Druckdauern und der Materialbedarf für die beschriebenen Druckszenarien. Die darin aufgeführten Kosten wurden mit einem beispielhaften Maschinenstundensatz von 5 € für einen Industrie-3D-Drucker Multirap M800 und Materialkosten von 45 € pro Kilo PLA-HT berechnet. Nacharbeit (Entgraten des Stützmaterials beim Single-Druck), Rüstzeiten und Engineering sind darin nicht enthalten.

Tabelle 9.1 Vergleich von Druckdauer und Materialeinsatz

	Single-Druck	Dualdruck ohne Tropfenschutz	Dualdruck mit Tropfenschutz	45°-Orientierung Dualdruck ohne Tropfenschutz
Druckdauer	39 h 35 min	32 h 21 min	45 h 42 min	26 h 59 min
Bauteilkosten	**260,00 €**	**213,50 €**	**310,90 €**	**173,30 €**
Materialeinsatz Stützmaterial	0,77 kg	0,54 kg	1,21 kg	0,24 kg
Materialeinsatz gesamt	1,38 kg	1,15 kg	1,83 kg	0,853 kg
Druckteil Gewicht ohne Stützmaterial	0,614 kg			

■ 9.3 Werkzeugteil Tiefziehform – hochfeste Bauteile

Das Bauteil – Geometrie und Druckbarkeit

In der Übungsdatei *Tiefziehform.factory* befinden sich die zwei Teile der Tiefziehform: *Matrize.stl* und *Stempel.stl*. Mit dieser Form wird ein Edelstahlblech für die Hitzeisolation am Auspuff eines Rennwagens hergestellt. Die Kräfte für das Tiefziehen sind mit 14 Tonnen enorm hoch, das Bauteil muss entsprechend fest hergestellt werden.

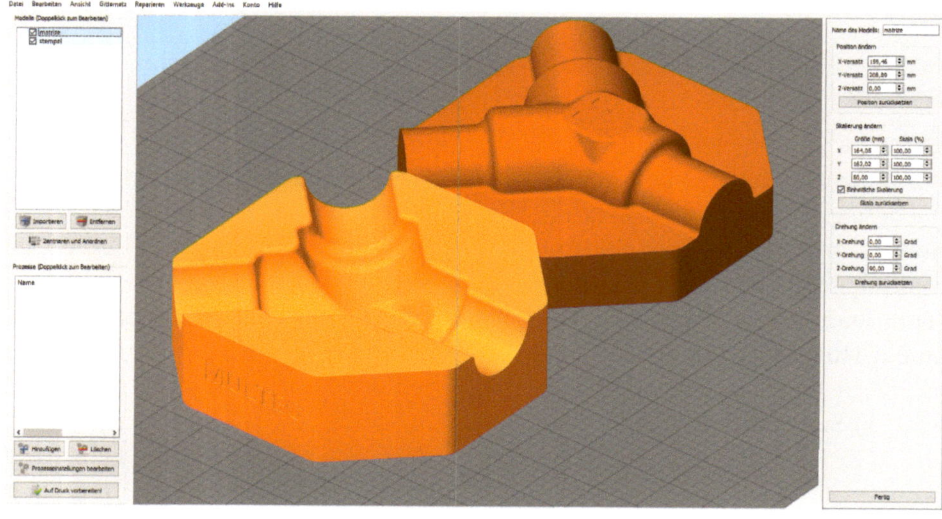

Bild 9.17 Blech-Tiefziehform: links Matrize, rechts Stempel

Zielsetzung: Festigkeit, Fertigungsdauer und Nacharbeit

Die Anforderungen für dieses Funktionsteil sind:

- **sehr hohe Festigkeit** – wegen der Verfahrenskräfte von rund 14 Tonnen
- **gute Temperaturbeständigkeit** – durch die Verformung entstehen mittlere Temperaturen beim Tiefziehen des Edelstahlbleches
- **geringe Ansprüche an die Oberflächengüte** – beim Tiefziehen werden die Rillen der Druckoberfläche nicht mit abgebildet, allerdings sollte eine zu große Stufung an der Blechseite wegen der Reibungskräfte vermieden werden.
- **optimierte Druckdauer und Druckkosten** – da die Maschinenauslastung beim Betreiber mit vielen ähnlichen Tiefziehformen sehr hoch ist. Trotz Stückzahl 1 sollte hier optimiert werden.
- **geringe Nacharbeit** – das ist aufgrund fehlender Stützstruktur kein Thema bei den beiden Teilen
- **Bedarf an Hilfsgeometrie**
  - kein Stützmaterialbedarf
  - Haftungsverbesserung:

    → Die Schrumpfneigung des Materials Multec PLA-HT ist gering und die Haftung gut, daher kann hier ganz auf diese Hilfsgeometrie verzichtet werden. Mit ABS oder ähnlich stark schrumpfendem Material sollten ein Brim, gute Haftvermittler oder sogar ein Raft in Betracht gezogen werden. Da dies jedoch sehr stark materialabhängig ist und von der Haftung und Bettheizung des 3D-Druckers abhängt, kann keine allgemeingültige Antwort gegeben werden.
  - Hilfsgeometrie für Gewährleistung der Düsenfüllung

    → Single-Druck mit konstant großem Volumenstrom, kein Bedarf an weiterer Hilfsgeometrie

Fazit: Die beiden Teile sind sehr gut druckbar, müssen jedoch mit hohem Füllgrad und sehr guter Festigkeit hergestellt werden. Die Tischhaftung ist sicherzustellen, da hohe Füllgrade immer ein größeres Risiko des Warpings aufweisen. ■

Materialwahl und Prozessauswahl

Als Material wird Multec PLA-HT eingesetzt: ein Kunststoff, der eine deutlich höhere Schlagzähigkeit als ABS mit ähnlicher Temperaturbeständigkeit besitzt und mit deutlich geringerer Schrumpfneigung sehr gute Tischhaftung gewährleistet. Es wird ein Standardprofil eingesetzt, das für den Single-Druck vorgesehen ist. Allerdings wird der Füllgrad auf 80% erhöht. Aufgrund der großen Bauteilgeometrie ohne kleine Elemente wird die Düsengröße 0,8 mm eingesetzt. Denkbar wäre hier auch eine größere Düse mit 1,0 mm oder mehr Düsendurchmesser.

In der Druckvorschau werden mit diesen Standardeinstellungen ohne weitere Änderungen Druckdaten wie in Bild 9.18 angezeigt.

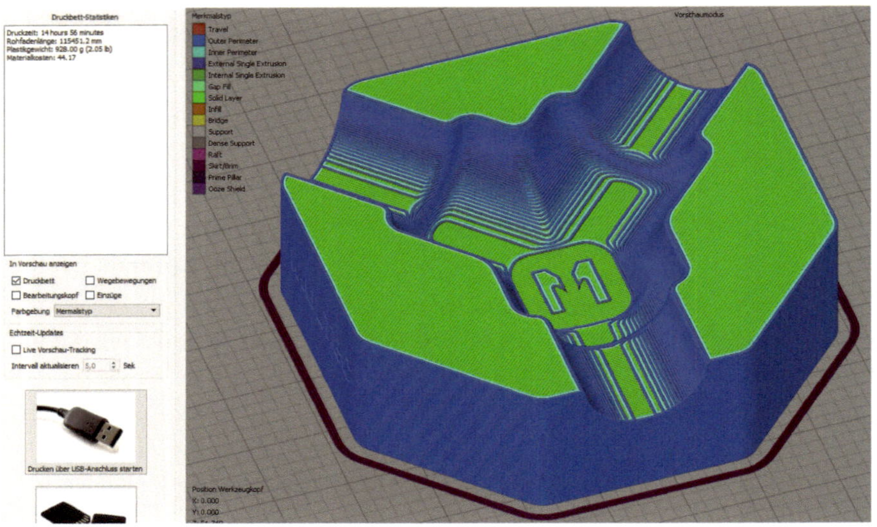

Bild 9.18 Standardeinstellungen Druckvorschau Matrize

Festigkeit optimieren

Mit 80 % Füllgrad ist bereits eine hohe Festigkeit gegeben, für weitere Festigkeitserhöhung wird sowohl die Anzahl der oberen festen Schichten als auch die Anzahl der Konturhüllen erhöht. Dies stärkt die Außenhaut der Matrize weiter. Gewählt werden vier statt zwei Konturhüllen und sechs statt vier oberste feste Schichten. Dies erhöht die Druckdauer zwar um drei Stunden, ist jedoch aufgrund der Festigkeit so gewünscht.

Extruder | Schicht | Ergänzungen | Infill | Stützen | Temperatur | Abkühl

Schicht-Einstellungen

Primärer Extruder: Links Vorne Duese T0

Primäre Schichthöhe: 0,6000 mm

Oberste feste Schichten: 6

Unterste feste Schichten: 3

Kontur-/Umfanghüllen: 4

Kontur-Richtung: (•) Von innen nach außen ( ) Von außen nach innen

☐ Inseln nacheinander ohne Optimierung drucken

☐ Korkenzieher-Druckeinstellung einer einzigen Kontur (Vasenmodus)

Beste Orientierung – Druckrichtung – Oberfläche

Die beste Orientierung ist bei den beiden Teilen offensichtlich. Nur in der eingangs dargestellten, liegenden Orientierung wird kein Stützmaterial benötigt. Die Kraftwirkung beim Tiefziehen ist Druck senkrecht auf die Schichten und Biegung im Bereich der Blechauflage.

Prozessteilungs-Assistent zur Einstellung unterschiedlicher Schichthöhen in einem Druckteil

Ein Optimierungspotenzial stellt sich nach Ansicht der Druckvorschau im Bereich der halbrunden Formen dar: Hier ist bei Schichthöhe 0,6 mm schon eine recht deutliche Treppenbildung im Bereich der Radien ersichtlich. Matrize und Stempel sind sehr gute Beispiele für den Einsatz des Prozessteilungs-Assistenten. Der Stempel wurde in Bezug auf die Prozessteilung in Abschnitt 7.6 beschrieben. Auch die Matrize soll in mehreren Prozessen gedruckt werden. Es werden hier mittels Prozessteilungs-Assistent zwei Aufteilungspunkte gesetzt (Bild 9.19):

- einmal in der Höhe von 20 mm vom Drucktisch und damit kurz unterhalb des Logos und des Beginns der halbrunden Aussparung. Ab hier soll mit einer reduzierten Schichthöhe von 0,3 mm gedruckt werden.
- und zum zweiten in der Höhe von 32 mm, denn hier ist die größte Krümmung bereits vorbei, und es kann wieder mit Schichthöhe 0,6 mm bis zur Druckteiloberkante weiter gedruckt werden.

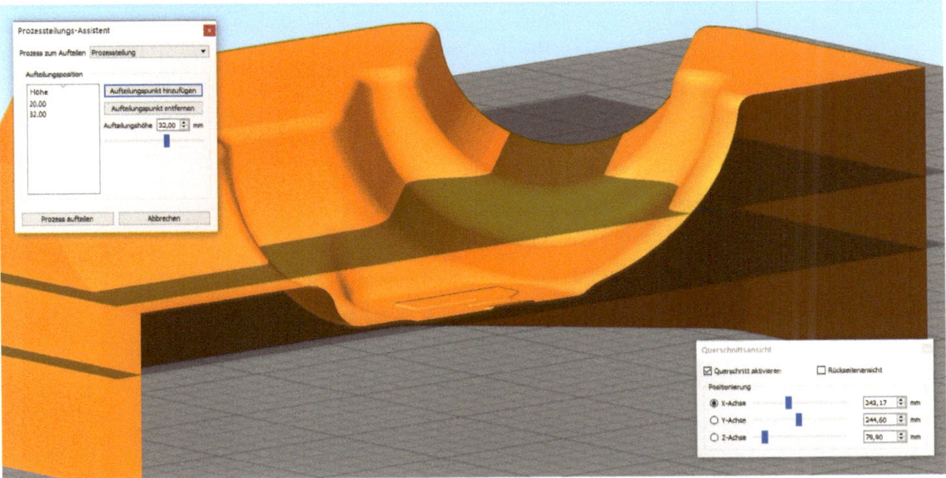

Bild 9.19 Prozessteilung zur Trennung für kleinere Schichthöhen im Bereich der Rundung

Durch den Button **Prozess aufteilen** werden in der Prozessliste automatisch drei Prozesse erstellt und durchnummeriert:

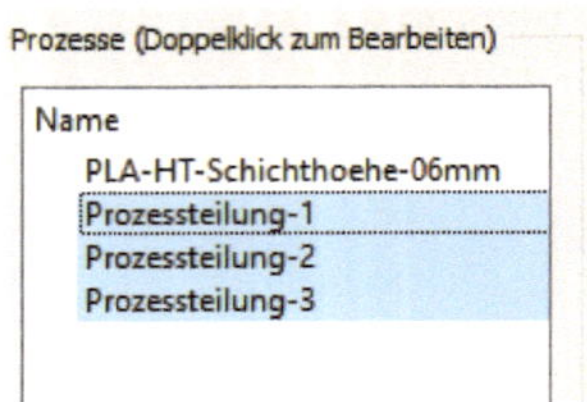

Jeder dieser drei Prozesse kann nun eigene Druckparameter erhalten. Die Teilung der Prozesse ist in jedem einzelnen der drei Prozesse auch im Reiter **Fortgeschritten** in den beiden Parametern **Druck an der entsprechenden Höhe starten** und **Druck an der entsprechenden Höhe anhalten** eingetragen und kann dort auch geändert werden.

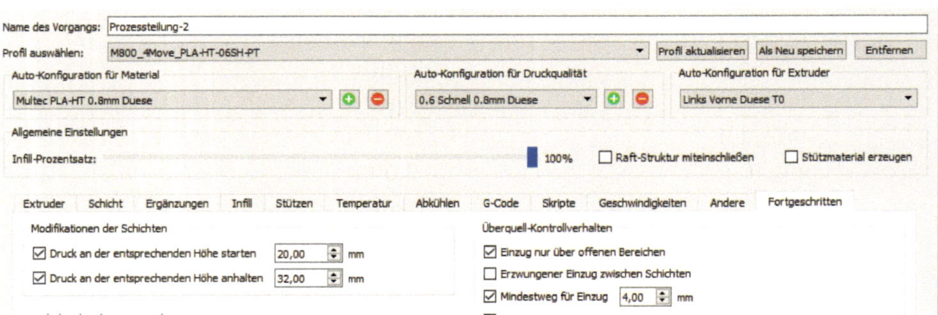

Aber Achtung: Es müssen immer alle Prozesse angepasst werden, wenn nachträglich die Position der Prozessaufteilung geändert wird! Wenn beispielsweise die Teilung für den zweiten Prozess anstatt wie bisher bis zu 32 mm bis auf 40 mm gesetzt werden soll, so wird dies hier im Prozess 2 unter **Druck an der entsprechenden Höhe anhalten** geändert. Es muss dann aber zwingend im Prozess 3 der Parameter **Druck an der entsprechenden Höhe starten** ebenfalls auf 40 mm gesetzt werden, damit der Übergang wieder korrekt ist.

Zu den gewünschten Einstellungen der drei Teilprozesse: Bei Prozess 1 und 3 sollen die Einstellungen wie bisher beibehalten werden, dort wird nichts geändert. In Prozess 2 wird die Schichthöhe auf 0,3 mm heruntergesetzt und gleichzeitig die Druckgeschwindigkeit leicht erhöht.

In der Druckvorschau sind die drei Prozesse nur ersichtlich unter der Einstellung **Farbgebung: Aktueller Prozess** (Bild 9.20).

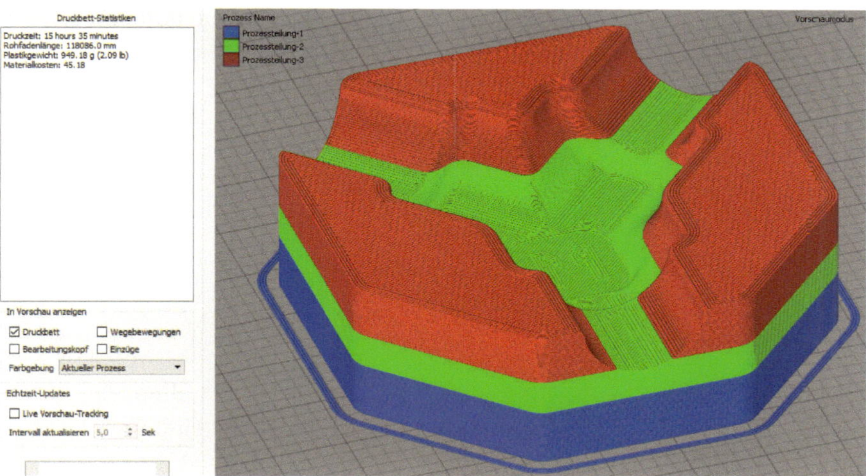

Bild 9.20 Druckvorschau bei Prozessteilung

Im Querschnitt (Bild 9.21) ist deutlich erkennbar, dass damit die Stufung der Schichten im Bereich der Rundung unten feiner geworden ist. Was hier jedoch auch auffällt: Sowohl die Wandstärke der Konturhüllen als auch die der Deckschichten hat sich halbiert. Um diese Dicken wieder in allen Bereichen gleich hoch zu setzen, müssen die Anzahl der **oberen festen Deckschichten** im zweiten Prozess verdoppelt werden. Bei Schichthöhe 0,6 mm wurden sechs oberste feste Schichten gewählt, das entspricht einer Wandstärke von 3,6 mm. Für die Schichthöhe 0,3 mm müssen folglich für die gleiche Wandstärke zwölf oberste feste Schichten eingestellt werden.

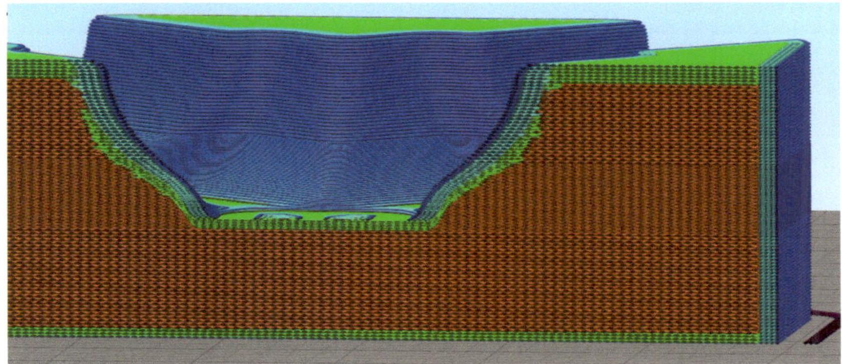

Bild 9.21 Querschnitt der Prozessteilung: obere Deckschichten in der Rundung zu dünn

Das heißt, für einen Druck beider Teile in einem Druckvorgang werden für zwei Teile sechs Prozesse eingesetzt. Diese Konstellation ist in der Übungsdatei *Tiefziehform.factory* enthalten, die Druckvorschau hierzu ist in Bild 9.22 dargestellt.

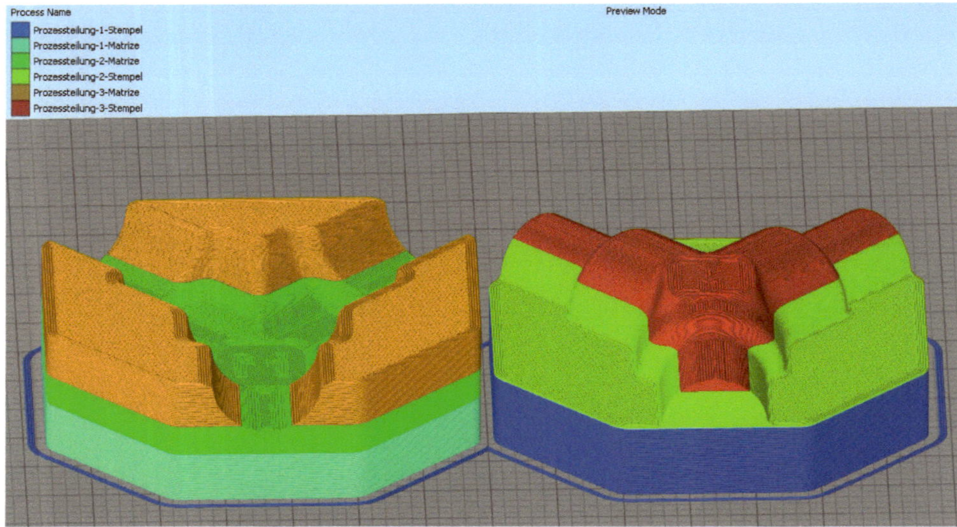

Bild 9.22 Mehrere Modelle mit mehreren Prozessen in einem Druckvorgang

Tipp: Bei starken Unterschieden der Bauteilgeometrie in verschiedenen Höhen hilft die Prozessteilung häufig sehr gut für individuelle Einstellungen in unterschiedlichen Bereichen. Es ist jedoch in Fällen mit mehreren Prozessen und mehreren Modellen besonderes Augenmerk auf die korrekte Zuweisung von Modellen zu Prozessen zu legen.

Auch bei einer Teilung in einer bestimmten Höhe ist immer darauf zu achten, dass keine Bereiche doppelt in Prozessen vorkommen oder aber ganz fehlen. Auch hier sollte unbedingt die Druckvorschau im Detail geprüft werden.

Praxistipp: Hochfeste Bauteile und Prozessteilung

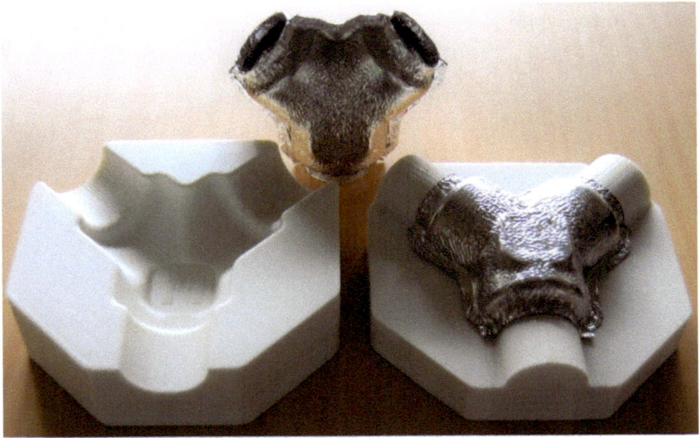

Bild 9.23 Tiefziehform für Stahlblech (Hitzeisolation im Rennsport)

Je höher die Schichthöhe und je größer der Düsendurchmesser, umso mehr Festigkeit wird sowohl innerhalb der Schichten als auch in der Schichtverschweißung erreicht. Denn dadurch werden die einzelnen Bahnen voluminöser, und der Wärmeeintrag der neuen Bahn auf die vorigen Bahnen ist größer und trägt damit zu einer tiefergehenden Verschmelzung bei. Dennoch führt dies in Bereichen von reliefartigen Geometrien zu einer relativ stark ausgeprägten Stufung. Hierfür kann die Prozessteilung gut genutzt werden, um in diesen Bereichen eine feinere Schichtung zu erhalten. Für die Tiefziehform wurde die Prozessteilung für Matrize und Stempel in unterschiedlichen Höhen gesetzt. Dafür wurden die Matrizenprozesse kopiert und für den Stempel auf nur zwei Teilprozesse reduziert. Die Höhe des Aufteilungspunkts wurde im Stempel auf 40 mm gelegt, da die Rundung von dort bis zum Druckende von einer feineren Schichthöhe profitiert.

Exkurs Druckdauervergleich Schichthöhen

Um einen Eindruck für die Druckdauer von voluminösen Teilen zu vermitteln, wird in diesem Kapitel das Druckteil *Matrize.stl* noch einmal unter diesem Gesichtspunkt und ohne Prozessteilung analysiert.

Folgende Einstellungen bleiben zur Vergleichbarkeit konstant:

- Extrusionsbreite 1,2*Düsendurchmesser (Auto-Einstellung Simplify3D)
- Druckgeschwindigkeit 40 mm/s
- Wandstärke Oberseite und Unterseite 6 mm
- Wandstärke Seite (Perimeter) ca. 4 mm
- Füllgrad 80 %

Dazu werden mehrere Szenarien mit unterschiedlichen Düsengrößen und Schichthöhen verglichen (Tabelle 9.2)

Tabelle 9.2 Druckdauervergleich verschiedene Düsendurchmesser und Schichthöhen

Düsendurchmesser	Schichthöhe	Extrusionsbreite	Anzahl Perimeter	Obere/untere feste Schichten	Druckdauer
0,8 mm	0,6 mm	0,96 mm	4	10	10 h 17 min
	0,4 mm			15	15 h 25 min
	0,2 mm			30	30 h 39 min
0,5 mm	0,4 mm	0,62 mm	6	15	24 h 30 min
	0,2 mm			30	48 h 43 min
0,4 mm	0,3 mm	0,48 mm	8	20	40 h 49 min
	0,15 mm			40	81 h 7 min

Fazit daraus:

- je größer die Düse, umso weniger Perimeter sind notwendig → geringere Druckdauer
- je größer die Schichthöhe, umso weniger Deckschichten → geringere Druckdauer

Das Beispiel ging von dem Wert 100% Druckgeschwindigkeit für Perimeter und für obere und untere Schichten aus. In der Praxis werden Perimeter, obere und untere Schichten, für bessere Oberfläche meist mit etwas reduzierter Geschwindigkeit gedruckt. Das wirkt sich jedoch zusätzlich auf die Druckdauer aus, denn bei einem Teil mit dicken Wandstärken wird ein großer Anteil des Volumens langsamer gedruckt. Je mehr Oberfläche pro Volumen, umso mehr wirkt sich das aus. Das liegt mit an einer nicht ganz so schönen Funktionalität von Simplify3D: Es unterscheidet nicht zwischen Decklagen, die wirklich außen und sichtbar sind, und den innenliegenden (die ja durchaus schneller gedruckt werden könnten).

Fazit

Die interessante Anwendung des 3D-Drucks im Bereich der Tiefziehformen aus Kunststoff zeigt eine sehr kostengünstige, hochfeste Lösung durch 3D-Druck bei kleinen Serien. Die Formkosten für Stempel und Matrize belaufen sich hier auf ca. 250€. Durch die Funktion der Prozessteilung kann hier individuell auf geometrisch unterschiedliche Bereiche eingegangen werden. Wichtig ist beim Druck von relativ hoch gefüllten Bauteilen:

- Je größer der Düsendurchmesser, umso höher ist die Festigkeit des Druckteils. Denn damit proportional größer ist die Extrusionsbreite (1,2 – 1,8 multipliziert mit dem Düsendurchmesser) und die größte mögliche Schichthöhe (0,8-facher Düsendurchmesser). Allerdings muss immer die Limitierung des möglichen Volumenstroms des 3D-Druckers beachtet werden.
- Die Schrumpfungsgefahr (Warping) ist deutlich größer, je höher der Infill-Prozentsatz und je voluminöser das Bauteil ist. Es droht eine Ablösung vom Drucktisch und damit Ausschuss. Bei stark schrumpfenden Werkstücken sollten daher ein Brim und Haftvermittler in Form von Tapes, Sprays oder Gels in Betracht gezogen werden.
- Die Wandstärke beeinflusst die Gesamtfestigkeit sehr. Es empfiehlt sich, die Anzahl der Konturhüllen und der untersten und obersten Deckschichten zu erhöhen.
- Über die unterschiedlichen Füllmuster kann ebenfalls noch Verstärkung erreicht werden. Empfehlenswert ist vor allem das triangulare Füllmuster, da es drei anstatt zwei Richtungen in der Schicht erzeugt.

9.4 Funktionsteil Elektronikgehäuse – Verhalten bei dünnen Wänden

Das Bauteil – Geometrie und Druckbarkeit

Die Datei *elektronikgehaeuse.stl* befindet sich in der Übungsdatei *elektronikgehaeuse.factory*. Es handelt sich um ein kleines Elektronikgehäuse mit den Abmessungen 7,5 cm × 5,3 cm × 0,8 cm und weist dünnwandige Strukturen auf. An diesem Beispiel wird erklärt, wie dünne Wandstärken in einem Druckteil realisiert und optimiert werden können. Dazu werden sowohl die Einstellungen zum Verhalten bei dünnen Wänden als auch die Extrusionsbreite genutzt.

Das Konzept, das hinter den Einstellungen zum Verhalten bei dünnen Wänden steckt, ist etwas komplizierter und bekommt daher hier ein eigenes Praxisbeispiel. Weiterführende Erklärungen zu den einzelnen Einstellungen befinden sich im zugehörigen Abschnitt 8.12.2.

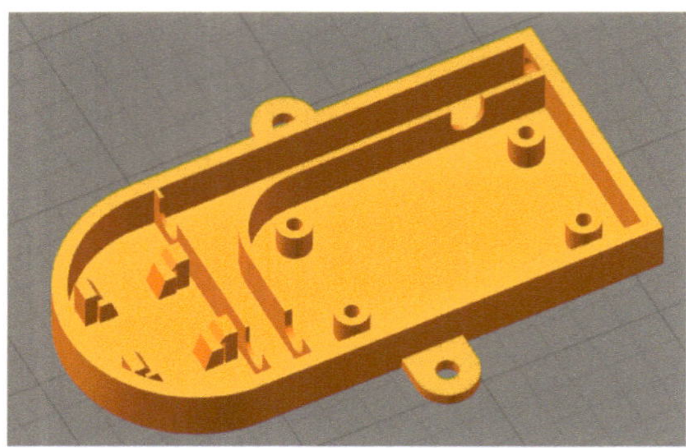

Zielsetzung: Festigkeit, Fertigungsdauer und Nacharbeit

Die Anforderungen für dieses Funktionsteil sind:

- **Mittlere Festigkeit** - Das Gehäuse beherbergt kleine Elektronikelemente, ist stationär eingebaut und daher keinen Kräften ausgesetzt.
- **Oberflächengüte** - Es handelt sich um ein nicht sichtbares Funktionsteil für die ersten Prototypen einer Maschine. Dennoch muss die Oberflächengüte für die Funktion des Bauteils ausreichend sein. Da es sich um ein recht filigranes Teil handelt, können kleinere Unebenheiten in der Oberfläche die Funktion stören.
- **Druckdauer** - Aufgrund der kleinen Abmessungen ist die Druckzeit ohne Optimierung ohnehin sehr gering. Wenn das Druckteil später in Serie gefertigt wird, könnte noch eine Druckdaueroptimierung vorgenommen werden.
- **Bedarf an Hilfsgeometrie** - Für dieses Druckteil wird keine Hilfsgeometrie benötigt. Es besitzt keine Überhänge.
- **Gute und funktionierende Umsetzung der dünnen Strukturen des Druckteils** - Die Strukturen des Druckteils stoßen an die unteren Grenzen dessen, was mit der FFP-Technologie im Funktionsbereich umgesetzt werden kann. Daher müssen speziell die dünnen Wandungen optimiert werden. Dies ist zentraler Teil dieses Praxisbeispiels.

Fazit: Es bestehen keine besonderen Anforderungen bezüglich Festigkeit, Oberflächengüte und Druckdauer. Die Schwierigkeit dieses Druckteils liegt in den dünnen Wänden und kleinen Strukturen im Bauteil. Es werden verschiedene Funktionen und Einstellungen eingesetzt, um die Wandstärken dieses Druckteils optimal zu drucken.

Materialwahl und Prozessauswahl

Die Anforderungen an das Material liegen sowohl in der Festigkeit und guten Lagenverschweißung als auch in einer mäßigen Temperaturbeständigkeit. Im Umfeld des Teils werden Temperaturen von bis zu 60 °C erreicht.

Aufgrund der höheren Temperaturbeständigkeit, der hohen Zähigkeit und der guten Lagenverschweißung wird Multec PLA-HT eingesetzt. Durch die geringe Sprödigkeit, z.B. verglichen mit normalem PLA, werden die Clips (Rastnasen) im Bauteil ihre Funktion besser erfüllen. Ebenfalls lässt sich mit Multec PLA-HT ohne zusätzliche Maßnahmen eine geeignete Oberflächengüte erreichen. Eine Alternative bei höheren Temperaturen wäre PA-CF (Polyamid mit Kohlenstoff-Kurzfaserverstärkung).

Zum Start wird ein Profil gewählt, das über ausgeglichene (mittlere) Voreinstellungen in den Bereichen Oberflächengüte, Druckgeschwindigkeit und Festigkeit verfügt. Die Schichthöhe beträgt 0,2 mm, diese entspricht dem Feinheitsgrad des Bauteils gut. Dieses Teil wird in den folgenden Schritten optimiert, für den Start wird mit den Standardeinstellungen im Prozess gestartet:

- **Tab Extruder**
  - **Düsen-Durchmesser:** 0,5 mm
  - **Extrusionsbreite:** Auto, das heißt 0,6 mm
- **Tab Fortgeschritten – Verhalten bei dünnen Wänden**
  - **Äußerer dünner Wand Modus:** Nur Konturen
  - **Innerer dünner Wand Modus:** Nur Konturen

Vorgehen beim Vorbereiten von Druckteilen mit dünnen Wänden

Es ist nicht immer am Modell in der Vorschau schon ersichtlich, in welchen Bereichen mit bestimmten Extrusionsbreiten Probleme in dünnen Strukturen entstehen. Hier sollte immer zuerst mit einem Standardprofil eine Druckvorschau im Detail kontrolliert werden. Dieses Vorgehen eignet sich ebenfalls für das Testen verschiedener Einstellungen.

Folgendes Vorgehen hilft beim Auffinden von problematischen Bereichen und der Optimierung der Einstellungen, wenn es um das Drucken von dünnen Wänden und filigranen Strukturen geht:

1. Standardprozess auswählen und gewünschte Auto-Konfiguration im oberen Bereich des Prozesses auswählen.
2. Durch **Auf Druck vorbereiten!** den G-Code erzeugen, um die Druckvorschau zu prüfen.
3. Druckteil in den Bereichen mit dünnen Wandungen in der Simulation analysieren und Stellen mit Verbesserungspotenzial identifizieren.

4. Maßnahmen zur Verbesserung in diesen Bereichen unter den Gesichtspunkten Extrusionsbreite und Verhalten von dünnen Wänden überlegen.
5. Den Vorschaumodus verlassen und die Maßnahmen in den Prozesseinstellungen umsetzen.
6. Zurück zu Punkt 2. Dieses Vorgehen durchführen, bis die optimalen Einstellungen gefunden wurden.

Dieses Vorgehen ist bei allen Teilen mit Optimierungspotenzial in anderen Merkmalen und Themenbereichen hilfreich.

Im Folgenden wird Schritt für Schritt das Optimierungspotenzial am konkreten Modell erarbeitet.

Schritt 1 – Innerer dünner Wand Modus

Das Druckteil wird mit den gewählten Prozesseinstellungen in der Druckvorschau analysiert.

Bei der Analyse muss mit Sorgfalt vorgegangen und jeder Bereich durch Nutzung der Querschnittsansicht und das Durchsehen der einzelnen Schichten genau kontrolliert werden. Mit etwas Übung und den Erklärungen dieses Praxisbeispiels wird schnell klar, welche Bereiche einer Kontrolle bedürfen. Im Bereich von dünnen Wänden und filigranen Strukturen sind es meist ungefüllte Wände und Bereiche, die aufgrund der kleinen Fläche keinen Platz mehr für Bahnen mit der eingestellten Extrusionsbreite bieten.

Es werden mehrere Stellen identifiziert, die im Folgenden erklärt werden und die durch geänderte der Einstellung Innerer dünner Wand Modus verbessert werden können. Durch ein Umstellen dieser Einstellung und anschließender erneuter Prüfung in der Druckvorschau kann beurteilt werden, ob das Ändern einer Einstellung vorteilhaft ist oder doch nicht durchgeführt werden sollte.

Teilbereich kleine Hohlzylinder – Befestigungsbohrungen

Die Wandung im Bereich dieser Hohlzylinder ist offensichtlich größer als die doppelte Extrusionsbreite. Dennoch passt keine weitere Konturhülle dazwischen. Es bildet sich klar erkennbar ein Leerraum zwischen den Konturen aus. Das stimmt mit der gewählten Einstellung des Verhaltens bei dünnen Wänden überein: Da hier **nur Konturen** aktiviert ist, wird der Zwischenbereich nicht gefüllt.

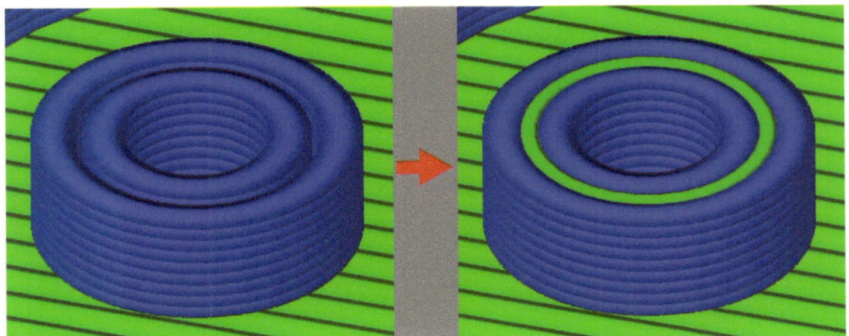

- **Innerer Dünner Wand Modus: Nur Konturen** – Diese Befestigungspunkte für ein Elektronikbauteil sind im Modell Zylinder mit solider Wandstärke. Die Wandstärke dieser Zylinder ist dicker, als für zwei Bahnen mit der eingestellten Extrusionsbreite von 0,6 mm benötigt wird. Es entsteht ein Spalt zwischen den zwei Bahnen der äußeren Konturhüllen. Ist die Einstellung für **Innerer dünner Wand Modus** auf **Nur Konturen** eingestellt, könnte dieser Spalt nur von zwei inneren Konturhüllen gefüllt werden. Simplify3D kann leider keine einzelne Konturhülle in einem Geometriebereich aus dünnen Wänden einfügen, es kennt immer nur zwei vollständige Konturhüllen. Hierzu ist der Spalt aber nicht ausreichend.

Im rechten Teil des Bildes wird eine Verbesserung erreicht durch die folgende Änderung des Parameters Verhalten von dünnen Wänden:

- **Innerer dünner Wand Modus: Einzeln extrudierte Wände erlauben** – Die in Dunkelgrün dargestellte Bahn füllt jetzt den Spalt zwischen den äußeren Konturhüllen aus. Dabei wird die Bahnbreite dem Spalt entsprechend angepasst. Es entsteht ein Zylinder mit vollgefüllter Wand.

Teilbereich Clips

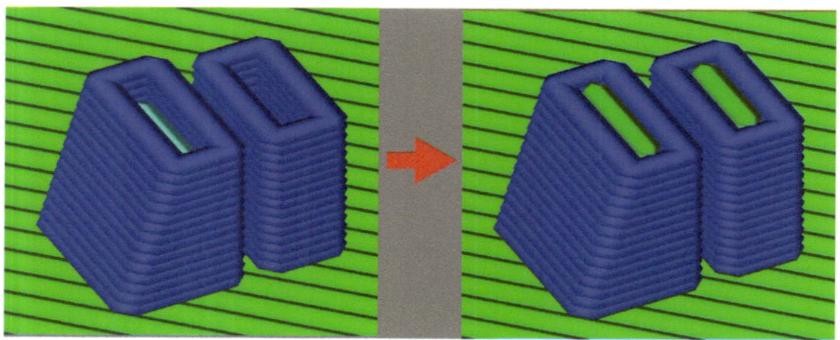

- **Innerer dünner Wand Modus: Nur Konturen** – Bei den Clips tritt das gleiche Problem auf wie bei den Befestigungspunkten. Würden die Clips so gedruckt, würden sie sehr leicht abbrechen und beim Einrasten eines Elektronikbauteils vermutlich brechen.
- **Innerer dünner Wand Modus: Einzeln extrudierte Wände erlauben** – Das Innere des Clips ist jetzt voll mit Material gefüllt und hat damit die beste Festigkeit, die unter diesen Voraussetzungen erreicht werden kann.

Teilbereich innenliegende Wand

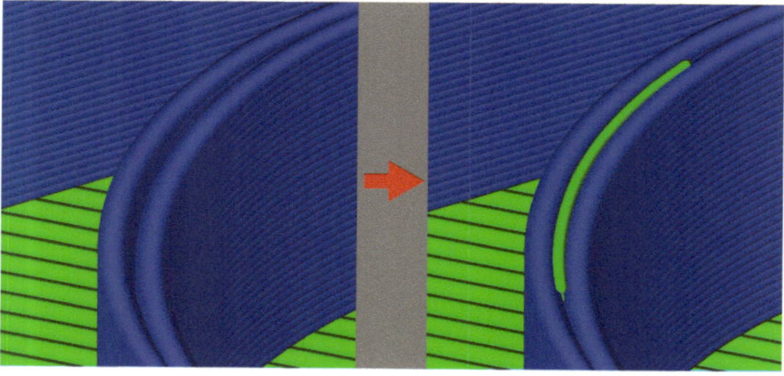

- **Innerer dünner Wand Modus: Nur Konturen** – Bei diesem Bogen ist die Wandstärke nicht konstant. Die Wandstärke ist in der Biegung dicker als im geradlinigen Bereich.
  Im Bereich der gerade verlaufenden Wand wird eine sehr gute Füllung ohne Spalt durch die zwei äußeren Konturhüllen erreicht. Das ist immer vorzuziehen und könnte auch für den Bogen erreicht werden, wenn dieser mit konstanter Wandstärke erstellt worden wäre.
- **Innerer dünner Wand Modus: Einzeln extrudierte Wände erlauben** – Das Innere des Bogens wird mit der einzeln extrudierten Wand gefüllt. Hierdurch

wird die Festigkeit etwas gesteigert. Es ist auch erkenntlich, dass diese Füllung nicht bis in die schmalsten Spalte möglich ist. Eine so kleine Extrusionsbreite ist nicht möglich.

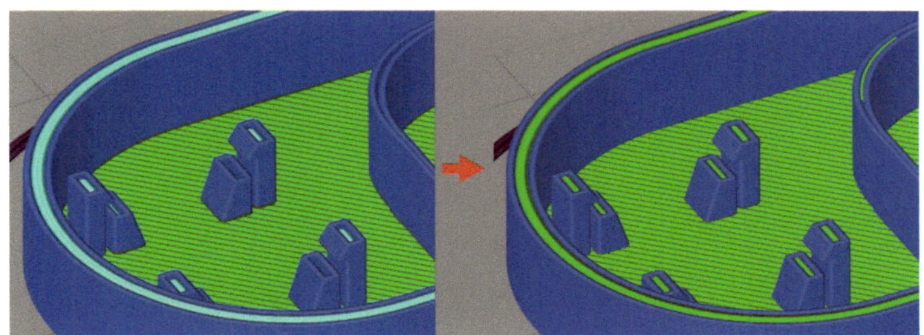

- **Innerer dünner Wand Modus: Nur Konturen** - Hier macht die Außenwand des Gehäuses einen Bogen. Dieser ist mit konstanter Wandstärke konstruiert. Die Wandstärke reicht aus, dass zusätzlich zu den äußeren Konturhüllen auch innere Konturhüllen scheinbar Platz finden. In der Vorschau ist ersichtlich, dass sich die inneren Konturhüllen (türkis dargestellt) etwas überlappen. Simplify3D erlaubt sich dort etwas Spielraum. Bahnen können in Realität nicht viel überlappen, das Material muss irgendwo hin. Dies wird dazu führen, dass diese Wandstärke nach dem Druck etwas dicker ausfallen kann.
- **Innerer dünner Wand Modus: Einzeln extrudierte Wände erlauben** - Nun wird das Innere des Bogens durch eine einzelne Bahn gefüllt, die der verfügbaren Breite angepasst ist. Dies ist eine bessere Lösung, als teilweise überlappende Konturhüllen zu haben. Hier gibt es aber noch eine weitere Lösungsmöglichkeit. Diese wird im folgenden Abschnitt beschrieben.

Schritt 2 - Extrusionsbreite

Eine weitere Möglichkeit, das Druckverhalten bei dünnen Wänden anzupassen, liegt in der Einstellung der Extrusionsbreite. Für dieses Modell wird die Extrusionsbreite gezielt angepasst, sodass die Außenwand des Elektronikgehäuses perfekt mit zwei Konturhüllen (pro Seite) gedruckt werden kann. Ein Grund hierfür ist, dass die Oberflächengüte meistens besser ausfällt, wenn zwei Konturhüllen statt einer Konturhülle und einer einzeln extrudierten Bahn gedruckt werden. Denn auf der Außenseite ist meist der Punkt sichtbar, an dem die Single-Extrusion endet. Dies bildet dann häufig Artefakte, die sich an der gesamten Wand von unten nach oben durchziehen.

Die Außenwand des Modells hat eine Wandstärke von 2,8 mm. Diese Breite soll auf vier Konturhüllen verteilt werden. Es ergibt sich eine Extrusionsbreite von 0,52 mm. Die Extrusionsbreite wird von Auto (0,6 mm) auf 0,52 eingestellt.

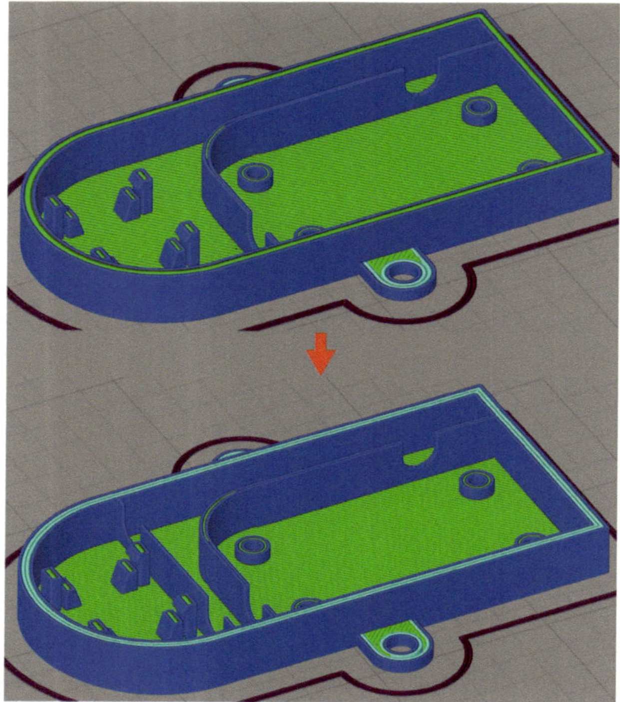

Da diese Einstellungen für das gesamte Bauteil geändert sind, wurde die Extrusionsbreite für alle Bahnen des Druckteils geändert. Daher sollten auch die anderen filigranen Details nochmals geprüft werden, ob sich hier eventuell eine Verschlechterung ergeben hat. Zusätzlich führt die neue Einstellung zu einer Verlängerung der Druckdauer, die aber durch die kleine Größe des Druckteils nur gering ausfällt.

Die Außenwand des Druckteils kann nun mit je zwei Konturhüllen gedruckt werden, ohne dass diese überlappen. Diese Variante ist auch in Bezug auf die Festigkeit die bessere als die der Single-Extrusion. In den Bereichen, in denen die Wandstärke weiterhin aus einer äußeren Konturhülle und einer einzeln extrudierten Bahn dazwischen besteht, wird der durch die schmaleren äußeren Konturhüllen entstandene größere Abstand durch eine größere, einzeln extrudierte Bahn geschlossen. Dies ist an allen Stellen des Druckteils in Ordnung.

Fehlende Wände aufgrund zu dünner Wandstärken

In den bisherigen Optimierungen wurde ein Punkt noch nicht berücksichtigt: Im Gehäuse ist eine dünne Trennwand vorhanden, die bisher in der Druckvorschau komplett fehlt. Sie wird also auch nicht gedruckt. Dies ist einer der häufigsten Fehler bei dünnwandigen und filigranen Teilen: Wenn die Wandstärke kleiner ist als die Extrusionsbreite, werden diese Details nicht gedruckt. Im Beispiel ist dies die dünne Trennwand. Erst durch die in diesem Abschnitt von 0,6 mm auf 0,52 mm reduzierte Extrusionsbreite zeigt sich in der Druckvorschau und damit im Druck diese Trennwand.

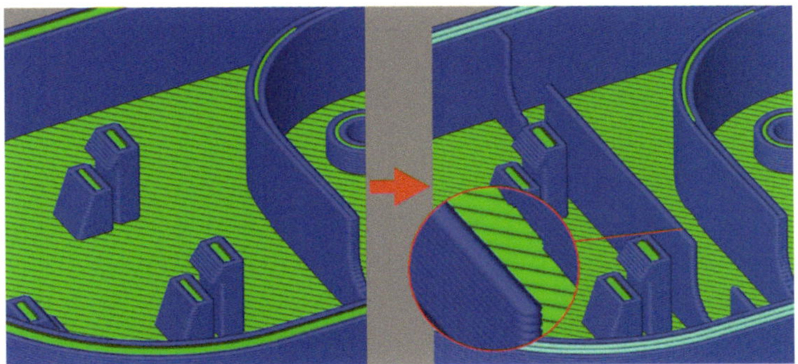

Im Bild ist dies ersichtlich: Die dünnere Zwischenwand im Innern des Elektronikgehäuses wird jetzt nicht mehr von Simplify3D ignoriert. Jedoch ist die Veränderung der Extrusionsbreite hier nicht die richtige Maßnahme zur Behebung dieses Problems, da die Zwischenwand nun von sich überlappenden Konturhüllen gebildet wird.

Schritt 3 – Weitere einzeln extrudierte Bahn durch zusätzliche Konturhülle

Durch das Verringern der Extrusionsbreite hat sich an den Befestigungslaschen ein Spalt aufgetan. Dieser ist nicht breit genug, um von den Bahnen der oberen und unteren festen Schichten bzw. dem Infill gefüllt zu werden. Hier sollte eine weitere, einzeln extrudierte Bahn hinein, um den Spalt zu schließen und der Befestigungslasche die nötige Festigkeit zu verschaffen. Da jedoch nur zwei innere Konturhüllen durch einzeln extrudierte Bahnen ersetzt werden können (Abschnitt 8.12.2) und es dort bereits eine innere Konturhülle gibt, bleibt der Spalt. Eine Lösungsmöglichkeit hier ist, die Anzahl der Konturhüllen von zwei auf drei zu erhöhen. Dann gibt es eine innere Konturhülle, die zur einzeln extrudierten Bahn werden kann.

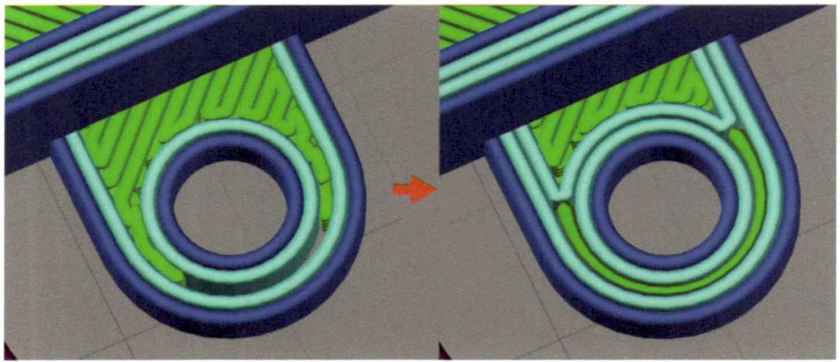

Der einzige Nachteil, der hieraus entsteht ist, dass nun im ganzen Teil drei Konturhüllen gedruckt werden. Hier muss abgewogen werden, ob dies erwünscht ist oder ob nach einer anderen Lösungsmöglichkeit gesucht werden soll.

Schritt 4 – Äußerer dünner Wand Modus

Die letzte verbleibende Stelle, die einer Verbesserung bedarf, ist die dünne Trennwand im Innern des Druckteils. Hier wird die Trennwand von Simplify3D ganz ignoriert, weil sie kleiner ist, als sie mit normalen Konturhüllen dargestellt werden kann, oder wird im Grenzbereich durch teilweise überlappende Bahnen gedruckt. An dieser Stelle kann die Funktion **Äußerer dünner Wand Modus** verwendet werden, um diese Wand mit einzeln extrudierten Bahnen zu drucken. Diese Bahnen werden dann in der Breite so angepasst, dass sie der Wandstärke entsprechen. Hierdurch entsteht eine Wand mit der richtigen Stärke.

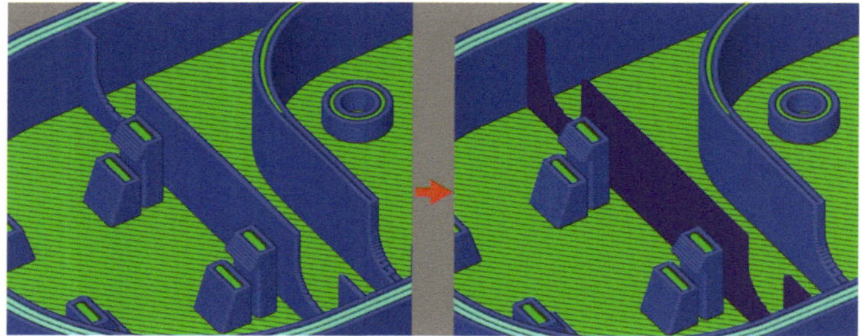

Wie jedoch schon in der Vorschau sichtbar, gehen die einzeln extrudierten Bahnen nicht in die anschließenden Konturhüllen über. Dies führt zu einer schwächeren Verbindung. Aus diesem Grund wird, wenn möglich, auf den Einsatz von äußeren dünnen Wänden verzichtet.

Bild 9.24 Elektrogehäuse Druckteil

Fazit

Bei allen Druckteilen mit dünnen Wänden und auch filigranen Strukturen (Schriftzüge fallen sehr häufig auch darunter) muss genau analysiert werden, welche Einstellungen zum besten Ergebnis führen. Die in diesem Beispiel aufgeführten Tipps können je nach Geometrie eingesetzt werden.

Festigkeit für dünne Wände:

- Die beste Festigkeit und Optik wird bei dünnen Wänden immer durch möglichst viele Konturhüllen erreicht.
- Die Extrusionsbreite sollte eher größer als kleiner gewählt werden, da hier die Schichtverschweißung als wichtigster Faktor für die Festigkeit wirkt.
- Die Single-Extrusion im Äußeren dünne Wand Modus sollte am besten gar nicht oder nur in Ausnahmefällen eingesetzt werden.
- Der Innere dünne Wandmodus führt dort zu Schwachstellen, wo er endet, und bildet dort häufig störende Artefakte auf der Außenseite
- Konstruktiv sollten möglichst Wandstärken mit dem 4-Fachen (oder einem höheren geradzahligen Vielfachen) der Extrusionsbreite gewählt werden.

9.5 Elektronikgehäuse mit mehreren Prozessen

Das Bauteil – Geometrie und Druckbarkeit

Die Datei *elektronikgehaeuse_2.stl* befindet sich in der Übungsdatei *elektronikgehaeuse_2.factory*. Wie im vorigen Praxisbeispiel handelt sich hier um ein Elektronikgehäuse mit ebenfalls dünnwandigen Strukturen. Da diese dünnwandigen Strukturen stark variieren, kann nicht für das ganze Modell eine feste Extrusionsbreite eingestellt werden. Daher ist es ein perfektes Beispiel zur Erklärung dafür, wie für die unterschiedlichen Details jeweils eigene Prozesse verwendet werden können.

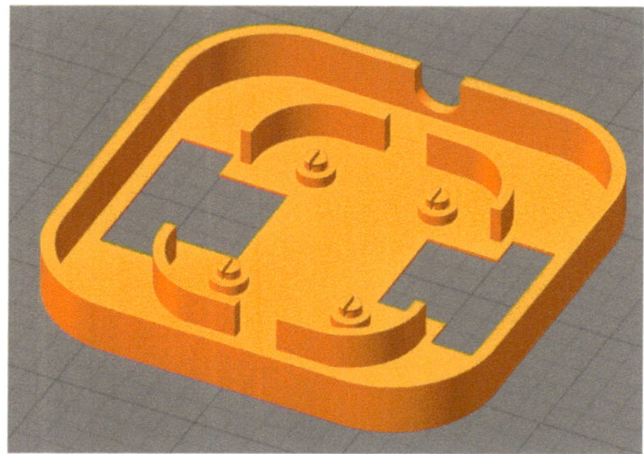

Zielsetzung: Festigkeit, Fertigungsdauer und Nacharbeit

- Für dieses Bauteil gilt die gleiche Zielsetzung wie für das Bauteil des vorigen Praxisbeispiels. Auch hier sollten die dünnen Wände optimal gedruckt werden. Zusätzlich ist für dieses Teil zu beachten:
  - Die Clips im Inneren sind bei Installation des Elektronikbauteils größerer Belastung ausgesetzt und sollten möglichst fest gedruckt werden.
  - Die Aussparungen im Boden des Gehäuses sollen zur Lüftung dienen und mit einem Gitter gefüllt werden. Dieses Gitter wurde nicht modelliert, es soll durch ein von Simplify3D generiertes Infill entstehen.

Materialwahl und Prozessauswahl

Zum Start wird ein Profil gewählt, das über mittlere Voreinstellungen in Bezug auf Oberflächengüte, Schichthöhe (0,2 mm) Druckgeschwindigkeit und Festigkeit verfügt. Folgendes ist zu Beginn eingestellt:

- **Düsen-Durchmesser:** 0,5 mm
- **Extrusionsbreite:** Auto und damit 0,6 mm
- **Äußerer dünner Wand Modus:** Nur Konturen
- **Innerer dünner Wand Modus:** Einzeln extrudierte Wände erlauben

Erste Analyse

Das Druckteil wird mit den zuvor gewählten Prozesseinstellungen in der Druckvorschau analysiert:

- Die Außenwand wird perfekt mit je zwei Konturhüllen pro Seite gedruckt. Da die Wandstärke der Außenwand 2,4 mm dick ist, wird sie bei vier Bahnen mit je einer Extrusionsbreite von 0,6 mm optimal gedruckt.
- Die Wände im Innern werden nur mit der äußeren Konturhülle gedruckt und im Innern mit einer einzeln extrudierten Bahn gefüllt. Damit sind sie sowohl gut druckbar als auch von der Festigkeit ausreichend. In der Regel würde hier keine weitere Optimierung vorgenommen werden. Da in diesem Praxisbeispiel jedoch gezeigt werden soll, wie jedes Detail maximal optimiert werden kann, ist hier der Druck von zwei Konturhüllen pro Seite das Ziel. Da die Wandstärke hier bei 2 mm liegt, muss die Extrusionsbreite auf 0,5 mm eingestellt werden.
- Die Clips bestehen an ihrer dünnsten Stelle nur aus der äußeren Konturhülle und haben damit nur minimale Festigkeit. Hier sind Einstellungen nötig, die zu einem gefüllten Innern führen.
- Die Aussparungen im Boden sind noch nicht mit einem Gitter gefüllt. Die Erklärung dazu wird im Folgenden geliefert.
- Aus der Analyse wird klar, dass unterschiedliche Einstellungen und damit eigene Prozesse für dieses Druckteil verwendet werden müssen. In vielen Situationen kann hierzu die Prozessteilung genutzt werden, wie sie im Praxisbeispiel Tiefziehform (Abschnitt 9.3) eingesetzt wird. Die Prozessteilung kann jedoch nur entlang in Z-Richtung teilen, leider ist es nicht möglich, diese Prozessteilung auf einzelne Geometrien im Teil anzuwenden.
- Das gewünschte Ziel kann erreicht werden, indem das Modell konstruktiv in die einzelnen Bereiche unterteilt wird. Anschließend kann jedem Einzelmodell ein eigener Prozess mit eigenen Prozesseinstellungen zugewiesen werden.

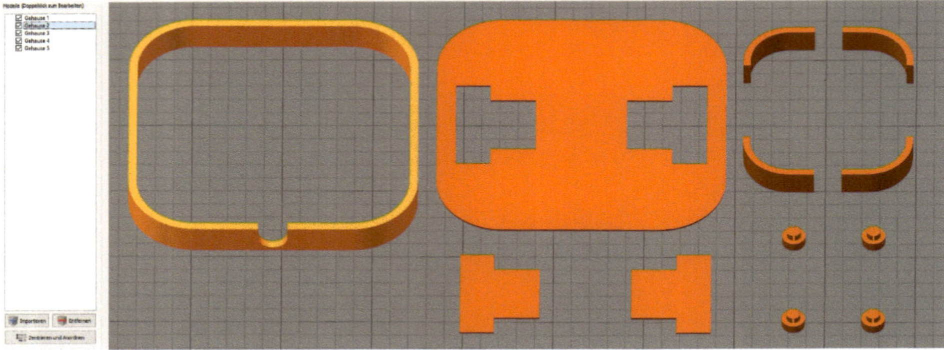

Es muss unbedingt beim Export der Modelle aus dem Konstruktionsprogramm darauf geachtet werden, dass die Ursprünge der Modelle alle an der gleichen Koordinate liegen. Denn dann kann in Simplify3D nach dem Importieren die Funktion **Bearbeiten → Ausgewählte Modell-Ursprünge aneinander anpassen** ausgewählt werden. Damit werden die einzelnen Teile des Modells korrekt aneinander ausgerichtet.

Jetzt können einzelne Prozesse mit den optimierten Einstellungen für die einzelnen Teile erstellt werden. Bild 9.25 stellt dar, wie die Modelle zueinander ausgerichtet sind und dass die vier Prozesse für die vier Teilbereiche des Elektronikgehäuses bereits angelegt wurden. Diese wurden alle als Kopie aus dem obenstehenden Standardprofil erzeugt. Der Prozess wird ausgewählt und mit **STRG + C** und viermal ausgeführtem **STRG + V** kopiert. Dann werden diese einzelnen Prozesse sinnvoll umbenannt und in den nächsten Schritten für jeden Teilbereich separat optimiert.

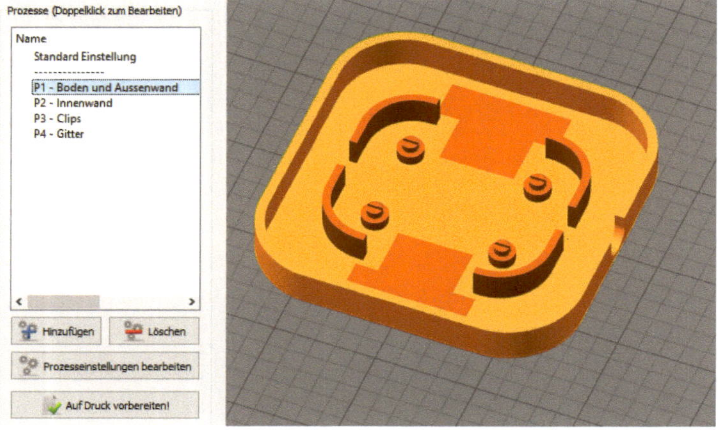

Bild 9.25 Mehrere Prozesse für die einzelnen Teilbereiche des Modells

Prozess 1 – Boden und Außenwand

Die Außenwand und der Boden des Elektronikgehäuses werden mit dem Standardprozess mit den zu Anfang des Kapitels genannten Einstellungen und der gezeigten Druckvorschau optimal gedruckt und ohne Änderung beibehalten. Allerdings werden dem Standardprozess jetzt in der Modellzuordnung sofort die beiden Teilmodelle *Boden - Gehaeuse 1* und *Aussenwand - Gehaeuse 2* zugewiesen und damit grau hinterlegt.

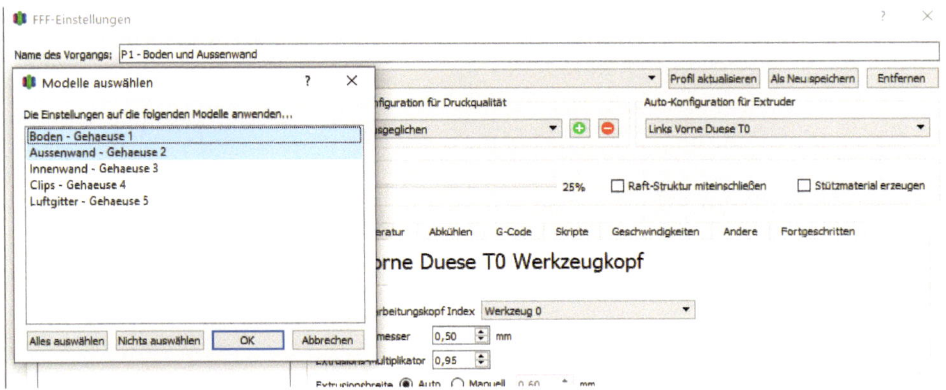

Wichtig: Sonderzeichen und Umlaute: In Simplify3D dürfen nie Umlaute verwendet werden – weder in Dateinamen noch in Modell- oder Prozesslisten, das führt fast immer zu Abstürzen. Diesen Bug behebt der Hersteller hoffentlich in einer der nächsten Versionen.

Prozess 2 – Innenwand

Für die Innenwand ist eine Extrusionsbreite von 0,5 mm abweichend vom Standardprofil (0,6 mm) optimal. Das Modell *Innenwand - Gehaeuse 3* wird dem Prozess 3 zugewiesen und die Extrusionsbreite auf 0,5 mm eingestellt. Alle weiteren Einstellungen bleiben unverändert.

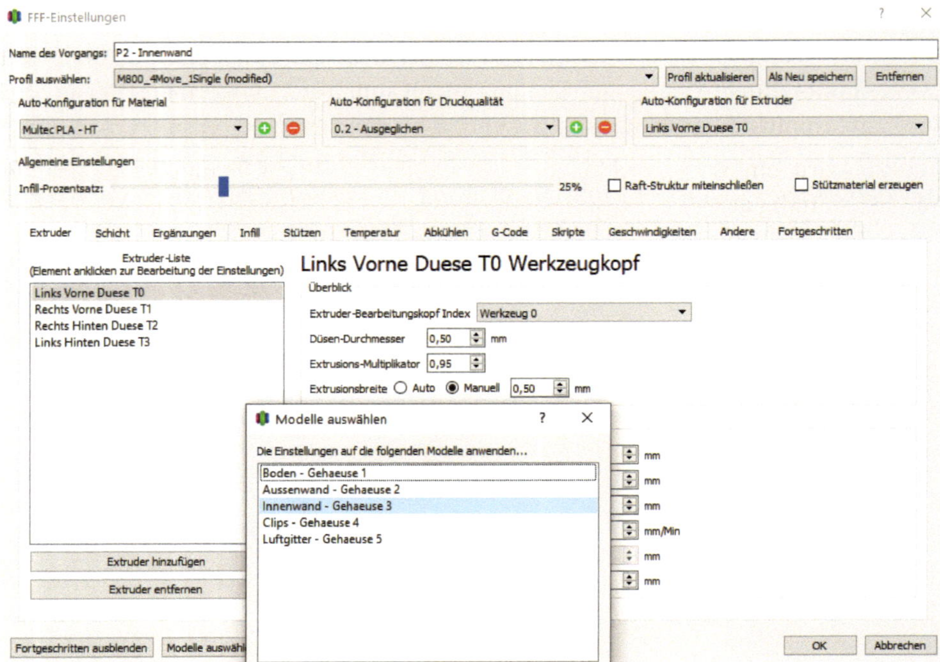

Prozess 3 – Clips

Der bereits erstellte und entsprechend benannte Prozess für die Clips wird in mehreren Einstellungen geändert:

- **Innerer dünner Wand Modus:** Hier wird **Einzeln extrudierte Wände erlauben** eingestellt, da im Inneren des Clips nicht ausreichend Platz ist, um eine zusätzliche Konturhülle zu drucken. Da die einzeln extrudierte Bahn vom Programm automatisch in ihrer Breite entsprechend angepasst wird, kann damit das Innere des Clips optimal mit Material gefüllt werden.
- **Extrusionsbreite:** Bei einer Extrusionsbreite von 0,6 mm ist die äußere Konturhülle noch zu breit, als dass eine einzeln extrudierte Bahn im Innern Platz findet. Darum wird die Extrusionsbreite auf 0,5 mm reduziert.
- **Minimale Extrusionslänge:** Die einzeln extrudierte Bahn im Inneren des Clips hat nur eine geringe Länge. Sollte diese geringer als die minimale Extrusionslänge sein, würde keine einzeln extrudierte Bahn im Innern des Clips gedruckt. Die **minimale Extrusionslänge** wird auf 0 mm eingestellt.
- **Inseln nacheinander ohne Optimierung drucken:** Bei den einzelnen Clips handelt es sich um kleine Inseln. Um hier die Druckqualität zu verbessern, sollte ausreichend Zeit zum Abkühlen gegeben werden. Indem die Optimierung ausgeschaltet wird, wird verhindert, dass auf einer Insel zwei Schichten in Folge gedruckt werden.

Prozess 4 – Gitter

Die Aussparung im Boden des Elektronikgehäuses soll mit einem Gitter gefüllt werden. Das Gitter könnte natürlich im Modell konstruiert sein, aber es kann auch der von Simplify3D generierte Infill genutzt werden.

Hierzu wird ein weiteres Modell benötigt, das die Aussparung im Boden des Modells bündig ausfüllt.

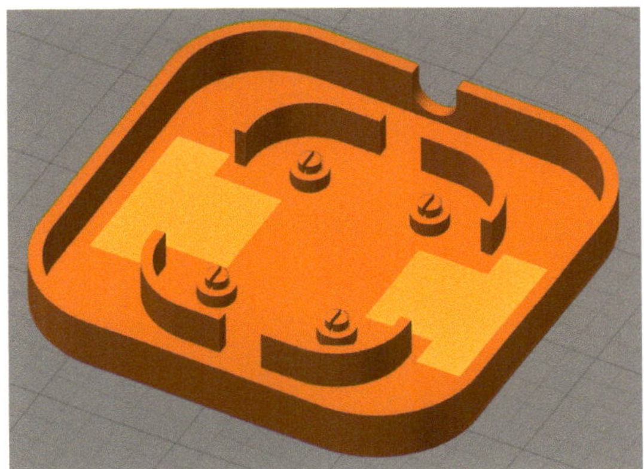

Um diese Lüftungsöffnung aus Infill zu erzeugen, werden einfach die obersten und untersten festen Schichten und die Konturhüllen weggelassen.

Hierfür werden folgende Prozesseinstellungen gewählt:

- **Oberste und Unterste feste Schichten:** Es soll der Infill im Innern sichtbar werden. Also werden diese Schichten auf 0 reduziert, um den Infill offenzulegen.
- **Kontur-/Umfanghüllen:** Es ist ausschließlich das Muster des Infills im Innern gewünscht, also wird die Anzahl der Konturhüllen auf 0 reduziert.
- **Internes Fill-Muster:** Hier kann nun das gewünschte Muster ausgewählt werden. Im Beispiel wird das dreieckige Triangular-Muster verwendet.
- Um das Gitter sehr stabil zu drucken wird zusätzlich die Funktion **Jeden Infillwinkel auf jeder Schicht drucken** aktiviert.
- **Infill-Prozentsatz:** Mit dem Infill-Prozentsatz kann die Dichte des Gitters eingestellt werden. Ebenfalls kann eine Dichte gefunden werden, bei der das Muster optisch ansprechend ist.

Es verbleibt eine Problematik: Das Gitter des Infills berührt die Konturhüllen des Bodens nicht. Das Gitter würde nach dem Druck herausfallen. Grund hierfür ist, dass die Größe des Infills zwar nach der Anzahl der Konturhüllen angepasst wird, jedoch nicht für die äußere Konturhülle. Bei einer Extrusionsbreite von 0,6 mm ist also ein Spalt von 0,6 mm zwischen dem Gitter und dem Boden des Druckteils. Die Größe des Gitters muss entsprechend vergrößert werden. Das kann konstruktiv außerhalb von Simplify3D, durch Skalieren innerhalb von Simplify3D oder anhand der Prozesseinstellungen erfolgen:

- **Horizontaler Größen – Ausgleich:** Da nur eine Vergrößerung in X- und Y-Richtung notwendig ist, kann hier die Dimensionsanpassung verwendet werden. Es wird ein Wert von 0,6 mm eingestellt, um exakt die fehlende Konturhülle auszugleichen. Die Konturüberlappung des Infills ist hier ebenfalls aktiv und sorgt für eine gute Verbindung zwischen der Konturhülle des Bodens und des Gitters.

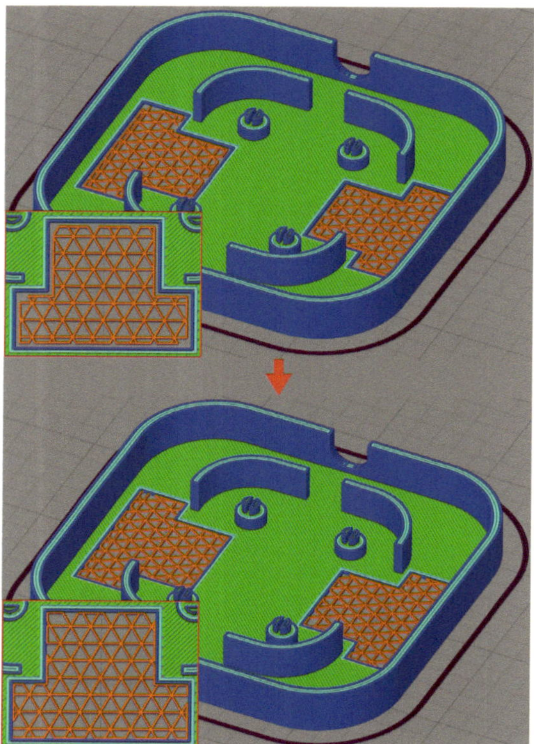

Fazit

Das Beispiel zeigt, dass es in seltenen Fällen Sinn machen kann, für ein Druckteil unterschiedliche Prozesseinstellungen innerhalb verschiedener Geometriebereiche zu verwenden. Dies geht leider nur über den Umweg, das Gesamtmodell in Teilmodelle zu zerlegen und diesen dann eigene Prozesse zuzuweisen. Hier wäre sehr wünschenswert, dass der Hersteller für die zukünftigen Versionen von Simplify3D bessere Möglichkeiten findet, um solche Teilbereiche separat zu definieren. Der Open-Source-Slicer Slic3r verfügt über eine hervorragende Möglichkeit in Form von „Modifier-Körpern“, um dieses Problem zu lösen.

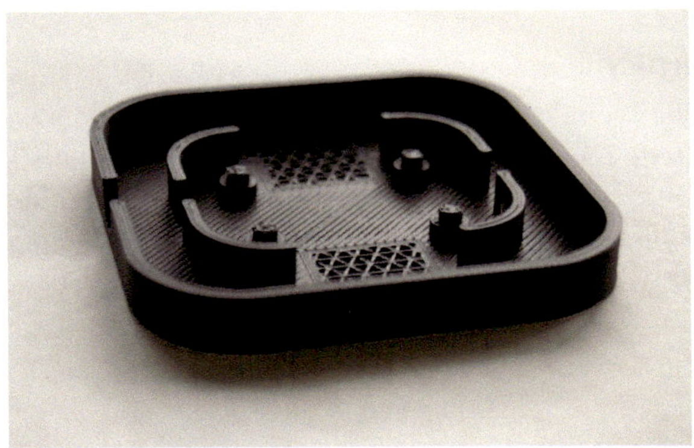

Bild 9.26 Druckteil Elektrogehäuse: ein Teil – mehrere Prozesse

Simplify3D macht es dennoch auf diesem Weg möglich, ein Druckteil bis ins kleinste Detail zu optimieren. Ob das nötig und der Aufwand gerechtfertigt ist, muss für jedes Druckteil einzeln entschieden werden. Dennoch muss bei jedem Druckteil genau auf jedes Detail geachtet und sichergestellt werden, dass es optimal gedruckt wird.

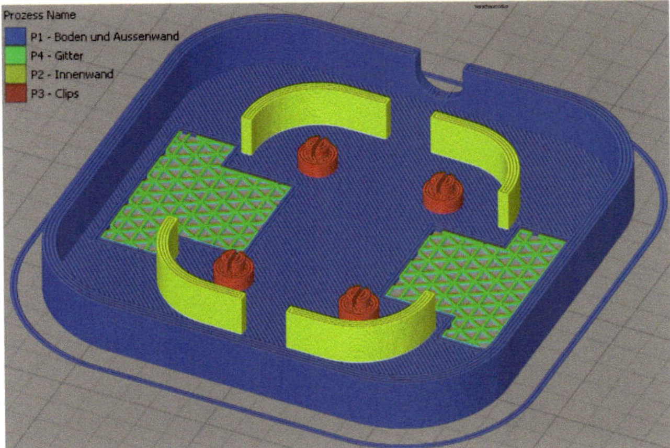

Dieses Beispiel zeigt auch, die Einstellungen von Simplify3D mehr Möglichkeiten zur Nutzung bieten, als im ersten Moment ersichtlich ist oder in diesem Buch dargestellt werden kann.

9.6 Multimaterialdruck elastischer Reifen mit fester Felge und Stützmaterial

Voraussetzungen für Multimaterialdrucke

3D-Druckteile, die in einem Druckvorgang mit mehreren Materialien gefertigt werden, müssen schon bei der Konstruktion entsprechend gestaltet werden. Erstens muss für jedes Material eine eigene Modelldatei erzeugt werden, ausgenommen davon ist nur das Stützmaterial. Dieses kann weiterhin von Simplify3D erzeugt werden. Zweitens müssen die beiden Modelle den gleichen Modellursprung besitzen, sodass sie perfekt zueinander ausgerichtet sind, wenn ihre Modellursprünge übereinanderlegt werden. Es sollte darauf geachtet werden, dass sie sich nicht überlappen und keine unerwünschten Lücken aufweisen.

Bild 9.27 Multimaterialdruck Reifen mit Felge und Stützmaterial

Grundsätzlich sollte ein gewisser Formschluss zwischen den Materialien vorgesehen werden. Nur bei sehr gut kompatiblen Materialien und/oder wenig Anspruch an die Festigkeit kann die Verschweißung ohne Formschluss ausreichen.

Es werden beim Multimaterial grundsätzlich für jedes Material eigene Modelle und eigene Prozesse verwendet. Jedem dieser Prozesse ist dann das Modell und die Düse zugeordnet, die für dieses Material geplant werden. Ganz wichtig ist, dass das Standardprofil, aus denen diese Prozesse dann erzeugt werden, für die Anzahl und konkrete Auswahl der druckenden Düsen vorkonfiguriert ist. Das heißt, dass alle druckenden Hotends auch mit allen Parametern in den Prozessen vorhanden und eingestellt sind.

Das Bauteil – Geometrie und Druckbarkeit

Der Anwendungsfall für dieses Druckteil ist ein Versuchsrad zur Durchführung von Tests zur konstruktiven Optimierung der Elastizität der Reifenstruktur. Denn als sogenannter Airless-Tire soll dieser Reifen für einen Rollstuhl optimiert werden.

Die Übungsdatei *Rad-Multimaterialdruck.factory* enthält die beiden Modelle *Felge-fest.stl* und *Reifen-elastisch.stl.* Nur die Felge besitzt Überhänge und benötigt daher Stützmaterial. In diesem 3D-Druck werden folglich mit drei Hotends drei verschiedene Materialien gedruckt.

Bild 9.28 Multimaterial-Druckteil: Zwei Modelle und für jedes Modell zugeordnet ein Prozess

Konstruktiv wurde die Verbindung zwischen Reifen und Felge mit Formschluss ausgeführt, dies empfiehlt sich bei Materialkombinationen immer (Bild 9.29). Denn die reine Adhäsion zwischen unterschiedlichen Materialien ist nur durch Tests zu ermitteln und sehr schwer einzuschätzen. Ein Formschluss kann im 3D-Druck völlig frei gestaltet werden: Schwalbenschwanz, Nuten, verwobene Strukturen und vieles mehr sind möglich.

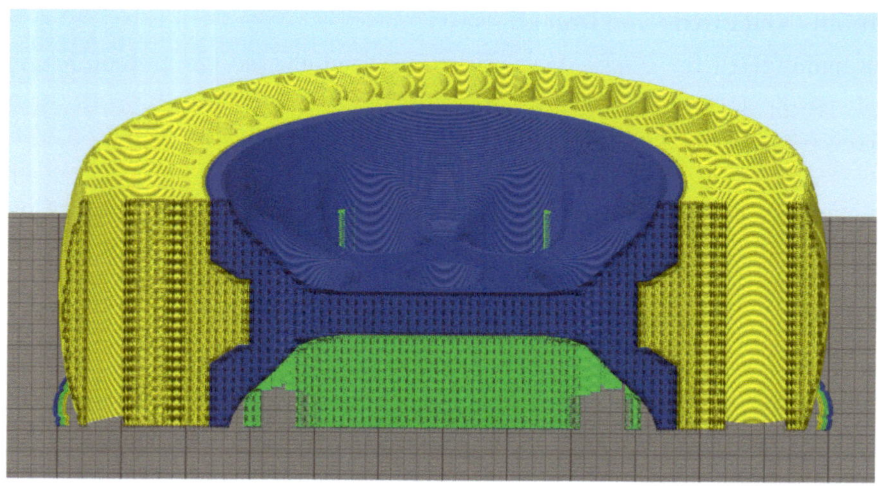

Bild 9.29 Formschluss zwischen Reifen und Felge (Druckvorschau Farbgebung Bearbeitungskopf)

Zielsetzung: Festigkeit, Fertigungsdauer und Nacharbeit

Die Anforderungen für dieses Funktionsteil sind:

- **Hohe Festigkeit** für die Felge
- **Gute Elastizität** für den Reifen
- **Geringe Ansprüche an die Oberflächengüte** – als Testteile besteht kein Anspruch auf die Oberfläche, schneller Druck ist vorzuziehen. Für die Serienproduktion werden die Felgen dann lackiert.
- **Optimierte Druckdauer** – da eine Iteration an verschiedenen Reifen-Geometrien gedruckt werden soll.
- **Geringe Nacharbeit** – Break-Away Stützmaterial gewünscht
- **Hohe Festigkeit, gute Temperaturbeständigkeit** – das Rad soll auch unter Sonneneinstrahlung eingesetzt werden
- **Bedarf an Hilfsgeometrie** – Stützmaterial im Bereich der Felge, keine Haftverbesserung nötig, kein Tropfenschutz und keine Grundierungs-Stütze, da mit dem Multex4Move-Druckkopf tropffrei und materialsparend gedruckt werden kann.

Fazit: Der Reifen mit Felge und Stützmaterial ist gut in einem Druckvorgang druckbar, es werden weder Tropfenschutz noch Grundierungs-Stütze benötigt.

Materialwahl und Prozessauswahl

Bei Multimaterialdrucken kommt der korrekten Einstellung eine zentrale Rolle zu.

Als Material für die Felge wird aufgrund der guten Temperatur- und Medienbeständigkeit (viele Öle, Säuren und Lösungsmitteln) Multec PLA-HT eingesetzt. Für den Reifen wird Soft-PLA eingesetzt, das ebenfalls eine gute Medienbeständigkeit und ausreichende Temperaturbeständigkeit und zusätzlich eine gute Druckbarkeit, wenig Schrumpfung und eine gute Schichtverschweißung besitzt.

Es wird ein Standardprofil für den 3-fach-Druck eingesetzt, mit der Vorkonfiguration für schnelle Drucke und mit Stützmaterial vorkonfiguriert. Dieses Standardprofil wird zweimal verwendet: einmal für den Reifen und einmal für die Felge. Zusätzlich müssen für jedes Material eigene Anpassungen in dem jeweiligen Prozess vorgenommen werden. In der Übungsdatei sind zwei Prozesse entsprechend erstellt und benannt.

Wichtig für Multimaterialdrucke: Für jedes Material außer dem Stützmaterial wird sowohl ein eigenes Modell als auch ein eigener Prozess benötigt. Und das verwendete Profil muss für den 3D-Druck mit drei Düsen ausgelegt sein. Denn die grundlegenden Einstellungen wie die Beheizung und Regelung der beteiligten Düsen, die Start- und Endskripte müssen immer auch für den Druckeinsatz von diesen drei Hotends konfiguriert sein. Das Verwenden von zwei Single-Profilen würde hier zum Ausschuss führen: Die drei Düsen würden nicht korrekt vor dem Druck aufgeheizt und genau so wenig nach dem Druck abgekühlt werden. ■

Stützmaterial für die Felge

Leider kann Simplify3D beim Erzeugen von Stützen mit dem Assistenten nicht unterscheiden, ob ein Modell im Mehrfachdruck dort keine Stützen erzeugen muss, wo das andere Material (und damit das andere Modell) als Auflage dient. Es erkennt dann zwar meistens, dass Stützen mit Material sich überschneiden würden. Es empfiehlt sich dennoch, die Stützenkonstruktion schon korrekt zu setzen. Im Fall des Multimaterialdrucks Rad ist das relativ einfach. Mit der Aktivierung der Funktion Stützentyp **Nur von Druckplattform** werden die Stützen nur im unteren Bereich gesetzt und nicht auch in der Nut, die mit elastischem Material des Reifens gefüllt wird.

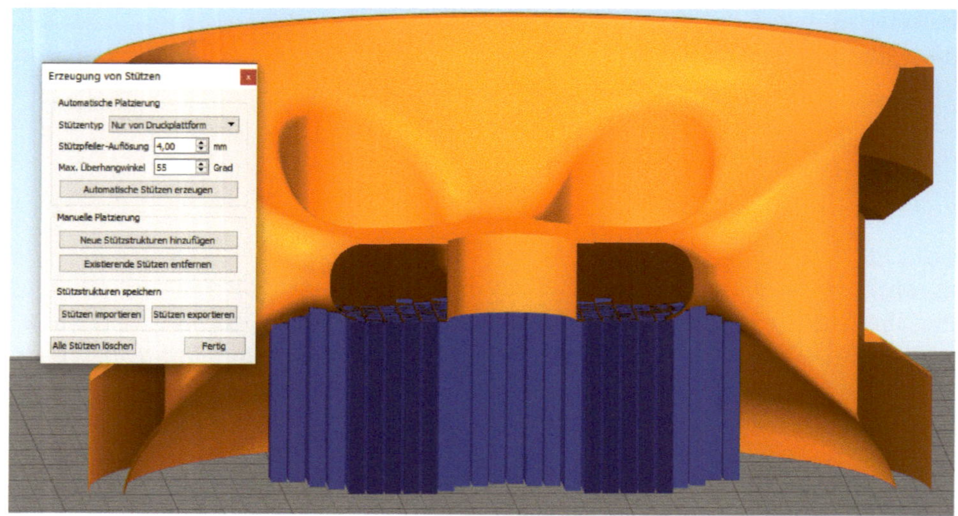

Bild 9.30 Stützstrukturen für Multimaterialdruck

Wichtig ist hier, dass die Stützstrukturen im Prozess für die Felge aktiviert werden und deren Einstellungen dort für das geplante Stützmaterial Smart-Support korrekt vorgenommen wird.

Standardprofil für Felge und Reifen

Zunächst wird festgelegt, in welcher Düse welches Material eingelegt werden soll:

- T0 enthält PLA-HT und druckt die Felge.
- T1 enthält Smart-Support und druckt die Stützstruktur der Felge.
- T2 enthält Soft-PLA und druckt den Reifen.

Aus der Basis des 3-fach-Druckprofils wird die Auto-Konfiguration folgendermaßen ausgewählt:

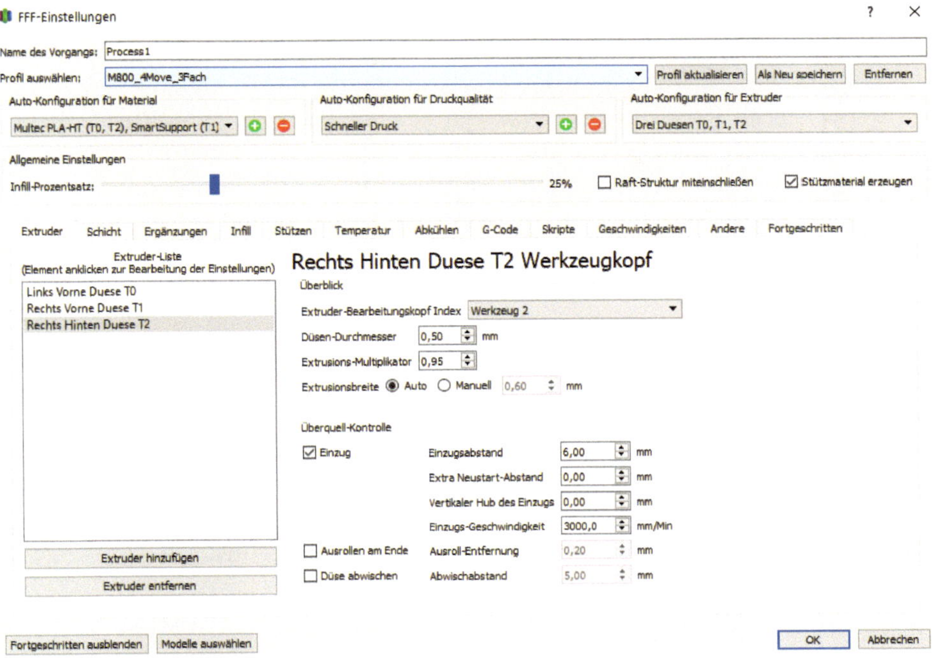

Bild 9.31 Standardprofil für 3-fach-Druck vorkonfiguriert

Diese Auto-Konfiguration des Standardprofils für 3-fach-Druck (Bild 9.31) bildet die Basis für die weiteren Einstellungen, indem es folgende Punkte sicherstellt:

- Alle drei Düsen werden bei Druckbeginn aufgeheizt, gereinigt und somit druckbereit eingestellt. Diese Einstellungen erfolgen über die Temperatureinstellungen unter dem Tab Temperatur und im Startskript. Dieses sorgt dafür, dass die einzelnen Düsen nach dem Aufheizen einmal durchgespült werden, damit sie bei Druckbeginn startbereit und gut gefüllt sind.
- Für alle drei Extruder wird vor dem Druckbeginn noch eine Schürze (Skirt) gedruckt für beste Düsenfüllung.
- Bei Druckende werden alle drei Düsen wieder abgeschaltet.

Dieser Prozess wird kopiert, somit kann je ein Prozess für Felge und Reifen eingestellt werden. Es macht immer Sinn, die Prozesse so zu benennen, dass die Zuordnung zum Teil und eventuell auch zur Düse im Namen ersichtlich ist.

Prozess für die Felge

Für die Felge sind im Prozess Felge, die mit Extruder T0 gedruckt wird, mehrere Einstellungen zu treffen:

- **Modellzuweisung:** Dem Felgenprozess wird über den Button **Modelle auswählen** das Modell Felge zugewiesen.

- **Düsenzuweisung zur Schicht und zum Infill:** Um einem Prozess die einzusetzende Düse zuzuweisen, gibt es vier Einstellungen, die korrekt eingestellt werden müssen. Denn für jeden Prozess kann für das Druckteil selbst in zwei Bereichen die druckende Düse gesetzt werden: im Infill und in den Schichten (Konturhüllen und oberste/unterste feste Schichten). In den Hilfsgeometrien können das Stützmaterial und die Ergänzungen der jeweils gewünschten Düse zugeordnet werden. Für das Druckteil selbst sind im Tab Schicht und im Tab Infill die Zuweisungen für die Felge zu Düse T0 und damit zu PLA-HT zu treffen.
- **Düsenzuweisung zum Stützmaterial:** Im Reiter Stützen wird die Option **Stützmaterial erzeugen** aktiviert, und sowohl die Stützen als auch die dichte Stützstruktur werden der Düse T1 zugeordnet.

Bild 9.32 zeigt im Vordergrund das Fenster für die Modellzuweisung und im Hintergrund die Einstellung des Extruders für das Stützmaterial: Hier werden diesem Extruder sowohl eine normale als auch eine dichte Stützstruktur zugeordnet. Zusätzlich muss in diesem Prozess das Stützmaterial aktiviert werden.

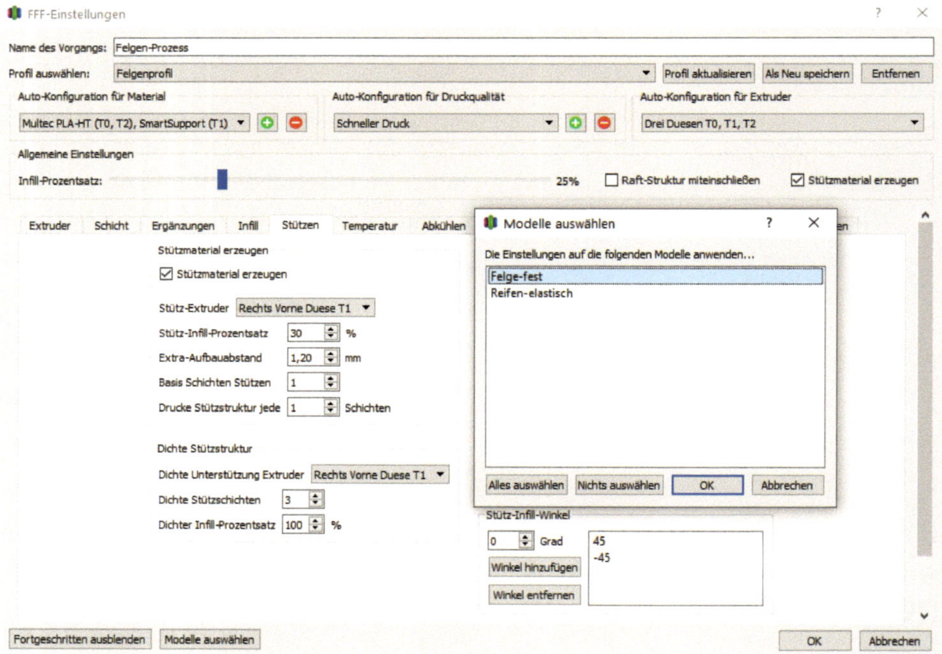

Bild 9.32 Modell- und Extruderzuweisung für das Stützmaterial (Hintergrund)

Das Druckteil Felge profitiert von ein paar weiteren Änderungen:

- Die Festigkeit der Felge wird in den Wänden verbessert durch die Erhöhung der Anzahl der Konturhüllen von zwei auf drei, dafür wird der Infill herunter gesetzt auf 20 %.
- Der Startpunkt im Tab Schicht wird auf **Startpunkt für schnellste Druckgeschwindigkeit optimieren** gesetzt, da hier keine Optikansprüche bestehen.

Prozess für den Reifen

Für den Reifen wird der zweite Prozess ähnlich eingestellt:

- **Modellzuweisung:** Dem Reifenprozess wird über die Schaltfläche **Modelle auswählen** das Modell Reifen zugewiesen.
- **Düsenzuweisung zur Schicht und zum Infill:** Im Reiter Schicht und im Reiter Infill sind die Zuweisungen für den Reifen zu Düse T2 (Soft-PLA) zu treffen.
- **Düsenzuweisung zum Stützmaterial:** Im Tab Stützen wird die Option **Stützmaterial erzeugen** deaktiviert, der Reifen benötigt keine Stützstruktur.

Da das gewählte Standardprofil im vorigen Abschnitt *Materialwahl und Prozessauswahl* sowohl für T0 als auch für T2 PLA-HT hinterlegt hat, müssen im letzten Schritt noch die Düsentemperatur und die Geschwindigkeiten für Soft-PLA angepasst werden.

Soft-PLA benötigt drei vom Kunststoff abhängige Einstellungen, die vorab in Tests ermittelt wurden:

- Die Düsentemperatur muss auf 235 °C gesetzt werden. Diese Änderung erfolgt im Tab Temperatur.
- Der Extrusions-Multiplikator benötigt die Einstellung 1,05. Dies erfolgt im Reiter Extruder: Zunächst wird in der Extruderliste der Extruder T2 angewählt. Dann wird rechts der Extrusions-Multiplikator auf 1,05 gesetzt.
- Die Standarddruckgeschwindigkeit im Reiter Geschwindigkeit wird auf 1200 mm/min heruntergesetzt.

G-Code-Erzeugung Multimaterialdruck

Für die Druckdateierzeugung müssen beide Prozesse ausgewählt werden (siehe Bild 9.33).

Prozesse zur Vorbereitung auswählen ? X

Prozessauswahl

In diesem Arbeitsbereich stehen mehrere FFF-Prozesse zur Auswahl.
Bitte wählen Sie den gewünschten Prozess zur Vorbereitung aus.
(Mehrfachauswahl wird in eine einzige Datei zusammengefügt)

Felgen-Prozess
Reifen-Prozess

Alles auswählen | Nichts auswählen

Druckmodus

Wenn Sie mehrere Vorgänge ausgewählt haben,
bitte wählen Sie den gewünschten Druckmodus

◉ Ständiger Druck: Schicht per Shicht

○ Sequentieller Druck: Objekt per Objekt

Max. lichte Höhe 10,00 mm

Sie brauchen bei diesen Einstellungen Hilfe?

OK | Abbrechen

Bild 9.33 Die Druckdateierzeugung für den Multimaterialdruck erfordert mehrere Prozesse.

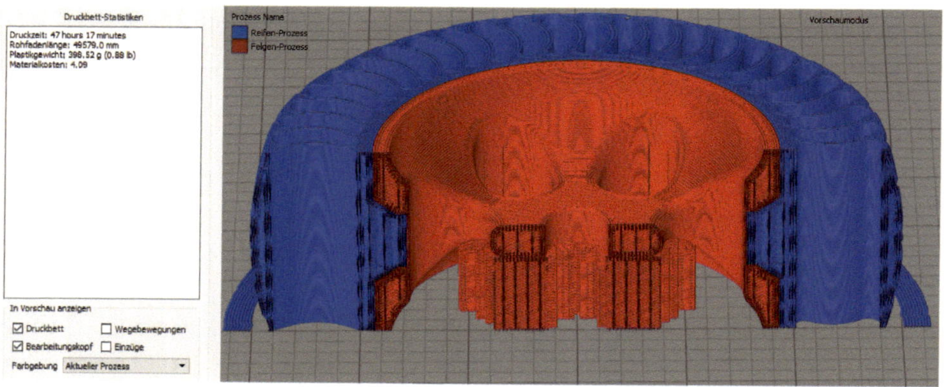

Bild 9.34 Druckvorschau mit Farbgebung Aktueller Prozess

Fazit

Simplify3D ist sehr gut verwendbar für das Drucken mehrerer Materialien, Farben oder Düsengrößen (Infill mit großen Düsen schnell gedruckt, Außenwände mit kleinen Düsen für gute Oberfläche). Die Anwendung ist zwar anspruchsvoller, da die einzelnen Prozesse für sich richtig eingestellt und die Modellzuordnungen korrekt sichergestellt werden müssen. Der Freiheitsgrad, der sich daraus ergibt, ist sehr groß und kann im industriellen 3D-Druck sehr viel Kosten einsparen und neue Anwendungen ermöglichen. Weitere Beispiele für Multimaterialdruck sind:

- Kapitel 2, Bild 2.34: flexible Manschette mit festem Flansch und Gleitlagerkunststoff gedruckt in einem Druckvorgang.

- Bild 9.35 Automatisierungstechnik: Greifer mit elastischer Greiffläche
- Bild 9.36 Greifzange mit flexiblen Zugsehnen (innen eingedruckt) und Gummigreiffläche

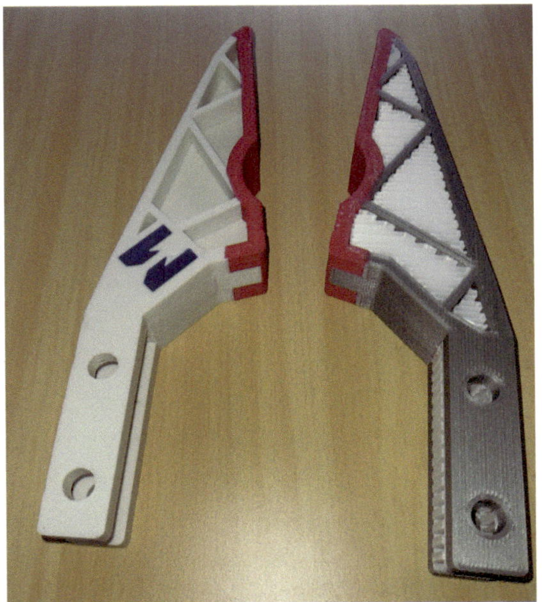

Bild 9.35 Greifer für die Automatisierungstechnik: elastische Greiffläche, kombiniert mit hochfester Tragstruktur (mit Stützstruktur rechts)

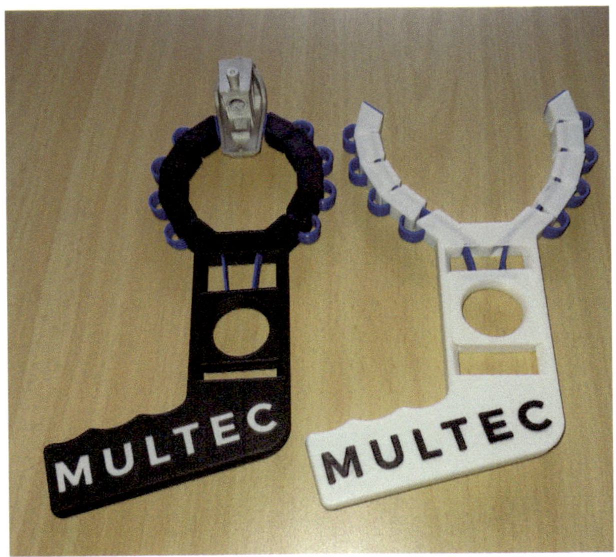

Bild 9.36 Greiferzange mit intern gedruckten, flexiblen Sehnen

9.7 G-Code-Erzeugung – Checkliste

Diese Checkliste erleichtert die Erstellung von optimierten Druckdateien und das Ausschließen von häufig vorkommenden Fehlern in der CAM-Software. Für Multimaterialdruckteile sollte die Liste für jeden Prozess separat geprüft werden.

Geometrie- und Wandstärkenprüfung

- Facettierung nicht zu grob oder zu fein/Dateigröße nicht zu groß
- Facettenfehler ausschließen
- Platzierung auf Druckbett prüfen
  - Modell passt in Bauraum
  - sinnvolle Orientierung gewählt (möglichst wenig Stützen, ggf. Treppenbildung bei Sichtflächen berücksichtigen)
  - Orientierung prüfen auf Festigkeitsansprüche
- Wandstärken und Geometrie groß genug für den eingesetzten Düsendurchmesser?
  - Filigrane Details wie Schriftzüge auf Extrusionsbreite prüfen (Wandstärken, die maßlich unter der doppelten Extrusionsbreite liegen, möglichst vermeiden. Äußere einzeln extrudierte Bahnen möglichst vermeiden)
  - Wandstärke/Geometrie mit Festigkeitsanspruch tragfähige Wände keinesfalls kleiner als 1 mm, besser deutlich größer und mit größerer Extrusionsbreite einstellen
  - Wände auf Teilbarkeit durch doppelte Extrusionsbreite prüfen, ansonsten müssen innere einzeln extrudierte Bahnen eingesetzt werden
- Kühlbedarf/spezielle Themen bei Kühlung von kleinen Flächen oder Spitzen beachten
- Reliefartige Bauteile
  - optimale Orientierung für reduzierten Treppeneffekt/Sichtbarkeit der Stufen wählen
  - Schichthöhen dazu in Betracht ziehen und eher kleinere Schichthöhen wählen
  - Anzahl Decklagen entsprechend größer wählen für gute Auflage der treppenartigen Schichten

Haftung – Auflagefläche – Kippgefahr – Schrumpfungsgefahr beachten

- Auflagefläche für Bauteilhaftung:
  - Auflagequerschnitt groß genug für eine gute Haftung
  - Druckteil gefährdet durch Kippen (turmartige Bauteile mit kleiner Auflagefläche
  - → individuell angepasste Maßnahmen ergreifen wie Rand/Brim.
- turmartige Bauteile und Spitzen → Kippgefahr beachten
- vollmassive großvolumige Teile Gefährdung für Schrumpfung (Warping) beachten → Brim, Haftvermittler
- Kunststoffmaterial mit großer Schrumpfungsneigung verwendet? → Brim, Raft, Haftvermittler

Stützmaterialbedarf definieren und prüfen

- beste Orientierung des Bauteils sicherstellen
- Überhangswinkel optimal wählen (eventuell Kalibrierdrucke)
- konstruktive Maßnahmen wie Fasen/Radien/Brücken einsetzen
- Stützpfeilerauflösung sinnvoll definieren
- keine einzelnen Stützpfeiler → Gefahr des Kippens vermeiden
- Stützen bei kleinen Bohrungen/Brücken ≤ 10 mm entfernen (sind verzichtbar)
- Prüfung des Stützmaterials durch sorgfältige Durchsicht der G-Code-Vorschau
- Für Stützmaterial im Dual-Druck:
  - Support-Variante für Düsen- und Extruder-Auswahl in der Auto-Konfiguration des Prozesses korrekt wählen
  - keine zu kleinen Inseln von Stützmaterial auf einzelnen Lagen (Materialaustausch in Düse → Grundierungs-Stütze vorsehen)
  - kleine Stützpfeiler vermeiden → Haftung der Stützen, Kippen verhindern

Festigkeits- und Oberflächenaspekte Bauteilgeometrie

Die Festigkeit von FDM-Druckteilen hängt neben der optimalen Parametrierung der Prozesse von den anisotropen Festigkeiten in XYZ-Richtung ab, die Schwachstelle liegt immer in der Lagenschichtung/-verschweißung.

- Relation Werkstückdimensionen/Wandstärken – Festigkeit sicherstellen (Anschauungsmodell – Funktionsmodell – Betriebsmittel müssen je nach Festigkeitsanspruch geprüft werden)
- Druckorientierung beachten entsprechend dem Kraftverlauf im Einsatzfall des Druckstücks

- Material- und Temperaturanforderungen sicherstellen
- Oberflächenoptimierung – Modellfehler prüfen
- Facettierung des Modells fein genug, aber nicht zu fein wählen
- Facettenfehler Modell prüfen

Profilauswahl in Simplify3D und Basiseinstellungen

Hier ist es extrem wichtig, die Standardprofile des Herstellers immer neu und korrekt zu laden und nicht zu überschreiben, da hiermit Fehler mitgezogen werden können.

- Standardprofil passend nach Herstellervorgaben auswählen
- Material Werkstück korrekt konfigurieren
- Material Stützmaterial korrekt einstellen
- korrekte Konfiguration Druckqualität wählen
- Profilauswahl Düsengröße/Nummer sicherstellen
- korrekte Düsennummer und -anzahl prüfen
- Infill entsprechend der gewünschten Festigkeit wählen
  - Tipp: normal belastete Bauteile bis 75 %, nur in Ausnahmefällen darüber
  - Anschauungsmodelle 8 – 10 % – aber Decklagen entsprechend anpassen!
- Rand (Brim), Schürze (Skirt), Raft (nur in Ausnahmefällen) und Stützmaterial nach Bedarf aktivieren
- Grundierungs-Stützen Notwendigkeit prüfen (Multimaterialdruck mit sehr kleinen Druckflächen)
- Modellzuweisung zum korrekten Prozess sicherstellen

Druckvorschau

- Druckvorschau auf Fehler oder Auffälligkeiten prüfen
- geometrische Abweichungen (Facettenfehler) ausschließen
- dünne Wände prüfen auf genügend Füllung, Verhalten von dünnen Wänden korrekt einstellen
- Bug Simplify3D Stütz-Artefakte im Außenbereich des Modells ausschließen/beheben
- Druckdauer und Materialeinsatz analysieren auf Zielsetzung und Wirtschaftlichkeit

■ 9.8 Kalibrierung mit Testdrucken

Gute Druckergebnisse können nur entstehen, wenn Drucker, Softwareeinstellungen und Filament passend kalibriert sind. Meist ist der wichtigste Faktor, der eine Kalibrierung erfordert, ein neues Filament, dessen Druckeigenschaften nicht vom Gerätehersteller bereits kalibriert wurden. Im Folgenden werden die wichtigsten Punkte zur Kalibrierung von Filament kurz beschrieben. Weitere Einstellmöglichkeiten und weitere Hinweise zur Optimierung befinden sich im Internetportal *www.3d-druck-knowhow.de*.

Anhand von speziell dafür konzipierten Testmodellen werden Einstellwerte für bestimmte Parameter oder Parametergruppen optimiert. Diese Testergebnisse sind auf ein großes Spektrum von Druckteilen übertragbar. Es gilt jedoch wie immer in der Technologie: Abhängig von der individuellen Druckteilgeometrie kann häufig weiter optimiert werden. Für diesen Fall der individuellen Kalibrierung ist es meist hilfreich, ein Segment aus diesem Druckteil zu drucken und anhand dieses Teils bessere Einstellungen zu ermitteln. Hierfür eignet sich am besten der Ausschnitt des Druckteils, für den die Einstellungen fraglich sind (Überhänge, Brücken, Oberflächen). Im Folgenden werden die wichtigsten Standardkalibrierdrucke beschrieben.

Druckteile für den Kalibrierungsdruck

Für verschiedene Parameter stehen die beschriebenen Modelle in der Übungsdatei *Kalibrierung.factory* zur Verfügung. Die Reihenfolge der Kalibrierung ist speziell bei neuen Filamenten wichtig. Zuerst müssen die besten Drucktemperaturen ermittelt werden, bevor das Feintuning der anderen Parameter wie Extrusionsbreite, Überhangswinkel, Einzug (Retract) und Brückenlänge kalibriert werden können.

9.8.1 Düsentemperatur, Übergänge und Einzüge in Temperaturabhängigkeit

Vom Hersteller eines Filaments wird meist ein Temperaturbereich angegeben. Über diese Temperaturen hinaus sollte nicht gedruckt werden, schlimmstenfalls kann es zur Zersetzung des Kunststoffs kommen. Die konkreten Einstellungen passend zum Filament und zum Gerät müssen in Tests ermittelt werden. Zu hohe Drucktemperaturen führen zu verschmierenden Schichten, schlechter Oberfläche, viel Nachtropfen und schlechter Brückenbildung. Zu niedrige Drucktemperaturen führen zu schlechter Schichtverschweißung, Unterextrusion, schlimmstenfalls zur Düsenverstopfung und schlechter Druckteiloberfläche.

Druckteil für den Kalibrierungsdruck

Das Druckteil *TempKalibrierung.stl* befindet sich in der Übungsdatei *Kalibrierung.factory*. In dem Turm mit nummerierten Etagen werden in jeder Etage verschiedene Drucktemperaturen genutzt, die in einem Druckvorgang gedruckt werden. Die einzelnen Segmente haben eine Höhe von 8 mm. Zusätzlich sind in den Etagen Übergänge (Brücken) und Filament Einzüge (Retracts) enthalten, da diese meist stark abhängig sind von der Drucktemperatur und bei kühleren Drucktemperaturen häufig besser werden. Allerdings sollte hier nie die Festigkeitsreduktion durch kühlere Drucktemperaturen übersehen und im Zweifelsfall lieber Stützmaterial anstatt Brücken eingesetzt werden.

Zur Einstellung der Drucktemperatur pro Segment kann entweder der Prozessteilungs-Assistent (Abschnitt 7.6) genutzt werden. Damit werden die Aufteilungspunkte dann in 8 mm, 16 mm, 24 mm Höhe und so fort gesetzt. Den daraus resultierenden Prozessen können dann die Drucktemperaturen (im Reiter Temperatur) nach Wunsch zugewiesen werden.

Alternativ kann ein Prozess mit unterschiedlichen Temperaturen pro Schichten verwendet werden: Die verschiedenen Temperaturen, die getestet werden sollen, werden im Reiter Temperatur im Abschnitt Temperatursollwerte pro Schicht eingestellt.

Da hier eine Schicht angegeben wird, ab der die Temperatur umgestellt werden soll, müssen diese Schichten ermittelt werden. Die Schichten für den jeweiligen Wechsel werden entweder berechnet durch die Teilung der 8 mm Segmente durch die Schichthöhe. Alternativ kann in der Druckvorschau durch die Schichten gescrollt werden, um dort die entsprechenden Schichten abzulesen (Bild 9.37 links: roter Pfeil in der Druckvorschau, rechts: Ausschnitt aus dem Reiter Temperatur). Diese werden dann zusammen mit den Temperaturen, die getestet werden sollen, eingetragen. Wenn weniger als zehn Segmente benötigt werden, kann die Druckhöhe durch die Eingabe des Druckendes (Reiter Fortgeschritten) limitiert werden.

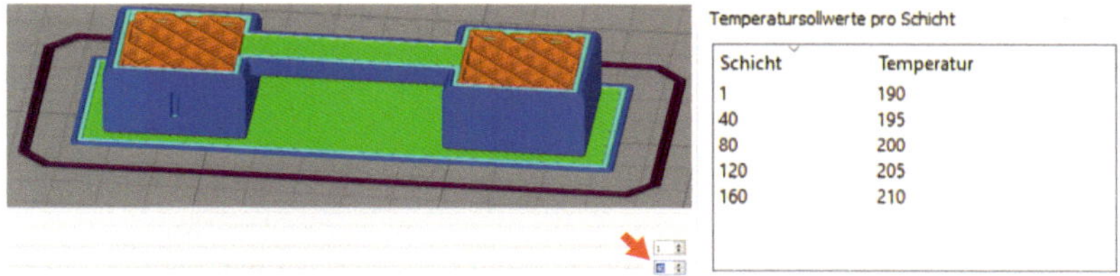

Schicht	Temperatur
1	190
40	195
80	200
120	205
160	210

Bild 9.37 Einstellung der verschiedenen Temperaturen für die einzelnen Abschnitte des Druckteils

Kalibrierung durchführen

Es empfiehlt sich, die vom Hersteller angegebenen Grenzen in 5°-Schritten zu testen. Meist spielen selbst 10 °C nicht die allergrößte Rolle, aber das lässt sich am Kalibrierteil recht gut ersehen.

Das Druckteil wird gedruckt. Anschließend können die einzelnen Bereiche begutachtet werden. Dort wird die optische Qualität und das Verhalten bei den Brücken und den Einzügen zwischen den Brückenbereichen von der Drucktemperatur abhängig ersichtlich. Die Festigkeit kann nur sehr limitiert beurteilt werden; nur manchmal lässt sich bei niedrigen Temperaturen eine mangelhafte Verschweißung zwischen den Schichten beobachten. Hier empfehlen sich im Nachgang weitere Versuche zur Ermittlung der Festigkeit (tendenziell ist diese bei höheren Temperaturen besser).

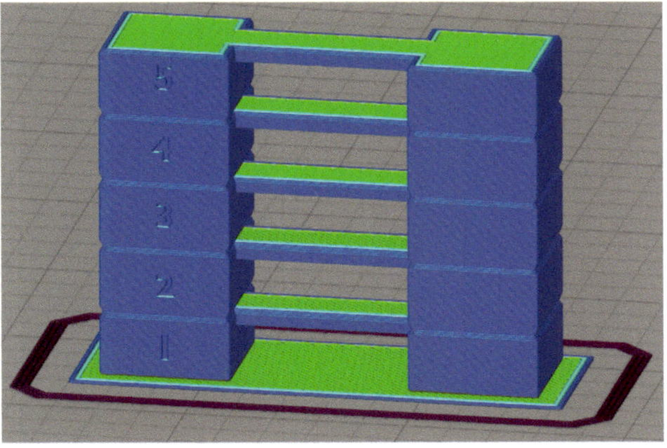

9.8.2 Extrusions-Multiplikator

Die Hintergründe des Extrusions-Multiplikators werden in Abschnitt 2.3.2 und Abschnitt 8.1.2 erklärt. Anhand des hier beschriebenen Testmodells wird das Vorgehen zur Kalibrierung des Extrusions-Multiplikators erklärt.

Ziel der Kalibrierung

Die Einstellung Extrusionsbreite gibt die Sollbreite der einzelnen Bahnen an. Mit dem Extrusions-Multiplikator wird der Volumenstrom feinjustiert. Bei größerem Extrusions-Multiplikator wird mehr Material extrudiert und damit werden die Bahnen breiter. Bei geringerem Extrusions-Multiplikator wird weniger Material extrudiert und damit werden die Bahnen schmaler. Ziel der Kalibrierung ist, den Extrusions-Multiplikator zu finden, bei dem die Bahnbreite der Extrusionsbreite entspricht und damit auch die Maßhaltigkeit des Druckteils sichergestellt wird.

Druckteil für den Kalibrierungsdruck

Das Druckteil *Cube.stl* wird im Vasenmodus (Abschnitt 8.2.1) gedruckt. So besteht es aus einer einzigen Konturhülle. Nach dem Druck wird die Breite der Konturhülle, also die Breite einer einzelnen Bahn, nachgemessen.

Als Modell dient ein einfacher Würfel. Die folgenden Prozessparameter, die im Standardprofil des Geräteherstellers im Reiter Schicht eingestellt werden müssen, führen zum einwandigen Vasenmodus:

- **Konturhüllen:** 1
- **Oberste feste Schichten:** 0
- **Infill-Prozentsatz:** 0 %
- **Korkenzieher-Druckeinstellung einer einzigen Kontur (Vasenmodus):** aktiviert

Alle weiteren Einstellungen sollten im Standardprofil unverändert belassen werden. Das Ergebnis ist ein Druckteil mit nur einer Konturhülle. Durch den zusätzlichen Einsatz des Vasenmodus entsteht keine Z-Naht, die das Messergebnis verfälschen könnte.

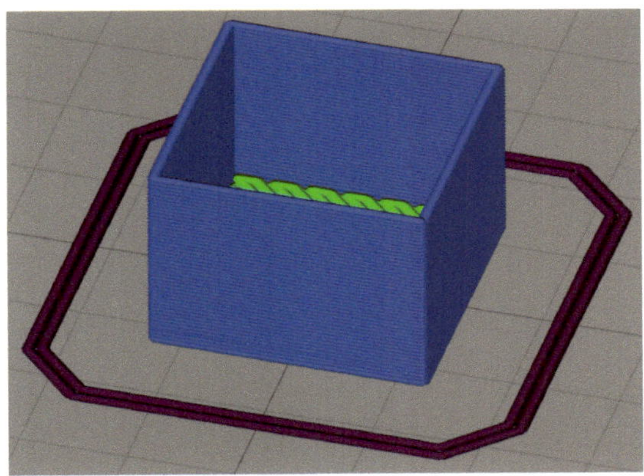

Kalibrierung durchführen

Zunächst wird mit einem Extrusions-Multiplikator 1 gestartet. Das Druckteil wird gedruckt und anschließend die Wandstärke (= Extrusionsbreite) ausgemessen. Es empfehlen sich mehrere Messungen an verschiedenen Stellen, um sicherzustellen, dass der Filamentvorschub gut und gleichmäßig extrudiert.

- Liegt die gemessene Breite unterhalb der Extrusionsbreite, muss der Extrusions-Multiplikator erhöht werden.
- Liegt die gemessene Breite oberhalb der Extrusionsbreite, muss der Extrusions-Multiplikator reduziert werden.

Nun wird der Extrusions-Multiplikator je nach Ergebnis um ein bis zwei Prozentpunkte erhöht oder gesenkt. Dieser Vorgang wird so lange wiederholt, bis die Extrusionsbreite erreicht wurde. Der Extrusions-Multiplikator muss für jedes Material einzeln kalibriert werden. Zu einem gewissen Ausmaß hängt er ebenfalls von der Temperatur ab.

Exkurs zur Maßhaltigkeit des Würfels an den Außenkanten: Vorausgesetzt, dass die Maschine über genügend präzise Achsen mit möglichst geringem Umkehrspiel verfügt, sollten beim korrekt kalibrierten Extrusions-Multiplikator auch die Würfelkanten im Rahmen weniger Zehntel Millimeter maßhaltig sein.

9.8.3 Überhangswinkel

Eine grundlegende Limitierung des FFF-Drucks ist der maximal erzielbare Überhangswinkel, ab dem Stützstruktur benötigt wird. Dieser sinnvoll druckbare maximale Überhangswinkel hängt von vielen Faktoren ab:

- Druckeinstellungen wie Schichthöhe, Extrusionsbreite, Geschwindigkeit, Temperatur, Kühlung

- das für den Druck verwendete Material
- Ziel des Drucks, wie gut soll die Qualität und Maßhaltigkeit der Überhänge sein?
- Geometrie des Druckteils, geradlinige Überhänge verhalten sich anders als gebogene. Dimension und Radius spielen eine wichtige Rolle. Bögen und kuppelartige Überhänge lassen oft einen größeren Überhangwinkel zu.

Ziel der Kalibrierung

Da es viele Einflussgrößen auf das Ergebnis von Überhängen gibt, sollte ein Kalibrierungsdruck für jedes gewünschte Szenarium durchgeführt werden. Es gibt zwei Ziele dieser Kalibrierung:

- Ermitteln der Grenzen der Überhänge für konkrete Druckszenarien: für die Entscheidung, ab welchen Winkeln genau für diese Einstellungen (Schichthöhe, Extrusionsbreite, Material etc.) Stützstruktur benötigt wird. Dieser Druck wird mit den Einstellungen durchgeführt, die auch für anschließende Druckteile verwendet werden sollen.
- Finden der bestmöglichen Einstellungen für maximale Überhangswinkel. Entsprechend begünstigende Einstellungen werden in Abschnitt 8.5 genannt. Es kann damit ermittelt werden, mit welchen Druckeinstellungen die größten Überhangswinkel erreichbar werden.

Druckteil für den Kalibrierungsdruck

Das Testmodell ist unter der Benennung *kalibrierung_ueberhang.stl* in der Übungsdatei enthalten. Da Überhänge jedoch in sehr vielen Formen vorkommen, können durch eine Internetsuche viele weitere Modelle zur Kalibrierung von Überhängen gefunden werden. Diese passen ggf. besser zum eigenen Anwendungsfall oder es kann der entsprechende Ausschnitt des fraglichen Druckteils verwendet werden.

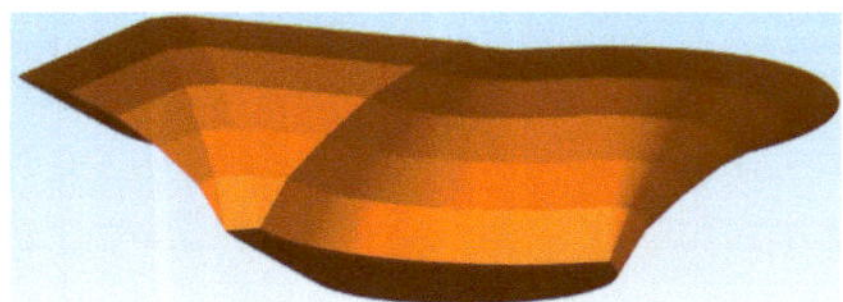

Das hier verwendete Modell bildet verschiedene Szenarien von Überhängen in einem Modell ab. Es finden sich konvexe und konkave sowie flache und spitz zulaufende Geometrien. Durch Skalieren des Modells können verschieden große Radien erzeugt werden.

Die Überhangwinkel steigen von der Basis des Teils in folgenden Stufen an: 30°, 40°, 50°, 60°, 70°.

Da es bei diesem Druckteil vor allem um die Konturhüllen geht, wird nur wenig Infill benötigt. Die Anzahl der Perimeter sollte genauso gewählt werden, wie sie für das gewünschte Druckteil geplant sind.

Kalibrierung durchführen

Nach dem Druck wird das Druckteil ausgewertet. Es kann die Qualität der Überhänge bei verschiedenen Winkeln und der damit verbundenen Einstellungen bewertet werden. Wird das Druckteil mehrmals mit unterschiedlichen, für die Überhangwinkel relevanten Einstellungen gedruckt, kann die Wirkung und Effektivität dieser Einstellungen analysiert werden.

9.8.4 Übergang (Brücke) und Filament-Einzug

Zur Kalibrierung der maximal druckbaren Brücken/Übergänge und der Filament-Einzüge (Retract) ist in der Übungsdatei das Modell *Brueckentest.stl* enthalten. Damit ist es möglich, in einem Modell die Filament-Einzüge und die maximal möglichen Brücken zu ermitteln.

Wichtige Prozesseinstellungen für das Modell sind:

1. Unter **Fortgeschritten** muss die Funktion **Kreuzen der Kontur bei Verfahrweg-Verhalten vermeiden** aktiviert werden.
2. Die Länge und die Geschwindigkeit der Filament-Einzüge sollten aus dem Standardprofil des Herstellers im ersten Testdurchlauf belassen werden und nur bei starken Problemen geändert werden (immer auf getrocknetes Filament achten).
3. Die Freifahrtgeschwindigkeit sollte an der oberen Grenze des Geräts gewählt werden.
4. Die Einstellungen für die Übergänge sollten wie in Bild 9.38 dargestellt übernommen werden.

Übergänge

Grenzwert für ungestützte Bereiche	5,0	mm2
Extra-Aufbauabstand	5,00	mm
Extrusions-Multiplikator für Übergänge	100	%
Geschwindigkeits-Multiplikator für Übergänge	100	%
☐ Überschreibe Füllungswinkel von Brücken	0	Grad
☑ Einstellungen der Brücken für Konturen übernehmen		

Bild 9.38 Übergänge Einstellungen für die Kalibrierung

Mit geänderten Einstellungen aus diesem Bereich kann dieses Modell zum Vergleich mehrmals gedruckt werden, bis die besten Werte ermittelt wurden. Beim Optimieren der Brücken ist der Einfluss von Parametern eher gering. Hier hilft das Testmodell am besten dazu, die maximale Länge gut gedruckter Brücken für das gewählte Druckszenarium zu ermitteln. Aus dieser maximal möglichen Länge werden dann die Konsequenzen für Druckteile gezogen: Übergänge/Brücken, die länger sind, müssen dann mit Stützstruktur gestützt werden. Durch Senken der Düsentemperatur kann zwar in beiden Fällen eine Verbesserung erreicht werden, damit sind jedoch meist Einbußen in der Festigkeit verbunden.

Bild 9.39 zeigt zwei Testdrucke zur Optimierung des Einzugs (Rectract). Links: gut kalibrierter Retract mit Multec PLA-HT, rechts PETG (ungetrocknet, das selbst nach mehreren Kalibrierdurchläufen nicht weiter optimiert werden kann).

Bild 9.39 Testdrucke zur Kalibrierung vom Filament Einzug (Retract)

9.8.5 Weitere Tipps zur Kalibrierung, Fehlerbehebung und Optimierung im 3D-Druck

Die Möglichkeiten zum Feintuning und zum Optimieren von Druckteilen in Abhängigkeit vom 3D-Drucker und von Kunststoffen sind ähnlich breit gestreut wie die Anzahl der einstellbaren Parameter. Sehr wichtig sind auch Feinjustierungen des Geräts in Bezug auf ebene Druckbettausrichtung, die besten Einstellungen für die erste Schicht und vieles mehr. Auch die Erkennung und Behebung von möglichen Druckfehlern ist ein weiter Bereich. Im Internetportal *www.3d-druck-knowhow.de* sind viele Tutorials, Tipps zu Fehlerbehebungen und zur weiteren Optimierung von 3D-Druckteilen zu finden.

■ 9.9 Schlussfolgerung und Ausblick

Die FFF-Technologie ist in der Industrie auf dem Vormarsch zur Fertigungstechnologie. Simplify3D, eine immer breitere Palette von leistungsfähigen Kunststoffen und prozesssichere Maschinen mit hohem Automatisierungsgrad ermöglichen eine gute Wirtschaftlichkeit und Einsetzbarkeit der Technologie in vielen Bereichen. Dieses Buch und viel Erfahrung in der Technologie zeigen, dass wie auch beim CNC-Fräsen die beste Anwenderschulung und -erfahrung die Güte der Bauteile deutlich verbessern. Parallel dazu entwickeln sich Normen, Qualitätssicherungsstandards und CAM-Software ständig weiter. So ist abzusehen, dass in der Zukunft dieser Technologie noch sehr viel Potenzial steckt, das sowohl aus Software-, Kunststoff- und Maschinensicht entwickelt wird. Die Anwenderschulung wird eines der wichtigsten Themen dieser günstigen, disruptiven Fertigungstechnologie bleiben. Simplify3D bietet eine sehr gute Basis für die Technologie. Für die Zukunft sind deutlich mehr Potenziale in durchgängigen CAD-CAM-Softwarelösungen ohne Facettenmodelle und zwischengeschaltete externe Softwareprodukte zu sehen. Ein kombiniertes CAD-CAM-System wie beispielsweise Siemens NX umfasst die komplette Prozesskette von der Konstruktion des 3D-Modells bis hin zur Bahnplanung und der damit verbundenen G-Code-Generierung. Der Vorteil solcher Systeme besteht darin, dass sich konstruktive Änderungen am Modell sofort und damit ohne zusätzliche Export-/Importschritte in die Druckdaten durchziehen. Des Weiteren können hier einzelne Modellbereiche individuell eingestellt werden auf die lokalen Anforderungen von Festigkeit, Oberfläche und Druckdauer. Diese deutlich größeren Freiheitsgrade werden die FFF-Technologie als Fertigungsverfahren im industriellen Umfeld weiter stärken.

Sachverzeichnis